Deutsches Lok-Archiv

Rainer Zschech

Dampf- und Verbrennungstriebwagen

AF649556

Rainer Zschech

DAMPF- UND VERBRENNUNGSTRIEBWAGEN

• DEUTSCHE REICHSBAHN-GESELLSCHAFT • DEUTSCHE REICHSBAHN • DEUTSCHE BUNDESBAHN

DEUTSCHES LOK-ARCHIV

transpress classics

Einbandgestaltung: Luis dos Santos
Foto Vorderseite: Thomas Estler (†)
Foto Rückseite: Sammlung Klaus-Jürgen Kühne

Bildnachweis:
Die zur Illustration dieses Buches verwendeten Aufnahmen stammen – wenn nichts anderes vermerkt ist – vom Verfasser.

Eine Haftung des Autors oder des Verlages und seiner Beauftragten für Personen-, Sach- und Vermögensschäden ist ausgeschlossen.

ISBN 978-3-613-71713-8

Copyright © by transpress Verlag, Postfach 10 37 43,
70032 Stuttgart.
Ein Unternehmen der Paul Pietsch Verlage GmbH & Co. KG

1. Auflage 2024 (unveränderter Nachdruck der 5. Auflage von 1993)

Sie finden uns im Internet unter www.transpress.de

Nachdruck, auch einzelner Teile, ist verboten. Das Urheberrecht und sämtliche weiteren Rechte sind dem Verlag vorbehalten. Übersetzung, Speicherung, Vervielfältigung und Verbreitung einschließlich Übernahme auf elektronische Datenträger wie DVD, CD-ROM usw. sowie Einspeicherung in elektronische Medien wie Internet usw. ist ohne vorherige schriftliche Genehmigung des Verlages unzulässig und strafbar.

Satz: Satzstudio MediaSoft, 13189 Berlin
Druck: HUNTER Books GmbH,
Kleyerstraße 3,
64295 Darmstadt

Printed in Germany

Vorwort

Die Triebwagen stehen seit Beginn der Eisenbahnentwicklung im Wettbewerb mit den lokomotivbespannten Zügen. Die Zeit hat hinreichend bewiesen, daß dieser Wettbewerb nicht auf „entweder – oder" ausgefochten wird, sondern daß es stets darauf ankommt, die Triebfahrzeuge den Verkehrs- und Betriebsaufgaben entsprechend und somit wirtschaftlich einzusetzen.

In den letzten Jahren entstanden viele neue Triebwagenbaureihen, die mit dazu beigetragen haben, den Wandel zu modernen Antriebsformen bei der Eisenbahn zu vollziehen. Wissenswertes über die Entwicklung, die Konstruktion und den Einsatz der Triebwagen zusammenzufassen – das ist die Aufgabe dieses Buches. Aus der Fülle des Stoffgebietes mußte eine Auswahl getroffen werden, die unser Ziel, eine weitestgehend vollständige, stichpunktartig gehaltene Dokumentation deutscher Triebwagen vorzustellen, entspricht. Die Entwicklungsgeschichte jeder Antriebsform der Triebwagen beginnt bei den Anfängen und bezieht auch Fahrzeuge anderer Bahnen ein, wenn sie für die technische Entwicklung relevant sind. Im Hauptteil waren wir jedoch gezwungen, uns auf die Deutsche Reichsbahn-Gesellschaft, die Deutsche Reichsbahn und die Deutsche Bundesbahn zu beschränken, obwohl auch die Privatbahnen die Entwicklung der Triebwagen nicht unwesentlich vorangetrieben haben. Die Länderbahn-Triebwagen sind in den Archivbänden der jeweiligen deutschen Länderbahnen enthalten.

Kurz nachdem dieses Buch als „Triebwagen-Archiv" das erste Mal erschienen war, signalisierten die Verkaufszahlen einen hohen Bedarf. In der darauffolgenden Auflage wurde das ursprünglich einbändige Archiv in zwei Bände geteilt, der geschichtliche Teil neu gegliedert und neue Baureihen aufgenommen.

Die vorliegende Auflage ist dem aktuellen Entwicklungsstand durch Überarbeitung und Erweiterung angepaßt.

An dieser Stelle sei auch allen Freunden und Mitarbeitern gedankt, die Unterlagen beisteuerten oder Hinweise zur Vervollständigung des Manuskripts gaben. Möge diese Auflage bei den Beschäftigten und Freunden des Eisenbahnwesens eine gute Aufnahme finden und ihnen eine faktenintensive und damit solide Grundlage für weiterführende Untersuchungen sein. Hinweise zur weiteren Vervollständigung und für Korrekturen nehmen wir gern entgegen.

Autor und Verlag

Inhaltsverzeichnis

Einführung

Im Text und in den Tabellen werden Begriffe und Abkürzungen verwendet, die teils eisenbahnüblich, teils aber auch einer besseren Darstellung wegen vom Autor gewählt sind.

Begriffsbestimmung „Triebwagen"

Außer dem im allgemeinen Sprachgebrauch benutzten Wort Triebwagen als Oberbegriff für eigengetriebene Schienenfahrzeuge zur unmittelbaren Beförderung von Personen oder Gütern haben sich im Laufe der Zeit exaktere Begriffe herausgebildet:
Triebwagen: selbständiges Triebfahrzeug, das heißt Wagen mit einer maschinentechnischen Ausrüstung und mit angetriebenen Radsätzen;
Triebkopf: Triebwagen, der die Antriebsausrüstung eines Triebzuges in sich vereinigt und nur in einem Triebzug eingesetzt werden kann;
Steuerwagen: Wagen ohne eigenen Antrieb, mit Führerstand, von dem aus weitere im Zug laufende Triebwagen direkt gesteuert werden können;
Beiwagen: Wagen ohne eigenen Antrieb, wird im Triebwagenzug eingestellt und kann mit Leitungen für Vielfachsteuerung ausgerüstet sein;
Mittelwagen: Beiwagen, der in der Regel nur innerhalb eines Triebzugs betriebsfähig ist; er ist in jedem Fall mit Steuerleitungen ausgerüstet;
Triebzug: Einheit aus mehreren Trieb-, Mittel- oder Steuerwagen, die betrieblich nicht getrennt werden;
Triebwagenzug: Zug aus miteinander gekuppelten Trieb-, Bei- und Steuerwagen oder aus gekuppelten Triebzügen.

Bahnverwaltungen

Für die Bahnverwaltungen werden für größere Zeiträume unabhängig von der jeweiligen offiziellen Schreibweise der Bahnverwaltung folgende Abkürzungen verwendet:

bis 1920

BadStB	Staatsbahnen in Baden
BayStB	Staatsbahnen in Bayern (und ab 1909 in der Pfalz)
MeckStB	Staatsbahnen in Mecklenburg
OldStB	Staatsbahnen in Oldenburg
PrStB	Staatsbahnen in Preußen und Vereinigte Staatsbahnen in Preußen und Hessen (ab 1896)
SäStB	Staatsbahn in Sachsen
WüStB	Staatsbahn in Württemberg

1920 bis 1945

DRG	Deutsche Reichseisenbahn (1920 bis 1924), Deutsche Reichsbahn-Gesellschaft (1924 bis 1937) und Deutsche Reichsbahn (1937 bis 1945)

bis 1938

LAG	Localbahn AG, München

ab 1945	
DB	Deutsche Bundesbahn
DR	Deutsche Reichsbahn

bis 1952	
AME	Altmärkische Eisenbahn
BSTB	Brandenburgische Städtebahn
BStHB	Boizenburger Stadt- und Hafenbahn
DE	Delitzscher Eisenbahn
DWE	Dessau-Wörlitzer Eisenbahn
EBA	Eisenbahn Bebitz–Alsleben
EFE	Eberswalder-Finowfurter Eisenbahn
EHM	Eisenbahn Heudeber–Mattierzoll
ERF	Eisenbahn Rennsteig–Frauenwald
ESD	Eisenbahn Schönermarck–Damme
ESM	Eisenbahn Schildau–Mockrehna
FBN	Franzburger Bahnen Nord
GE	Genthiner Eisenbahn
GHE	Gernrode-Harzgeroder Eisenbahn
GHWE	Gardelegen-Haldensleben-Weferlinger Eisenbahn
GKB	Görlitzer Kreisbahn
GMWE	Gera-Meuselwitz-Wuitzer Eisenbahn
GWK	Greifswald–Wolgast–Kröslin
HBE	Halberstadt-Blankenburger Eisenbahn
HE	Haldensleber Eisenbahn
HHE	Halle-Hettstedter Eisenbahn
HSB	Harzer Schmalspurbahnen GmbH
KBF	Kreisbahn Beeskow–Fürstenwalde
KEN	Kleinbahn Erfurt–Nottleben
KK	Kyffhäuser Kleinbahn
KLK	Kleinbahn Langensalza–Kirchheiligen
KMTK	Königs Wusterhausen-Mittenwalde-Töpchiner Eisenbahn
KODP	Kleinbahn Osterburg–Deutsch Pretzier
NE	Niederbarnimer Eisenbahn
NLE	Niederlausitzer Eisenbahn
NWE	Nordhausen-Wernigeroder Eisenbahn
OB	Oderbruchbahn
OE	Obereichsfelder Eisenbahn
OHE	Osthavelländische Eisenbahn
OWE	Osterwieck-Wasserlebener Eisenbahn
PAE	Prettin-Annaburger Eisenbahn
PB	Prignitzbahnen
PKB	Prenzlauer Kreisbahn
RE	Ruppiner Eisenbahn
SE	Salzwedeler Eisenbahn
StE	Stendaler Eisenbahn
StTE	Stendal-Tangermünder Eisenbahn
StTrE	Stralsund-Tribseer Eisenbahn
SWB	Spreewaldbahn
TE	Thüringer Eisenbahn Ebeleben
WBBE	Weimar-Berka-Blankenhainer Eisenbahn
WWE	Wallwitz-Wettiner Eisenbahn

Betriebsnummern

Die Triebfahrzeuge aller deutschen Bahnverwaltungen werden in Baureihen zusammengefaßt und mit einer fortlaufenden Nummer versehen.

Betriebsnummer der Dampftriebwagen

Im Nummernplan der Reisezugwagen war anfangs die Gruppe 1 bis 200 für die Dampftriebwagen vorgesehen.
Später wurde die Betriebsnummer aus dem Kennbuchstaben
DT Dampftriebwagen
und einer Ordnungsnummer gebildet; die Ordnungsnummer blieb gleich.
Spezielle Steuerwagen für Dampftriebwagen gliederte man bei den Steuerwagen für Verbrennungstriebwagen (VS) ein.

Da bei Einführung der neuen Bezeichnungsschemata bei der DRG keine nennenswerte Ausdehnung des Bestandes der Dampftriebwagen zu erkennen war, wurden die Dampftriebwagen nicht in ein neues Nummernsystem überführt.
Die DR und die DB haben keine Dampftriebwagen in ihrem Bestand. Deshalb sind keine neuen Kennzeichnungen gebildet worden.

Betriebsnummer der Verbrennungstriebwagen

Anfangs waren die Verbrennungstriebwagen im Nummernplan der Reisezugwagen unter folgenden Gruppen enthalten:

701 bis 750 zweiachsige Triebwagen
mit Vergasermotoren

751 bis 800 vierachsige Triebwagen mit Vergasermotoren
801 bis 850 zweiachsige Triebwagen mit Dieselmotoren
851 bis 900 vierachsige Triebwagen mit Dieselmotoren.

Mit wachsendem Bestand an Verbrennungstriebwagen genügte dieses Schema nicht mehr, so daß im Oktober 1932 ein neues Nummernsystem vorgeschrieben wurde, mit dem man bereits einige der in den Jahren 1931/32 beschafften Triebwagen bezeichnete. Analog zu den Elektrotriebwagen entstanden auch für Verbrennungstriebwagen folgende Kennbuchstaben:

VT Triebwagen
SVT Schnelltriebwagen
VS Steuerwagen
VB Beiwagen
VM Mittelwagen.

Für die einzelnen Baureihen sah man folgende Aufteilung vor:

VT 133 000 bis VT 133 999 zweiachsige Triebwagen mit Vergasermotoren
VT 134 000 bis VT 134 999 vierachsige Triebwagen mit Vergasermotoren
VT 135 000 bis VT 136 999 zweiachsige Triebwagen mit Dieselmotoren
VT 137 000 bis VT 138 999 vierachsige Triebwagen mit Dieselmotoren
VB 140 000 bis VB 143 999 zweiachsige Beiwagen
VS 144 000 bis VS 144 999 zweiachsige Steuerwagen
VS 145 000 bis VS 146 999 vierachsige Steuerwagen
VB 147 000 bis VB 149 999 vierachsige Beiwagen.

Im Bereich der DB bestand von 1947 bis zum 31. Dezember 1967 die Betriebsnummer aus der Stammnummer, die aus dem Kennbuchstaben und der Baureihennummer gebildet wurde, und der Ordnungsnummer. Für die Baureihennummer wurden die Fahrzeugbauarten gruppenweise zusammengefaßt:

01 bis 69 normalspurige vier- und mehrachsige Verbrennungstriebwagen mit Drehgestellen
70 bis 89 normalspurige zweiachsige Verbrennungstriebwagen mit Lenkradsätzen
90 bis 99 Schmalspurtriebwagen und Sonderbauarten.

Innerhalb dieser Gruppen wurde nach der Höchstgeschwindigkeit gegliedert:

01 bis 19 V_{max} = 120 km/h und mehr
20 bis 39 V_{max} = 100 bis 119 km/h
40 bis 59 V_{max} = 85 bis 99 km/h
60 bis 69 V_{max} = 65 bis 84 km/h
70 bis 79 V_{max} = 65 bis 85 km/h
80 bis 89 V_{max} = bis 64 km/h.

Die Ordnungsnummer bestand aus einer drei- bzw. vierstelligen Zahl, wobei die erste Ziffer die Art der Leistungsübertragung kennzeichnete und die folgenden Ziffern die laufende Nummerung der Fahrzeuge angaben. Für die Art der Leistungsübertragung wurden folgende Kennziffern verwendet:

0 bis 4 elektrische Leistungsübertragung
5 bis 8 hydraulische oder hydromechanische Leistungsübertragung
9 mechanische Leistungsübertragung

In dieses Nummernsystem wurden auch die vorhandenen Triebwagen eingenummert.

Für Steuer- und Beiwagen, die zu einzellaufenden Triebwagen gehörten, wurden anfangs folgende Stammnummern verwendet:

VB 140 zweiachsige Beiwagen
VB 141 einachsige Anhänger
VB 142 zweiachsige Beiwagen
VS 144 zweiachsige Steuerwagen
VS 145 vierachsige Steuerwagen
VB 147 vierachsige Beiwagen.

Später wurden neugebaute Steuer- und Beiwagen wie die zugehörigen Triebwagen bezeichnet.

Seit 1. Januar 1968 wird das neue Nummernsystem, das für alle Triebfahrzeuge einheitlich ist, verwendet. Die neue Triebfahrzeugnummer besteht aus sechs Ziffern, die in zwei Gruppen zu je drei Stellen gegliedert ist. Die erste Gruppe ist die Baureihennummer und die zweite Gruppe die Ordnungsnummer. Nach einem Bindestrich schließt sich die Kontrollziffer an, die nicht unmittelbar zur Triebfahrzeugnummer gehört.

Die erste Stelle der Baureihennummer gibt die Fahrzeugart an:

6 Brennkrafttriebwagen (ohne Schienenomnibusse und Bahndiensttriebwagen)
7 Schienenomnibusse und Bahndiensttriebwagen
9 Steuer-, Bei- und Mittelwagen zu Brennkrafttriebwagen (einschließlich zu Schienenomnibussen).

Die Kennzeichnung der Wagenart in der Ordnungsnummer erfolgt analog zu den elektrischen Triebwagen:

0 bis 5 Bei- oder Mittelwagen
6 bis 9 Steuerwagen.

Die Kontrollziffer ist eine charakteristische Neuerung. Sie wird ausschließlich für die Fehlerüberwachung bei der elektronischen Datenverarbeitung benötigt und errechnet sich mit unterschiedlichem Multiplikationsfaktor aus der Triebfahrzeugnummer.

Beispiel:

795 113-0	Kennzeichnung des Triebfahrzeugs
795 113	Triebfahrzeugnummer
795	Baureihennummer
7	Kennziffer der Fahrzeugart
113	Ordnungsnummer
13	laufende Nummer
0	Kontrollziffer.

Bei der DR wurden bis zum 31. Mai 1970 drei Nummernsysteme nebeneinander verwendet.

Für vorhandene Fahrzeuge wurde die Nummerung aus dem Jahr 1932 beibehalten.

Auf der Suche nach einem neuen Nummernsystem wählte man für die ersten Nachkriegsbeschaffungen eine Bezeichnungsweise, bei der sowohl die Höchstgeschwindigkeit als auch die höchste Radsatzfahrmasse in Kennziffern ausgedrückt wurden.

Später wurde ein anderes System eingeführt, wonach die Baureihennummer die Leistung und die Höchstgeschwindigkeit widerspiegelt. Die dem Kennbuchstaben folgende Ziffer ist die Kennziffer für die installierte Leistung (Leistung in PS geteilt durch 100); dann kommt die Kennziffer für die Höchstgeschwindigkeit (V_{max} geteilt durch 10); daran schließt sich die Ordnungsnummer an, wobei die erste Ziffer zur Kennzeichnung von Unterbaureihen verwendet werden kann.

Ab 1. Juni 1970 wird das neue Bezeichnungsschema auch bei Verbrennungstriebwagen angewendet. Die neue Triebfahrzeugnummer gliedert sich in eine fünfstellige internationale Kennzeichnung, eine sechsstellige nationale Schlüsselnummer und eine einstellige Selbstkontrollziffer.

Die nationale Schlüsselnummer, das heißt die eigentliche Bezeichnung des Triebfahrzeuges entsprechend der bisherigen Betriebsnummer, setzt sich aus zwei Gruppen zu je drei Stellen zusammen. Die erste Gruppe ist die Baureihennummer, die zweite Gruppe die Ordnungsnummer.

Die erste Stelle der Baureihennummer gibt die Antriebsart an:

1	Triebfahrzeuge mit Verbrennungsmotoren.

Die zweite Stelle der Baureihennummer bedeutet:

7	Verbrennungstriebwagen aus der DDR-Produktion
8	Verbrennungstriebwagen älterer Produktion sowie Sonderfahrzeuge
9	Steuer- und Beiwagen.

Bei der Ordnungsnummer dient die erste Stelle zur Unterscheidung der Wagenart:

0, 1 und 2	Triebwagen
3	Mittelwagen c
4	Mittelwagen d
5	Mittelwagen e
6 und 7	Steuerwagen
8 und 9	Beiwagen.

Beispiel:

172 016-8	Kennzeichnung des Triebfahrzeugs
172 016	Triebfahrzeugnummer
172	Baureihennummer
1	Kennziffer für Triebfahrzeuge mit Verbrennungsmotoren
7	Kennziffer für Verbrennungstriebwagen aus der DDR-Produktion
016	Ordnungsnummer
0	Kennziffer für Triebwagen
8	Selbstkontrollziffer.

Bei der DB und der DR wurde ab 1. Januar 1992 ein neues Nummernsystem eingeführt, welches für die gemeinsame deutsche Eisenbahn (DB/DR) gilt. Da die schrittweise Zusammenführung auch die Koordinierung der Betriebsführung beider Bahnen beinhaltet, war eine baldige einheitliche Bezeichnung der Triebfahrzeuge erforderlich. Neubaufahrzeuge erhielten die neue Fahrzeugnummer bereits ab 1. Juli 1991 mit der Auslieferung, während die Umzeichnung im Betriebseinsatz befindlicher Fahrzeuge am 1. Oktober 1991 begann.

Die neue Fahrzeugnummer besteht wie zuletzt aus sechs Ziffern, die in zwei Gruppen zu je drei Stellen am Fahrzeug angeschrieben wird. Die erste Gruppe ist die Baureihennummer und die zweite Gruppe die Ordnungsnummer. Nach einem Bindestrich folgt die Kontrollziffer für die elektronische Datenverarbeitung, die jedoch nicht unmittelbar zur Fahrzeugnummer gehört. Die erste Stelle der Baureihennummer bezeichnet die Fahrzeugbauart:

6	Brennkrafttriebwagen (ohne Schienenomnibusse und Bahndiensttriebfahrzeuge)
7	Schienenomnibusse und Bahndiensttriebfahrzeuge
9	Steuer-, Mittel- und Beiwagen zu Brennkrafttriebwagen und Schienenomnibussen.

Die zweite und dritte Stelle der Baureihennummer wurde möglichst von der bisherigen Baureihennummer übernommen. Trieb-, Steuer-, Bei- und Mittelwagen einer Baureihe erhalten gleiche Nummern.

Bei der Ordnungsnummer wird die erste Stelle zur Kennzeichnung der Wagenart genutzt:

0 bis 5	Bei- und Mittelwagen
6 bis 9	Steuerwagen.

Beispiel:

771 043-7	Kennzeichnung des Triebfahrzeugs
771 043	Triebfahrzeugnummer
771	Baureihennummer
7	Kennziffer der Fahrzeugbauart
71	Spezifikation der Baureihe; gleicher Teil der Baureihennummer für Trieb-, Steuer-, Bei- und Mittelwagen
043	Ordnungsnummer
0	Kennziffer der Unterbaureihe oder Wagenart
43	laufende Nummer
7	Kontrollziffer.

Für die betriebsfähigen Museumstriebfahrzeuge der DB/DR wurde Mitte Juni 1991 ein überarbeiteter Umzeichnungsplan bekanntgegeben, der für diese Fahrzeuge zwei Betriebsnummern enthält:

- am Triebfahrzeug außen; entspricht der früheren Betriebsnummer
- auf dem Führerstand; EDV-Nummer zu Abrechnungszwecken.

Die EDV-Nummer paßt in das allgemeine Nummernsystem, wobei die Betriebsnummer als zweite und dritte Ziffer für alle betriebsfähigen Museumstriebfahrzeuge eine 88 erhält. Bei der Ordnungsnummer wurde eine Rückschlußmöglichkeit auf die bisherige Baureihe angestrebt, indem die 1. und die 2. Ziffer die 1. und die 2. Stelle der bisherigen Baureihenkennzeichnung sind und nur die 3. Ziffer als reine Zählzahl verwendet wird (hier erhalten Fahrzeuge der DB die Zähler 1 bis 4 und Fahrzeuge der DR die Zähler 5 bis 8). Bei den Steuer-, Mittel- und Beiwagen ließ sich eine Zuordnung zur ehemaligen Baureihe und zur ehemaligen Bahnverwaltung nicht verwirklichen.

Beispiel:

VT 08 503	neue Anschrift am Triebfahrzeug außen
688 081-9	neue Kennzeichnung auf dem Führerstand
688 081	EDV-Fahrzeugnummer
688	Baureihennummer
6	Kennziffer der Fahrzeugbauart
88	betriebsfähiges Museumstriebfahrzeug
081	Ordnungsnummer
08	frühere Baureihenkennzeichnung (im Regelfall)
1	Zählnummer (mit Angabe der bisherigen Bahnverwaltung)
9	Kontrollziffer.

Folgende Verbrennungstriebwagen und -triebzüge sind aufgeführt:

Gegenwärtige Betriebsnummer DB	DR	Neue Betriebsnummer außen	EDV-Nummer
601 014	–	VT 11 5014	688 111-4
601 019	–	VT 11 5019	688 112-2
901 115	–	VM 11 5115	988 001-4
901 116	–	VM 11 5116	988 002-2
901 121	–	VM 11 5121	988 003-0
901 122	–	VM 11 5122	988 004-8
901 201	–	VM 11 5201	988 005-5
901 203	–	VM 11 5203	988 006-3
901 401	–	VM 11 5401	988 007-1
901 404	–	VM 11 5404	988 008-9
612 506	–	VT 12 506	688 121-3
612 507	–	VT 12 507	688 122-1
912 501	–	VM 12 501	988 009-7
912 507	–	VM 12 507	988 010-5
613 603	–	VT 08 503	688 081-9
613 620	–	VT 08 520	688 082-7
913 010	–	VM 08 510	988 011-3
913 012	–	VM 08 512	988 012-1
913 603	–	VS 08 503	988 601-1
795 240	–	VT 95 9240	788 951-2
995 019	–	VB 142 019	988 013-9
–	183 252	(S)VT 137 225	688 135-3
–	187 001	VT 133 522	788 135-2
–	187 025	VT 137 566	688 136-1

Radsatzanordnung

Die Radsatzanordnung ist eine symbolische Kennzeichnung der Reihenfolge der Radsätze im Laufwerk von Eisenbahnfahrzeugen. Bereits im Jahre 1908 wurden vom Ausschuß des Vereins Deutscher Eisenbahnverwaltungen (ab 1932 Verein Mitteleuropäischer Eisenbahn-Verwaltungen) Regeln für das Bezeichnen der Radsatzanordnung (damals als Achsfolge bezeichnet) aufgestellt. Sie wurden inzwischen mehrfach überarbeitet, wobei jedoch die Grundsätze erhalten blieben.

Die Radsatzanordnung wird heute von allen der UIC angeschlossenen Bahnverwaltungen (damit auch DB und DR) einheitlich nach dem UIC-Merkblatt 612 V bezeichnet. Die für alle Fahrzeuge einheitliche Bezeichnung erstreckt sich

1. auf die Kennzeichnung der Radsatzanordnung, unterschieden nach angetriebenen Radsätzen und Laufradsätzen,
2. auf die Kennzeichnung der wichtigsten Unterteilungsmerkmale des Fahrgestells nach Hauptrahmen, Drehgestellen und den in ihnen gelagerten Radsätzen.

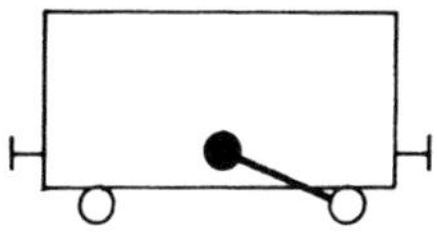

Beispiele für die Bezeichung der Radsatzanordnung

1 A
Triebwagen mit einem Lauf- und einem angetriebenen Radsatz

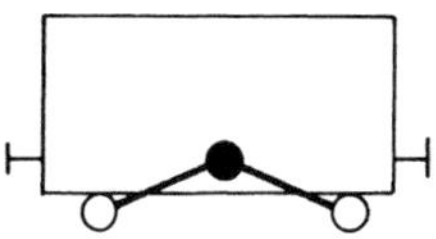

B
Triebwagen mit zwei miteinander gekuppelten angetriebenen Radsätzen

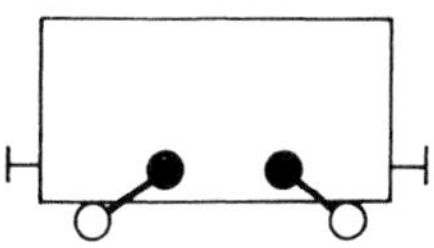

Bo
Triebwagen mit zwei einzeln angetriebenen Radsätzen

Bo'Bo'
Triebwagen mit zwei Drehgestellen, in denen je zwei einzeln angetriebene Radsätze laufen

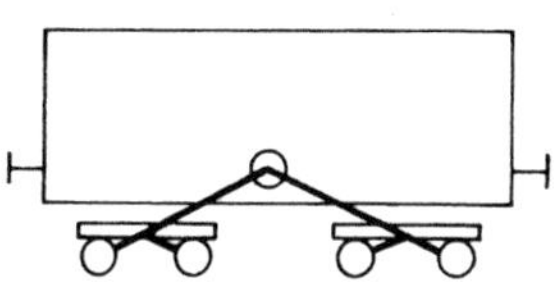

B'B'
Triebwagen mit vier gekuppelten Treibradsätzen in zwei zweiachsigen Drehgestellen

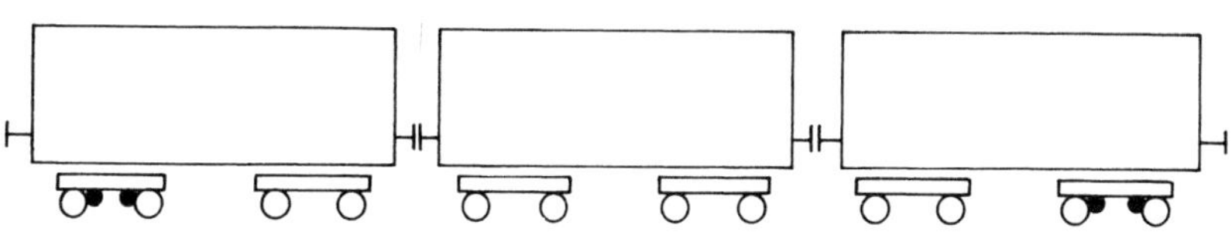

Bo'2' + 2'2' + 2'Bo'
Triebzug, der aus drei Einzelwagen besteht, die ihrerseits betrieblich eine Einheit bilden. Alle Wagen sind einzeln durch eigene bzw. fremde Kraft verfahrbar, können aber nicht einzeln betrieben oder in Züge eingestellt werden. Die Endwagen sind Triebwagen und haben je ein Drehgestell mit zwei einzeln angetriebenen Radsätzen und ein Drehgestell mit zwei im Rahmen gelagerten Laufradsätzen. Der Mittelwagen hat zwei Drehgestelle mit je zwei Laufradsätzen.

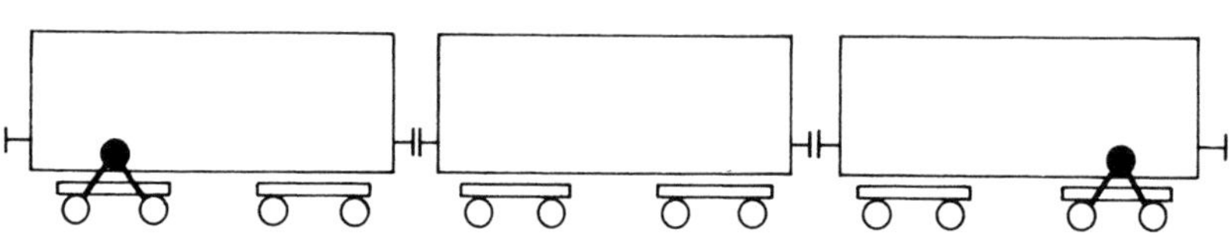

B'2' + 2'2' + 2'B'
Triebzug, der aus drei Einzelwagen besteht, die ihrerseits betrieblich eine Einheit bilden. Alle Wagen sind einzeln durch eigene bzw. fremde Kraft verfahrbar, können aber nicht einzeln betrieben werden. Die Endwagen sind Triebwagen und haben je ein Drehgestell mit zwei miteinander gekuppelten angetriebenen Radsätzen und ein Drehgestell mit zwei Laufradsätzen. Der Mittelwagen hat zwei Drehgestelle mit je zwei Laufradsätzen.

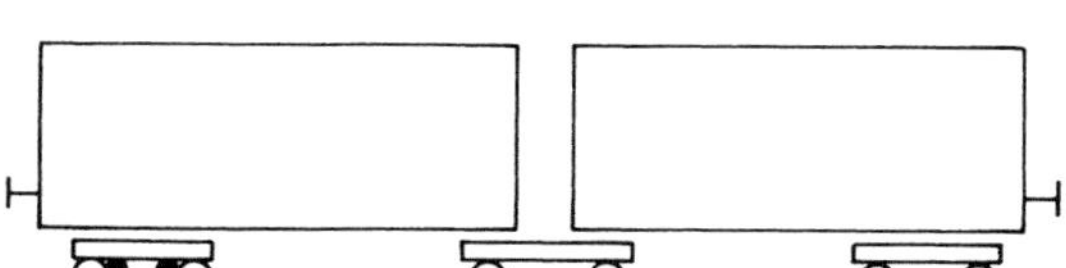

Bo'2'2' mit Jacobs-Drehgestell
Triebzug, der aus mehreren Wagenkästen besteht, die durch ein Jacobs-Drehgestell verbunden sind. Das vordere Drehgestell enthält zwei einzeln angetriebene Radsätze, das mittlere und das hintere je zwei Laufradsätze.

Es können noch nationale Zusatzbezeichnungen beigefügt werden, wenn weitere Einzelheiten angegeben werden sollen.
Laufradsätze werden mit arabischen Ziffern bezeichnet, die die Zahl der aufeinanderfolgenden Radsätze angibt. Angetriebene Radsätze werden mit großen lateinischen Buchstaben bezeichnet, wobei die Stellung der Buchstaben im Alphabet die Zahl der aufeinanderfolgenden Radsätze angibt. Bei einzeln angetriebenen Radsätzen wird dem großen lateinischen Buchstaben der Index „0" (Null) beigefügt. Laufradsätze, die durch einen Hilfsantrieb auch als Treibradsätze verwendbar sind, werden durch kleine Buchstaben bezeichnet.
Es bedeuten zum Beispiel

- 1 ein (im Hauptrahmen gelagerter) Laufradsatz
- 2 zwei aufeinanderfolgende (im Hauptrahmen gelagerte) Laufradsätze
- A ein angetriebener Radsatz
- B zwei miteinander gekuppelte angetriebene Radsätze
- Bo zwei aufeinanderfolgende einzeln angetriebene Radsätze
- b zwei miteinander gekuppelte Laufradsätze mit Hilfsantrieb.

Bei Unterteilung des Fahrgestells werden die Radsätze oder Radsatzgruppen eines Rahmengestells in gleicher Weise bezeichnet. Die entsprechenden Ziffern bzw. Buchstaben werden mit einem über der Zeile stehenden Beistrich versehen, wenn es sich um eine Ziffer oder um einen Buchstaben handelt (Bo gilt als ein Buchstabe). Umfassen die Kennzeichen jedoch mehr als eine Ziffer oder einen Buchstaben, so werden sie in Klammern gesetzt. Lenkradsätze gelten jedoch als im Hauptrahmen gelagert.

Es bedeuten zum Beispiel

- 1′ ein vom Hauptrahmen unabhängiger Laufradsatz, z. B. Bisselradsatz; ein quer verschiebbarer Lenkradsatz gilt aber als im Rahmen gelagert
- 2′ zwei vom Hauptrahmen unabhängige Laufradsätze, z. B. Drehgestell
- B′ zwei miteinander gekuppelte, vom Hauptrahmen unabhängige angetriebene Radsätze
- Bo′ zwei einzeln angetriebene Radsätze in einem Drehgestell
- (1 A) ein Laufradsatz und ein angetriebener Radsatz in einem Hilfsgestell, z. B. Drehgestell.

Sind die angetriebenen Radsätze von Drehgestellen über die Antriebsanlage miteinander verbunden, so wird die Radsatzanordnung unterstrichen.
Besteht ein Fahrzeug aus mehreren, voneinander trennbaren und je für sich allein arbeitsfähigen oder aus einzeln verfahrbaren Bestandteilen ohne gemeinsamen Überbau, werden die Bezeichnungen der Teilfahrzeuge durch ein + verbunden.
Besteht ein Fahrzeug aus mehreren Wagenkästen, die durch ein Jacobs-Drehgestell verbunden sind, wird dies oft als Zusatz hinter der Radsatzanordnung durch „mit Jacobs-Gestell" angegeben.

Gattungszeichen

Das Gattungszeichen gibt die Raumverteilung im Wagen und den allgemeinen Aufbau an. Das bisherige System bestand aus dem Hauptgattungszeichen, einer arabischen Ziffer für die Radsatzzahl (bei DRG nur bei mehr als zwei Radsätzen, bei DB nur bei weniger als vier Radsätzen).

Hauptgattungszeichen DRG

- A Wagen 1. Klasse
- B Wagen 2. Klasse
- C Wagen 3. Klasse
- Post Postwagen bzw. -raum
- Pw Gepäckwagen bzw. -raum
- L Triebwagen für Lokalbahnen (wird den anderen Hauptgattungszeichen nachgestellt).

Nebengattungszeichen DRG

- d frühere Wagen 4. Klasse, die ihre ursprüngliche Vollbankausrüstung unverändert behalten haben
- i Wagen mit Durchgang und offenen Übergangsbrücken
- k Wagen mit Küche
- tr Traglastenabteil
- u umgebaut von 4. Klasse in 3. Klasse
- ü Wagen mit Durchgang, Übergangsbrücken und Faltenbälgen

Kennzeichnung der Antriebs- und Verwendungsart DRG
Anfangs wurde nach dem Nebengattungszeichen auch die Art der Antriebs- und Verwendungsart angegeben, da innerhalb des Nummernplanes keine Aussage möglich war:

- dT Wagen mit Antrieb durch Dampfmaschine
- vT Wagen mit Antrieb durch Verbrennungsmotor
- vs Steuerwagen zu Wagen mit Antrieb durch Verbrennungsmotor

	Beiwagen erhalten keine besondere Kennzeichnung als solche, später aber
v	Beiwagen für Triebwagen ohne Fahrleitung

Hauptgattungszeichen der DR und DB

A	Sitzplätze 1. Klasse
B	Sitzplätze 2. Klasse
D	Gepäckabteil
Post	Postabteil
WR	Speisewagen
W	Wirtschaftsabteil (nur DB)
R	Speiseabteil
K	Schmalspurfahrzeug
Dienst	Dienstfahrzeug

Nebengattungszeichen der DR

i	Wagen mit Bühnen (Plattform) und offenen Übergangsbrücken
ü	Wagen mit Übergangsbrücken und Faltenbälgen
g	Wagen mit geschlossenen Übergängen und Gummiwülsten
p	Wagen mit innerem Durchgang, ursprünglich offene Übergangsbrücken, jetzt zusätzlich Faltenbälge
tr	Wagen mit Traglasten
m	Wagen mit Mittelgang
e	Wagen mit elektrischer Heizung

Nebengattungszeichen der DB

i	Wagen mit offenen Übergängen, mit Mittelgang oder offenem Seitengang
ü	Wagen mit geschlossenen Übergangsbrücken (Faltenbalg) und geschlossenem Seitengang
y	Wagen mit geschlossenen Übergängen (Faltenbalg) und Mittelgang oder offenem Seitengang
m	Wagen mit einer Länge über Puffer/Kupplung von mehr als 24 m, Polsterung in der 2. Klasse und elektrischer Heizung
g	Wagen mit geschlossenen Übergängen, aber Gummiwülsten anstelle der Faltenbälge (nur in Verbindung mit ü oder y)
l	leichte vierachsige Wagen der Einheitsbauart mit weniger als 30 t Eigenmasse
s	geschlossener Seitengang in der 1. Klasse (nur in Verbindung mit i oder g)
tr	Wagen mit Traglasten
k	Wagen mit Küchenabteil

Nach einem Beschluß der 35. Europäischen Wagenbeistellungskonferenz in Madrid gilt seit 1. Januar 1967 ein neues Übereinkommen über die gegenseitige Benutzung der Personen- und Gepäckwagen im internationalen Verkehr (RIC-Übereinkommen), in dem auch international einheitliche Gattungszeichen vorgeschrieben wurden, die durch nationale Haupt- und Nebenzeichen ergänzt werden.

Hauptzeichen DR

A	Sitzplätze 1. Klasse
B	Sitzplätze 2. Klasse
D	Gepäckabteil bzw. Gepäckwagen
Post	Postabteil bzw. Postwagen
R	Speiseabteil
SR	Gesellschaftswagen
WR	Speisewagen
Dienst	Dienstwagen
ORT	Oberleitungsrevisionstriebwagen
Salon	Salonwagen
K	Schmalspurfahrzeug (den anderen Hauptzeichen vorangestellt)

Nebenzeichen DR

a	dreiachsiger Wagen
aa	zweiachsiger Wagen
b	Behelfssitzwagen der Baujahre 1943 bis 1945
e[1])	Wagen mit elektrischer Heizung
ee[1])	Wagen mit Energieversorgung aus der Hauptheizleitung
g	Wagen mit Gummiwulstübergängen und bei Schnellzugwagen mit Seitengang in den Sitz-, Liege- und Schlafwagen, nicht in Verbindung mit Nebenzeichen m
h	vier- und mehrachsige Sitzwagen mit Übergängen und Mittelgang, nur in Verbindung mit Nebenzeichen m, g oder ü
i	Durchgangswagen mit offenem Übergang
k	Wagen mit Küchenabteil, nicht bei WR, WL, BR und Br
m	Wagen mit einer Länge über Puffer/Kupplung von mehr als 24 m
o	Wagen mit Sitzplätzen 2. Klasse ohne Polster bzw. ohne Hartpolster
r	Schnellzugwagen mit Übergängen und mit Speiseraum zur Selbstbedienung
s	Seitengang bei Gepäckwagen oder Gepäckabteil
tr	Sitzwagen 2. Klasse mit Traglastenabteil
ü	Wagen mit Faltenbalgübergängen und Seitengang in den Sitz-, Liege- und Schlafwagen
w	leichte vierachsige Durchgangswagen bis zu 32 t Eigenmasse

[1]) wird seit 1988 nicht mehr verwendet

Gattungsbuchstaben DB

A	Sitzplätze 1. Klasse
B	Sitzplätze 2. Klasse
D	Gepäckabteil bzw. -wagen
Post	Postabteil bzw. -wagen
R	Speiseabteil
WG	Gesellschaftswagen
WL	Schlafwagen
WR	Speisewagen

Kennbuchstaben DB

g	Gummiwulstübergänge, in Verbindung mit ü oder y
l	zwei Endeinstiege, ein Mitteleinstieg, Gummiwulstübergänge in Verbindung mit y bei Eilzugwagen von mehr als 24 m Länge
m	Schnellzugwagen mit einer Länge von mehr als 24 m, Gummiwulstübergängen, geschlossenem Seitengang in den Sitzwagen, elektrischer Heizung oder Heizleitung
p	Schnellzugwagen mit Großraum und Mittelgang
s	– geschlossener Seitengang in 1. Klasse in Verbindung mit y, – Seitengang bei Gepäckabteil bzw. -wagen
ü	Schnellzugwagen mit Faltenbalgübergängen, geschlossenem Seitengang in den Sitzwagen
v	Schnellzugwagen mit dem Nebenzeichen m mit weniger als 10 A- bzw. 12 B-Abteilen oder 5 A-Abteilen bei AB-Wagen
y	Eilzugwagen mit Großraum, Mittelgang und Faltenbalgübergängen
z	Wagen mit zentraler elektrischer Energieversorgung aus der Hauptheizleitung (Zugsammelschiene) und ohne Dampfheizung

Ausrüstungsteile

Leistungsübertragungsart

Das Kennzeichen hat eine zweifache Aussage. Der erste Buchstabe gibt die Antriebsanlage und der zweite die Leistungsübertragungsart an. Die Antriebsanlage wird wie folgt gekennzeichnet:

d	Verbrennungsmotor für Dieselkraftstoff
v	Verbrennungsmotor für Vergaserkraftstoff

Die Leistungsübertragungsart wird wie folgt gekennzeichnet:

el	elektrische Leistungsübertragung
hydr	hydraulische Leistungsübertragung
hm	hydromechanische Leistungsübertragung
mech	mechanische Leistungsübertragung.

Leistungsübertragungssystem

Bei der elektrischen Leistungsübertragung wird die Grundschaltung angegeben:

Gebus	Gebus-Schaltung
RZM	RZM-Schaltung

Bei der hydraulischen, der hydromechanischen und der mechanischen Leistungsübertragung werden neben der Anzahl der Gänge (zum Beispiel 3 G) die Bauelemente angegeben:

W	Wandler
K	Kupplung
Z	Zahnradgetriebe.

Kühlung des Verbrennungsmotors

W	Wasserkühlung
L	Luftkühlung.

Steuerung

E	Einfachsteuerung
V	Vielfachsteuerung.

Bremsbauarten

Kp	Knorr-Bremse für Personenzüge
Ks	Knorr-Bremse für Schnellzüge
Wp	Westinghouse-Bremse für Personenzüge
Kkp	Kunze-Knorr-Bremse für Personenzüge
Kks	Kunze-Knorr-Bremse für Schnellzüge
Hikp	Hildebrand-Knorr-Bremse für Personenzüge
Hiks	Hildebrand-Knorr-Bremse für Schnellzüge
Hikss	Hildebrand-Knorr-Bremse für besonders schnell fahrende Züge
KE	Knorr-Einheitsbremse.

Hersteller- bzw. Lieferfirmen

ABB	Asea Brown Boveri AG, Mannheim
AEG	Allgemeine Elektricitäts-Gesellschaft, Berlin
Baut	Waggon- und Maschinenfabrik AG, vorm. Busch, Bautzen; jetzt Waggonbau Bautzen GmbH, Bautzen
BBC	Brown, Boveri & Cie, AG, Mannheim (später ABB)
BMW	Bayrische Motorenwerke, München
Bor	A. Borsig GmbH, Berlin-Tegel (später Borsig-Lokomotivwerke GmbH)
Btz	VEB Waggonbau Bautzen, Bautzen, jetzt Waggonbau Bautzen GmbH, Bautzen
Busch	Waggonfabrik Busch, Bautzen

Büs Büssing Nutzkraftwagen GmbH (früher H. Büssing Automobilwerke AG), Braunschweig, jetzt MAN Werk Braunschweig
ČKD Českomoravska Kolben Danék, Praha
Cre Gebr. Credé u. Co GmbH, Waggon, Geräte u. Eisenbahn, Kassel-Niederzwehren
Daim Daimler-Benz AG, Stuttgart-Untertürkheim
Dan Waggonfabrik Danzig, Danzig
Des Dessauer Waggonfabrik AG, Dessau
Deu Gasmotoren-Fabrik Deutz, Köln-Deutz (vorm. Maschinenbauanstalt Humboldt AG, Köln-Kalk bzw. Humboldt-Deutzmotoren AG)
Dres VEB Turbinenfabrik Dresden, Dresden
Düwag Düsseldorfer Waggonfabrik AG, Düsseldorf, jetzt Düsseldorf-Uerdinger Waggonfabrik AG, Werk Düsseldorf, Düsseldorf
DWK Deutsche Werke Kiel AG, Kiel, später Atlas-MaK, jetzt Krupp MaK Maschinenbau GmbH, Kiel
Eva Eisenbahn-Verkehrsmittel AG, Berlin/Wismar (später Triebwagen- und Waggonfabrik Wismar)
Fiat Fiat Ferroviaria, Savigliano (Italien)
Ford Ford-Werke Köln
Fu H. Fuchs, Waggonfabrik AG, Heidelberg
Ganz Ganz Mávag, Budapest
Gör VEB Waggonbau Görlitz, Görlitz; jetzt Waggonbau Görlitz GmbH, Görlitz
Got VEB Getriebewerk Gotha, Gotha
Goth Gothaer Waggonfabrik AG, Gotha
Hen Henschel & Sohn, Lokomotivfabrik GmbH, Kassel
HwL Hauptwerkstatt Liepaja (jetzt Lettland)
IFA Industrieverwaltung Fahrzeugbau, VEB Sachsenring Kraftfahrzeug- und Motorenwerk Zwickau/ Sa., Zwickau (vorm. A. Horch & Cie, Motorenwerke Aktiengesellschaft, Zwickau)
Joh VEB Dieselmotorenwerk, Berlin-Johannisthal
KHD Klöckner-Humboldt-Deutz AG, Köln-Deutz
Kört Gebrüder Körting AG, Körtingsdorf bei Hannover
Krupp Friedrich Krupp GmbH, Essen
LEW Lokomotivbau-Elektrotechnische Werke Hennigsdorf GmbH, Hennigsdorf; jetzt AEG Schienenfahrzeuge GmbH, Hennigsdorf
LHB Linke-Hofmann-Busch GmbH, Salzgitter-Watenstedt
LHBW Linke-Hoffmann-Busch-Werke, Breslau und Bautzen
LHW Linke-Hoffmann-Werke AG, Breslau
Lin Lindner AG, Ammendorf
Lütt Waggonfabrik Gebr. Lüttgens GmbH, Saarbrücken-Burbach
Maf Krauss-Maffei AG, München (vorm. Krauss und Maffei)
MaK Maschinenbau GmbH, Kiel (vorm. DWK), jetzt Krupp-MaK Maschinenbau GmbH, Kiel
MAN Maschinenfabrik Augsburg-Nürnberg AG (heute AMS Nürnberg)
May Maybach Motorenbau GmbH, Friedrichshafen
MBB Messerschmitt-Bölkow-Blohm GmbH, München-Ottobrunn und Donauwörth
ME Maschinenfabrik Esslingen, Esslingen-Mettingen
MSW Maffei-Schwartzkopff-Werke GmbH, Wildau
MTU Motoren- und Turbinen-Union Friedrichshafen GmbH (MAN, Maybach, Mercedes Benz), Friedrichshafen
MWM Motoren-Werke Mannheim, vorm. Benz, Mannheim
Myl Mylius, Deutsche Getriebe GmbH, Hannover
NAG Nationale Automobil-Gesellschaft, Berlin-Oberschöneweide
NFW Nordwestdeutscher Fahrzeugbau GmbH, Wilhelmshaven
Nie Waggonfabrik Niesky, Niesky (vorm. Christoph & Unmack, Niesky)
OK Orenstein & Koppel, Berlin (später Maschinenbedarf AG bzw. Orenstein-Koppel und Lübecker Maschinenbau, Berlin und Dorstfeldt)
Orion Orion-Werke, Eschwege/ Werra
Plas Deutsche Plasser Baumaschinen GmbH, Freilassing
Rath Waggonfabrik Jos. Rathgeber AG, München
Rhein Rheinmetall GmbH, Düsseldorf

Roßl VEB Elbewerk Roßlau, Roßlau
Schö Schöttler, Diepholz
SLM Schweizerische Lokomotiv- und Maschinenfabrik Winterthur, Winterthur
SSW Siemens-Schuckert-Werke, Berlin/Erlangen
Sten Sachsenwerk GmbH, Stendal
TAG Triebwagenbau AG, Kiel (später DWK)
Tal Waggonfabrik Talbot, Aachen
Tri Trilok (Klein, Schanzlin & Becker), Frankenthal
Uerd Waggonfabrik Uerdingen AG, Krefeld-Uerdingen, jetzt Düsseldorf-Uerdinger Waggonfabrik AG, Werk Uerdingen, Krefeld
Voith J. M. Voith Maschinenfabrik, Heidenheim/Brenz, jetzt Voith-Getriebe KG, Heidenheim (Brenz)
Vom Vogtländische Maschinenfabrik Vomag AG, Plauen
VWW Vereinigte Westdeutsche Waggonfabriken AG (Westwaggon), Köln-Deutz und Mainz-Mombach
Wasseg Liefergemeinschaft von AEG und SSW
Weg Waggonfabrik Gebr. Wegmann AG bzw. Wegmann & Co, Kassel
Wei Aktiengesellschaft für Eisenbahn- und Militärbedarf, Weimar
Werd Sächsische Waggonfabrik AG, Werdau (vorm. Waggonfabrik Werdau/Sachsen/GmbH/, später LHBW)
Wis Triebwagen- und Waggonfabrik Wismar AG, Wismar
WMD Waggon- und Maschinenbau GmbH, Donauwörth, jetzt Messerschmitt-Bölkow-Blohm (MBB), Unternehmensbereich Drehflügler und Verkehr, Donauwörth
Wumag Waggon- und Maschinenbau AG, Görlitz
ZF Zahnradfabrik GmbH, Friedrichshafen, jetzt Zahnradfabrik Friedrichshafen AG, Friedrichshafen
\+ neben den aufgeführten Kennzeichen existieren noch weitere Lieferfirmen.

Leistungsangaben

Bei den Verbrennungstriebwagen bezieht sich die Leistungsangabe auf die Nennleistung der Verbrennungsmotoren in kW. Die Traktionsleistung ist der Anteil der installierten Leistung, die zur Traktion (Fortbewegung) des Fahrzeugs zur Verfügung steht, d. h., der Verbrauch der Hilfsbetriebe usw. ist von der installierten Leistung abgezogen.

Wagenklassen

Bei der Angabe der Wagenklassen werden, unabhängig von der genauen Jahreszahl der Umstellung der Wagenklassensysteme, bei den Länderbahnen das 4-Klassen-System (I., II., III. und IV. Klasse), bei der DRG das 3-Klassen-System (1., 2. und 3. Klasse) und bei der DB und der DR das 2-Klassen-System (1. und 2. Klasse) verwendet.

Abteilmaße

Bei der Abteiltiefe werden die Hauptmaße angegeben. Einzelne Abteile können infolge der konstruktiven Ausführung kleinere Maßabweichungen von den Zeichnungs- oder Tabellenangaben haben. Die Sitzplatzbreite ist zumeist ein errechneter Wert aus der Breite der Sitzbank geteilt durch die Anzahl der Sitzplätze. Kleine Abweichungen, zum Beispiel Sitzplätze neben Türen, werden nicht genannt, da sie nicht immer typisch sind.

Spezifische Kennziffern

Die aufgeführten spezifischen Kennziffern stellen keine Güteklassifizierung des jeweiligen Triebwagens dar, ermöglichen jedoch eine gute Beurteilung der Entwicklung der Fahrzeuge. Es muß freilich besonders darauf verwiesen werden, daß ein Vergleich der spezifischen Antriebsleistung zwischen verschiedenen Triebwagenarten (z. B. ET mit

VT) zu falschen Schlußfolgerungen führt, da die zur Errechnung verwendeten Werte der Leistung voneinander abweichende Bezugspunkte haben.
Bei der Sitzplatzmasse bezieht der Wert in der Klammer auch die Sitzplätze im Speiseraum mit ein. Auch diese Angaben sind nur vergleichbar, wenn gleichzeitig der Komfort des Fahrgastraums berücksichtigt wird (Sitzplatzanordnung, Abteiltiefe, Wagenklasse, Sitzgestaltung usw.).

Indienststellung und Verbleib

Die Angaben für die Indienststellung geben die Jahre des ersten und letzten Fahrzeuges der jeweiligen Spalte an. Beim Verbleib ist die Angabe das letzte Jahr der Ausmusterung bzw. des Umbaues.
Wenn das Betriebsende mit einem Umbau in eine neue Baureihe verbunden war bzw. die betreffende Baureihe infolge eines Umbaus in Dienst gestellt wurde, dann ist die Jahreszahl in den Tabellen mit einem U versehen.
Eine Ausmusterung ist mit A gekennzeichnet.
In Klammern gesetzte Buchstaben bedeuten, daß der Umbau bzw. die Ausmusterung nur bei einem Teil der Fahrzeuge stattfand. Ausmusterungen und Umbauten beziehen sich auf die gesamte Baureihe und berücksichtigen in der Regel nicht Einzelfälle, zum Beispiel eine Ausmusterung nach einem Unfallschaden.
Besteht ein Fahrzeug als Museumsfahrzeug weiter, so ist dies bei Verbleib mit M gekennzeichnet. Ist das Fahrzeug nicht mehr betriebsfähig, dann wird es mit Mn gekennzeichnet.

Dampftriebwagen

Entwicklungsgeschichte

Länderbahnen (bis 1920)

Der Gedanke, Triebwagen zu bauen, ist fast ebenso alt wie die Eisenbahn selbst. Als einziger brauchbarer Antrieb kam anfangs nur die Dampfmaschine in Betracht. Strenggenommen war bereits die Lokomotive „The Novelty" (Zeichnung S. 20), die 1829 Braithwaite und Ericsson für die berühmte Wettfahrt von Rainhill bauten, ein Triebwagen, denn der Kessel lag unterhalb des Hauptrahmens, und das Fahrzeug hatte eine offene Plattform. Wegen Schäden schied die Lokomotive aber schon bei den Versuchsfahrten aus.
Im Ausland beschäftigte man sich sehr intensiv mit Versuchen zum Bau von Dampftriebwagen (z. B. wurde im Jahre 1847 in England der erste Dampftriebwagen in Dienst gestellt); diesen war jedoch kein bleibender Erfolg beschieden. Sie waren technisch noch nicht ausgereift und zu leistungsschwach. Als schwierig erwies sich das Unterbringen des Kessels und der Brennstoff- und Wasservorräte. Die ersten Fahrzeuge wurden der Dampflokomotive entlehnt und bestanden deshalb im wesentlichen aus einer in einen Personenwagen eingebauten Kleindampflokomotive. Später glaubte man, in den Kleinkesseln mit hohem Druck und rascher Verdampfung eine günstigere Konstruktion gefunden zu haben, doch sie bewährten sich nicht. Besser eigneten sich Röhrenkessel (stehend oder liegend) sowie kleine Lokomotivkessel mit Überhitzung.

Lokomotive „The Novelty"
Baujahr 1829

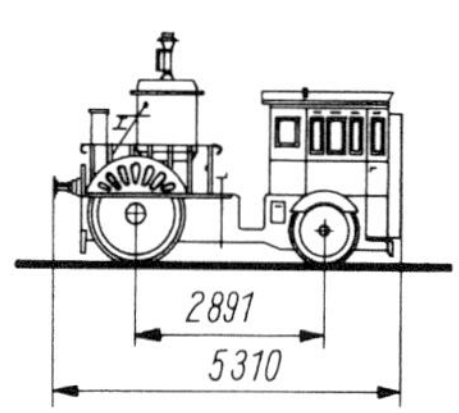

Dampfdraisine der Berlin-Hamburger Eisenbahn
Baujahr 1854; Radsatzanordnung 1 A; Höchstgeschwindigkeit 22 km/h; Leistung 40 kW; Innenrahmen; stehender Kessel; Innenzylinder; Mitführen von Personenwagen möglich

Als ersten deutschen Dampftriebwagen kann man eine Dampfdraisine der Berlin-Hamburger Eisenbahn bezeichnen, die im November 1854 von Borsig geliefert wurde und lange im Einsatz war (Zeichnung S. 20).
Im Jahr 1877 wurden von Krauss die Dampftriebwagen „Adlershof" und „Grünau" an die Berlin-Görlitzer Bahn geliefert.
1879 nahm die Niederschlesisch-Märkische Eisenbahn auf der Berliner Ringbahn zwei Dampftriebwagen (Betriebsnummern 1 und 2) der Bauart Weissenborn in Betrieb. Die von Gruson erbauten Fahrzeuge hatten zwei Drehgestelle, von denen eines den Dampfkessel und die Dampfmaschine trug. Der stehende Dampfkessel mit Field-Rohren von 9,1 m^2 Heizfläche und $12 \cdot 10^5$ Pa Überdruck wurde mit Koks beheizt. Diese Triebwagen (Leistung 18 kW, Höchstgeschwindigkeit 35 km/h, Dienstmasse 23,5 t, 13/30 Sitzplätze der ehemaligen II./III. Klasse, Gepäckraum) wurden 1883 von der PrStB übernommen, erhielten die Betriebsnummern Berlin 1900 sowie Berlin 1901

und verkehrten ab 1884 im Dienstverkehr zwischen Rummelsburg und Markgrafendamm. Zwei weitere Triebwagen der Bauart Weissenborn stellte 1880 Schwartzkopff für die Niederschlesisch-Märkische Eisenbahn her (Betriebsnummern 3 und 4), die 1883 von der PrStB übernommen wurden und die Betriebsnummern Berlin 1902 und Berlin 1903 erhielten. Das Triebdrehgestell mit der Kesselanlage war hierbei nicht in den Wagenkasten eingebaut, sondern lief als „Kleinlokomotive mit Ummantelung" vor dem Wagen. Die Hilfsräder dienten zum Abstützen des Wagenkastens bei entferntem Triebdrehgestell. Im Jahre 1885 wurden die Triebwagen auf der Strecke Falkenberg–Hoyerswerda eingesetzt (Erfurt 1913 und Erfurt 1914). Im Jahre 1886 bekamen sie neue Kessel von Henschel. Sie wurden im Jahre 1895 ausgemustert.

Ebenfalls im Jahre 1879 lieferte Krauss an die Militäreisenbahn einen Dampftriebwagen der Radsatzanordnung 1 A, genannt „Dampfaviso", der jedoch bereits 1898 weiterverkauft wurde.

In den Jahren 1879 bis 1882 lieferten die Maschinenfabrik Esslingen und die Firma Klett doppelstöckige Dampftriebwagen „Glueckauf", „Puck" und „Gnom" mit innenliegender Dampfmaschine, Bauart Thomas, an die Hessische Ludwigsbahn (Zeichnung S. 21). Die Fahrzeuge (Betriebsnummern I, II und III) bestanden aus einem zweiachsigen Personenwagen und einem einachsigen Maschinengestelle letzteres mit einem Hilfsradsatz unter der Pufferbohle. 1880 folgte noch ein doppelstöckiger Dampftriebwagen der Lokomotivfabrik Hohenzollern.

Aber auch andere Bahnverwaltun-

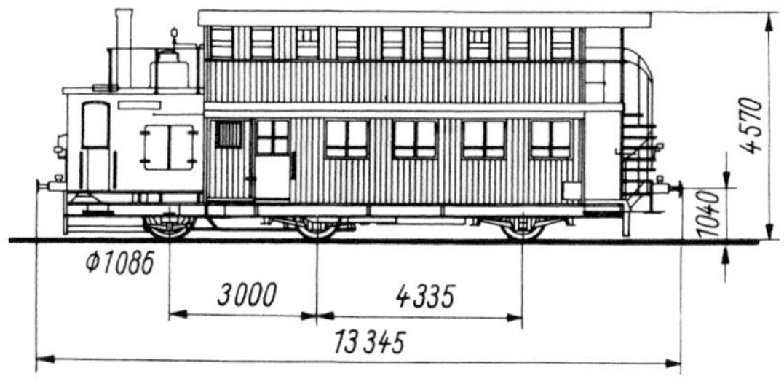

Dampftriebwagen der Hessischen Ludwigsbahn
Baujahr 1879/1882; Radsatzanordnung A 2; Leistung 74 kW; Rostfläche 0,52 m²; Heizfläche 34 m²; Überdruck 10 · 10⁵ Pa; Höchstgeschwindigkeit 40 km/h, später 50 km/h; Dienstmasse 32,0 t; zweiachsiger Maschinenteil mit Wagen fest verbunden, Außenrahmen, querliegender Kessel, Innenzylinder; 6/14/60 bzw. 10/10/60 Sitzplätze der I./II./III. Klasse

Dampftriebwagen der BayStB
Baujahr 1882; Radsatzanordnung B'2'; Leistung 74 kW; Heizfläche 31 m²; Überdruck 12 · 10⁵ Pa; Stephnson-Steuerung; Höchstgeschwindigkeit 50 km/h; Dienstmasse 23,3 t; Triebdrehgestell Kastenrahmen mit Außenzylindern, querliegender Kessel; 15/52 Sitzplätze der II./III. Klasse, davon 37 Plätze im oberen Stock

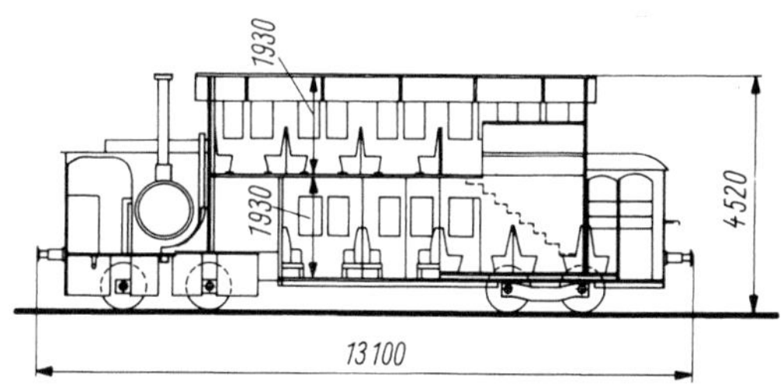

gen, hauptsächlich Privatbahnen, beschafften Dampftriebwagen, um wirtschaftliche Zugfahrten einlegen zu können. So wurden z. B. 1881 zwei Dampftriebwagen der Bauart Rowan (Leistung 44 kW, Höchstgeschwindigkeit 30 km/h, Dienstmasse 20 t, 8/32 Sitzplätze II./III. Klasse, Post- und Gepäckraum, Länge über Puffer rund 11 m) auf der Hoya-Eystruper Eisenbahn und acht Jahre später zwei weitere Rowan-Triebwagen auf der Straßenbahn Großlichterfelde–Teltow (–Stahnsdorf) in Dienst gestellt.

Die BayStB erhielt 1882 von Krauss einen Dampftriebwagen (Zeichnung S. 21) zur Betriebserprobung; der Triebwagen konnte schon in beiden Richtungen fahren, wobei während der Rückwärtsfahrt der Dampfregler und die Bremse von der Wagenplattform aus bedient wurden. Den Triebwagen übernahm die BayStB jedoch nicht, weil man kein geeignetes Anwendungsgebiet zu haben glaubte; er verkehrte nur zwei Monate versuchsweise im Regelzugdienst.

Die Lokomotivfabrik Hohenzollern lieferte ein Jahr später noch weitere zweistöckige Triebwagen der Bauart Thomas u. a. an die SäStB (drei Triebwagen), wo sie sich gut bewährten und noch um die Jahrhundertwende im Raum Leipzig

Dampftriebwagen Nr. 301 der ehemaligen Militäreisenbahn Berlin–Zossen–Jüterbog Baujahr 1908; Radsatzanordnung A 1; Höchstgeschwindigkeit 60 km/h (vorwärts); Dienstmasse 21,0 t; Rostfläche 0,712 m^2; Gesamtheizfläche 33,6 m^2
Foto: Archiv transpress

und im Raum Pirna ihren Dienst taten. Die Reisenden mieden allerdings das obere Stockwerk.
Zwei Thomas-Triebwagen mit der Radsatzanordnung A 1 gingen an die Direktion Elberfeld und zwei Triebwagen mit der Radsatzanordnung A 2 an die Privatbahn Oels–Gnesen (später als Breslau 1900 und Breslau 1901 der PrStB). In den Jahren 1895 bis 1903 schaffte die WüStB sieben zweiachsige Triebwagen (DW1 bis DW7) an, die einen Serpollet-Kessel (Maschinenleistung 18 kW) hatten. Der Serpollet-Kessel, von der Maschinenfabrik Esslingen nach dem Patent der Firma Société Serpollet in Paris hergestellt, war ein System von Röhren mit besonders engem Querschnitt, wobei das Wasser auf die überhitzten Rohre gespritzt wurde und überhitzter Dampf entstand. Dabei erzeugte die Anlage jeweils nur soviel Dampf, wie für einen Hub der Dampfmaschine benötigt wurde. Der Betriebsdruck betrug bis zu $94 \cdot 10^5$ Pa.
Die Triebwagen erhielten im Jahre 1908 einen Kittel-Kessel, da der Serpollet-Kessel wegen zu geringer Leistung, fehlender Kesselreserve und zu schnellem Verstopfen der Rohre nicht den Erwartungen entsprach. Der Kittel-Kessel, ebenfalls von der Maschinenfabrik Esslingen hergestellt, war ein stehender, stehbolzenloser Röhrenkessel mit größerer Verdampfungsoberfläche.
Auch die Preußische Militär-Eisenbahn setzte auf der Strecke Zossen–Kummersdorf einen Kittel-Dampftriebwagen ein (Foto S. 22).
Der Serpollet-Dampftriebwagen der SäStB schied wegen unzuver-

Schmalspur-Dampftriebwagen DWss 1 der WüStB
Baujahr 1907; Radsatzanordnung (1 A) 2′; Leistung 25,8 kW; Höchstgeschwindigkeit 30 bzw. 40 km/h; Spurweite 750 mm; Dienstmasse 21,4 t; Rostfläche 0,712 m^2; Gesamtheizfläche 35,0 m^2, anfangs 16/16 Sitzplätze III./IV. Klasse, später 7/27 Sitzplätze II./III. Klasse
Foto: Archiv transpress

lässiger Dampferzeugung bald wieder aus dem Betrieb aus und wurde 1925 verschrottet.
Die WüStB besaß ferner einen Schmalspur-Dampftriebwagen mit Kittel-Kessel (Foto S. 22) für die Bottwartalbahn, der im Jahre 1907 von Esslingen geliefert wurde.
In den Jahren 1903 und 1904 wurden von der Firma Ganz, Budapest, je ein Dampftriebwagen mit der Radsatzanordnung A 1 für die PrStB (Gattung DT 1, Betriebsnummer Hannover 6608), für die BayStB (Betriebsnummer 2521 MBCi) und für die Pfälzischen Eisenbahnen (Betriebsnummer 1, MBCL) beschafft. Der 2521 MBCi wurde später in den Oberleitungs-Turmtriebwagen 701 402 Halle umgebaut und hatte zuletzt einen dieselelektrischen Antrieb.
Eine abweichende Maschinenanordnung wiesen die zweiachsigen Dampftriebwagen nach de Dion-Bouton auf, die von der PrStB bei der Hannoverschen Waggonfabrik im Jahre 1905 beschafft wurden (Betriebsnummern Hannover 6609 bis 6611). Die 37-kW-Verbundmaschine lagerte auf dem Treibradsatz, der als Lenkradsatz ausgeführt war, mittels Tatzlagern und mit dem Zylinderende federnd am Wagenkasten. Das Drehmoment wurde durch Zahnradgetriebe übertragen, wobei die Änderung der Übersetzung nur im Stillstand erfolgen konnte. Die größte Fahrgeschwindigkeit betrug 55/60 km/h. Die Bedienung des Kessels war einfach, so daß auf einen Heizer verzichtet werden konnte. Die Kessel arbeiteten mit 19 · 10⁵ Pa bis 20 · 10⁵ Pa Überdruck. Im Jahre 1909 wurden sie auf Kittel-Kessel umgebaut.
Im Jahre 1905 kamen auch die Dampftriebwagen der Bauart Stoltz heraus, die wegen des Betriebsdruckes von 35 · 10^5 Pa von den anderen Bauarten abwichen. Die PrStB beschaffte von Hanomag für Nebenbahnstrecken zwei dreiachsige Triebwagen dieser Bauart (Zeichnung S. 23), die die Betriebsnummern Breslau 81 und 82 erhielten. Die Triebwagen hatten anfangs Ölfeuerung. Später erhielt ein Triebwagen einen anderen Kessel mit Kohlefeuerung (zu diesem Zeitpunkt war der andere Triebwagen schon ausgemustert).
In den Jahren 1906 bis 1911 wurden zehn Kittel-Dampftriebwagen an die WüStB geliefert (Betriebsnummern DW 8 bis DW 17).
Maffei und MAN lieferten in den Jahren 1906 bis 1909 an die BayStB sieben vierachsige Dampftriebwagen, die mit zwei Beiwagen eine Geschwindigkeit von 75 km/h erreichten (Zeichnung S. 23). Drei Triebwagen erhielten eingebaute Kleinlokomotiven (ähnlich der Gattung PtL 2/2 der BayStB). Vier Triebwagen wurden mit einem Wasserrohrkessel der Bauart Turgan ausgerü-

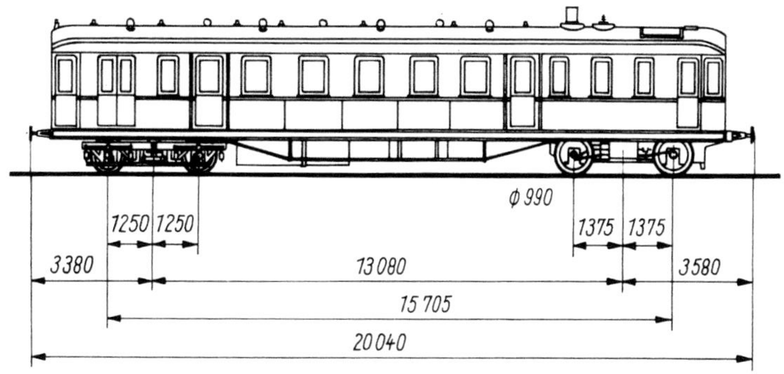

Dampftriebwagen der BayStB
Baujahr 1906; Radsatzanordnung B'2'; Rostfläche 0,87 m^2; Überhitzerfläche 6,95 m^2; Heizfläche 41,17 m^2; Überdruck 16 · 10^5 Pa; Höchstgeschwindigkeit 75 km/h; Dienstmasse 53,0 t; 55/20 Sitzplätze der III./IV. Klasse

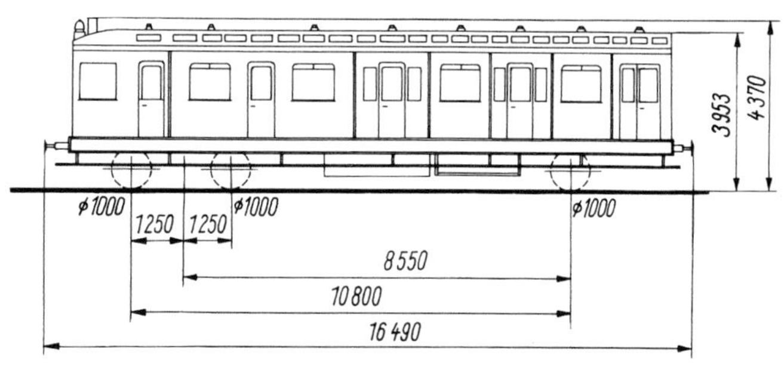

Dampftriebwagen der PrStB, Gattung DT 2, Bauart Stoltz
Baujahr 1905; Radsatzanordnung (1 A) 1; Leistung 74 kW; Heizfläche 18,3 m^2; Betriebsdruck 35 · 10^5 Pa; Höchstgeschwindigkeit 50 km/h; Dienstmasse 39,7 t; 32/16 Sitzpläze der III./IV. Klasse; Ölfeuerung; später auf Kittel-Kessel umgebaut

Dampftriebwagen DT 51 bis DT 53, System Doble, mit Steuerwagen Baujahr 1932; Radsatzanordnung Bo'2'; indizierte Leistung 222 kW; Höchstgeschwindigkeit 90 km/h; Dienstmasse 36,0 t; 8/62 Sitzplätze der 2./3. Klasse *Foto: Sammlung Dr. Scheingraber*

stet. Zwischen den Treibachsen befand sich auf jeder Seite ein Zylinderpaar, in dem sich die Kolben gegenläufig bewegten und auf die um 180° gegeneinander versetzten Kurbeln wirkten. Dadurch entstand ein vollständiger Masseausgleich. Diese Triebwagen verkehrten auf den Hauptstrecken München–Holzkirchen und München–Weilheim sowie auf der Nebenbahnstrecke München–Herrsching. Sie bewährten sich gut. Vier Triebwagen wurden 1924 in Elektrotriebwagen (spätere Baureihe ET 85) und ein Triebwagen in einen Verbrennungstriebwagen (VT 865) umgebaut.

In den Jahren 1914 und 1915 lieferte die Maschinenfabrik Esslingen acht Kittel-Dampftriebwagen an die BadStB (Betriebsnummern 1000 bis 1007), die der Ausführung der WüStB weitgehend entsprachen.

Die ungünstigen Erfahrungen mit den damaligen Dampfkesseln führten letztlich dazu, daß die Dampftriebwagen nicht weitergebaut wurden. Insbesondere der Serpollet-Kessel war zu schwierig und zu kostspielig zu unterhalten. Aber auch die Kesselbauarten von de Dion-Bouton und Stoltz hatten keine Zukunft. Dagegen zeigten die Röhrenkessel bessere Betriebsergebnisse, so daß die Triebwagen mit Kittel-Kessel bis in die fünfziger Jahre noch erfolgreich im Einsatz waren.

Deutsche Reichsbahn-Gesellschaft (1920 bis 1945)

Nach dem Ersten Weltkrieg setzte eine lebhafte Entwicklung des Verbrennungstriebwagens ein. Als jedoch mit steigender Antriebsleistung die Leistungsübertragung des Verbrennungstriebwagens Schwierigkeiten bereitete, schenkten die Verfechter des Dampftriebwagens dieser Antriebsform wieder mehr Aufmerksamkeit. Beeinflußt durch die in den USA gerade mit Erfolg erprobte vollautomatische Dampferzeugungsanlage mit Einrohrkessel nach Doble, rüstete man einen zweiachsigen Triebwagen (DT 15) mit einer solchen importierten 74-kW-Anlage aus. Diese Dampferzeugungsanlage arbeitete mit Hochdruck ($100 \cdot 10^5$ Pa). Der Dampfkessel hatte Ölfeuerung. Die Dampfmaschine war als Tatzlagermaschine über ein Zahnradgetriebe mit dem Treibradsatz verbunden. Der Triebwagen wurde später in den Beiwagen VB 140 384 umgebaut. Ein Wagen der Gothaer Wag-

Dampftriebwagen DT 16, System Doble Baujahr 1931; Radsatzanordnung A 1; indizierte Leistung 73,6 kW; Höchstgeschwindigkeit 65 km/h; Dienstmasse 14,5 t; 42 Sitzplätze 3. KLasse

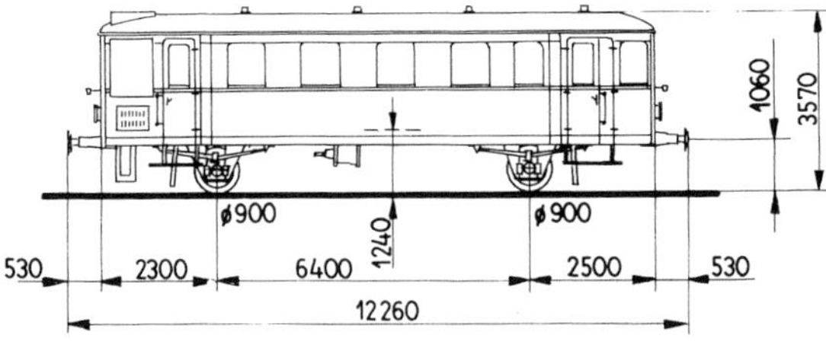

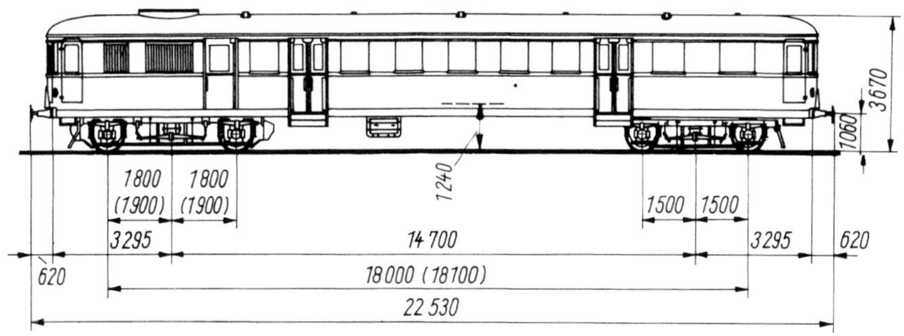

Dampftriebwagen DT 54 bis DT 58, System Doble
Baujahr 1934; Radsatzanordnung Bo'2'; Höchstgeschwindigkeit 90/110 km/h; Dienstmasse 43,5 t; ölgefeuerter Kessel; schnellaufende Dampfmaschinen im Triebdrehgestell; Antrieb über Zahnradvorgelege in Tatzlagerbauart; Abdampfrückgewinnung; Leistung 2 x 111 kW; Vielfachsteuerung; 60 Sitzplätze (Klammerwerte für DT 57 und DT 58 sowie DT 54 bis DT 56 nach Umbau)

gonfabrik wurde in den Jahren 1931/32 vom RAW Tempelhof in den Dampftriebwagen DT 16 (Zeichnung S. 24) umgebaut.
Im Jahre 1932 folgten die Triebwagen DT 51 bis DT 53 (Foto S. 24) und zwei Jahre später die Triebwagen DT 54 bis DT 58 (Zeichnung S. 25) von Wegmann und Henschel bzw. Borsig mit Doble-Kesselanlagen. Sie zeigten ein gutes Betriebsverhalten, wiesen jedoch kleine Unzulänglichkeiten, wie die Abdampfentölung sowie Kesselschäden, auf. Positiv wurden die schnelle Betriebsbereitschaft und die geringen Betriebsgeräusche bewertet. Der Brennstoffverbrauch lag jedoch doppelt so hoch wie bei einem gleichwertigen Verbrennungstriebwagen.
Auch die Lübeck-Büchener Eisenbahn erhielt 1934 einen 222-kW-Dampftriebwagen mit je zwei Doble-Kesseln mit der Radsatzanordnung Bo'2' und einer Höchstgeschwindigkeit von 110 km/h. Der Triebwagen wurde mit einem Steuerwagen als Triebzug ab 15. Mai 1935 im Schnellverkehr Hamburg–Lübeck eingesetzt und mit Braunkohlen, später aber Steinkohlenteeröl betrieben. Bei der Übernahme am 1. Januar 1938 durch die DRG erhielt er die Betriebsnummer DT 63 (Zeichnung S. 26)
An den Dampftriebwagen erinnerte man sich wieder besonders, als in Deutschland der Zweite Weltkrieg vorbereitet wurde und eine vom Ausland unabhängige Wirtschaft geschaffen werden sollte. Man suchte deshalb nach Lösungen, anstelle des Dieselkraftstoffs (für VT) und Gasöls (für DT) feste Brennstoffe zu verwenden. Die Lösung sah man beispielsweise in einem Spezialkessel mit mechanischer Rostbeschickung. Angeregt durch Preisausschreiben mit hohen Gewinnen fertigte die Waggonfabrik Wismar einen Triebwagen an (Zeichnung S. 26), der als Versuchsfahrzeug von Borsig einen Schwelkoksdampferzeuger mit 220 kW zur „Verwendung heimischer fester Brennstoffe" besaß. Da der Kessel sehr schwer ausfiel, mußte die Antriebsanlage im hinteren Drehgestell angeordnet werden. Diese war mit dem Kessel über gelenkige Rohrleitungen verbunden, die bei den Versuchsfahrten jedoch nicht befriedigen konnten. Trotz großer Bemühungen blieb diese Entwicklung erfolglos und wurde nicht weiter verfolgt. Aber auch andere Entwürfe wurden angefertigt, wie beispielsweise ein dreiteiliger Triebzug mit mittlerem Maschinenwagen, der eine Höchstgeschwindigkeit von 130 km/h erreichen sollte.

Deutsche Reichsbahn (1945 bis 1990)

Das Erbe des Zweiten Weltkrieges war ein stark zerstörtes Eisenbahnnetz, auf dem ein Eisenbahnverkehr kaum mehr möglich war. Neben 56 % der Lokomotiven und 59 % der Personenwagen war der Bestand an Triebwagen fast völlig zerstört oder beschädigt.
Zunächst wurde das Eisenbahnwesen unter Leitung der Sowjetischen Militär-Administration in Deutschland (SMAD) wieder in Gang gesetzt. Am 1. September 1945 ging, entsprechend dem Befehl Nr. 8 der SMAD, der Eisenbahnbetrieb in deutsche Verwaltung über. Im August 1947 wurde als erstes internationales Abkommen der sowjetischen Besatzungszone mit der ČSR ein Übereinkommen über den grenzüberschreitenden Eisenbahnverkehr abgeschlossen. Im gleichen Jahr wurde der Eisenbahn-Fährverkehr mit Dänemark und Schweden wieder aufgenommen.
In den Jahren 1949 bis 1952 kamen zahlreiche Lokomotiven und Triebwagen von den ehemaligen Privatbahnen (insgesamt 3 300 km Streckenlänge) in den Bestand der DR.
Mitte der fünfziger Jahre wurde mit dem Neubau von Triebfahrzeugen begonnen. Zuerst waren es Dampf-

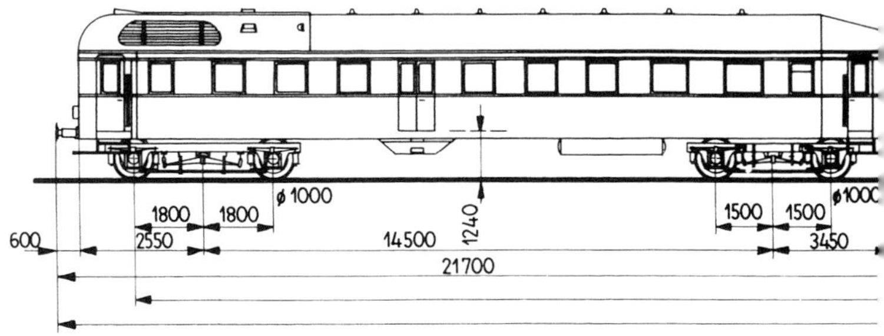

Dampftriebwagen DT 2000 der Lübeck-Büchner Eisenbahn (später DT 63 + VS 145 373 der DRG) System Doble Baujahr 1933; Radsatzanordnung Bo'2' + 2'2'; indizierte Leistung 222 kW; Höchstgeschwindigkeit 110 km/h; Dienstmasse 55,1 t + 33,1 t; Sitzplätze 12/88 2./3. Klasse sowie 12 Klappsitze

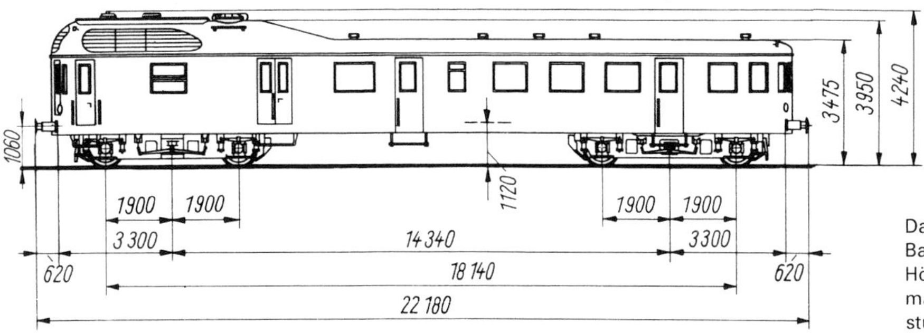

Dampftriebwagen DT 59, System Borsig Baujahr 1937; Radsatzanordnung 2'Bo'; Höchstgeschwindigkeit 110 km/h; Dienstmasse 56,5 t; Schwelkoksdampferzeuger; Leistung 220 kW; 6/42 Sitzplätze 2./3. Klasse

lokomotiven, z. T. auch solche, die durch umfangreiche Rekonstruktionsmaßnahmen einem Neubau gleichkamen. Später begann die Neuentwicklung von Diesellokomotiven und -triebwagen sowie von elektrischen Lokomotiven und Triebwagen.

Am 1. September 1955 wurde der elektrische Zugbetrieb zwischen Halle (Saale) und Köthen wieder aufgenommen.

Auch internationale Schnelltriebwagenverbindungen wurden von der DR wieder eingerichtet, wobei die bekannteste wohl der „Vindobona" ist, der seit 13. Januar 1957 zwischen Berlin–Prag–Wien verkehrt.

Mit den sechziger Jahren begann der Traktionswandel. 85 % der Zugförderung erfolgten Ende der siebziger Jahre mit elektrischen Triebfahrzeugen oder Verbrennungstriebfahrzeugen. Zur Verbesserung der Instandhaltung und der Wirtschaftlichkeit wurden zahlreiche Baureihen und Einzelfahrzeuge an Vorkriegs-Triebfahrzeugen ausgemustert, darunter auch viele Triebwagen.

Mit der Übernahme der Privatbahnen kam auch ein Dampftriebwagen Bauart Kittel in den Bestand der DR, der 1 A-h 2-DT der Oderbruchbahn, Betriebsnummer 3-2001 (ex DT 6 der DRG). Er erhielt die neue Betriebsnummer DT 151. Der Triebwagen war jedoch nicht mehr im Betriebseinsatz und wurde im November 1957 zerlegt.

Bei der DR erhielt die Idee des Dampftriebwagens nochmals einen Impuls, als Wendler in den fünfziger Jahren den schadhaften Dampftriebwagen DT 59 auf Kohlenstaubfeuerung (Braunkohlenstaub) umbaute (Foto S. 25). Bei Versuchsfahrten mit einem Beiwagen benötigte der Triebwagen 5 kg Kohlenstaub für 1 km Strecke, so daß die Füllung einen Fahrbereich von 400 km bis 500 km ermöglichte. Die Anfahr- und Fahreigenschaften waren gut. Das Fahrzeug kam jedoch über Probefahrten nicht hinaus, da Triebwagen mit Dieselmotor wirtschaftlicher sind.

Deutsche Bundesbahn (1945 bis 1990)

Im Bereich der DB waren durch die Einwirkungen des Zweiten Weltkrieges u. a. 61,4 % der Dampflokomotiven, 49,4 % der elektrischen Lokomotiven, 45,2 % der Akkumulator-

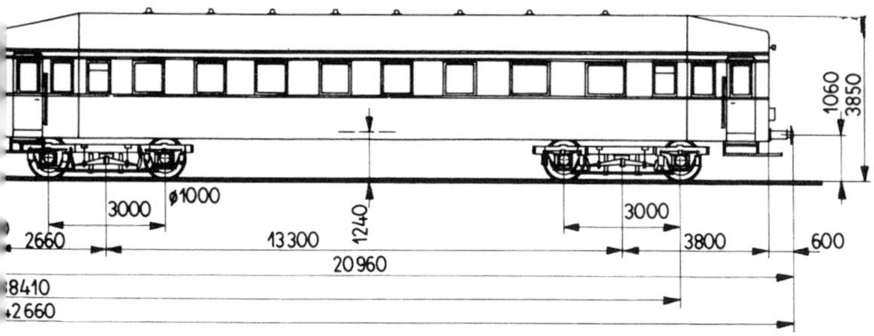

triebwagen und 76,6 % der Verbrennungstriebwagen zerstört oder beschädigt.

Die DB, am 13. Dezember 1951 gebildet, betrieb 1955 ein Streckennetz von 30 500 km. Die 235 nichtbundeseigenen Eisenbahnen, im „Verband Deutscher Nichtbundeseigener Eisenbahnen e.V. (VDNE)" zusammengeschlossen, verfügten 1956 über eine Betriebsstreckenlänge von 5 959 km. Nach einer Zeit der Umbauten und Verbesserungen des vorhandenen Triebfahrzeugparkes wurde Anfang der fünfziger Jahre mit dem Neubau von Triebfahrzeugen für die DB begonnen. Nahezu gleichzeitig wurden neue Dampflokomotiven sowie Lokomotiven und Triebwagen mit elektrischem und verbrennungsmotorischem Antrieb gebaut:

1950 Dampflokomotiven Baureihen 23 und 82,
1950 Baumuster des Schienenbusses VT 95.9,
1952 Prototypen der Ellok-Baureihe E 10,
1952 elektrischer Triebwagen der Baureihe ET 56,
1952 Akkumulatortriebwagen der Baureihe ETA 176,
1952 Verbrennungstriebwagen der Baureihen VT 08.5 und VT 12.5.

Mit der Ablösung der Dampflokomotive gingen auch die Stillegung unwirtschaftlicher Nebenbahnstrekken sowie die Ausmusterung oder Modernisierung veralteter Triebfahrzeuge und Wagen einher. Große Aufmerksamkeit wurde der Ausdehnung des elektrischen Streckennetzes gewidmet; von 1 597 km im Jahre 1945 wuchs das elektrifizierte Netz auf 12 149 km am 31. Dezember 1992, wobei bis auf die Hamburger S-Bahn ausschließlich das $16^2/_3$-Hz-Bahnenergiesystem angewendet wird. Damit sind 45,4 % des Streckennetzes elektrifiziert, auf dem 86,5 % der Betriebs-

Dampftriebwagen DT 59 nach Umbau auf Kohlenstaubfeuerung (mit Beiwagen)
Foto: H. Wendler

leistungen erbracht werden. Mit der Ausweitung des elektrischen Streckennetzes wurden umfangreiche S-Bahn-Netze aufgebaut bzw. erweitert. Auch der Dieselbetrieb erlebte eine schnelle Entwicklung und dominierte anfangs im Fernschnell- und im Nebenbahnverkehr. Mit der Ausdehnung des elektrischen Streckennetzes wurden aber Verschiebungen der Einsatzgebiete erforderlich, so daß der Fernschnellverkehr heute fast ausschließlich elektrisch gefahren wird.
Mit dem umfangreichen Park von 237 Akkumulatortriebwagen (Ende 1975) wurde eine lange Zeit bei der DB diese wirtschaftliche Traktionsart betrieben. Die billigen Nachttarife für Elektroenergie im Vergleich zu den Preisen für Dieselkraftstoff hatten hier einen großen Einfluß. Trotzdem erfolgt derzeitig kein Neubau von Akkumulatortriebwagen.
In den letzten Jahren hat die DB begonnen, im gesamten Triebfahrzeugpark eine neue Generation einzuführen, wie die Baureihen 401, 420 und 472 der elektrischen Triebwagen und die Baureihen 614, 627 und 628 der Verbrennungstriebwagen zeigen.
Bei der DB wurden keine Dampftriebwagen neu entwickelt. Zwei Dampftriebwagen (DT 1 und DT 8) der BadStB verkehrten noch im Bw Freiburg P, wobei als letzter Dampftriebwagen der DT 8 im Jahre 1954 ausgemustert wurde. Damit ging die Ära der Dampftriebwagen bei deutschen Eisenbahnen zu Ende.

Deutsche Bundesbahn/Deutsche Reichsbahn (ab 1990)

Die beiden Bahnverwaltungen DB und DR haben im gemeinsamen Beschaffungsprogramm neuer Triebfahrzeuge keine Dampftriebwagen aufgenommen, da Dampftriebwagen derzeitig keine wirtschaftlichen Fahrzeuge darstellen.

DT 1 bis 14

WüStB DW 8 bis 17
BadStb 1000 bis 1007

A 1

1905 bis 1954

Techn. Daten: Seite 204

Die Dampftriebwagen der Bauart Kittel wurden in den Jahren 1905 bis 1909 bei den WüStB, im Jahre 1908 bei der Militäreisenbahn und in den Jahren 1914 und 1915 bei den BadStB in Dienst gestellt.
Die badischen Wagen erhielten die Betriebsnummern 1000 bis 1007 (später DT 1 bis DT 8). Der Wagen der Militäreisenbahn hatte die Betriebsnummer 301 und wurde 1921 an die Sensetal-Bahn in die Schweiz verkauft. Die württembergischen Wagen hatten die Betriebsnummern DW 8 bis DW 17 (später DT 9 bis DT 11 und DT 13), während die Serpollet-Dampftriebwagen DW 2 bis DW 7 aus den Jahren

DT 13 (ex DW 8 der WüStB)
Foto: Sammlung H. D. Reichardt

1899 bis 1903 im Jahre 1908 auf Kittel-Kessel umgebaut wurden (später DT 12 und DT 14).
Von der DRG wurden 25 Triebwagen übernommen. Bei der Umnummerung im Jahre 1930 waren noch 14 Triebwagen im Bestand. Die Triebwagen befuhren meist kurze Stichbahnen.
Die Fahrzeuge führten sich im Betrieb gut ein und waren so leistungsstark, daß noch bis zu drei (Bei-)Wagen angehängt werden konnten. Der Aufbau war bewußt einfach gehalten. Da Einmannbedienung vorgesehen war, mußte ein leistungsfähiger, ohne viel Aufwand zu bedienender Kessel eingebaut werden. Die Triebwagen fuhren schnell an und waren einfach und leicht zu warten. Besondere stationäre Einrichtungen und besondere Betriebsstoffe waren nicht notwendig, was als sehr günstig hervorgehoben wurde. Die Triebwagen waren nur mit einem Triebwagenführer besetzt.
Abgesehen von der Anfälligkeit gegenüber Kesselschäden waren die Dampftriebwagen betriebssicher und zuverlässig. Die Fahrgeschwindigkeit betrug vorwärts 60 km/h und rückwärts 50 km/h. Auf einer Steigung von 1:100 fuhr der Triebwagen mit zwei Wagen noch 30 km/h. Die Baureihe erhielt kurz vor dem Ersten Weltkrieg den Preis des Vereins Deutscher Ingenieure als bester und wirtschaftlichster Triebwagen.
In den Bestand der DB gingen die Triebwagen DT 1 und DT 8 über, die im Bw Freiburg P beheimatet waren. Sie wurden 1951 (DT 1) und 1954 (DT 8) ausgemustert. Der DT 8 war bis 1953 im Pendelverkehr auf der Strecke Müllheim–Neuenburg eingesetzt.
Die Triebwagen DT 2, DT 3 und

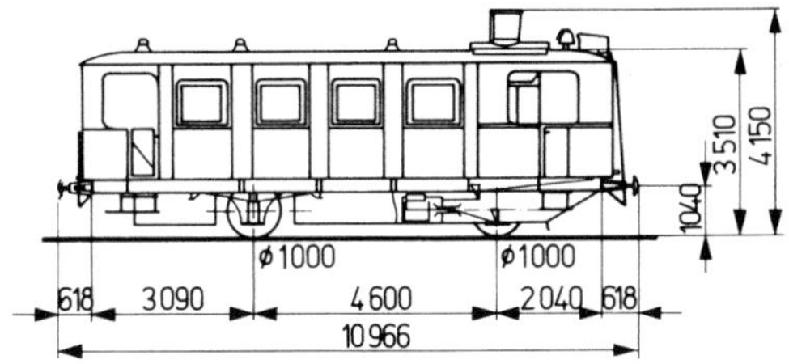

DT 9, DT 12 und DT 4

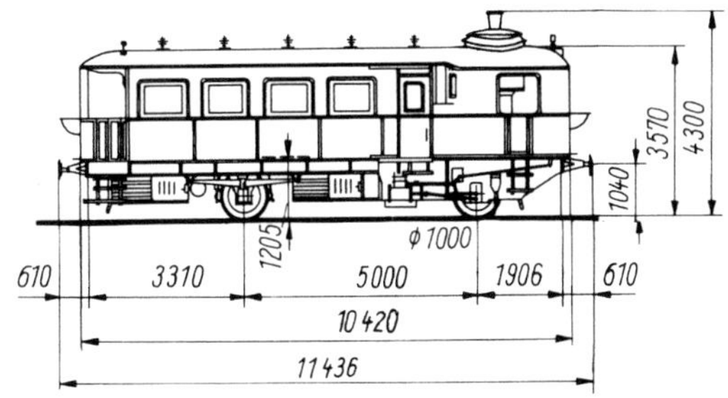

DT 13

DT 9 gingen 1945 in den Bestand der SNCF über und wurden noch lange Zeit in der Ostregion als Personaltriebwagen eingesetzt.
Der ehemalige DT 6 kam im Jahre 1949 von der Oderbruchbahn in den Bestand der DR, wurde aber nicht mehr eingesetzt.

Fahrzeugteil

Laufwerk: Treibradsatz fest gelagert. Laufradsatz Lenkradsatz. Aus Massegründen unsymmetrischer Radsatzstand zur Fahrzeugmitte. Gleitradsatzlager. Blattfedern.
Wagenkasten: Untergestell Profilstahlrahmen, genietet. Kräftige Konstruktion, da Triebwagen auch in Züge eingestellt werden sollten. Wagenkasten Holzkonstruktion mit Blech verkleidet. Bei späteren Ausführungen Maschinenraumbereich breiter als übriger Wagenkasten (3 100 mm gegenüber 2 480 mm), dadurch ausreichende Sicht für Triebwagenführer bei Rückwärtsfahrt. Stirnenden gerade. Offene Übergänge für Personal.
Zug- und Stoßvorrichtung: Schraubenkupplung mit Stangenpuffern.
Druckluftanlage: Luftverdichter. Hauptluftbehälter. Pneumatische Sandstreueinrichtung.
Bremse: Einlösige Klotzbremse Bauart Wp. Spindelhandbremse.

Fahrgastraum DT 9 bis DT 11 und DT 13

Gestaltung: Dem leichten Personenverkehr angepaßt. Über Treibradsatz Maschinenanlage mit Führerstand. Gepäckraum. Doppelabteile 3. Klasse. Einstiegplattform. Keine Toilette.
Einstieg: Halbhohe Drehtür. Zugang über vier Trittstufen. Einstiegplattform. Gepäckraum einflüglige Schiebetür. Maschinenraum offene Türen. Zwischen Doppelabteilen und Gepäckraum Schiebetüren.
3. Klasse: Zwei Doppelabteile mit

Mittelgang. Sitzplatzanordnung 2 + 2. Abteiltiefe 1 350 mm, Sitzplatzbreite 475 mm, Gangbreite 500 mm. Holzlattenbänke mit halbhohen Lehnen.
Gepäckraum: Abteil mit Mittelgang. Sitzplatzanordnung 2 + 2 bzw. 4 + 0; Abteiltiefe 1400 mm, Sitzplatzbreite 450 mm, Gangbreite 600 mm. Holzlattenbänke.
Heizung: Dampfheizung.
Beleuchtung: Gasglühlicht.

Fahrgastraum DT 12 und DT 14

Gestaltung: Dem leichten Personenverkehr angepaßt. Über Treibradsatz Maschinenanlage mit Führerstand. Großraum 3. Klasse. Einstiegplattform. Keine Toilette.
Einstieg: Halbhohe Drehtür. Zugang über zwei Trittstufen. Einstiegplattform. Maschinenraum offene Türen.
3. Klasse: Vier Abteile mit Mittelgang. Sitzplatzanordnung 2 + 3; Abteiltiefe 1 450 mm. Holzlattenbänke.
Heizung: Dampfheizung.
Beleuchtung: Gasglühlicht.

Maschinenanlage

Anordnung: Gesamte Maschinenanlage und Vorratsbehälter für Kohle und Wasser im Maschinenraum. Ältere DT Kessel außermittig der Fahrzeuglängsachse, mit acht Schrauben auf Rahmen befestigt, nach Abnahme von Seitenwand und Dachteil ausbaubar. In einigen DT bei Umbauten Kessel in Fahrzeuglängsachse. Neuere DT von Anfang an Kessel in Fahrzeuglängsachse.
Kessel: Stehender Feuerrohrkessel Bauart Kittel. Ober- und Unterschuß geschweißt, stählerne Wellrohrfeuerbüchse. 298 Heizrohre mit 24/28 mm Durchmesser, 26 Ankerrohre sowie sechs Rauchgasrohre mit 40/45 mm Durchmesser am Kesselrand zum Überhitzer. Überhitzer ist dreifach gewundenes Rohr in Rauchkammer.
Dampfzylinder: Zwillingsdampfmaschine. Zylinder außerhalb des Rahmens. Kolbendurchmesser 220 mm, Kolbenhub 300 mm.
Steuerung: Heusinger-Steuerung. Ältere DT: Flachschieberregler; durch Handhebel mit Zahnrechen betätigt. Neuere DT: Kolbenschieber.
Hilfseinrichtungen: Kesselspeisepumpen nichtsaugende Strahlpumpen Bauart Friedmann.

Verbrennungstriebwagen

Entwicklungsgeschichte

Länderbahnen (bis 1920)

Die Verbrennungskraftmaschine wurden verhältnismäßig spät als Antrieb von Eisenbahnfahrzeugen eingeführt. Dies liegt insbesondere an der Drehmomentcharakteristik des Verbrennungsmotors, die von der für Eisenbahntriebfahrzeuge gewünschten Zugkraftcharakteristik wesentlich abweicht. Dabei ist das Unvermögen des Anlaufs aus dem Stand besonders schwerwiegend, und deshalb muß der Verbrennungsmotor mit fremder Kraft gestartet werden. Andererseits ist ein Schaltorgan zwischen Motor und Antriebsrädern erforderlich, damit das Drehmoment der Zugkraft angepaßt werden kann.

Die ersten Verbrennungsmotoren waren in den Jahren 1860 bis 1867 von Lenoir, Otto und Langen erfunden worden; sie eigneten sich für Gasbetrieb. Daimler, Benz und Maybach verwendeten erstmals Vergaserkraftstoffe (Benzin, Benzol) in den Jahren 1883 bis 1886. Der Verbrennungsmotor für Schwerölbetrieb (Dieselkraftstoff) ist eine Erfindung von Diesel und folgte 1893/97.

Es ist schwierig, die Anfänge der Entwicklung von Verbrennungstriebwagen darzulegen, da die Unterlagen hierüber sehr spärlich sind. Eine 1880 von Hanomag gebaute Lokomotive mit einem 1,5-kW-Zweitaktmotor und Riemenantrieb wird als das erste Schienenfahrzeug mit Verbrennungsmotor angesehen. Das Fahrzeug kam aber über das Versuchsstadium nicht hinaus. Die Verbrennungsmotoren wiesen damals nur sehr geringe Leistungen auf. Deshalb benutzten hauptsächlich Werk- und Feldbahnen Lokomotiven mit Verbrennungsmotoren, da sie hier wirt-

Erster Verbrennungstriebwagen der WüStB Baujahr 1894; Radsatzanordnung A 1; Höchstgeschwindigkeit 32 km/h; Dienstmasse 12,2 t; Vierzylinder-Vergasermotor mit 22 kW; Fahrbereich 350 km; 44 Sitz- und 8 Stehplätze

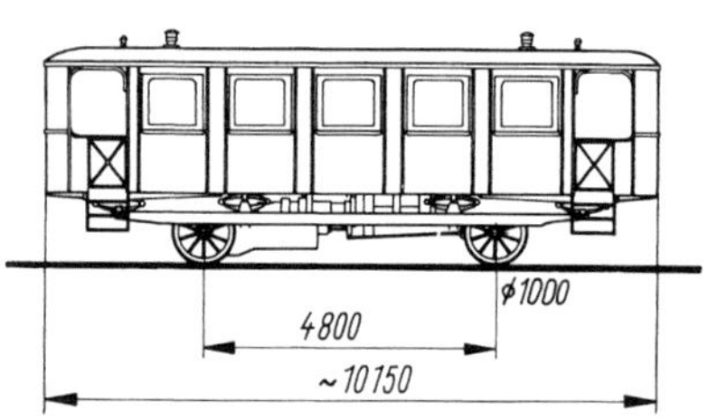

Benzolelektrischer Triebwagen der PrStB Baujahr 1908; Radsatzanordnung (1 A) (A 1); Höchstgeschwindigkeit 50 km/h; Dienstmasse 42,0 t; Sechszylinder-Benzolmotor mit 66 kW; 7/33/40 Sitzplätze der II./III./IV. Klasse; bei Probefahrten 60 km/h erreicht; 1910 Umbau in Oberleitungs-Turmtriebwagen, Betriebsnummer 701 401 Halle, später Dieselmotor; 1941 abgestellt

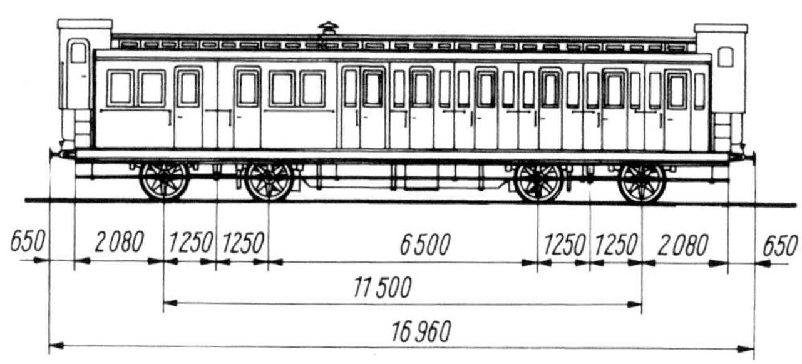

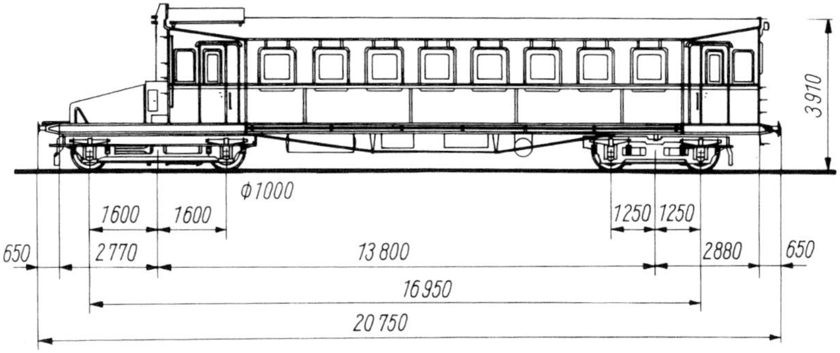

Benzolelektrischer Triebwagen der PrStB Baujahr 1909; Radsatzanordnung 2′ Bo′; Höchstgeschwindigkeit 60 km/h; Dienstmasse 46,7 t; Sechszylinder-Viertaktmotor mit 74 kW; Gleichstromgenerator 90 kW; Fahrmotoren 2 x 63 kW; Vielfachsteuerung; 49/26 Sitzplätze der III./IV. Klasse; ein Fahrzeug Umbau 1926 in Oberleitungs-Triebwagen, Betriebsnummer 767 507 Breslau, später Umbau auf Dieselmotor

schaftlicher waren als Dampflokomotiven. Außerdem bot sich an, die Triebwagen der Länderbahnen mit Verbrennungsmotoren auszurüsten, zumal bei verkehrsarmen Zeiten gute Erfahrungen mit Dampftriebwagen gemacht wurden.

Daimler und Klose veranlaßten schließlich die WüStB, 1887 den ersten Versuchstriebwagen zu schaffen und zwischen Cannstatt und Untertürkheim zu erproben. Der Triebwagen hatte nur eine Leistung von 3 kW und konnte sich deshalb nicht durchsetzen.

Das zweite Fahrzeug, 1894 geliefert, war bereits streckentüchtig. Ab 1900 verwendeten die WüStB fünf Daimler-Wagen (Zeichnung S. 31), die einen vierzylindrigen Vergasermotor von 22 kW (ursprünglich von 7,4 kW) hatten. Der Motor befand sich unter einer Haube im Fahrgastraum. Das mechanische Zahnradgetriebe schaltete vier Gänge mit den Fahrgeschwindigkeiten 7,5, 13, 23 und 32 km/h. Die Maschinenleistung erwies sich als zu gering. Verbrennungstriebwagen mit rund 60 kW Leistung wären jedoch teurer gewesen als gleichstarke Dampftriebwagen, so daß die Daimler-Triebwagen nicht weitergebaut wurden. 1914 waren noch zwei Triebwagen vorhanden.

Einen ähnlichen Triebwagen besaßen auch die SäStB. Dieser Wagen verfügte über 44 Sitz- und 20 Stehplätze und fuhr stets ohne Beiwagen.

1892 entstanden die ersten brauchbaren Lokomotiven mit Verbrennungsmotoren (Deutz: 6-kW-Petroleummotor, Riemenantrieb, Höchstgeschwindigkeit 6,3 km/h; Esslingen: 7,5-kW-Vergasermotor der Bauart Daimler, mechanisches Getriebe), die jedoch keine Konkurrenten für die Dampflokomotiven der damaligen Zeit sein konnten.

Auch den Gasmotor verwendete man im Schienenbetrieb, allerdings nur für Straßenbahnen. So unterhielt die Dessauer Straßenbahn-Gesellschaft von 1894 bis 1901 Triebwagen, deren Gasmotor mit Flaschengas gespeist wurde. Der Gasmotor war jedoch nicht für diesen Einsatz geeignet, so daß die Versuche nicht fortgeführt wurden.

1908 beschaffte die PrStB als Versuchsfahrzeug einen Benzoltriebwagen mit elektrischer Leistungsübertragung (Zeichnung S. 31), der von den Firmen AEG und Deutz geliefert wurde. Den Fahrzeugteil fertigten die Waggonfabriken Falkenriede (Hamburg) und Trelenburg (Breslau). Die Maschinenanlage war in einem besonderen Untergestell gelagert, das sich auf die inneren Radsätze der Drehgestelle abstützte. Dadurch befand sich die Maschinenanlage fast vollständig unterflur. Der Motor (66/74 kW, 700 bis 750 min^{-1}) war mit einem Gleichstromgenerator (55 kW) elastisch gekuppelt; er wurde mit Druckluft angelassen. Den Fahrmotorenstromkreis regelte man durch Veränderung der Erregung des Generators. Daher gab es keine Verluste durch Widerstände. Die Erfahrungen mit diesen Triebwagen wurden bei den 1909 an die PrStB gelieferten 74-kW-Triebwagen verwertet (Zeichnung S. 32), die die Firmen AEG, Deutz und Düsseldorfer Eisenbahnbedarf AG herstellten.

Eine ebenfalls elektrische Leistungsübertragung hatte ein vierachsiger Benzoltriebwagen (Baujahr 1912) der Firmen Rastatt AG, Gastell, AEG und Bergmann-Elektrische Werke mit einem 74-kW-Sechszylinder-Ottomotor. Der 40,0 t schwere Wagen der PrStB erreichte eine Höchstgeschwindigkeit von 70 km/h und enthielt 50/22 Sitzplätze der damaligen III./IV. Klasse.

Im Jahr 1912 kaufte die PrStB noch einige benzolelektrische Triebwagen von den Bergmann-Elektrischen Werken. Diese 53,0 t schweren Fahrzeuge hatten einen Sechszylinder-Benzolmotor von 125 kW Dauerleistung und erzielten eine Höchstgeschwindigkeit von 70 km/h.

Zu diesen Wagen kamen noch zweiachsige Steuerwagen dazu.
Der Dieselmotor konnte sich seinerzeit im Bahnbetrieb noch nicht durchsetzen, da er zu schwer war. Erst technische Verbesserungen ermöglichten seinen Einsatz und die Ausnutzung seiner zahlreichen Vorteile. Zunächst bestellte die PrStB im Jahr 1913 dieselelektrische Triebwagen bei der Waggonbauanstalt Gastell, von denen der erste 1917 in Betrieb genommen wurde. Die Dieselmotoren wurden von der Firma Sulzer, Ludwigshafen, geliefert. Die Fahrmotoren (Doppelmotoren) arbeiteten über Kuppelstangen auf die Radsätze des Triebdrehgestells. Die elektrotechnische Ausrüstung lieferte BBC. 1914 entstanden zwei dieselelektrische Triebwagen ähnlicher Bauart für die SäStB (Waggonfabrik Rastatt, Gebrüder Sulzer Ludwigshafen und Brown, Boveri & Cie.). Die Dieselmotorenleistungen lagen zwischen 125 und 184 kW und ermöglichten eine Höchstgeschwindigkeit von 60 bis 75 km/h bei Alleinfahrt. Auch diese Triebwagen erhielten Steuerwagen. Der Ausbruch des Ersten Weltkrieges unterbrach die Versuche mit diesen Triebwagen. 1922 wurden die Triebwagen an die „Chemins de fer du Val Travers" (Schweiz) verkauft, modernisiert und ab 1924 für einige Jahre eingesetzt. Einer ist als Museumsfahrzeug im Verkehrshaus der Schweiz in Luzern erhalten geblieben.
Etwa zur gleichen Zeit baute die SäStB einen Straßenomnibus für Schienenbetrieb um, indem die hartgummibereiften Räder eine Eisenbandage mit Spurkranz erhielten. Der Triebwagen hatte einen Vierzylinder-Ottomotor mit etwa 22 kW Leistung und 18 Sitzplätze. Auch diese Versuche fanden durch den Ausbruch des Krieges ein Ende.

Deutsche Reichsbahn-Gesellschaft (1920 bis 1945)

Nach dem Ersten Weltkrieg vervollkommneten sich die Antriebsmotoren, und es konnten in verstärktem Maße neue Triebwagen geschaffen werden.
Der erste neue Triebwagen war ein benzolmechanischer Triebwagen mit 55 kW Leistung; er war für die Straßenbahn Spandau–Hennigsdorf bestimmt. Die Benzolmotoren zeichneten sich durch einen einfachen Aufbau aus, verursachten aber hohe Brennstoffkosten.
Als dann schnellaufende Motoren zur Verfügung standen, um deren Konstruktion sich Maybach große Verdienste erworben hatte, vermochte man, leistungsfähige Verbrennungstriebwagen zu bauen. Der erste Schnelläufer größerer Leistung hatte sechs Zylinder und erzeugte 110 kW bei 1 300 min^{-1}.
Auf der Seddiner Eisenbahnausstellung waren 1924 viele neue Triebwagen zu sehen. Charakteristisch ist, daß diese Triebwagen nicht von den deutschen Staatsbahnen bestellt worden waren. Meist handelte es sich um zweiachsige Triebwagen mit Benzolmotoren und mechanischer Leistungsübertragung. Es gab aber auch Triebwagen mit Diesel- oder Sauggasmotoren sowie vierachsige Wagen. Die elektrische Leistungsübertragung wurde nicht angewendet, da die PrStB sie in den Jahren zuvor negativ beurteilt hatte.
Der Triebwagen der Firmen Waggonfabrik Wismar und Maybach (Zeichnung S. 34) zeichnete sich besonders dadurch aus, daß er den ersten brauchbaren Dieselmotor stärkerer Leistung enthielt. Der Motor war speziell für diesen Triebwagen entwickelt worden. Bei der Anfahrt wurde der 1. Gang eingelegt und mit Druckluft (40 · 10^5 Pa) gleichzei-

Triebwagen auf der Seddinger Eisenbahnausstellung 1924

Hersteller Fahrzeug	–	Werd	AEG	Goth	Düwag	DKW	AEG	Eva
Motor	–		NAG				NAG	May
Spurweite	mm	1 435	1 435	1 435	750	1 435	1435	1435
Radsatzanordnung	–	A 1	A 1	A 1	B'B'	(1 A) (A 1)	(1 A) (A1)	B'2'
Höchstgeschwindigkeit	km/h	40	40	45	50	60/75	75	65
Motorleistung	kW	44	55	59	2 x 22	74	2 x 55	110
Leistungsübertragungsart	–	vmech	vmech	vmech	vhydr	vmech	vmech	dmech
Länge über Puffer	mm		13 560	12 000	13 500	13 250	17 570	19 360
Dienstmasse	t		20,0	16,0	12,5	22,0	36,0	36,9
Sitzplätze	–	36	50	47	38	49	68	58
Beiwagen	–	–	ja	–	ja	ja	ja	ja
Spez. Metereigenmasse	t/m		1,48	1,33	0,93	1,66	2,05	1,91
Spez. Antriebsleistung	kW/t		2,74	3,70	3,52	3,36	3,06	2,98
Spez. Sitzplatzmasse	kg		400	340	329	448	530	636

tig der Triebwagen angefahren und der Motor gestartet.

Die übrigen Triebwagen hatten Vergasermotoren, wie sie bei Kraftwagen üblich waren.

Die DRG trieb die Entwicklung von Triebwagen zielgerichtet voran. Das Lokomotiv-Versuchsamt Grunewald begann 1925 systematische Versuche, wobei neue Triebwagen und der von der DRG übernommene Triebwagen VT 851 erprobt wurden (Zeichnungen S. 34 und 35, Foto S. 36). Die VT 801 bis VT 804 erhielten die ersten kompressorlosen Dieselmotoren von MAN. Damit erlangte der Dieselmotor auch bei Schienenfahrzeugen Konkurrenzfähigkeit.

Die folgenden Jahre dienten vorwiegend zum Sammeln von Betriebserfahrungen mit den vorhandenen Wagen. Die Fahrzeuge wurden zum Teil wesentlich umgebaut, zum Teil verschwanden sie ganz, wenn sie den Bedingungen des Schienenverkehrs nicht gewachsen waren. Die Aufgabe, ein Schienenfahrzeug mit einem Verbrennungsmotor auszurüsten, erschien seinerzeit zunächst nicht schwer, da sich gleichartig ausgestattete Straßenfahrzeuge gut bewährt hatten. Doch das war ein Trugschluß, denn manches, was wir heute als selbstverständlich annehmen, hat erhebliches Lehrgeld gekostet. Der Schienenverkehr hat viele Eigenarten. So erzeugen die Schienen beim Befahren Schwingungen, die sich auf das Fahrzeug und die Antriebsanlage negativ auswirken. Weiterhin gibt die freie Strecke die Möglichkeit eines dauernden Vollastbetriebs, was mit wesentlich höheren dynamischen und thermischen Anforderungen an die Fahrzeuge verbunden ist als im Straßenverkehr.

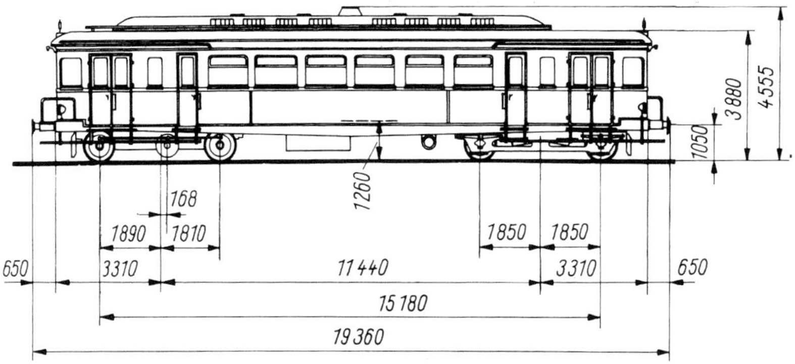

Dieselmechanischer Triebwagen, VT 851 (oben)
Baujahr 1924; Radsatzanordnung B'2'; Höchstgeschwindigkeit 65 km/h; Dienstmasse 36,9 t; Sechszylinder-Viertaktmotor mit 111 kW; 4 Gänge; Seilzugsteuerung für Motor, Getriebe, Wendegetriebe und Kühler; Stangenantrieb mit Gelenkwelle

Benzoltriebwagen VT 751 und VT 752 (unten)
Baujahr 1925; Radsatzanordnung (1 A) (A 1); Höchstgeschwindigkeit 60 km/h; Dienstmasse 43,0 t; Sechszylinder-Viertaktmotor mit 111 kW; 4 Gänge; Maschinenanlage war Betriebsbeanspruchungen nicht gewachsen, deshalb Umbau auf Vergasermotor und neue Getriebe

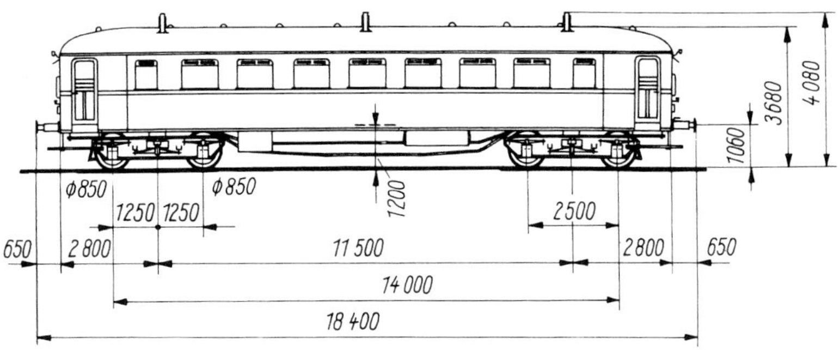

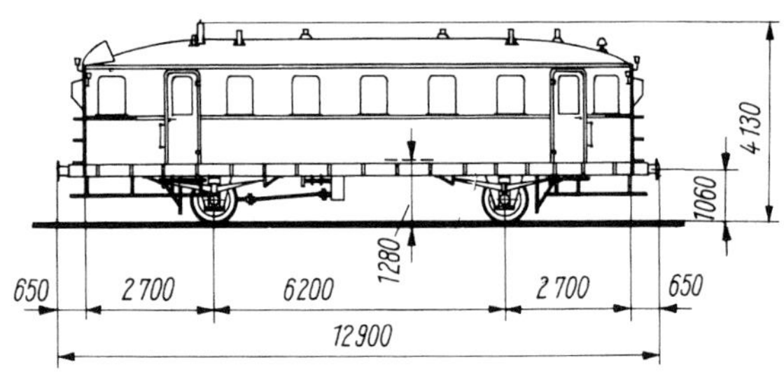

Benzoltriebwagen VT 703 und VT 704
Baujahr 1926; Radsatzanordnung A 1; Höchstgeschwindigkeit 50 km/h; Dienstmasse 19,2 t; Sechszylinder-Viertaktmotor mit 55 kW; 4 Gänge; elektropneumatische Steuerung für Motor und Getriebe

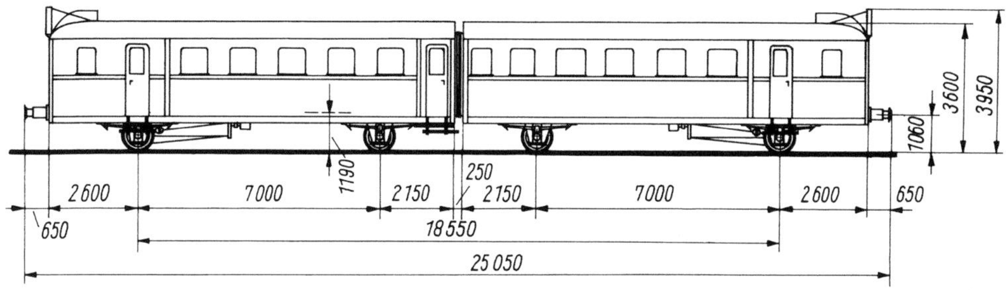

Benzoltriebzug
VT 715/716
Baujahr 1926; Radsatzanordnung A 1 + 1 A; Höchstgeschwindigkeit 60 km/h; Dienstmasse 49,2 t; Sechszylinder-Viertaktmotor mit 2 x 55 kW; 4 Gänge; elektropneumatische Steuerung

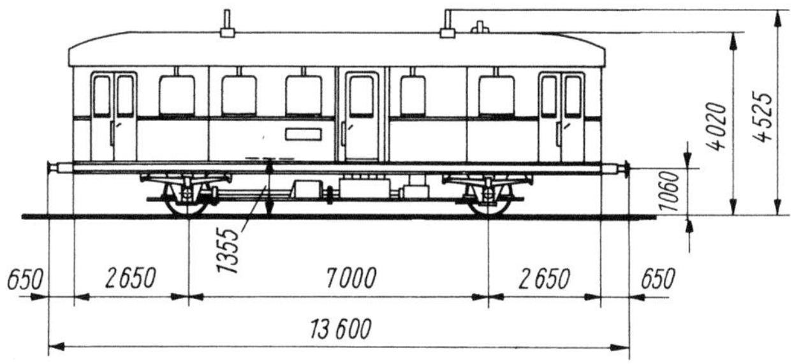

Benzoltriebwagen VT 709, VT 711 und VT 712
Baujahr 1926; Radsatzanordnung A 1; Höchstgeschwindigkeit 60 km/h; Dienstmasse 27,6 t; Sechszylinder-Viertaktmotor mit 55 kW; 4 Gänge; elektropneumatische Steuerung

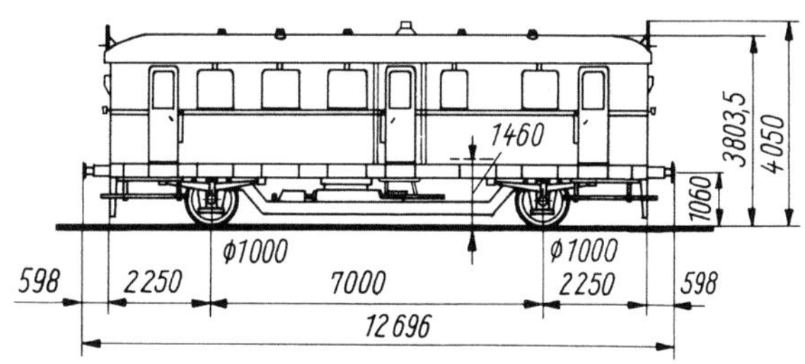

Dieselmechanischer Triebwagen VT 801 bis VT 804
Baujahr 1927; Radsatzanordnung A 1; Höchstgeschwindigkeit 70 km/h; Sechszylinder-Dieselmotor mit 55 kW; 1933/34 ersetzt durch Sechszylinder-Dieselmotor mit 111 kW; VT 801, VT 802 und VT 804 Viergang-Klauenkupplung-Wechselgetriebe, mechanische Gangschaltung, Kupplung pneumatisch geschaltet; VT 803 Trilok-Getriebe

Der vierachsige Dieseltriebwagen VT 851 brachte so gute Betriebsergebnisse, daß die DRG 1927/28 ähnliche Wagen anschaffte (VT 852 bis VT 861 und VT 866 bis VT 871).
Erwähnenswert ist auch der Dieseltriebwagen VT 865 mit 2 × 55 kW, der aus einem Dampftriebwagen entstanden war (MAN). Die Dieselmotoren und die Getriebe lagen mit ihren Wellen parallel zu den Treibradsätzen, und Motor, Getriebe sowie Radsatzachse hatten ein gemeinsames Gehäuse. Dieser Triebwagen wurde 1930 im Nürnberger Nahverkehr eingesetzt.
Eine Besonderheit jener Zeit sind drei von der Waggonfabrik Wismar im Jahr 1930 gelieferte Gütertriebwagen. Sie haben zwei Führerstände sowie einen großen Laderaum und können als Vorläufer der Leig-Einheiten betrachtet werden (Zeichnung S. 37).
Neben den Konstruktionen und Versuchen, die unter Leitung oder in Abstimmung mit der DRG erfolgten, gab es auch Versuche von Firmen und Gesellschaften, um Antriebe mit Verbrennungsmotoren zu erproben. So erregten im Jahr 1928 die Experimente von Opel Aufsehen, bei denen mit einem raketengetriebenen Fahrzeug in Form einer Lore auf dem von der DRG nicht genutzten Streckenabschnitt Hannover–Burgwedel am 23. Juni 1928 eine Geschwindigkeit von 253 km/h erreicht wurde.
Eine andere Sonderausführung sind die von der 1928 gegründeten Studiengesellschaft Flugbahn GmbH gebauten und erprobten Triebwagen mit Luftschraubenantrieb. Mit ihrer Entwicklung ist der Name Kruckenberg eng verbunden. Nach einem zweiachsigen Propellerversuchswagen, der 1916/17 gefertigt worden war und nach Umbau 1929 zu Versuchsfahrten der Deutschen Versuchsanstalt für Luftfahrt in Adlershof diente (175 km/h auf der Strecke Hannover–Burgwedel, tiefliegender Motor, über Rie-

Benzoltriebwagen VT 762 (oben)
Baujahr 1927; Radsatzanordnung (1 A) (A 1); Höchstgeschwindigkeit 70 km/h; Dienstmasse 41,5 t; Sechszylinder-Dieselmotor mit 2 x 66/81 kW; Kraftstoff Benzol-Benzin-Gemisch; elektropneumatische bzw. elektromotorische Steuerung des Wechselgetriebes
Foto: Archiv transpress

Schienenzeppelin von Kruckenberg (unten)
Erste öffentliche Fahrten im Oktober 1930; Höchstgeschwindigkeit 150 km/h, bei Versuchsfahrten 230 km/h erreicht; Leermasse 18,6 t; Hauptmotor Flugzeugmotor mit 405 kW; Antrieb über vierflügligen Propeller; Notfahrbetrieb über Akkumulatoren und Fahrmotor
Foto: Archiv transpress

menantrieb hochliegender Propeller angetrieben, 338 kW, 12,5 t Fahrzeugmasse, sehr schmal und hoch), folgte ein zweiachsiger Schienenzeppelin mit Luftschraubenantrieb (Foto S. 36), der im September 1930 sein Versuchsprogramm aufnahm. Er war in extremer Leichtbauweise ausgeführt (18,58 t bei 25,3 m Länge), hatte eine sehr gedrungene Form (Gesamthöhe nur 2 800 mm) und wurde von einem 404-kW-Benzolmotor (443 kW bei Vollgas; BMW-VI-Flugmotor) angetrieben. Die Luftschraubennabe war um 7° nach oben geneigt und drückte somit den Wagen nach vorn und auch auf die Schienen. Mit diesem Fahrzeug wurden zahlreiche Neuerungen erprobt, z. B. Abfederung über Blattfedern und Gummikugeln, Stromlinienform, Stahlrohrsitze. Der Triebwagen führte mehrere Schnellfahrversuche durch und erreichte am 10. Mai 1931 auf dem Abschnitt Lehrte Pbf–Plockhorst (19,7 km) eine Geschwindigkeit von 205 km/h und am 21. Juni 1931 bei der Fahrt von Hamburg-Bergedorf nach Berlin-Spandau zwischen Karstädt und Dergenthin (8,5 km) 230 km/h. Für die gesamte Fahrt von Hamburg nach Berlin wurden 98 min benötigt, was einer Reisegeschwindigkeit von 157,3 km/h entsprach.

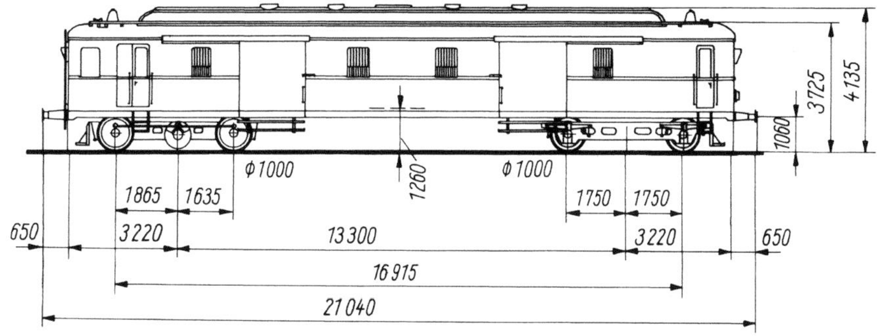

Gepäcktriebwagen VT 10 001 bis VT 10 003
Baujahr 1930; Radsatzanordnung B'2'; Höchstgeschwindigkeit 45 km/h; Dienstmasse 40,0 t; Tragfähigkeit 15,0 t; Sechszylinder-Viertaktmotor mit 129 kW; Blindwelle und Kuppelstangen; Steuerung durch Seilzüge

Trotz der guten Ergebnisse lehnte die DRG den Einsatz des Propellerantriebes ab. Zwar war seine Ungefährlichkeit bewiesen worden, aber er arbeitete nur bei Fahrgeschwindigkeit ab 200 km/h wirtschaftlich; außerdem mußte der Triebwagen bei jeder Fahrtrichtungsänderung gedreht werden.

Nach dem Umbau des Triebwagens (1932) verzichtete man auf die Luftschraube und erprobte hydraulische Getriebe und außerdem neue Kopfformen. Dabei wurde der vordere Radsatz durch ein Drehgestell ersetzt, in dem der 443-kW-Benzolmotor angeordnet war. Bei Probefahrten wurden 160 km/h erreicht. Später wurde ein 302-kW-Dieselmotor eingebaut, um Vorversuche für einen Schnelltriebwagen mit hydraulischer Leistungsübertra-

Triebwagen VT 720 und Beiwagen VB 907
Baujahr 1932; Radsatzanordnung A 1; Höchstgeschwindigkeit 65 km/h; Dienstmasse 13,5 t; Sechszylinder-Benzolmotor mit 74 kW; vier Gänge; Myliusgetriebe
Foto: Archiv transpress

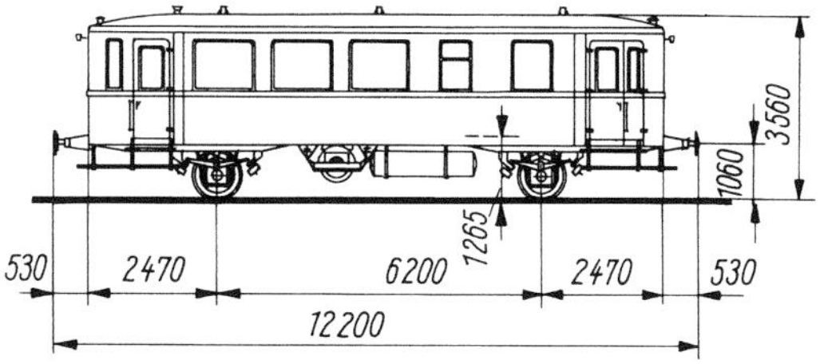

Triebwagen VT 805^{II} und VT 806^{II} Baujahr 1932; Radsatzanordnung A 1; Höchstgeschwindigkeit 65 km/h; Dienstmasse 15,5 t; Sechszylinder-Dieselmotor mit 88 kW; elektrische Leistungsübertragung; erster Triebwagen in Schweißkonstruktion; 35 Sitzplätze der 3. Klasse

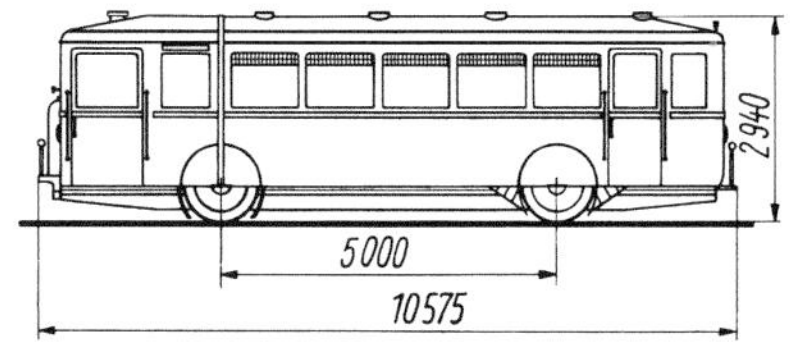

Triebwagen Nr. 1 der Grifte-Gudensberger Kleinbahn (Henschel-Schienenomnibus) Baujahr 1931; Radsatzanordnung B; Höchstgeschwindigkeit 50 km/h; Dienstmasse 11,2 t; Vergasermotor mit 73,5 kW; mechanisches Getriebe; vier Vorwärts- und ein Rückwärtsgang; 33 Sitzplätze 3. Klasse; Einrichtungsfahrzeug

gung fahren zu können. Im November 1934 ging dieser Triebwagen in den Besitz der DRG über, kam jedoch nicht in den planmäßigen öffentlichen Verkehr.

Die Wirtschaftskrise Ende der zwanziger Jahre brachte den Triebwagen als wirtschaftliches Beförderungsmittel wieder ins Gespräch. Bei der DRG wurde im Reichsbahn-Zentralamt für Maschinenbau ein besonderes Dezernat für Triebwagenbau unter der Leitung von Breuer geschaffen.

Betriebliche Forderungen führten dazu, statt des Triebwagens in seiner ursprünglichen Form, das heißt als Einzelfahrzeug mit eigenem Antrieb, dem Triebwagenzug, das heißt Triebwagen mit Beiwagen, Vorrang einzuräumen.

Der bei den Reisezugwagen inzwischen vollzogene Übergang zur leichten Stahlbauweise wirkte sich auch bei den Triebwagen aus. Dabei konnte der Fahrzeugteil der Triebwagen (Untergestell) noch leichter gehalten werden, da eine Beförderungsmöglichkeit in normalen Zügen nicht mehr verlangt wurde. Die Nebenbahntriebwagen, verbunden mit einem Beiwagen, sollten vollbesetzt eine Fahrgeschwindigkeit von 65 km/h bei noch möglicher Beschleunigungsfähigkeit erreichen. Von den ersten acht Wagen erhielten sechs Vergasermotoren und mechanische Getriebe (VT 717 bis VT 722, später VT 133 000 bis VT 133 005; Foto S. 37) und zwei zum Vergleich Dieselmotoren und elektrische Leistungsübertragung nach dem Gebus-System (VT 805^{II} und VT 806^{II}, später VT 135 000 und VT 135 001; Zeichnung S. 38). Die Triebwagen VT 805^{II} und VT 806^{II} hatten erstmalig einen in großem Umfang geschweißten Fahrzeugteil und waren als Neuerung mit einer Abgas-Frischluftbeheizung ausgestattet.

Dieseltriebwagen VT 872 bis VT 874, hier VT 873
Baujahr 1932; Radsatzanordnung 2'Bo'; Höchstgeschwindigkeit 90 km/h; Dienstmasse 52,0 t; Zwölfzylinder-Dieselmotor mit 302 kW; elektrische Leistungsübertragung; 16/56 Sitzplätze 2./3. Klasse
Foto: Sammlung J. Deppmeyer

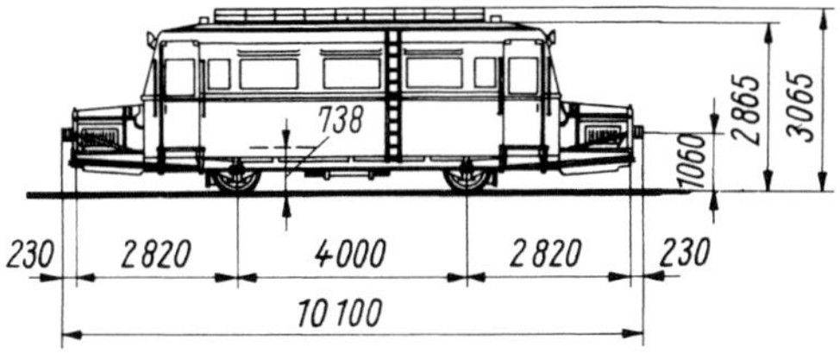

Schienenomnibus VT 133 009 und 133 010
Baujahr 1933/34; Radsatzanordnung in jeder Fahrtrichtung A 1; Höchstgeschwindigkeit 45 km/h; Dienstmasse 6,1 t; Vierzylindermotor mit 2 x 29,5 kW; Schaltung von Motor und Getriebe wie bei Kraftomnibussen; 24 Sitzplätze 3. Klasse

Auch bei den vierachsigen Nebenbahntriebwagen wurde der Leichtbau eingeführt. Außerdem war der Dieselmotor auf eine Leistung von 129 kW gesteigert worden. 1931 kamen die Wagen VT 862 bis VT 864 (Wumag) sowie VT 875 und VT 876 (Waggonfabrik Wismar) hinzu. Bei diesen Wagen waren erstmalig die Stirnflächen abgerundet und die Kühler unter dem Wagen angeordnet.

1931 zeigten Henschel und die Sächsische Waggonfabrik Werdau den ersten Schienenomnibus auf der Internationalen Automobilausstellung in Berlin (Zeichnung S. 38), der ab August 1931 auf der 8 km langen Grifte-Gudensberger Kleinbahn einen rationellen Personenverkehr ermöglichte. Zum Teil wurde auch durchgehend bis Kassel gefahren. Der Triebwagen hatte nur einen Führerstand und mußte bei Fahrtrichtungswechsel gedreht werden. Obwohl eine Abschreibungszeit von nur acht Jahren vorgesehen war, wurde dieser Triebwagen erst im Jahre 1955 verschrottet.

Bei der DRG wurden im Jahre 1932 Zweirichtungs-Schienenomnibusse von der Firma Henschel und von der Waggonfabrik Bautzen als VT 133 006 bis VT 133 008 eingenummert. Unter den Nummern VT 133 009 bis VT 133 012 standen auch Schienenomnibusse bei den damaligen Saarbahnen im Dienst (Zeichnung S. 39), die für jede Fahrtrichtung eine Maschinenanlage hatten. Bemerkenswert sind die geringe Sitzplatzmasse von 206 kg und die gummigefederten Radscheiben. Auch im Betrieb zeigten diese Triebwagen Besonderheiten: Sie durften als einzige Regelfahrzeuge entgegen der BO § 65 (7) hintereinander als „Fahrtenbündel" auf die Strecke gehen (nicht im Abstand von Zugfolgestellen), wobei sie als eine Zugfahrt behandelt wurden. Zwei Triebwagen wurden im Jahre 1941 zu Oberleitungs-Turmtriebwagen umgebaut (701 401^{II} und 701 403^{II}).

Wegen der guten Betriebsergebnisse mit den Nebenbahntriebwagen entstanden in der gleichen Zeit auch drei vierachsige Triebwagen für den Verkehr auf Hauptbahnen (Foto S. 38). Sie sind die ersten Triebwagen mit einer Motorleistung von 302 kW und waren für den Schnellnahverkehr zwischen benachbarten Großstädten, z. B. Frankfurt (Main)–Wiesbaden, bestimmt. Wegen der großen Dieselmotorleistung konnte kein mechanisches Getriebe, sondern mußte die elektrische Leistungsübertragung verwendet werden. Es wurde wieder eine schwere Fahrzeugkonstruktion geschaffen, da man ein Leichtbaufahrzeug nicht auf Hauptstrekken verkehren lassen wollte. Diese Triebwagen erhielten Steuerwagen aus Eilzugwagen der Gattung C4i, um in den beiden Kopfbahnhöfen das Umsetzen des Triebwagens zu ersparen.

Unmittelbar nach erfolgreicher Erprobung der 302-kW-Triebwagen wurden verbesserte Triebwagen in Auftrag gegeben. So hatte man die Wagenmasse zu senken, die Stirnwände abzurunden, eine Blechschürze zwischen den Drehgestellen anzubringen, den Dieselmotor ohne Kompressoren mit unmittelbarer Kraftstoffeinspritzung einzubauen, die elektrische Ausrüstung leichter zu halten und die Kühlanlagen unterflur anzuordnen.

Für den Verkehr auf Nebenbahnen gab es vierachsige Dieseltriebwagen, die noch über Blindwelle und Kuppelstangen angetrieben wurden. Während die 1932 gelieferten VT 137 007 bis VT 137 024 eine Leistung von 129 kW aufwiesen, hatten die 1934 beschafften VT 137 036 bis VT 137 054 und VT 137 121 bis VT 137 135 bereits eine Leistung von 154 kW. Diese Triebwagen markieren eine bedeutende Entwicklung jener Epoche.

In den folgenden Jahren setzte eine stürmische Entwicklung von Verbrennungstriebwagen ein. So wurden beispielsweise 1935 fast 150 Verbrennungstriebwagen in den Bestand der DRG aufgenommen. Die Triebwagen waren Firmenentwicklungen und daher sehr unterschiedlich im Aufbau, so daß hier nur einige Fahrzeuge erwähnt werden sollen:

Eine beachtliche Neuerung war 1936 der VT 135 060, der erstmals einen Dieselmotor mit liegenden Zylindern (Bauart 2 × 4 V 18 L von DWK, 159 kW) und ein mechanisches Wechselgetriebe hatte. Dadurch konnte die Maschinenanlage vollständig unter dem Wagenfußboden leicht zugänglich angeord-

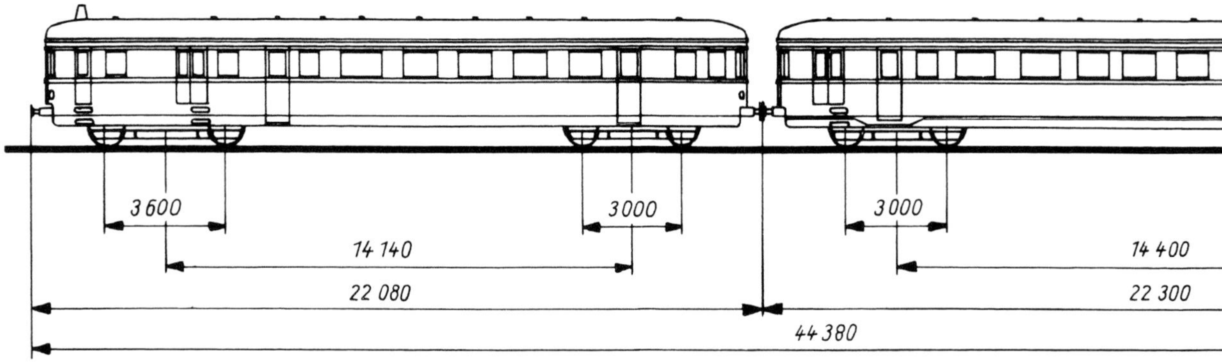

302-kW-Einheits-Dieseltriebwagen mit elektrischer Leistungsübertragung und Steuerwagen

net werden. Ende 1936 bekam dieser Triebwagen das erste Flüssigkeitsgetriebe von AEG. In den VT 135 047 wurde erstmalig das Trilok-Voith-Getriebe eingebaut. Eine andere Neuerung aus dem Jahr 1937 war die Benutzung von Leichtmetall und Hydronalium für Wagenkasten und Untergestell (VT 135 065 und VT 135 066). Einer allgemeinen Einführung dieser Werkstoffe stand aber ihr hoher Preis entgegen. Ein ähnliches Fahrzeug war der Ultraleicht-Beiwagen (VB 147 076) mit einer Sitzplatzmasse von rund 150 kg.

Außer dieselmechanischen Triebwagen mit einer installierten Leistung von 154 kW und dieselelektrischen Triebwagen mit 222 kW entstand der Einheitstriebwagen mit 302 kW Leistung, der in großen Stückzahlen geliefert wurde (Zeichnung S. 40 und 41). Aus vielerlei Gründen wurde diese Leistung nicht auf mehrere Motoren verteilt, so daß eine elektrische Leistungsübertragung notwendig war. Versuchsweise schuf man später auch einige Triebwagen mit hydraulischer Leistungsübertragung. Besonderes Augenmerk galt auch dem Leichtbau, was sich besonders in der Schweißkonstruktion für Wagenkasten und Drehgestell und bei der Trommelbremse zeigte.

Gezwungen durch die starke Konkurrenz des Straßenverkehrs, mußte die Eisenbahn auch einen Schnellverkehr über längere Strekken einrichten. Im November 1930 regte daher die DRG den Bau eines Triebzugs an, den das DRG-Zentralamt und die Görlitzer Waggonbaufabrik konstruierten. Bei der technischen Ausrüstung fußte man auf den 302-kW-Einheitstriebwagen, nur paßte man den Wagenkasten zweckentsprechend an (Kopfform weitgehend zugespitzt), veränderte die Inneneinrichtung gemäß dem Verwendungszweck, erhöhte die Bremsfähigkeit durch eine Magnetschienenbremse und baute kompressorlose Maybach-Dieselmotoren ein. Am 19. Dezember 1932 fand die erste Probefahrt zwischen Berlin und Hamburg statt, bei der der Triebzug für die 286,8 km lange Strecke 142 min reine Fahrzeit benötigte. Planmäßig wurde mit 150 km/h gefahren, als Spitzenwert wurden 165 km/h erreicht. Neben den technischen Erprobungen fanden auch zahlreiche betriebliche Untersuchungen statt.

Als Ergebnis erhielt der VT 877 a/b (Foto S. 41) als FDt 1/2 eine Fahrplangeschwindigkeit von 140 km/h. Er verkehrte vom 15. Mai 1933 an planmäßig.

Der als „Fliegender Hamburger" berühmt gewordene Triebzug war ein voller Erfolg. Deshalb bestellte die DRG bereits im Juli 1933 vier weitere Triebzüge dieser Bauform, jedoch mit einigen Verbesserungen: Sitzplatzteilung 1 + 2, verbesserte Bewirtschaftung, Scharfenberg-Kupplung für Mehrfachtraktion. Die Triebzüge erzielten Monatslaufleistungen von über 30 000 km, wobei Spitzenwerte bis 35 800 km (entspricht etwa 1 190 km täglich) vorkamen.

Gleichzeitig entwarf die DRG mit der Waggonfabrik Görlitz einen dreiteiligen Schnelltriebzug (Bauart Breslau, später als Bauart Leipzig bezeichnet), und die Flugbahn-GmbH arbeitete an einem ähnlichen Triebzug mit hydraulischer Leistungsübertragung (SVT 137 155, Bauart Kruckenberg).

Die DRG begann nunmehr ein Schnellverkehrsnetz aufzubauen, das alle bedeutenden deutschen Großstädte innerhalb eines Tages

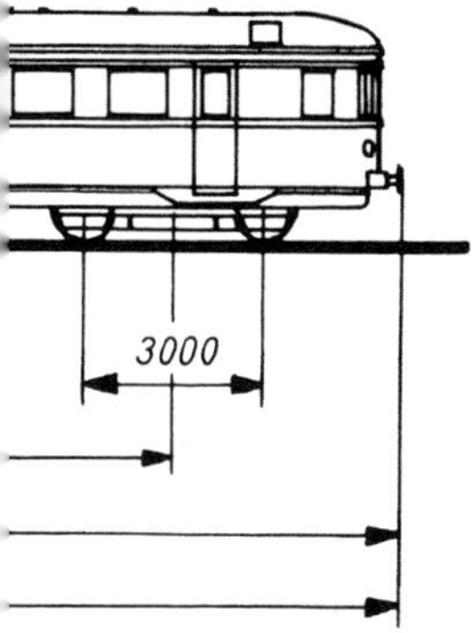

Dieselelektrischer Schnelltriebzug „Fliegender Hamburger" Baujahr 1932; Radsatzanordnung 2'Bo'2'; Höchstgeschwindigkeit 150 km/h; Dienstmasse 75,0 t; Zwölfzylinder-Dieselmotor mit 2 x 302 kW; elektrische Leistungsübertragung; 98 Sitzplätze 2. Klasse, hier im Anlieferungszustand
Foto: Archiv Waggonbau Görlitz

mit Berlin durch einen Frühzug hin und einen Abendzug zurück verband. Mit Anlieferung der 13 Triebzüge der Bauart Hamburg wurden in den Jahren 1935/36 die Verbindungen von Berlin aus nach Hamburg, Köln, Frankfurt (Main), München und Nürnberg sowie zwischen Köln und Hamburg eingerichtet, die der hohen Nachfrage wegen z. T. in Doppeltraktion gefahren werden mußten. Dennoch betrug auf der 12 km langen Rampe des Thüringer Waldes mit einer Steigung von 25 ‰ die Geschwindigkeit noch 70 km/h.

Für die weitere Ausdehnung des Schnellverkehrs wurden dreiteilige Triebzüge beschafft, die auch Abteile der damaligen 3. Klasse enthielten. Diese Triebzüge der Bauart Leipzig hatten wiederum Jacobs-Drehgestelle und erstmalig aufgeladene 444-kW-Dieselmotoren. Von dieser Bauart wurden zwei Triebzüge mit elektrischer und zwei mit hydraulischer Leistungsübertragung ausgerüstet. Damit sollte unter anderem insbesondere die Verwendungsfähigkeit der hydraulischen Leistungsübertragung kritisch überprüft werden; diese Form der Leistungsübertragung hatte Föttinger in Zusammenarbeit mit der Firma Voith entworfen. Bei einer Versuchsfahrt am 17. Februar 1936 zwischen Hamburg und Berlin erreichte ein Triebzug mit elektrischer Leistungsübertragung und normaler Ausrüstung eine Geschwindigkeit von 205 km/h.

Außer der Entwicklung von Schnelltriebzügen wurde auch die Entwicklung von Einzelwagen vorangetrieben. Zwar lag das Einheitsprogramm vor, aber es waren noch

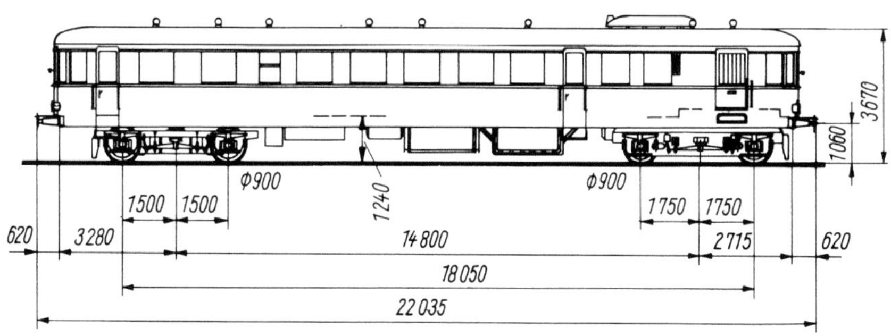

Dieseltriebwagen VT 137 296 bis VT 137 300 Baujahr 1937; Radsatzanordnung 2'Bo'; Höchstgeschwindigkeit 90 km/h; Dienstmasse 44,9 t; Sechszylindermotor mit 222 kW; elektrische Leistungsübertragung; RZM-B-Steuerung; 14/52 Sitzplätze 2./3. Klasse

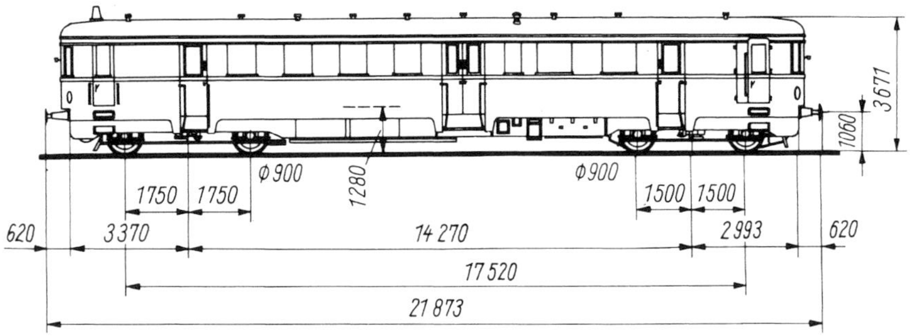

Dieseltriebwagen VT 137 094 bis VT 137 110 Baujahr 1934; Radsatzanordnung 2'Bo'; Höchstgeschwindigkeit 110 km/h; Dienstmasse 46,1 t; Motorleistung 302 kW bzw. 310 kW; elektrische Leistungsübertragung; 16/40 bzw. 16/45 Sitzplätze 2./3. Klasse

viele Versuche und Erprobungen zur technischen Verbesserung der Fahrzeuge notwendig. Das Hauptaugenmerk galt den Dieselmotoren und den Getrieben. Da bei Fahrten auf steilen Strecken die Dieselmotorleistung für einen angestrengten Betrieb nicht ausreichte, wurden von den Dieselmotorherstellern, nachdem Maybach die Möglichkeit der Aufladung eines Dieselmotors erprobt hatte, Motoren mit Aufladung hergestellt. Der Vorteil war die enorme Leistungssteigerung ohne nennenswerte Erhöhung des Kraftstoffverbrauchs. So erhielten die Triebwagen VT 137 156 bis VT 137 159 einen Dieselmotor des Typs L 2 x 6 V 17,5/18, der durch ein Büchi-Aufladegebläse von 309 kW auf eine Leistung von 412 kW gesteigert werden konnte. Bei diesen Triebwagen war erstmals die Maschinenanlage nicht im Drehgestell, sondern in einem Tragrahmen am Untergestell federnd aufgehängt.

Neben der elektrischen Leistungsübertragung wurde nicht nur die hydraulische Leistungsübertragung, sondern auch das mechanische Getriebe weiter untersucht. So erhielten der VT 137 235 ein Viergang-Lamellen-Kupplungsgetriebe der Bauart LRG 250 D (DWK) und der VT 137 236 ein Mylius-Fünfgang-Getriebe der Bauart EW für eine Leistung von 222 kW.

In den Fahrzeugen VT 137 271 und VT 137 272 wurde eine hydraulische Leistungsübertragung er-

Triebwagenzug in Doppeltraktion, bestehend aus SVT Hamburg als FDt 37 und SVT Köln als FDt 15
Foto: Maybach Archiv

probt, die außer einem Anfahrwandler noch zwei Marschwandler enthielt, wobei eine bessere Fahrweise untersucht werden sollte.
Bei der elektrischen Leistungsübertragung forschte man nach geeigneten Steuerungssystemen. Die im Jahr 1937 gelieferten 222-kW-Dieseltriebwagen VT 137 296 bis VT 137 300 (Zeichnung S. 41) erhielten die RZM-B-Schaltung (Vollastschaltung).
In den Versuchswagen VT 137 160 und VT 137 161 (1937, Westwaggon) und in den VT 137 162 sowie VT 137 163 (1937, Talbot) wurde das Flüssigkeitsgetriebe der Bauart Voith ACL 36 m 1 erprobt, wobei es mit einem 310-kW- bzw. mit einem 206-kW-Dieselmotor zusammenarbeitete.
Bei den Motoren sollte außer den Schnelläufern (etwa 1 400 min^{-1} die Eignung der Mittelläufer (etwa 900 min^{-1}) erprobt werden, da man günstigere Instandhaltungskosten erwartete. Es entstand deshalb für Nebenbahnen ein Triebwagen mit hydraulischer Leistungsübertragung (VT 137 241 bis VT 137 270), der ab 1937 von mehreren Firmen geliefert und unter den Nummern VT 137 442 bis VT 137 461 nachgebaut wurde.
Ebenfalls im Konkurrenzkampf mit den Straßenfahrzeugen kam ein Spezial-Triebwagen heraus, dem später zwei weitere folgten. Als VT 137 240 wurde 1936 ein Aussichtstriebwagen in Dienst gestellt, der für Ausflugs- und Sonderfahrten in Süddeutschland bestimmt war.
Für den Nahverkehr im Ruhrgebiet gab es im Jahre 1938 Triebzüge nach neuen Gesichtspunkten, weil die anfangs verwendeten 302-kW-Triebwagen (Zeichnung S. 42) mit Steuerwagen dem Verkehr nicht gewachsen waren. Mehrteilige Triebzüge sollten einen wirtschaftlichen Betrieb gewährleisten. Es wurden zwei Typen der Bauart Ruhr gebaut:

1. ein sechsachsiger zweiteiliger Triebzug mit Jacobs-Drehgestell (2 × 302 kW; elektrische Leistungsübertragung) und
2. ein achtachsiger dreiteiliger Triebzug mit Jacobs-Drehgestellen (2 × 302 kW; hydraulische Leistungsübertragung).

Inzwischen war auch die Steuerung der Dieseltriebwagen grundlegend vereinheitlicht worden, so daß Triebwagen mit unterschiedlichem Leistungsübertragungssystem miteinander gekuppelt werden konnten; außerdem brauchten die Steuerwagen nicht mehr bestimmten Triebwagen zugeordnet zu werden.
Im Sommer 1938 fuhren die Schnelltriebzüge täglich 13 306 km. Im gleichen Jahr wurden 14 neue dreiteilige Triebzüge der Bauart Köln (Foto S. 42) bestellt, die wegen der besseren Behandlung im Bahnbetriebswerk aus kurzgekuppelten Einzelwagen bestanden. Die Wagen konnten getrennt und getauscht werden. Neu waren die geschlossenen Abteile und ein Speiseraum mit Küche und Anrichte. Die Triebzüge hatten elektrische Leistungsübertragung.
Ebenfalls im Jahre 1938 entstand die Bauart Berlin (SVT 137 901 und SVT 137 902), ein vierteiliger Triebzug, dessen Maschinenanlage grundsätzlich anders aufgebaut war. In einem besonderen Maschinenwagen befanden sich ein langsamlaufender aufgeladener 1020-kW-Dieselmotor mit Generator und ein 88-kW-Hilfsdieselmotor. Die Fahrmotoren waren über den Zug verteilt. Zu den Triebzügen gehörte ein Reserve-Maschinenwagen (SVT 137 903a).
Im gleichen Jahr wurde ein Sonderversuchsfahrzeug für Schnellfahrten (Bauart Kruckenberg, SVT 137 155) ausgeliefert, das die DRG bereits 1934 wegen der Erfolge des Schienenzeppelins in Auftrag gegeben hatte. Das Triebdrehgestell hatte einen Rahmen aus zwei Teilen, die durch 20 Gummikugeln verbunden waren. Für die Abfederung sorgten Blatt- und Schraubenfedern. Lenker dienten der Kraftübertragung. Die 302-kW-Dieselmotoren waren mit hydrodynamischen Zwei-Wandler-Getrieben der Bauart AEG verbunden, die mit Wasser als Leistungsübertragungsmedium arbeiteten. Bei den Probefahrten zeigte der Triebzug gute Laufruhe. Auf einer Versuchsfahrt von Hamburg nach Berlin am 23. Juni 1939 erzielte er eine Spitzengeschwindigkeit von 215 km/h. Der Triebzug sollte nach Abschluß der Versuche auf der Strecke Berlin–Hamburg eingesetzt werden. Durch den Ausbruch des Krieges kam es nicht mehr dazu. Nach dem Krieg war der Triebzug schadhaft im Raw Wittenberge abgestellt. Er wurde verschrottet.
Eine Weiterentwicklung der vierachsigen Nebenbahntriebwagen waren 1939 die VT 137 347 bis VT 137 366 sowie die VT 137 377 bis VT 137 396 mit 166 kW Leistung. Die neuesten Entwicklungstendenzen fanden bei der Gestaltung des Fahrzeugteils und bei der hydraulischen Leistungsübertragung Berücksichtigung. Für den städtischen Vorortverkehr folgten 1939 noch zweiteilige Triebzüge (VT 137 326 bis VT 137 331 und VT 137 367 bis VT 137 376), die außer der 2. und 3. Klasse auch Gepäck- und Postabteile hatten. Der Zweite Weltkrieg verhinderte jedoch die Untersuchungen zur Er-

probung der Unterflur-Dieselmotoren und der hydraulischen Leistungsübertragung.
Im Jahr 1942 wurden zwei Gütertriebwagen (VT 10 004 und VT 10 005) mit einer Tragfähigkeit von 25 t fertiggestellt (Waggonfabrik Niesky). Die Maschinenanlage mit dem 444/480 kW-Dieselmotor war in einem Drehgestell angeordnet. Die Triebwagen hatte man jedoch so gestaltet, daß eine zweite Maschinenanlage in das andere Drehgestell eingebaut werden konnte. Später baute man eine Dampfkesselanlage zur Erzeugung von Heizdampf ein, wodurch diese Triebwagen auch im Reisezugdienst verkehren konnten. Zur Leistungsübertragung diente das mechanisch-hydraulische Mekydro-Getriebe.
Ihren Höhepunkt erreichten die Schnelltriebzüge im Sommerfahrplan 1939, in dem sie an Werktagen 19 438 km fuhren. Sie verkehrten auf folgenden Kursen.

FDt 15/16 Köln–Essen Hbf–Hamm (Westf.)–Hannover–Berlin Stadtbahn,
FDt 17/18 Köln–Wuppertal-Elberfeld–Hamm (Westf.) (–Berlin Stadtbahn/ – Leipzig Hbf,
FDt 22 bis 25, FDt 27/28 Berlin Lehrter Bf–Hamburg-Altona (zwei Zugpaare nur an Werktagen),
FDt 33/34 Basel SBB–Frankfurt (Main)–Erfurt–Halle (Saale)–Berlin Anhalter Bf,
FDt 37/38 (Köln–)Hamm (Westf.)–Bremen–Hamburg-Altona,
FDt 45/46 Berlin Stadbahn–Breslau–Beuthen (Oberschlesien) (auch 3. Klasse),
FDt 49/50 Basel DRB–Frankfurt (Main)–Köln–Dortmund Hbf (nur an Werktagen),
FDt 51/52 Bremen–Hannover–Berlin Stadtbahn (nur an Werktagen),
FDt 77/78 Frankfurt (Main)–Hannover–Hamburg-Altona (nur an Werktagen),
FDt 231/322 Wesermünde (Lehe)–Bremen–Hannover–Magdeburg–Dessau–Leipzig Hbf (nur an Werktagen),
FDt 515/520 (Köln–)Hannover Hbf–Magdeburg–Halle (Saale)–Leipzig Hbf (nur an Werktagen),
FDt 551/552 München Hbf–Nürnberg–Leipzig–Berlin Anhalter Bf (nur an Werktagen),
FDt 571/572 Karlsruhe Hbf-Frankfurt (Main)–Erfurt–Leipzig–Berlin Anhalter Bf (nur an Werktagen),
FDt 583/584 Hamburg-Altona–Magdeburg–Halle (Saale)–Leipzig–Dresden Hbf (nur an Werktagen),
FDt 1551/1552 Stuttgart Hbf–Nürnberg–Berlin Anhalter Bf (nur an Werktagen).

Der Kurs FDt 458/459 Breslau Hbf–Dresden-Neustadt–Leipzig Hbf (nur an Werktagen) war geplant.
Die Schnelltriebwagen sollten mit der Bauart München weiterentwikkelt werden. Es sollten Triebzüge mit vier Wagen (je zwei durch ein Jacobs-Drehgestell verbunden) und zwei 410-kW-Dieselmotoren mit elektrischer Leistungsübertragung werden. Als weitere Schnelltriebzüge waren die Bauarten Dresden und Hanse geplant.
Der Ausbruch des Zweiten Weltkrieges setzte der Entwicklung jedoch ein Ende. Am 27. August 1939 wurde die Bewirtschaftung von Vergaser- und Dieselkraftstoff eingeführt; das hatte ein Fahrverbot für alle Verbrennungstriebwagen zur Folge.
Die meisten dieselelektrischen Fahrzeuge diente in der Folge der Wehrmacht als ortsveränderliche Notstromerzeuger und die Dieseltriebwagen mit mechanischer und hydraulischer Leistungsübertragung für ihren Fahrdienst. Außerdem wurde auf einheimische Kraftstoffe umgestellt. Die sogenannten Reichgase (Propan, Butan) konnte man für die Ottomotoren verwenden, während der Generatorbetrieb mit Holz, Briketts oder ähnlichen Energieträgern große Schwierigkeiten bereitete.

Deutsche Reichsbahn (1945 bis 1990)

Der Zweite Weltkrieg hinterließ einen kaum nennenswerten Bestand an einsatzfähigen Verbrennungstriebwagen. Besonders nachteilig war, daß die noch übriggebliebenen Fahrzeuge Splitterbauarten darstellten; die Einheitstriebwagen waren überwiegend zerstört. Das ist darin begründet, daß die Wehrmacht vorrangig moderne Fahrzeuge verwendet hatte, so daß sich

Baumuster des Leichttriebwagens der DR
Foto: Archiv transpress

die Zerstörungen bei diesen Baureihen besonders stark auswirkten.
Die DR arbeitete zunächst die verbliebenen Dieseltriebwagen auf und stellte sie in Dienst. Dabei wurden teilweise auch neue Verbrennungsmotoren eingebaut, da die alten Motoren nicht mehr aufgearbeitet werden konnten.
In den Jahren 1949 bis 1952 kamen zahlreiche Trieb-, Steuer- und Beiwagen von Privatbahnen in den Bestand der DR und vergrößerten die Vielfalt der Fahrzeuge. Ein Teil der Triebwagen wurde mit neuen Antriebsmotoren versehen und einige wurden in Steuer- bzw. Beiwagen umgebaut, wenn die Antriebsanlage verschlissen war oder als Ersatzteil für andere Triebwagen benötigt wurde. Andere Fahrzeuge wurden nach kurzer Zeit ausgemustert, doch zahlreiche Fahrzeuge fuhren noch bis in die achtziger Jahre.
Aber auch neue Triebzüge sollten den Fernschnellverkehr innerhalb der DDR und ins Ausland verbessern. So lieferte 1955 das Budapester Werk Ganz Mávag vierteilige Dieseltriebzüge mit mechanischer Leistungsübertragung (VT 12.14). Außer im Inland fuhren diese Züge auf den Strecken Berlin–Hamburg, Berlin–Warschau–Brest und Berlin–Prag–Budapest.
Um auf Nebenbahnen mit modernen Fahrzeugen wirtschaftlich fahren zu können, entschloß sich die DR, entsprechende Leichttriebwagen zu beschaffen. 1957 ging das erste Baumuster (Foto S. 45) in die Erprobung. Bald folgte das zweite Fahrzeug, für das schon Motor und Getriebe im Inland produziert worden waren. Die Erprobung verlief erfolgversprechend, jedoch ergaben sich noch zahlreiche Probleme, bevor 1962 die Nullserie ausgeliefert werden konnte.
Die Serienausführung dieses zweiachsigen Leichttriebwagens mit mechanischer Leistungsübertragung (Baureihe 171) wurde ab 1963 vom VEB Waggonbau Bautzen in einer großen Stückzahl (seit 1965 als Baureihe 172.0 und 172.1 mit vereinfachter Vielfachsteuerung) geliefert. Zu den Triebwagen, die später vom VEB Waggonbau Görlitz hergestellt wurden, gehören auch Bei- und Steuerwagen. Der VEB Waggonbau Bautzen schuf außerdem zwei Baumuster von vierachsigen Leichttriebwagen (Baureihe 173.0), die aber keine Serie erlebten.
Für den Fernschnellverkehr wurde vom VEB Waggonbau Görlitz 1963 ein vierteiliger Triebzug (Baureihe 175) mit hydraulischer Leistungsübertragung fertiggestellt und nach längerer Erprobung in den Reisezugdienst übernommen

Dieselhydraulischer Schnelltriebzug Baureihe 175 (Bauart Görlitz)
Foto: Archiv transpress

(Foto S. 46). Die maschinentechnische Ausrüstung entsprach in den wesentlichen Bauteilen der der Neubau-Diesellokomotiven (Baureihe 118, 110 usw.). Diese Triebzüge wurden in Serie gebaut und verkehrten vorrangig im grenzüberschreitenden Fernverkehr. Durch Einfügen von Mittelwagen ließen sie sich bei Bedarf in fünf- bzw. sechsteilige Einheiten erweitern. Durch die fortschreitende Elektrifizierung und die Forderung nach einem größeren Platzangebot sind die Triebzüge heute nicht mehr im planmäßigen Reiseverkehr eingesetzt.

In die Zeit der Beschaffung neuer Verbrennungstriebwagen fällt aber auch die Aussonderung älterer Fahrzeuge, die auf Grund ihrer Laufleistung oder ihrer Lebensdauer nicht mehr wirtschaftlich zu erhalten sind. Zahlreiche interessante Fahrzeuge wurden verschrottet. Bei der DR sollten sechs Verbrennungstriebwagen als Eisenbahnmuseumsfahrzeuge, vorrangig betriebsfähig, erhalten werden: die Normalspurtriebwagen VT 135 110, VT 137 099 und SVT 137 225 sowie die Schmalspurtriebwagen VT 133 522, VT 137 322 (derzeitig nicht betriebsfähig) und VT 137 566.

Auch wurden bei der DR Untersuchungen für einen vierachsigen Triebwagen angestellt, der einerseits nach 1990 die zweiachsigen Leichttriebwagen ersetzen und gleichzeitig auf weiteren Stecken in Ergänzung des elektrifizierten Hauptstreckennetzes eingesetzt werden soll.

Im Jahre 1987 begann die Beschaffung von neuen Oberleitungsrevisionstriebwagen (Baureihe 188.3), die für den Bau- und die Instandhaltung der Oberleitungsanlage benötigt werden.

Deutsche Bundesbahn (1945 bis 1990)

In den ersten Nachkriegsjahren war es erforderlich, die durch die Kriegsereignisse beschädigten Triebwagen wieder aufzubauen. Dabei wurden viele Triebwagen und Triebzüge von den alliierten Streitkräften genutzt, die erst nach längerer Einsatzzeit der DB wieder für den Reisezugeinsatz übergeben wurden.

Um auf Nebenbahnen wirtschaftlich fahren zu können, entschloß sich die DB schon zeitig, Schienenbusse zu beschaffen und die begonnene Entwicklung von Leichttriebwagen fortzuführen. Nach den Baumustern, die 1950/51 entwickelt worden waren, begann ab 1952 die Serienfertigung der einmotorigen Baureihe 795 (früher VT 95.9), dem später die zweimotorigen Triebwagen der Baureihe 798 (früher VT 98.9) folgten (Foto S. 47). Letztere erhielten eine Schraubenkupplung in Normalbauart, um auch Kurs- und Güterwagen mitnehmen zu können. Aus dem Triebwagen 798 wurden später auch Turmtriebwagen für Instandhaltungsarbeiten und Störungsbeseitigungen an Fahrleitungen entwickelt (701 und 702).

Triebwagenzug mit dem Schienenbus Baureihe 798 auf der Schwarzwaldbahn in der Nähe von Triberg
Foto: W. Hanold

Zwei zehnteilige Triebzüge der Baureihe 601 im Intercity-Verkehr in Bonn Hbf (unten)
Foto: B. v. Mitzlaff

Im Jahre 1950 nahm die DB mit den wiederaufgebauten Schnelltriebzügen der Bauarten „Hamburg" und „Köln" auf den Strecken Frankfurt (Main)–Hamburg, Frankfurt (Main) –Basel und Köln–Hamburg den nationalen Fernschnellverkehr wieder auf.
Gleichzeitig entwickelte die DB für mehrteilige Schnelltriebzüge ein Konzept, bei denen anstelle der aufgeteilten Antriebsanlage ein einziger Hochleistungsmotor für den Triebzug sowie ein hydraulisches Getriebe großer Übertragungslei-

stung eingesetzt werden sollten. Motor und Getriebe waren als bewährte Bauteile von der Diesellokbaureihe V 200 zu übernehmen. Für ihre Erprobung in dem neuen Einsatzgebiet wurde 1949 aus dem Verbrennungstriebwagen VT 872 (Baujahr 1932, Waggonfabrik Wismar) der Versuchstriebwagen VT 92 501 gebaut.

Im Jahr 1951 entstanden aus den bei der DB ohne Maschinenwagen verbliebenen zwei Triebzügen der Bauart SVT Berlin durch Neu- und Umbau dreiteilige dieselhydraulische Triebzüge VT 07.5, denen ein Jahr später die beiden Neubaureihen 608 (früher VT 08.5) und 612 (früher VT 12.5) folgten. Beide Baureihen fuhren sowohl im internationalen als auch im nationalen Reiseverkehr.

Eine Besonderheit stellten die als Versuchsfahrzeuge gedachten Gliedertriebzüge der Baureihe VT 10.5 des Baujahres 1953 dar. Der Tagesgliederzug VT 10 501 (Eigentümer DB) war siebenteilig, und die Wagenkästen ruhten auf Einachslaufgestellen. Der Schlafwagengliederzug VT 10 551 (Eigentümer anfangs DSG, später DB) war achtteilig und hatte Jacobs-Drehgestelle. Als Antrieb wurden Kraftwagen-Dieselmotoren verwendet, die über hydromechanische Getriebe auf die Treibradsätze arbeiteten. Diese Triebzüge wurden nach geringer Laufleistung ausgemustert.

Gleichfalls eine Besonderheit sind die Stra-Schie-Busse der DB (Baureihe 401, später Bezeichnung 790 vorgesehen), d. h. Kraftomnibusse, die sowohl auf der Straße als auch auf der Schiene verkehren können. Sie wurden Anfang der fünfziger Jahre entwickelt, und insgesamt entstanden 15 Fahrzeuge. Sie wurden nach relativ kurzer Einsatzzeit ausgemustert bzw. als reine Straßenomnibusse eingesetzt. Der letzte Einsatz erfolgte auf der Strecke Koblenz–Dierdorf–Betzdorf, wobei von Koblenz bis Dierdorf auf der Straße und von dort bis Betzdorf auf der Schiene gefahren wurde. Ein Stra-Schie-Bus wurde dem Verkehrsmuseum Nürnberg übergeben.

Ab 28. Mai 1957 verkehrten im TEE-Netz westeuropäischer Eisenbahnen die Triebzüge der Baureihe 601; früher VT 11.5 (Foto S. 47). Sie stellten sowohl in der technischen Ausrüstung als auch in der Gestaltung der Fahrgasträume einen beachtlichen Entwicklungsstand dar. Die DB-Züge wurden als „Helvetia" Hamburg–Zürich, „Rhein-Main" Frankfurt (Main)–Amsterdam, „Saphir" Dortmund–Brüssel–Ostende und „Paris-Ruhr" Dortmund–Paris eingesetzt. Nach der Ablösung durch lokomotivbespannte Züge übernahmen diese Triebzüge ab 1968 die teilweise Bedienung des Schnellverkehrs zwischen den Großstädten (IC-Netz).

Als erste Gasturbinenanlage für die DB baute MAN 1971 eine Hubschrauberturbine mit einer Leistung von 1 620 kW bei 13 700 min^{-1} in den Triebwagen 601 003 ein, der dann die Betriebsnummer 602 001 erhielt. Bis Ende 1973 waren vier Maschinenwagen umgebaut, die jeweils mit Maschinenwagen der Baureihe 601 zusammen in einem Triebzug liefen. Infolge des Leistungszuwachses konnte der Zug auch als zehnteilige Einheit verkehren.

1960 erhielt die DB die Prototriebzüge der für den Bezirksnah- und Vorortverkehr bestimmten Baureihen VT 23.5 und VT 24.5. Die Serienausführung wurde als 624 (früher VT 24.6) bezeichnet. Mit dem Triebzug 624 651/924 422/624 652 erfolgten ab 1969 umfangreiche Untersuchungen einer Luftfederung mit gleisbogenabhängiger Steuerung der Wagenkastenneigung. Auf Grund der guten Ergebnisse wurden später weitere Triebzüge zur Baureihe 634 umgebaut.

Sonderfahrzeuge sind die 1962 und 1965 von der DB beschafften Triebwagen der Baureihe 797 (früher VT 97.9) für den Zahnstangenbetrieb. Sie entstanden unter Verwendung vieler Bauelemente der zweimotorigen Schienenbusse. Inzwischen wurde die Zahnstangenausrüstung wieder ausgebaut, da von der DB keine Zahnstangenstrecken mehr betrieben werden.

Mit der ständigen Ausdehnung des elektrifizierten Streckennetzes ging der Einsatz von Verbrennungstriebwagen im Schnellzugdienst spürbar zurück und verlagerte sich auf den Nebenbahndienst sowie den schnellen Personenzugdienst nichtelektrifizierter Hauptstrecken. Hierfür folgten nach mehrjähriger Entwicklungspause 1972 die Baureihe 614 als schneller Personenzug für Hauptstrecken und in jüngster Zeit die Baureihen 627 und 628 (Foto S. 49) als Einzel- bzw. Doppeltriebwagen für den Nebenbahndienst. Kennzeichnend für sie sind die vierachsige Ausführung sowie der Einsatz bewährter Dieselmotoren von Straßenfahrzeugen. Die Baureihe 627 wurde zudem für Einmannbedienung eingerichtet. Dadurch sind die Fahrzeuge recht wirtschaftlich. Die Serienausführung erfolgt als Baureihe 628.2/928.2, d. h. als zweiteiliger Triebzug, bestehend aus Trieb- und Steuerwagen. Mit diesen Triebzügen soll der Schienenpersonennahverkehr (SPNV) auf nichtelektrifizierten Strecken verbessert werden. Die

DB schließt dazu mit den Bundesländern Nahverkehrsabkommen ab. Erwähnt werden soll auch der dieselhydraulische Triebwagen 699 001 (699 101 ab 1. Januar 1992), der von der DB 1981 für den Einsatz auf der Insel Wangerooge (Spurweite 1 000 mm) gekauft wurde. Der Triebwagen stammt aus dem Jahre 1933 und war 1963 umgebaut worden Er wurde am 31. Dezember 1992 z-gestellt.

Seit Ende des Jahres 1986 wird von der DB ein neues Farbkonzept eingeführt, mit dem das Zugangebot nach Qualitätsstandards in vier Gruppen eingeteilt und durch unterschiedliche Farben gekennzeichnet wird. Allen Fahrzeugen gemeinsam ist:

- Dach und Brüstung — Lichtgrau
- Schürze und Drehgestell — Graubraun
- Anschriften im Farbteil — Verkehrsweiß.

Spezifische Farben erhalten:

- InterCityExpress (ICE), EuroCity (EC), InterCity (IC)
  - · Fensterband — Intercity-Rot
  - · Begleitstreifen — Pink
- InterRegio (IR)
  - · Fensterband — Mittelblau
  - · Begleitstreifen — Hellblau
- RegionalSchnellBahn (RSB), CityBahn (CB), RegionalBahn (RB)
  - · Fensterband — Türkis
  - · Begleitstreifen — Helltürkis
- S-Bahn
  - · Fensterband — Orange
  - · Begleitstreifen — Gelbocker

Der erste Triebzug der neuen Baureihe 628.2/928.2 trug bei dem „Rollout" am 17. Dezember 1986 bereits den türkisfarbenen Anstrich. Gleichzeitig mit dem Kauf moderner Triebzüge geht aus wirtschaftlichen und verkehrswerbenden Gründen die Ausmusterung älterer Baureihen der Verbrennungstriebwagen weiter, wobei jetzt auch verstärkt die Nachkriegsbaureihen betroffen sind. So kommt es zu einer Verjüngung des Fahrzeugparks, die ihrerseits wieder zu einer Verbesserung der Wirtschaftlichkeit führt. Ausgewählte Fahrzeuge werden uns jedoch als Museumsfahrzeuge erhalten bleiben.

Deutsche Bundesbahn/Deutsche Reichsbahn (ab 1990)

Zwar sind derzeitig die beiden deutschen Staatsbahnen (DB und DR) noch technisch und ökonomisch eigenständige Unternehmen, aber der Zusammenschluß wird schrittweise vorbereitet. Entsprechende

Triebzug der Baureihe 628.0 in Garmisch-Partenkirchen vor der Abfahrt nach Kempten
Foto: Bundesbahn-Werbeamt Frankfurt (Main)

Festlegungen sind im Einigungsvertrag enthalten.
Neben der Verbesserung des Eisenbahnverkehrs zwischen der DB und der DR werden die vorhandenen Strecken zwischen DB und DR zügig ausgebaut und Lücken geschlossen.
Im Juni 1990 wurde von der DB und der DR die „Vereinbarung zur gegenseitigen Information, zur Zusammenarbeit und zur Anpassung auf den Gebieten der Vorhaltung und des Einsatzes von Triebfahrzeugen und Triebfahrzeugführern" getroffen, die auch die Abstimmung in der Entwicklung des künftigen Triebfahrzeugparkes, des gemein-

Triebzüge der Baureihe 610 in Doppeltraktion in Nürnberg Hbf (vorderer Triebzug nach Bayreuth Hbf, hinterer Triebzug nach Hof Hbf)
Foto: R. Zschech

Im Bahnhof Pegnitz erfolgt die Trennung des RSB-Zuges von Nürnberg Hbf; der vordere Triebzug fährt bereits weiter nach Bayreuth Hbf, der hintere Triebzug folgt in Kürze nach Hof Hbf
Foto: R. Zschech

samen Triebfahrzeugnummernsystems sowie die Zulassung auf der jeweils anderen Bahnverwaltung enthält.
Mit der Beschaffung der „Pendolino“-Baureihe 610 ab Oktober 1991 und deren Indienststellung ab 31. Mai 1992 auf der Pegnitztalbahn begann eine neue Epoche des Einsatzes von Triebwagen (Fotos S. 50). Durch die gleisbogenabhängige Steuerung des Wagenkastens ist eine nennenswerte Erhöhung der Befahrgeschwindigkeit von Gleisbögen möglich, so daß im Anschlußverkehr an das ICE/IC/EC-Netz dessen hohe Reisegeschwindigkeit in die Region erhalten bleiben kann.
Für die gemeinsame Beschaffung von Triebfahrzeugen ist bei den Verbrennungstriebwagen zuerst eine Weiterentwicklung der Baureihe 628.2 als Baureihe 628.4 für 1993/94 vorgesehen, die von Herstellern in den alten und den neuen Bundesländern gemeinsam gefertigt wird.

VT 757 bis VT 762

DB VT 66.9

(A 1)(1 A)

1927 bis 1958

Techn. Daten: Seite 214

Diese Triebwagen waren noch Fahrzeuge aus dem Versuchsprogramm der DRG, um die Einsatzfähigkeit von Verbrennungstriebwagen mit mechanischer Leistungsübertragung nachzuweisen. Auf Nebenbahnen sollten Triebwagen dem aufkommenden Kraftomnibus- und Automobilverkehr durch Verdichtung, Beschleunigung und Verbilligung des Personenverkehrs Konkurrenz bieten. Das Mitführen von Beiwagen sollte möglich sein. Es kamen nur die damalige 3. und 4. Wagenklasse zur Ausführung.
Um umfassende Erprobungsergebnisse zu erzielen, wurden von den einzelnen Firmen eigene Entwicklungen angeboten:
VT 751 bis VT 754, Deutsche Werke Kiel,
VT 756, Linke-Hofmann-Busch Werke, Breslau,
VT 757 bis VT 762, Waggon- und Maschinenbau AG, Görlitz,
VT 763 bis VT 765, Dessauer Waggonfabrik.
Die Triebwagen VT 757 bis VT 762 wurden von der Wumag konzipiert und entsprechend den Wünschen der DRG in drei Varianten gefertigt:
VT 757 bis VT 760 Benzin-Benzol-Motor und Führerstand mit separaten Außentüren,
VT 761 Benzin-Benzol-Motor und Führerstand mit Zugang vom Einstiegraum,

VT 757 bei Anlieferung
Foto: Werkfoto Wumag Görlitz

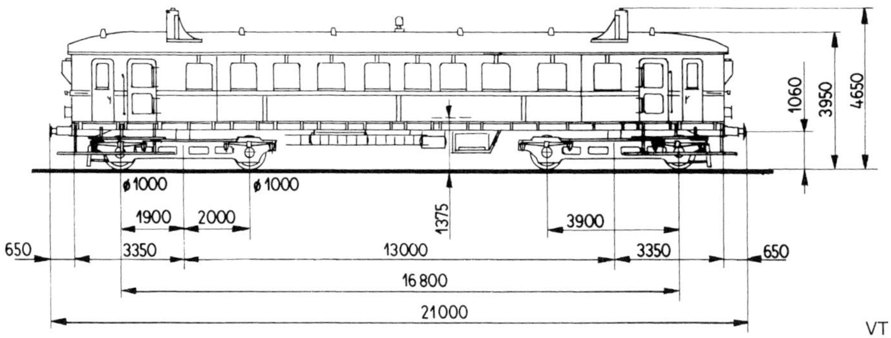

VT 757 bis VT 760

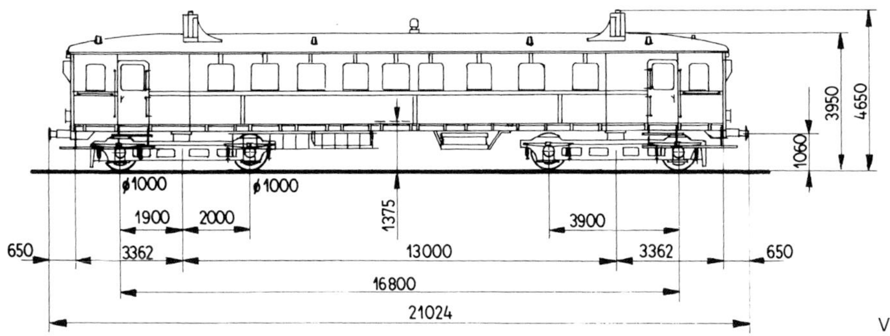

VT 761 und VT 762

VT 762 Sauggasgenerator und Führerstand mit Zugang vom Einstiegraum.

Diese Fahrzeugen waren die leistungsstärksten Triebwagen dieser Epoche.

Der VT 761 wurde im Lokomotiv-Versuchsamt Grunewald von August bis November 1926 eingehend erprobt. Trotz einiger Störungen waren die Ergebnisse, insbesondere der Kraftstoffverbrauch, gut. Um eine Überlastung der Antriebsanlage zu vermeiden, wurde die maximale Anhängemasse auf zwei zweiachsige Beiwagen (36 t) bei einer Steigung von 12 ‰ festgelegt.

Der Triebwagen VT 762 wurde, da die Sauggasgeneratoranlage sich nicht bewährte, noch vor der Auslieferung von der Wumag mit Benzin-Benzol-Motoren ausgerüstet. Auch wurden vor der Auslieferung die Fahrgasträume in 2. und 3. Klasse ausgeführt.

Der erste Einsatz erfolgte in Frankfurt/Oder (VT 757 und VT 758), Breslau (VT 759 und VT 760), Königsberg (VT 761) und Oldenburg (VT 762). In den ersten Jahren erreichten die Triebwagen jedoch nur geringe Laufleistungen, da insbesondere bei den Motoren und den Getrieben Schäden auftraten. Die Einsatzorte wechselten oft, und letztlich waren alle Triebwagen ab Dezember 1931 im Bw Nürnberg Hbf beheimatet. Inzwischen konnten die Mängel beseitigt und die Triebwagen betriebssicher und wirtschaftlich verwendet werden. Die Triebwagen wurden im Nah- und Berufsverkehr eingesetzt und brachten merkliche Verbesserungen im Reiseverkehr, wobei sich auch die Zugfolge verdichtete. Ab 1932 wurden auch zweiachsige Beiwagen der Gattung Ci eingesetzt. Aber auch auf Hauptstrecken verkehrten die Triebwagen erfolgreich.

Obwohl die Triebwagen in den dreißiger Jahren durch die schnell fortschreitende Entwicklung technisch und wirtschaftlich überholt waren, konnten sie sich weiterhin behaupten, da die DRG alle Triebfahrzeuge brauchte. Insbesondere die hohen Treibstoffkosten gegenüber dem Dieselkraftstoff für neuere Verbrennungstriebwagen beeinträchtigten die Wirtschaftlichkeit.

Nach Beginn des Zweiten Weltkrieges trafen die Einsparungsmaßnah-

men für Kraftstoff auch die DRG. Die Triebwagen für Dieselkraftstoff mußten nahezu vollzählig abgestellt werden, während die Triebwagen mit Vergasermotoren auf Flüssiggasbetrieb (Butan-Propan-Gemisch) umgestellt wurden. Die VT 757 bis VT 762 wurden ab 1940 umgerüstet, wobei verlangt wurde, daß als Kraftstoff Treibgas wie auch Benzin möglich sein mußten.
Den Zweiten Weltkrieg überstanden alle Fahrzeuge, wenn auch z. T. beschädigt. Da aber in der Nachkriegszeit alle Triebfahrzeuge benötigt wurden, besserte man auch diese Baureihe aus und setzte sie ab 1945/46 (VT 761 und VT 762) und ab 1947 (VT 758 und VT 760) wieder ein. Dabei wurde auch die Treibgasanlage ausgebaut. Ab 1949 wurden diese Triebwagen sowie der VT 759 gründlich aufgearbeitet und modernisiert. Lediglich der VT 757 konnte nicht mehr eingesetzt werden und wurde im Jahre 1950 ausgemustert.
Ab 1953 wurden die Triebwagen abgestellt und bis 1958 ausgemustert, da inzwischen wirtschaftlichere Triebwagen (Schienenbusse) ausreichend vorhanden waren. Der VT 66 905 wurde als Bahndienstwagen (antriebslos) verwendet.
Die Triebwagen VT 66 900, VT 66 901, VT 66 903 und VT 66 904 wurden vom Niedersächsischen Landeseisenbahnamt gekauft und nach umfangreichem Umbau bei nichtbundeseigenen Eisenbahnen eingesetzt, nun mit der Radsatzanordnung (1 A)(A 1). Der ehemalige VT 761 wurde in den Jahren 1979/80 liebevoll restauriert. Er ist bei der Buxtehude-Harsefelder Eisenbahn als Museumstriebwagen im Einsatz. Anläßlich einer Sonderfahrt besuchte er auch seinen Herstellerbetrieb in Görlitz.

Fahrzeugteil

Laufwerk: Drehgestellrahmen aus Stahlblechwangen und Profilen genietet. Großer Radsatzstand wegen Einbau der kompletten Antriebanlage. Wälzradsatzlager. Radsatzfederung Blatt- und Schraubenfedern, Wiegenfederung Blattfedern.
Wagenkasten: Kastengerippe genietete Konstruktion aus Profilträgern; Gurte und Holme verschweißt. Blechverkleidung genietet. Untergestell kräftige Rahmenkonstruktion uns U- und I-Trägern sowie Stahlblechen, genietet. Rahmen und Seitenwände an Stirnenden abgeschrägt (bei VT 761 und VT 762 Kastenabschrägung kürzer). Tonnendach aus Hobeldielen und imprägniertem Segeltuch. Stirnenden gerade. Keine Übergangsmöglichkeit.
Zug- und Stoßvorrichtung: Schraubenkupplung und Hülsenpuffer.
Druckluftanlage: Luftverdichter. Hauptluftbehälter. Hauptluftbehälterleitung. Sandstreueinrichtung.
Bremse: Einlösige Klotzbremse Bauart Kp. Spindelhandbremse.

Fahrgastraum VT 757 bis VT 760

Gestaltung: Dem Nebenbahn-Personenverkehr angepaßt. Führerstand; Einstiegraum; Großraum 3. Klasse; Toilette; Großraum ehemalige 4. Klasse; Einstiegraum; Führerstand. Toilette von beiden Großräumen betretbar.
Einstieg: Am Wagenende einflüglige Schiebetür, lichte Weite 1 000 mm, Zugang über Trittstufen. Zwischen Vorraum und Fahrgasträumen ein- bzw. zweiflüglige Schiebetür.
3. Klasse: Großraum mit dreieinhalb Abteilen und Mittelgang. Sitzplatzanordnung 2 + 3. Holzlattenbänke.
4. Klasse: Großraum mit viereinhalb Abteilen sowie einem Traglastenabteil und Mittelgang. Sitzplatzanordnung 2 + 3. Holzbretterbänke.
Heizung: Warmwasserheizung durch Motorkühlwasser, außerdem durch Motorabgase. Jeder Motor speist eine Wagenseite. Luftsauger.
Beleuchtung: Glühlampen, =24 V, in Wagenmitte.
Umbau 1930: Infolge Wegfall der 4. Klasse Umbau auf 2./3.-Klasse-Wagen. Aufteilung der Fahrgasträume jetzt Großraum 3. Klasse mit zwei Abteilen, Großraum 3. Klasse mit einem Abteil und einer Sitzbank, Großraum 2. Klasse mit fünf Sitzreihen und Großraum 3. Klasse mit einem Abteil und einer Sitzgruppe. Sitzplatzanordnung 2. Klasse 1 + 2, 3. Klasse 2 + 3.
Umbau 1942: 2. Klasse in 3. Klasse mit Holzlattenbänken umgebaut.

Fahrgastraum VT 761

Gestaltung: Dem Nebenbahn-Personenverkehr angepaßt. Führerstand; Einstiegraum; Großraum 3. Klasse; Toilette; Großraum 4. Klasse; Einstiegraum; Führerstand. Toilette nur von Großraum 3. Klasse betretbar.
Einstieg: Am Wagenende einflüglige Schiebetür, lichte Weite 1 000 mm, Zugang über Trittstufen. Vorraum gegenüber VT 757 bis VT 760 vergrößert, enthält Sitzbänke. Auch für Gepäck und Stückgut nutzbar. Zwischen Vorraum und Fahrgasträumen Schiebetür.
3. Klasse: Großraum mit Mittelgang. Sitzplatzanordnung 2 + 3. Holzlattenbänke.

4. Klasse: Großraum mit Mittelgang. Sitzplatzanordnung 2 +3. Holzbretterbänke.
Heizung: Warmwasserheizung durch Motorkühlwasser und Motorabgase. Jeder Motor speist eine Wagenseite. Luftsauger.
Beleuchtung: Glühlampen, =24 V, in Wagenmitte.
Umbau 1930: Umbau auf 2./3.-Klasse-Wagen mit Abteil 3. Klasse, Großraum 2. Klasse mit eineinhalb Abteilen und Großraum 3. Klasse mit fünf Abteilen. Sitzplatzanordnung 2. Klasse 0 + 4 und 3. Klasse 2 + 3.
Umbau 1942: 2. Klasse in 3. Klasse mit Holzlattenbänken umgebaut.

Fahrgastraum VT 762

Gestaltung: Dem Nebenbahn-Personenverkehr angepaßt. Führerstand; Einstiegraum; Großraum 2. Klasse; Großraum 3. Klasse; Einstiegraum; Führerstand. Toilette von Großraum 3. Klasse betretbar.
Einstieg: Am Wagenende einflüglige Schiebetür, lichte Weite 1 000 mm, Zugang über Trittstufen. Vorraum enthält Sitzbänke. Auch für Gepäck und Stückgut nutzbar. Zwischen Vorraum und Fahrgasträumen zweiflüglige Schiebetür.
2. Klasse: Großraum mit einem Abteil und zwei halben Abteilen mit Mittelgang. Sitzplatzanordnung 2 + 2. Abteiltiefe 1 810 mm, Sitzplatzbreite 559 mm, Gangbreite 570 mm. Polsterbänke.
3. Klasse: Großraum mit vier Abteilen mit Mittelgang und drei Sitzbänken. Sitzplatzanordnung 2 + 3. Abteiltiefe 1 500 mm bis 1 570 mm, Sitzplatzbreite 465 mm bzw. 467 mm. Gangbreite 470 mm. Holzbänke.
Heizung: Warmwasserheizung durch Motorkühlwasser und Motorabgase. Jeder Motor speist eine Wagenseite. Luftsauger.
Beleuchtung: Glühlampen, =24V.
Umbau 1942: 2. Klasse in 3. Klasse mit Holzlattenbänken umgebaut.

Maschinenanlage

Anordnung: Maschinenanlagen mit Maschinenrahmen in Drehgestell eingebaut. Kein Teil der Maschinenanlage ragt in Fahrgastraum. Unkomplizierter Tausch der gesamten Antriebsanlage möglich.
Motor: Benzolmotor, Typ D 2, 6 Zylinder, Reihe, 4 Takte. Wasserkühlung. Lichtmaschine und Verdichter angebaut. Zwei Vergaser. Betreiben mit Benzin-Benzol-Gemisch (Verhältnis 1:1). Handandrehvorrichtung an Drehgestellende. In den Jahren 1931/32 Motorleistung von 67 kW bei 1 000 min^{-1} durch Einbau neuer Leichtmetallkolben auf 81 kW bei 1 200 min^{-1} gesteigert.
Leistungsübertragung: Benzolmotor – druckluftgesteuerte Lamellenkupplung – Wechselgetriebe Bauart Soden – Gelenkwelle mit Sicherheitskupplung – Wendegetriebe. In den Jahren 1939/40 Lamellenkupplung durch Mehrscheiben-Trockenkupplung Bauart Mylius und Wechselgetriebe durch Mylius-Getriebe Bauart cv2 ersetzt.
Steuerung: Fahrschalter für Gangwahlschaltung und Füllungshebel. Wechselgetriebe mit fünf Gängen sowie Wendegetriebe bei VT 757 bis VT 760 elektropneumatisch, anfangs bei VT 757 elektromotorisch betätigt. Bei VT 761 und VT 762 elektromotorische Riegelwalzensteuerung. Vielfachsteuerung.
Hilfseinrichtungen: Kühlwasserpumpe, mit Motorkurbelwelle direkt gekuppelt. Quergestellte Lamellenkühler mit verstellbaren Jalousien auf Dach für Motorkühlwasser (später durch dritten Dachkühler ergänzt). Reservekanister für Benzol (bis 1940). Elektrische Führerüberwachungseinrichtung.
Umbau 1940: Einbau der Treibgasanlage mit vier Flaschenbatterien (je zwei Flaschen) und Umstellung auf wahlweisen Betrieb mit Treibgas oder mit Benzin. Anpassen der Vergaser und Motoren. Nach Kriegsende wieder ausgebaut.
Umbau 1949/1952: Im Jahre 1949 Einbau von Dieselmotoren, Typ OM 54, 99 kW, bei VT 66 902 und VT 66 905. Im Jahre 1952 bei VT 66 904 Einbau von Dieselmotoren, Typ A 6 M 517, 77 kW; Umbau der VT 66 901 und VT 66 903 erfolgte wegen absehbarem Nutzungsende nicht mehr.

VT 851 bis VT 861, VT 866 bis VT 871

DB VT 62.9 und VT 65.9

B'2'

1924 bis 1960

Techn. Daten: Seite 222

Für den Triebwagen als leichtes, billiges und schnell einsatzfähiges Verkehrsmittel brach 1924 die Eisenbahnausstellung in Seddin eine Lanze. Unter anderem wurden dort acht Verbrennungstriebwagen vorgestellt. Ein Triebwagen fiel besonders auf, da er im Gegensatz zu ähnlichen die erste speziell für einen Triebwagen entwickelte Antriebsanlage besaß. Die DRG hatte ihn nach erfolgreichen Probefahrten unter der Bezeichnung VT 851 in Dienst gestellt. Nach einem weiteren Versuchswagen (VT 852) folgten bis 1927 mehrere Serien.

Die Triebwagen bewährten sich vor allem auf Nebenbahnen gut. Sie waren bis zum Krieg in den Bw Waren, Schwerin, Guben, Mainz und Oberlahnstein sowie anfangs auch im Bw Stuttgart-Rosenstein beheimatet und im Stuttgarter Vorortverkehr nach Ludwigsburg, Waiblingen und Esslingen eingesetzt.

Mit Ausbruch des Zweiten Weltkrieges wurden die Triebwagen stillgesetzt. Sie wurden jedoch bald von der Wehrmacht (Eisenbahn-Batterien) übernommen. Den Krieg überstanden nur wenige Fahrzeuge. Bei der DR wurde ein Triebwagen wieder aufgebaut und fuhr bis 1960 im Bw Bitterfeld. Der Triebwagenkopf mit Antriebsanlage dieses historischen Triebwagentyps (VT 856) soll im Verkehrsmuseum Dresden aufgestellt werden. Bei der DB verblieb ebenfalls nur ein Triebwagen, der einen Dieselmotor mit einer Nennleistung von 154 kW erhielt und als VT 62 904 (ex VT 859) bis 1957 im Bw Braunschweig eingesetzt und dann ausgemustert wurde.

Fahrzeugteil

Laufwerk: Drehgestellrahmen aus Blechen und Profilen genietet. Gleitradsatzlager; beim Triebdrehgestell als Innenlager. Radsatzfederung Blattfedern. Wiegenfederung Blattfedern.

Wagenkasten: Kastengerippe genietete Konstruktion aus Profilstahl. Blechverkleidung. Untergestell kräftige Rahmenkonstruktion aus Winkelprofilen und Stahlblechen, genietet. Rahmen und Seitenwände an Stirnenden im Bereich der Einstiege eingezogen. Stirnen-

VT 861
Foto: Archiv transpress

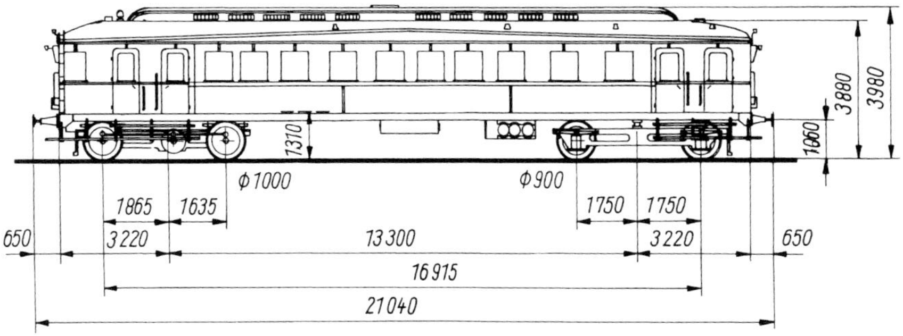

VT 853 und VT 854

den gerade bzw. abgerundet. Keine Übergangsmöglichkeit.
Zug- und Stoßvorrichtung: Schraubenkupplung und Stangen- bzw. Hülsenpuffer.
Druckluftanlage: Luftverdichter, Hauptluftbehälter. Sandstreueinrichtung.
Bremse: Einlösige Klotzbremse Bauart Kp. Spindelhandbremse.

Fahrgastraum VT 851

Gestaltung: Dem Personenzugverkehr angepaßt. Führerstand mit Maschinenraum; Einstiegraum mit Sitzbank (fünf Sitzplätze); Großraum 3. Klasse; Einstiegraum; Gepäckraum; Führerstand.
Einstieg: Am Wagenende einflügige Drehtür. Zugang über Trittstufen.
3. Klasse: Großraum mit sechs Abteilen und Mittelgang. Sitzplatzanordnung 2+3; Abteiltiefe 1 500 mm, Sitzplatzbreite 464 mm bzw. 450 mm, Gangbreite 500 mm. Anfangs als 4. Klasse eingestuft.
Gepäckraum: Beidseitig doppelflüglige Drehtür.
Heizung: Warmwasserheizung. Motorkühlwasser.
Beleuchtung: Glühlampen.
Umbau 1934:
2. Klasse: Geschlossenes Abteil mit Seitengang. Sitzplatzanordnung 0 + 3; Abteiltiefe 1 600 mm, Sitzplatzbreite 600 mm, Gangbreite 977 mm. Polstersitze.
3. Klasse: Großraum mit fünf Abteilen und Mittelgang. Sitzplatzanordnung 2+3; Abteiltiefe 1 500 mm, Sitzplatzbreite 464 mm bzw. 450 mm, Gangbreite 500 mm.

Fahrgastraum VT 852

Gestaltung: Dem Personenzugverkehr angepaßt. Führerstand und Maschinenraum; Einstiegraum; türloser Großraum 3. Klasse mit drei Abteilen; Abteil 2. Klasse; Großraum 3. Klasse mit viereinhalb Abteilen; Einstiegraum und Traglastenraum; Führerstand.
Einstieg: Am Wagenende einflügige Drehtür. Zugang über Trittstufen.
2. Klasse: Abteil mit Mittelgang. Sitzplatzanordnung 2 + 3; Polstersitze.
3. Klasse: Großräume mit drei bzw. viereinhalb Abteilen und Mittelgang. Sitzplatzanordnung 2 + 3; Abteiltiefe 1 360 mm, Sitzplatzbreite 472 mm bzw. 485 mm, Gangbreite 510 mm.
Traglastenabteil: Längsbänke mit acht Sitzplätzen. Beidseitig doppelflüglige Drehtür.
Heizung: Warmwasserheizung. Motorkühlwasser.
Beleuchtung: Glühlampen.
Umbau 1935:
2. Klasse: Großraum mit eineinhalb Abteilen und Mittelgang. Sitzplatzanordnung 2 + 3; Abteiltiefe 1830 mm, Sitzplatzbreite 485 mm bzw. 465 mm, Gangbreite 534 mm. Polstersitze.
3. Klasse: Großräume mit Mittelgang. Sitzplatzanordnung 2 + 3; Abteiltiefe 1 360 mm, Sitzplatzbreite 485 mm bzw. 472 mm, Gangbreite 510 mm.

Fahrgastraum VT 853 bis VT 861 und VT 866 bis VT 871

Gestaltung: Dem Personenzugverkehr angepaßt. Führerstand mit Maschinenraum; Einstiegraum; Traglastenraum; Fahrgasträume; Einstiegraum; Führerstand. Fahrgasträume unterschiedlich gestaltet: Großräume oder Abteile 2. Klasse, Großräume 3. Klasse mit unterschiedlicher Abteilzahl. Anlieferung bei VT 853 bis VT 861 mit 3. und 4. Klasse.

Einstieg: Am Wagenende einflüglige Drehtür. Zugang über Trittstufen.
2. Klasse: Abteil mit Seitengang. Sitzplatzanordnung 0 + 3; Abteiltiefe 1 880 mm, Sitzplatzbreite 626 mm, Gangbreite 943 mm. Polstersitze; oder
Abteil mit Mittelgang. Sitzplatzanordnung 2 + 3; Abteiltiefe 1 550 mm, 1 560 mm bzw. 1 603 mm, Sitzplatzbreite 487 mm bzw. 475 mm, Gangbreite 450 mm. Polstersitze; oder
Abteil mit Mittelgang. Sitzplatzanordnung 2 + 2; Abteiltiefe 1900 mm, Sitzplatzbreite 562 mm, Gangbreite 600 mm. Polstersitze.
Bei VT 853, VT 854 und VT 869 Sitzplätze mit Notpolster.
3. Klasse: Großräume mit Mittelgang. Sitzplatzanordnung 2 + 3; Abteiltiefe 1 340 mm, 1 355 mm, 1 370 mm, 1 506 mm, 1 535 mm bzw. 1 560 mm, Sitzplatzbreite 487 mm bzw. 475 mm, Gangbreite 450 mm.
Traglastenabteil: Längsbänke. Türlos mit Fahrgastraum 3. Klasse verbunden.
Heizung: Warmwasserheizung. Motorkühlwasser.
Beleuchtung: Glühlampen.

Maschinenanlage

Anordnung: Maschinenanlage mit Hilfstragrahmen in fünf Punkten im Triebdrehgestell aufgehängt. Motor ragt in den Maschinenraum; mit Haube abgedeckt.
Motor: Dieselmotor Typ G 4a oder G 4b, 6 Zylinder, Reihe, 4 Takte. Bei Typ 4a Nennleistung 110 kW bei 1 300 min^{-1}, später auf 121 kW bei 1 380 min^{-1} eingestellt. Bei Typ G 4b Nennleistung 129 kW bei 1 400 min^{-1}. Wasserkühlung. Anlassen mit Druckluft (90 bis 100 · 10^5 Pa). Umbau VT 859 vor 1950 auf Dieselmotor Typ GO 5h mit Nennleistung 154 kW.
Leistungsübertragung: Gelenkwelle; Dämpfungskupplung; Zahnradgetriebe (Typ T 1, 4 Gänge, druckluftbetätigte bzw. später druckölbetätigte Lamellenkupplungen schalten einzelne Gänge); Wendegetriebe; Blindwelle; Kuppelstange.
Steuerung: Einfache Fahrsteuerung mittels Seilzügen für Dieselmotor, Getriebe und Wendegetriebe.
Motor mit Druckluft aus drei Luftflaschen unter Last mit eingeschaltetem 1. Gang angelassen, wobei sich Fahrzeug gleichzeitig in Bewegung setzt. Nach erfolgter Zündung wird Anlaßluft mit Fußhebel abgesperrt.
Hilfseinrichtungen: Luftverdichter von Dieselmotor angetrieben. Ein bzw. zwei Hilfsgeneratoren für Beleuchtungsbatterie und elektrische Motoren der Kühlerlüfter. Kühlelemente für Motorkühlwasser in oberlichtartigem Aufbau, mit elektrisch angetriebenen Lüftern fremdbelüftet.

VT 872 bis VT 874

2'Bo'

1933 bis 1949

Techn. Daten: Seite 228

Diese Baureihe sind die ersten Verbrennungstriebwagen mit einer Motorleistung von 302 kW für Hauptbahnen. Die Triebwagen, die im Jahre 1932 von der Triebwagen und Waggonfabrik Wismar geliefert wurden, sollten den Schnell-Nahverkehr zwischen benachbarten großen Städten bedienen. Sie wurden deshalb zwischen Frankfurt (Main) und Wiesbaden eingesetzt. Beide Bahnhöfe waren Kopfbahnhöfe, so daß Steuerwagen mitbeschafft wurden, um das Umsetzen einsparen zu können. Damit konnten die Vorzüge eines leistungsstarken Triebwagenzuges erstmals voll zur Geltung kommen.
Im Gegensatz zu der bei den Triebwagen früherer Lieferungen bereits durchgesetzten Leichtbauweise wurden diese Triebwagen wieder in einer schweren Fahrzeugkonstruktion ausgeführt, da man auf Hauptstrecken keine Leichtbaufahrzeuge verkehren lassen wollte.
Es wurde die elektrische Leistungsübertragung gewählt, da für diese Größe der Traktionsleistung damals kein mechanisches Getriebe lieferbar war. Außerdem wurde eine Steuerung der Maffei-Schwartzkopff-Werke erprobt.

VT 872 und VT 873 mit Steuerwagen
Foto: Sammlung Dr. Scheingraber

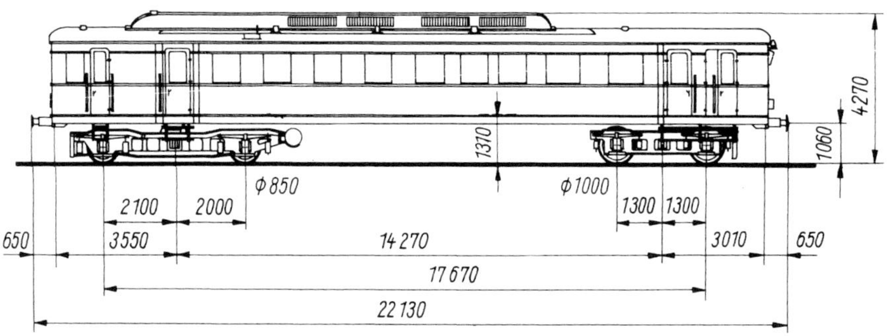

VT 872 bis VT 874 (nach Umbau der Puffer)

Im Jahre 1935 wurde die Maschinenanlage den 302-kW-Einheitstriebwagen angepaßt (Einbau des Dieselmotors Typ GO 5 und RZM-Steuerung).

Die Triebwagen bewährten sich gut und stellten eine wichtige Vorstufe für die 302-kW-Einheitstriebwagen dar.

Die DR übernahm keinen Triebwagen.

In den Bestand der DB gingen zwei Triebwagen über, jedoch wird kein Triebwagen in den Bestandslisten geführt. Der Triebwagen VT 872 wurde in den Jahren 1949 bis 1951 in das Versuchsfahrzeug VT 92 501 umgebaut. Mit ihm wurden neue Antriebsanlagen und neue Formen der wagenbaulichen Gestaltung für die Neubau-Triebzüge VT 08.5 erprobt. Der Triebwagen VT 874 wurde ausgemustert, obwohl auch für ihn ein gleicher Umbau vorgesehen war.

Fahrzeugteil

Laufwerk: Triebdrehgestell genietete Konstruktion aus Profilen und Blechen. Gleitradsatzlager. Radsatzfederung Blatt- und Schraubenfedern. Wiegenfederung Blattfedern. Laufdrehgestell Sonderkonstruktion, genietet. Asymmetrischer Radsatzstand. Gleitradsatzlager. Radsatzfederung Blatt- und Schraubenfedern. Wiegenfederung Blattfedern.

Wagenkasten: Genietete Konstruktion aus Profilen und Blechen. Kräftige Untergestellkonstruktion, Stirnenden gerade. Einstiege und Gepäckraum eingezogen, jedoch im Bereich des Maschinenraumes

volle Wagenkastenbreite. Offene Übergangsbrücken.
Zug und Stoßvorrichtung: Schraubenkupplung, Hülsenpuffer (anfangs 655 mm lang, später durch Regelbauart mit 650 mm Länge ersetzt).
Druckluftanlage: Luftverdichter, Hauptluftbehälter, Hauptluftbehälterleitung.
Bremse: Einlösige Klotzbremse Bauart K. Wurfhebelhandbremse.

Fahrgastraum

Gestaltung: Dem Nahschnellverkehr angepaßt. Führerstand und Maschinenraum; Einstiegraum; Großraum 3. Klasse mit drei Abteilen; Großraum 3. Klasse mit zweieinhalb Abteilen; zwei Abteile 2. Klasse; Einstiegraum; Gepäckraum und Führerstand.
Einstieg: Über Drehgestellen einflüglige Drehtür. Zugang über Trittstufen.
2. Klasse: Abteile mit Mittelgang. Sitzplatzverteilung 1 + 3; Abteiltiefe 1800 mm, Sitzplatzbreite 680 mm und 523 mm, Gangbreite 500 mm. Polstersitze.
3. Klasse: Großräume mit drei bzw. zweieinhalb Abteilen und Mittelgang. Sitzplatzteilung 2 + 3; Abteiltiefe 1 536 mm, Sitzplatzbreite 482 mm bzw. 445 mm, Gangbreite 450 mm. Holzlattenbänke.
Gepäckraum: 2 174 mm lang. Drei Klappsitze. Beidseitig einflüglige Drehtür, durch Zusatzflügel zu verbreitern.
Heizung: Warmwasserheizung. Motorkühlwasser. Bei VT 872 Unterflurofen.
Beleuchtung: Glühlampen, = 110 V.

Maschinenanlage

Anordnung: Maschinenanlage (Dieselmotor, Generator, Hilfsstromerzeuger) auf zwei Hilfstragrahmen im Maschinendrehgestell in je drei Punkten gelagert. Motor ragt in den Maschinenraum, durch Haube abgedeckt.
Motor: Dieselmotor Typ G 5, 12 Zylinder, V-förmig, 4 Takte. Anlassen mit Druckluft. Später ersetzt durch Dieselmotor Typ GO 5, der elektrisch über Hauptgenerator angelassen wird.
Umbau 1939 VT 872 auf Dieselmotor Typ A 12 M 322, 12 Zylinder, V-förmig, 4 Takte. Nennleistung 331 kW.
Leistungsübertragung: Elastische Kupplung; Hauptgenerator (Typ BGL 15 617) mit Erregermaschine; Gleichstromreihenschlußmotoren (Typ NB 65) mit Tatzlagerantrieb.
Steuerung: MSW-Steuerung, später durch RZM-Steuerung ersetzt. Vielfachsteuerung. Elektrischer Drehzahlsteller.
Hilfseinrichtungen: Kühler für Motorkühlwasser auf Dach. Lüftermotoren und Luftverdichter von Hilfsstromerzeuger gespeist. Wegabhängige Sicherheitsfahrschaltung.

Steuerwagen VS 145 001 bis VS 145 003

Techn. Daten: Seite 269

Fahrzeugteil: Analog Eilzugwagen damaliger Bauart. Einstiege am Wagenende in Nischen. Offener Übergang mit Scherengitter.
Fahrgastraum: Führerstand von einem Einstiegraum abgetrennt. Abteile und Großräume.
Zwei Wagen 23 Sitzplätze 2. Klasse (Sitzplatzanordnung 1 + 3) und 48 Sitzplätze 3. Klasse (Sitzplatzanordnung 2 + 3). Ein Wagen 81 Sitzplätze 3. Klasse (Sitzplatzanordnung 2 + 3). 2. Klasse Abteiltiefe 1 870 mm, Sitzplatzbreite 690 mm bzw. 542 mm, Gangbreite 550 mm. Polstersitze bzw. -bänke. 3. Klasse Abteiltiefe 1 550 mm bzw. 1 870 mm, Sitzplatzbreite 495 mm bzw. 468 mm, Gangbreite 470 mm. Ofenheizung.
Beleuchtung durch Glühlampen = 24 V, von Radsatzgenerator gespeist, mit Batterie gepuffert. 110-V-Einspeisung von Triebwagen für Steckdose für Handleuchte und für Fußwärmplatte im Führerstand.

VT 877

DB VT 04.0

2'Bo'2'

1932 bis 1957

Techn. Daten: Seite 229

Für den Fernschnellverkehr beschaffte die DRG 1932 einen zweiteiligen Dieseltriebzug, der die Betriebsnummer VT 877 a/b erhielt und sich als „Fliegender Hamburger" einen Namen machte. Als Antriebssystem entsprach damals nur die dieselelektrische Leistungsübertragung den betrieblichen Forderungen.
Erste Probefahrten fanden zwischen Friedrichshafen und Ulm statt, und am 19. Dezember 1932 fuhr der Triebzug zum ersten Mal von Berlin nach Hamburg. Nach Versuchs- und Vorführungsfahrten wurde er am 15. Mai 1933 dem öffentlichen Verkehr übergeben. Damit begann bei der DRG der Schnellverkehr.
Im planmäßigen Einsatz befuhr der Triebzug als FDt1/2 die 287 km lange Strecke Berlin–Hamburg in 2 Std. 18 min, was einer Reisegeschwindigkeit von 124,8 km/h entspricht. Bei Versuchsfahrten erreichte er Geschwindigkeiten bis zu 175 km/h. Der VT 877 a/b fuhr über zwei Jahre als Einzelfahrzeug im Schnellverkehr Berlin–Hamburg–Berlin, wobei er im 1. Halbjahr 71 Prozent, im 2. und 3. Halbjahr 82 Prozent und im 4. Halbjahr sogar fast 91 Prozent aller Fahrten bestritt. Am 1. September 1939 wurde der Triebzug wegen des Kraftstoffmangels infolge des Krieges abgestellt.
Der Triebzug wurde nach dem Zweiten Weltkrieg als Lazarett-Triebzug für die französische Besatzungsmacht umgebaut und ab 1946 eingesetzt. Im Jahre 1949 wurde er zu einem Triebzug mit der damaligen 2. und 3. Klasse umgebaut und als „Schnelltriebzug Rhein–Main" zwischen Frankfurt (Main) und Basel eingesetzt. 1952 wurde der Triebzug erneut umgebaut und mit einer Küche versehen. Zur Anpassung an die übrigen SVT wurde auch eine Scharfenbergkupplung an den Stirnseiten eingebaut und die Steuerung auf RZM-Schaltung umgebaut. Nach öfterem Wechsel zwischen den Bw Dortmund und Bw Frankfurt-Griesheim war er bis April 1957 im Bw Altona beheimatet und wurde zuletzt nur noch als Verstärkungswagen des „Helvetia-Expreß" eingesetzt. Am 3. Mai 1957 absolvierte er seine letzte Fahrt von Altona nach München-Freimann zur Ausmusterung.
Der „Fliegende Hamburger" war fast 25 Jahre in Betrieb, bis ein Teil des Triebzuges (Führerstand mit anschließenden Abteilen) im Verkehrsmuseum Nürnberg Platz fand. Leider wurde damals auf die museale Aufbewahrung des kompletten Triebzuges, der in seinem Ursprungszustand versetzt werden sollte, verzichtet.

Fahrzeugteil

Laufwerk: Triebdrehgestell Jacobs-Gestell, angepaßte Konstruktion der Drehgestellbauart Görlitz. Wälzradsatzlager. Radsatzfederung Blatt- und Schraubenfedern. Wiegenfederung Blattfedern.
Laufdrehgestell ebenfalls der Drehgestellbauart Görlitz angepaßt.
Wagenkasten: Spantenbauweise mit tragenden Seitenwänden. Außenhautbündige Konstruktion. Dach an Führerständen stark heruntergezogen. Stirnenden abgerundet. Durchgehende Schürze. Innerhalb Triebzug durch Faltenbalg geschützter Übergang, weiterer Faltenbalg mit Wagenaußenhaut bündig. Keine Übergangsmöglichkeit.
Zug- und Stoßvorrichtung: Ungefederte Notpuffer und Abschlepphaken.
Druckluftanlage: Luftverdichter, Hauptluftbehälter. Elektropneumatische Sandstreueinrichtung.
Bremse: Einlösige Trommelbremse Bauart Ks, später durch mehrlösige Bauart Hikks ersetzt. Magnetschienenbremse. Druckölhandbremse.

Fahrgastraum

Gestaltung: Dem Expreß-Schnellzugverkehr angepaßt.
VTa: Führerstand mit Maschinenraum; Einstiegraum; Großraum 2. Klasse mit sieben Abteilen; Anrichte.

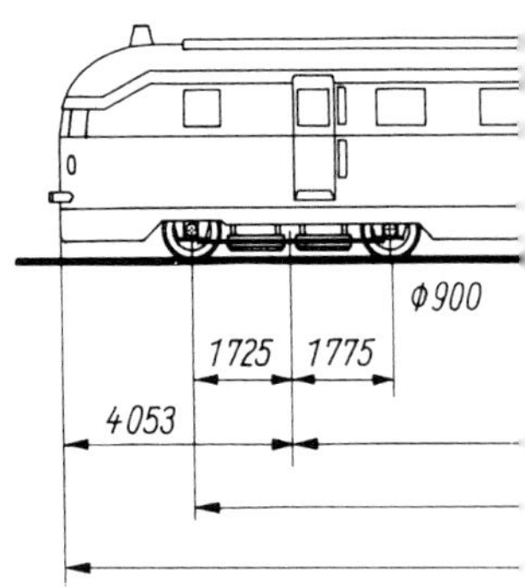

VT 877
Foto: Archiv transpress

VTb: Einstiegraum; Toiletten; Großraum 2. Klasse mit fünfeinhalb Abteilen; Einstiegraum; Gepäckraum; Maschinenraum mit Führerstand.
Einstieg: Am Wagenende und über Nachbarwagen. Einflüglige Schiebetür. Zugang über Trittstufen.
2. Klasse: Großräume mit sieben bzw. fünfeinhalb Abteilen und Mittelgang. Sitzplatzanordnung 1 + 3; Abteiltiefe 1 800 mm, Sitzplatzbreite 650 mm bzw. 529 mm, Gangbreite 480 mm. Polstersitze.
Anrichte: Vier Sitzplätze.
Gepäckraum: Grundfläche 7,4 m². Beidseitig doppelflüglige Drehtür.
Heizung: Warmwasserheizung. Koksgefeuerter Heizkessel. Jeder Wagen eigene Heizanlage.
Beleuchtung: Glühlampen.
Zusatzeinrichtungen: Heißwasserspeicher und Kochplatte, von Hauptgenerator während der Fahrt gespeist.

Maschinenanlage

Anordnung: Zwei gleiche Maschinenanlagen. Jede Maschinenanlage (Dieselmotor, Generator) auf zwei getrennten Hilfsrahmen über je drei Punkte im Laufdrehgestell aufgehängt. Dieselmotor ragt in Maschinenraum, durch Haube abgedeckt. Später Hilfsrahmen gelenkig verbunden und in fünf Punkten pendelnd im Drehgestellrahmen aufgehängt.
Motor: Dieselmotor Typ GO 5, 12 Zylinder, V-förmig 60°, 4 Takte. Nennleistung 302 kW, Nenndrehzahl 1 400 min^{-1}. Wasserkühlung. Elektrisches Anlassen über Anlaßwicklung des Hauptgenerators. Später Dieselmotor Typ GO 56.
Leistungsübertragung: Haupt-

VT 877 (Ursprungsausführung)

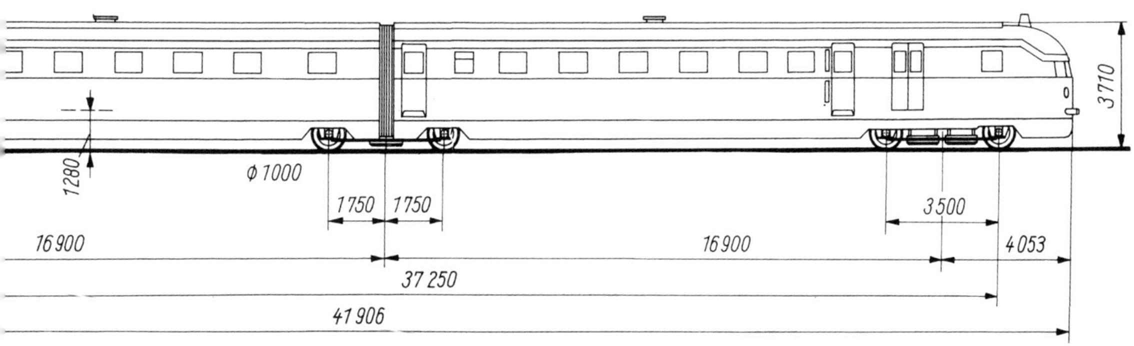

generator (Typ aPGMv 300/36, mit Eigenerregung); Gleichstromreihenschlußmotoren (Typ Dx 1681) mit Tatzlagerantrieb.
Steuerung: Gebus-Steuerung; sechs Fahrstufen (fünf Laststufen). Zur Anfahrhilfe Verbundwicklung in Hauptgenerator.
Hilfseinrichtungen: Lüfter für Motorkühlwasser und Hilfsgenerator (3,5 kW, =48 V) über Gelenkwellen von Dieselmotor angetrieben. Luftverdichter ab einer Spannung von 380 V von einem Traktionsgenerator gespeist, jedoch über besondere Schaltstellung des Fahrschalters auch im Stillstand des Fahrzeugs einschaltbar. Hilfsluftverdichter batteriegespeist. Wegabhängige Sicherheitsfahrschaltung. Induktive Zugbeeinflussung.

Umbau 1949

Fahrzeugteil: Regelzughaken eingebaut.
Fahrgastraum: 67 Sitzplätze 1. Klasse, gepolstert, und 26 Sitzplätze 2. Klasse, Lattensitzbänke. Heizung koksgefeuerter Unterflurofen, mit Kühlwasserkreislauf verbunden.

Umbau 1952

Fahrzeugteil: An Stirnenden selbsttätige Mittelpufferkupplung Bauart Scharfenberg. Umbau auf Bremsart Kp.
Fahrgastraum: Sitzplatzanordnung 1 + 2. Großräume durch Zwischenwände geteilt. Anrichte an Endeinstieg verlegt.
Maschinenanlage: Als Steuerung für Leistungsübertragung RZM-Steuerung (AEG-Schaltung). Vielfachsteuerung mit anderen Schnelltriebzügen.

VT 133 006 bis 008

B/A1

1933 bis 1941

Techn. Daten: Seite 232

Die DRG stellte 1933 und 1934 drei zweiachsige Schienenomnibusse in Dienst, die von den Firmen Henschel (Fahrgestell) und Waggonfabrik Bautzen (Wagenkasten) hergestellt wurden und in ihrer Bauweise weitgehend Straßenomnibussen glichen. Die Triebwagen wurden aus serienmäßig gefertigten Teilen von Straßenfahrzeugen aufgebaut, um die Beschaffungskosten niedrig zu halten und eine bessere Ersatzteilhaltung zu gewährleisten. Die ersten Betriebsversuche zeigten, daß diese Fahrzeuge zwar insgesamt die Entwicklung von Schienenomnibussen vorantrieben, aber noch viele Anfangsschwierigkeiten zu überwinden hatten. Die ungleichen Radsatzmassen führten immer wieder zu Verzögerungen der Abnahme. Erst der Umbau auf die Radsatzordnung A1 brachte eine Verbesserung. Außerdem wurde die geringe Personenbeförderungskapazität bemängelt. Die Laufeigenschaften konnten bei höheren Geschwindigkeiten ebenfalls nicht befriedigen. Um der Entgleisungsgefahr vorzubeugen, mußte man die Höchstgeschwindigkeit Ende der dreißiger Jahre auf 40 km/h festlegen. Die vom Gleis übertragenen Stöße in senkrechter und seitlicher Richtung zeigten ferner, daß die Abfederung nicht weich und die Gummigewebescheiben der Räder nicht robust genug waren.
Der Gedanke, Schienenomnibusse bei der Eisenbahn zu verwenden, war zwar mit diesen Fahrzeugen geboren, wurde aber erst viel später mit dem nötigen Komfort realisiert.
Die Triebwagen verkehrten vorrangig im Bezirk Regensburg und waren in Passau und Weiden stationiert. Nach Beginn des Zweiten Weltkrieges wurden sie nicht mehr planmäßig eingesetzt. Im Herbst 1941 wurden sie ins RAW Nürnberg überführt, auf Flüssiggasbetrieb umgestellt und in Bahndienstwagen (Fahrleitungsuntersuchungswagen) umgebaut (neue Betriebsnummern 738 005 Breslau, 738 004 Erfurt und 703 813 München).

Fahrzeugteil

Laufwerk: Aufhängung der Radsätze und Kraftübertragung durch symmetrisch angeordnete Schubrohre. Gummilagerbuchsen ermög-

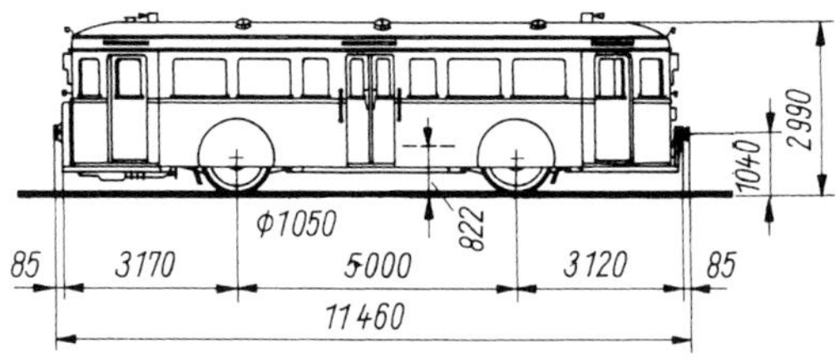

VT 133 006 bis 008

VT 133 006 bis 008
Foto: Sammlung H.D. Reichardt

lichen Schwenken der Radsätze bei Kurvenfahrten bis zum Anschlag der Federn an die Gummipuffer der Federböcke. Wälzradsatzlager. Radsatzfederung Blattfedern. Räder mit Gummigewebescheiben zwischen Radnabe und Radreifen. Gummischeiben gegen Überbeanspruchung durch Anschläge geschützt.
Wagenkasten: Ganzstahlgerippe mit Stahlbeblechung, genietet. Bretterdach mit wasserdichtem Belag aus Eisenbahndoppeldrell. Fahrzeugrahmen von Kraftfahrzeugen übernommen, kräftige Konstruktion, im Gesenk gepreßt. U-förmige Traversen auf Längsrahmen gleichzeitig für Auflage und Befestigung des Wagenkastens. Holzfußboden mit Klappen zum Warten der Aggregate. Stirnenden gerade. Keine Übergangsmöglichkeit.
Zug und Stoßvorrichtung: Umlegbarer Anhängebügel. Stoßstange mit Notpuffern.
Bremse: Innenbackenbremse als Unterdruckbremse. Bremsbacke nur auf erstem Radsatz angeordnet, wirkte anfangs über Gelenkwelle auf zweiten Radsatz. Unterdruck Ansaugleitung des Motors entnommen (später Vakuumpumpe auf beiden Führerständen). Handbremse. Bremswirkung des Motors nutzbar.

Fahrgastraum

Gestaltung: Dem leichten Nebenbahnverkehr angepaßt. Führerstand; Fahrgastraum 3. Klasse; Traglastenraum mit Führerstand. Einstiegraum von Abteilen türlos getrennt. Keine Toilette.
Einstieg: In Wagenmitte doppelflüglige Schiebetür (lichte Türweite 850 mm). An Wagenenden einflügglige Schiebetür (lichte Türweite 700 mm). Zugang über Trittstufen.
3. Klasse: Großraum mit Abteilen und Mittelgang. Sitzplatzanordnung 2 + 3; Abteiltiefe 1 445 mm, 1 460 mm bzw. 1 475 mm, Sitzplatzbreite 450 mm, Gangbreite 430 mm. Im Einstiegraum zehn und an einer Stirnwand zwei Klappsitze.
Traglastenraum: 2 830 mm lang, beidseitig einflüglige Schiebetür. Drei Sitzbänke mit zwei bzw. drei Sitzplätzen. Mit Führerstand vereinigt.
Heizung: Luftheizung. Wärmetauscher der Abgasleitung. Später in Kühlwasser-Umluftheizung umgebaut.
Beleuchtung: Glühlampen.

Maschinenanlage

Anordnung: Maschinenanlage an einer Stirnwand unter Haube in Wagenkasten ragend.
Motor: Vergasermotor Typ D, 6 Zylinder, stehend, 4 Takte. Wasserkühlung. Elektrischer Anlasser.
Leistungsübertragung: Mehrscheibentrockenkupplung; Zahn-

radwechselgetriebe (Typ ZF DKb 50, 3 Vorwärtsgänge und 1 Rückwärtsgang); Gelenkwelle; Radsatztrieb 1. Radsatz; Zwischengelenkwelle mit zwei Gummigelenkscheiben; Radsatztrieb 2. Radsatz. Später nur erster Radsatz angetrieben.
Steuerung: Kupplung, Getriebe und Motorregulierung über Gestänge. Im nichtbenutzten Führerstand Getriebehebel gesichert.
Hilfseinrichtungen: Kühler für Vergasermotor; nachträglich mit Leitblechen versehen, um Fahrtwind bei Rückwärtsfahrten von beiden Seiten dem Kühler zuzuleiten. Sicherheitsfahrschaltung (Handgashebel). Sandstreueinrichtung.

VT 135 051 bis 059

DB VT 75.9
DR 186.2, DB/DR 786

A1
1935 bis 1972
Techn. Daten: Seite 236

Für den Nebenbahnverkehr waren Verbrennungstriebwagen wirtschaftliche Triebfahrzeuge, besonders wenn sie so leistungsstark waren, daß sie auch mit Beiwagen eingesetzt werden und außerdem Steigungsstrecken noch mit einer verhältnismäßig hohen Geschwindigkeit befahren konnten. Im Jahre 1931 wurden von der DRG die ersten Versuchstriebwagen in Leichtbauart beschafft, wobei sechs Triebwagen Vergasermotoren und mechanische Leistungsübertragung (VT 133 000 bis VT 133 005) und zwei Triebwagen Dieselmotoren und elektrische Leistungsübertragung (VT 135 000 und VT 135 001) hatten. Bei letzteren wurde erstmalig das Schweißen bei der Fertigung des Fahrzeugteils in großem Umfang angewendet.
Aber noch suchte man nach der zweckmäßigen technischen Ausführung, so daß auch die dieselmechanische Leistungsübertragung erprobt werden sollte. Deshalb beschaffte die DRG Anfang der dreißiger Jahre einige Baureihen zweiachsiger Dieseltriebwagen: 1932/33 Baureihe 1 (VT 135 002 bis VT 135 011), 1933/34 Baureihe 2 (VT 135 022 bis VT 135 031) und 1935/36 Baureihe 3 (VT 135 051 bis VT 135 059). Die Steigerung der Motorleistung (von 88 kW auf 99 kW) und die Senkung der Dienstmasse (vollbesetzt von 21,0 t auf 19,2 t) führten zur Verbesserung des Betriebseinsatzes. Da man aber immer noch, auch in Detailfragen, nach der zweckmäßigsten Lösung suchte, umfaßten die einzelnen Lieferungen nur wenige Fahrzeuge.
Die Triebwagen hatten sich auf Nebenbahnen sehr gut bewährt und waren einige Jahrzehnte im Betriebseinsatz. Mit Beginn des Zwei-

VT 135 051 bis 059
Foto: Archiv transpress

ten Weltkrieges wurden die Triebwagen nicht mehr eingesetzt. Später liefen sie z. T. im Wehrmachtsverkehr. Die Triebwagen VT 135 052, VT 135 053 sowie VT 135 057 bis VT 135 059 wurden auf Generatorgasbetrieb umgerüstet.
Der bei der DR verbliebene Triebwagen verkehrte noch bis in die siebziger Jahre auf Nebenbahnstrecken. Er wurde später als Dienstfahrzeug (786 257, ex 186 257, ex VT 135 054) der Rbd Magdeburg eingesetzt.
Die bei der DB verbliebenen Triebwagen wurden bis 1950 auf Dieselbetrieb zurückgebaut und erhielten ab 1954 KHD-Dieselmotoren mit einer Nennleistung von 96 kW. Sie wurden in den Jahren 1952 bis 1962 ausgemustert (letzte Fahrzeuge VT 75 906 und VT 75 912 Bw Schwandorf am 30. März 1962).

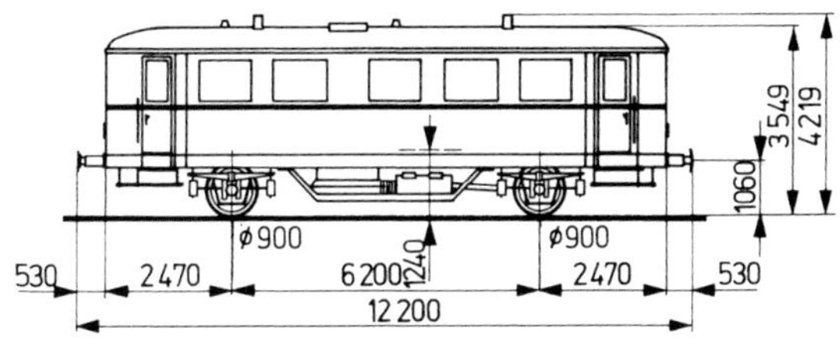

VT 135 051 bis 059

Fahrzeugteil

Laufwerk: Vereinslenkradsätze. Wälzradsatzlager. Radsatzfederung Blatt- und Schraubenfedern.
Wagenkasten: Leichtstahlbauweise in Schweißkonstruktion, Stahlbeblechung. Stirnenden gerade. Einstiege in Nischen. Keine Übergangsmöglichkeit.
Zug- und Stoßvorrichtung: Schraubenkupplung und Hülsenpuffer.
Druckluftanlage: Luftverdichter, Hauptluftbehälter. Sandstreueinrichtung.
Bremse: Mehrlösige Trommelbremse Bauart Hikp. Druckölhandbremse.

Fahrgastraum

Gestaltung: Dem Nebenbahnverkehr angepaßt. Ein Fahrgastgroßraum 3. Klasse. Einstiegräume mit Führerstand vereinigt.
Einstieg: Am Wagenende einflügelige Drehtür. Zugang über Trittstufen.
3. Klasse: Großraum mit dreieinhalb Abteilen und Mittelgang. Sitzplatzanordnung 2 + 3. Abteiltiefe 1 500 mm, Sitzplatzbreite 488 mm bzw. 492 mm, Gangbreite 495 mm. Holzlattenbänke.
Gepäckabteil: Vorderer Einstiegraum (3 059 mm lang) als Gepäckraum verwendbar.
Heizung: Luftheizung. Wärmetauscher in Kühlwasserleitung, Ölzusatzheizung.
Beleuchtung: Glühlampen, =24 V.

Maschinenanlage

Anordnung: Gesamte Maschinenanlage unterflur in schwanenhalsartigem Maschinenrahmen. Dieselmotor überragt Fußbodenhöhe und wird durch aufklappbare Sitzbänke abgedeckt. Kühler auf Dach.
Motor: Dieselmotor Typ OM 54, 6 Zylinder, stehend, 4 Takte. Nennleistung 99 kW. Wasserkühlung. Elektrischer Anlasser.
Bei DR Ersatz durch Dieselmotor Typ 6 KVD 14,5 SRW, 6 Zylinder, stehend, 4 Takte, Nennleistung 81 kW. Wasserkühlung. Elektrischer Anlasser.
Leistungsübertragung: Zahnradwechsel- und -wendegetriebe (Typ LRG 125, 4 Gänge, Lamellenkupplung für jeden Gang, Kupplungen für 1. und 2. Gang wegen Wärmebelastung und Auswechselbarkeit außerhalb Getriebegehäuse und trocken laufend, Kupplungen für andere Gänge innerhalb Getriebe in Ölnebel laufend); Gelenkwelle; Radsatztrieb, Typ AT.
Steuerung: Einfachsteuerung. Kupplung, Wechsel- und Wendegetriebe mit Druckluft betätigt.
Hilfseinrichtungen: Kühler für Dieselmotorkühlwasser, Batterie, Hilfsgenerator.

Beiwagen VB 140 230 bis VB 140 233

Techn. Daten: Seite 287

Fahrzeugteil: Analog Triebwagen.
Fahrgastraum: Großraum 3. Klasse mit viereinhalb Abteilen und Mittelgang. Sitzplatzanordnung 2 + 3. Abteiltiefe 1500 mm, Sitzplatzbreite 500 mm bzw. 492 mm, Gangbreite 470 mm. Ofenheizung.

VT 135 061 bis 064, VT 135 067 bis 076, VT 135 083 bis 132

DB VT 70.9
DR 186.0 und 186.2

1A

1937 bis 1977

Techn. Daten: Seite 237

Alle älteren Triebwagenbauarten vor 1935 können nur als Versuchs- und Erprobungsausführungen betrachtet werden. Immer wieder erkannten Bahnverwaltung und Hersteller Unzulänglichkeiten. Deshalb entschloß man sich 1936, die Vielzahl der Typen von Verbrennungstriebwagen künftig durch eine begrenzte Anzahl von Bauarten zu ersetzen, um den Betriebseinsatz und die Instandhaltung wirtschaftlicher gestalten zu können. Für den Nebenbahnverkehr sollten vierachsige und zweiachsige Triebwagen dienen. Die hier beschriebene Ausführung ist solch ein Einheitsnebenbahntriebwagen. Umfangreiche Entwicklungsarbeiten ließen die Auslieferung erst Mitte 1937 zu. Der Wunsch nach leichter Bauweise erforderte die Neukonstruktion des Wagenkastens und des Hilfsrahmens für die Maschinenanlage. Die Triebwagen setzten sich im Nebenbahnverkehr schnell durch. Bei dem langjährigen Einsatz stellte sich heraus, daß die mechanische Konstruktion des Laufwerkes im Zusammenwirken mit dem Maschinentragrahmen, der an den außenliegenden Radsatzlagergehäusen des Treibradsatzes und an einem Wälzlager in der Mitte des Laufradsatzes aufgehängt war, bei krümmungsreichen Nebenbahnstrecken nicht befriedigt (Lenkradsätze). Insgesamt bewährten sich die Triebwagen jedoch durchaus zufriedenstellend.

Anfang der vierziger Jahre wurde eine Reihe von Triebwagen auf Holzgasbetrieb (VT 135 086 und VT 135 087), Anthrazitgasbetrieb (VT 135 088 und VT 135 127) bzw. Flüssiggasbetrieb (VT 135 103, VT 135 104, VT 135 115, VT 135 118 sowie VT 135 120 bis VT 135 123) umgestellt. Außerdem wurde ein koksgefeuerter Kessel für die Warmwasserheizung eingebaut, der auch den Kühlwasserkreislauf des Motors einbezieht.

Zahlreiche Triebwagen gingen in den Bestand der DR und DB über und waren noch lange Zeit im Betriebseinsatz. Der VT 135 074 wurde auch im US-Militärverkehr (Konferenzwagen) verwendet. Bei der DB wurden die Triebwagen bis zum Jahre 1962 ausgemustert (letzter Triebwagen VT 70 951 BD München am 30. März 1962). Einige Triebwagen wurden an Privatbahnen verkauft und sind dort noch eingesetzt, z. B. VT 135 069 als VT 1 bei der Dampfbahn Fränkische Schweiz (DFS), Ebermannstadt, VT 135 071 als VT 18 bei dem Eisenbahnmuseum Darmstadt-Kranichstein (EDK).

Bei der Deutschen Reichsbahn wurden alle zehn Triebwagen bis 1977 ausgemustert, nur der VT 135 110 (später 186 258) wird als betriebsfähiges Museumsfahrzeug der DR erhalten (Bw Halle G).

VT 135 067 bis 076
Foto: Archiv transpress

Fahrzeugteil

Laufwerk: Lenkradsätze. Laufradsatz Hohlwelle. Wälzradsatzlager. Radsatzfederung Schrauben- und Blattfeder (bei VT 135 063 und VT 135 064 nur Blattfedern).
Wagenkasten: Stahlkonstruktion aus Stahlleichtprofilen und abgekanteten Blechen, vollständig geschweißt. Stahlbeblechung. Stirnenden geneigt und abgerundet. Keine Übergangsmöglichkeit.
Zug- und Stoßvorrichtung: Schraubenkupplung, Hülsenpuffer
Druckluftanlage: Luftverdichter Hauptluftbehälter. Sandstreueinrichtung.
Bremse: Mehrlösige Klotzbremse Bauart Hikpt. Spindelhandbremse.

Fahrgastraum

Gestaltung: Dem Nebenbahnverkehr angepaßt. Triebwagen besteht aus Gepäckraum mit Führerstand, Fahrgastraum 3. Klasse und zweitem Führerstand.
Einstieg: Einstiegräume mit Führerstand vereinigt. Je eine Tür an Wagenenden; einflüglige Drehtür aus Leichtmetall mit innenliegendem Drehpunkt. Im Gepäckraum einflüglige Schiebetür aus Leichtmetall, lichte Weite 900 mm. Zugang über Trittstufen.
3. Klasse: Großraum mit dreieinhalb Abteilen und Mittelgang. Sitzplatzanordnung 2 + 3; Abteiltiefe 1 550 mm, Sitzbreite 490 mm, Gangbreite 457 mm. Polstersitzbänke.
Gepäckraum: Zwei feste Sitze und sechs Klappsitze.
Heizung: Luftheizung. Wärmetauscher in Kühlwasserleitung, elektrisch angetriebene Lüfter. Im Sommer für Frischluftzuführung geeignet.
Beleuchtung: Glühlampen.

Maschinenanlage

Anordnung: Gesamte Maschinenanlage unterflur in besonderem Tragrahmen, der bei Treibradsatz über Blattfedern auf den außenliegenden Radsatzbuchsen und bei Laufradsatz auf einem Wälzlager aufliegt. Rahmen aus Stahlblech geschweißt. Dieselmotor überragt Fußbodenhöhe und wird durch aufklappbare Sitzbänke abgedeckt.
Motor: Dieselmotor Typ W 6 V 15/18 oder W 6 V 15/18 A, 6 Zylinder, stehend, 4 Takte. Wasserkühlung. Elektrischer Anlasser.
Leistungsübertragung: Zahnradwechselgetriebe (Typ cv2 leicht) mit Leichtmetallgehäuse; Radsatzwendegetriebe (Typ H leicht) mit Leichtmetallgehäuse.
Steuerung: Einfachsteuerung. Mechanisch geschaltet, Kupplung druckluftbetätigt, Gänge durch Seilzug vorgewählt.
Hilfseinrichtungen: Hilfsgenerator, Kühler für Dieselmotorkühlwasser und Motoröl, Batterie.
Sonderausführung: Bei VT 135 076 versuchsweise Umlaufrädergetriebe (Typ SG 30), in jeder Fahrtrichtung vier Gänge. Besteht aus drei Wellen und drei Planetenradsätzen. Gänge dadurch geschaltet, daß durch druckluftbetätigte Bandbremsen ein Teil eines oder zweier Planetengetriebe festgehalten wird.

Beiwagen VB 140 250 bis VB 140 329 (DR 190.8)

Techn. Daten: Seite 288

Fahrzeugteil: Analog Triebwagen.
Fahrgastraum: Großraum 3. Klasse
mit Mittelgang, Sitzplatzanordnung 2 + 3; Abteiltiefe 1 550 mm, Sitzplatzbreite 490 mm, Gangbreite 455 mm. Postraum mit einflügliger Schiebetür.

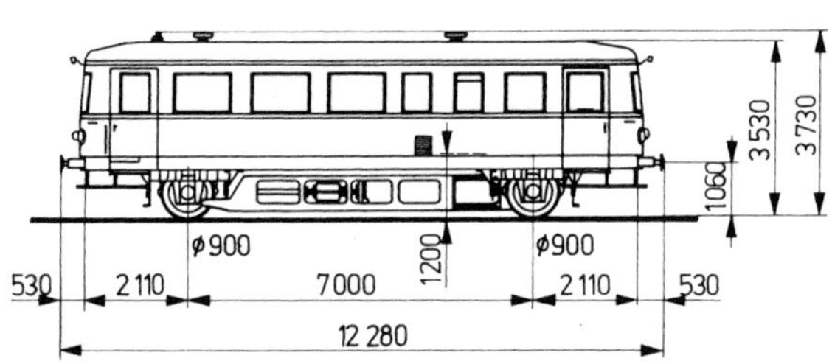

VT 135 061 bis 064,
VT 135 067 bis 076 und
VT 135 083 bis 132

VT 137 000 bis 024, VT 137 036 bis 054, VT 137 121 bis 135

DB VT 62.9 und VT 65.9

B'2'

1932 bis 1964

Techn. Daten: Seite 238

Die guten Erfahrungen mit den 130-kW-Triebwagen der schweren Bauart (VT 851 ff.) und die inzwischen erzielten Erfolge im Leichtbau veranlaßten 1932 die DRG, fünf Versuchstriebwagen (anfangs VT 862 bis VT 864 sowie VT 875 und VT 876, dann VT 137 000 bis VT 137 004) mit 130 kW Leistung, die infolge Leichtbauweise eine Masseersparnis von 25 Prozent ergaben, zu beschaffen; auch Beiwagen kamen hinzu.
Die guten Betriebsergebnisse führten zur weiteren Lieferung von 20 Triebwagen (VT 137 005 bis VT 137 024) in den Jahren 1932 und 1933. Diese Wagen wurden in den Bw Seddin, Hagen-Eckesey, Coburg, Bremen Hbf, Glogau, Frankfurt (Oder) und Gemünden eingesetzt. Den Zweiten Weltkrieg haben nur wenige Fahrzeuge überstanden, von denen die DR fünf Triebwagen (VT 137 002, VT 137 005, VT 137 007, VT 137 012 und VT 137 013) in ihren Fahrzeugpark aufnahm. Vier Triebwagen waren im Bw Zittau und ein Triebwagen als Dienstfahrzeug bei der Rbd Halle (Saale) im Einsatz. Der letzte Triebwagen (VT 137 005) wurde im Jahre 1961 ausgemustert. Die bei der DB verbliebenen zwei Triebwagen (VT 65 916, ex VT 137 021 und VT 65 917, ex VT 137 008; im Jahre 1948 bei Fahrzeugtausch von Österreich zurückgegeben) erhielten später einen stärkeren Dieselmotor (VT 62 905 und VT 62 906), wurden jedoch Ende der fünfziger Jahre ausgemustert. Vier Triebwagen der zweiten Lieferung (VT 137 014, VT 137 015, VT 137 019 und VT 137 022) setzte die SNCF im Nordnetz als 2-XR 5201 bis 2-XR 5204 ein.
In den Jahren 1934 und 1935 folgten nochmals 34 Triebwagen (VT 137 036 bis VT 137 054 und VT 137 121 bis VT 137 135), die in den Bw Krefeld, Kreuzberg, Stuttgart-Rosenstein, Trier Hbf, Ulm, Friedrichshafen, Kolberg, Templin und Neustrelitz für den Nebenbahnverkehr beheimatet waren. Die bei der DR verbliebenen drei Triebwagen (VT 137 044, VT 137 122 und VT 137 132) waren bis 1964 im Bw Frankfurt (Oder) im Einsatz. Bei der DB blieb ein Triebwagen (VT 62 902, ex VT 137 127; VT 137 121 schwer beschädigt und bald ausgemustert) zurück, der Ende der fünfziger Jahre ausgemustert wurde.
Die VT 137 041, VT 137 123, VT 137 124, VT 137 134 und VT 137 135 verblieben durch die Ereignisse des Zweiten Weltkrieges bei den Norwegischen Staatsbahnen, wurden als Baureihe Cmdo 8 (ab 1946 Cmdo 9 18290 bis 18294) bezeichnet und zwischen 1953 und 1958 ausgemustert.

VT 137 036 bis VT 137 054
Foto: Archiv transpress

VT 137 000 bis 024, VT 137 036 bis 054 und VT 137 121 bis 135

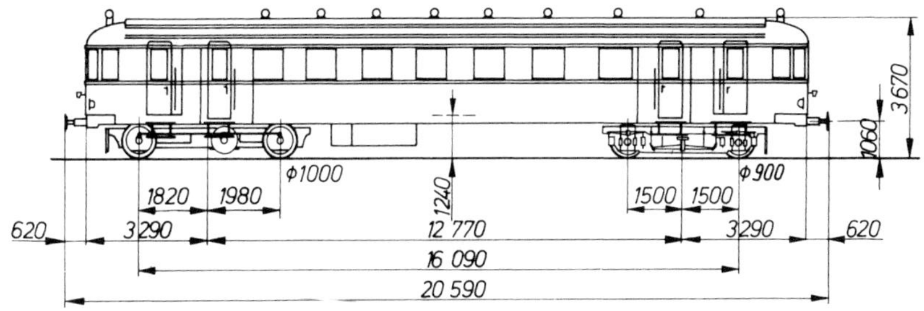

Fahrzeugteil

Laufwerk: Triebdrehgestell Kastenkonstruktion aus Blechen, mit Profilen versteift. Innenliegende Radsatzlager. Gleitradsatzlager. Radsatzfederung Blattfedern. Wiegenfederung Blattfedern.
Laufdrehgestell Bauart Görlitz IV. Genietete Kastenkonstruktion. Gleitradsatzlager. Radsatzfederung Schrauben- und Blattfedern. Wiegenfederung Blattfedern.
Wagenkasten: Kasten und Untergestell aus leichten Sonderprofilen, teilweise genietet, teilweise geschweißt. Stahlbeblechung. Stirnenden abgerundet. Im Bereich der Einstiege Seitenwände eingezogen. Keine Übergangsmöglichkeit.
Zug- und Stoßvorrichtung: Schraubenkupplung, Stangenpuffer.
Druckluftanlage: Luftverdichter, Hauptluftbehälter. Sandstreueinrichtung.
Bremse: Mehrlösige Klotzbremse Bauart Kp oder Hikp. Spindelhandbremse.

Fahrgastraum

Gestaltung: Dem Nebenbahnverkehr angepaßt.
Führerstand; Maschinenraum; Einstiegraum; Fahrgastabteile unterschiedlicher Anordnung; Einstiegraum; Gepäckraum; Führerstand. Führerstand mit Maschinenraum bzw. Gepäckraum vereinigt.
Einstieg: Je eine Tür am Wagenende. Einflüglige Drehtür, lichte Türweite 650 mm. Zugang über Trittstufen. Führerstände einflüglige Drehtür mit Zusatzflügel.
2. Klasse:
VT 137 000 bis VT 137 004 und VT 137 007 bis VT 137 024:
Ein Abteil mit Mittelgang. Sitzplatzanordnung 1 + 3; Abteiltiefe 1 800 mm, Sitzplatzbreite 656 mm bzw. 536 mm, Gangbreite 550 mm. Polstersitzbänke.
VT 137 036 bis VT 137 054 und VT 137 121 bis VT 137 134:
Zwei Abteile mit Mittelgang. Sitzplatzanordnung 1 + 3; Abteiltiefe 1 800 mm, Sitzplatzbreite 655 mm bzw. 536 mm, Gangbreite 550 mm. Polstersitzbänke.
3. Klasse: Großräume mit vier, drei und zwei Abteilen und Mittelgang. Sitzplatzanordnung 2 + 3; Abteiltiefe 1 500 mm (zum Teil auch 1 800 mm, 1 475 mm, 1 480 mm, 1 490 mm und 1 787 mm), Sitzplatzbreite 485 mm bzw. 457 mm, Gangbreite 470 mm.
Gepäckraum: 3 115 mm lang (einschließlich Führerstand).
Heizung: Warmwasserheizung; Kohleofen. Später mit Kühlwasserkreislauf verbunden.
Beleuchtung: Glühlampen.

Maschinenanlage

Anordnung: Gesamte Maschinenanlage im Triebdrehgestell angeordnet, ragt in Maschinenraum.
Motor: VT 137 000 bis VT 137 024: Dieselmotor Typ G 4b, 6 Zylinder, stehend, 4 Takte, Wasserkühlung. Anlassen mit Druckluft.
VT 137 036 bis VT 137 054 und VT 137 121 bis VT 137 135: Dieselmotor Typ GO 5 h, 6 Zylinder, stehend, 4 Takte. Wasserkühlung. Elektrischer Anlasser.
Leistungsübertragung: Gelenkwelle; Dämpfungskupplung; Zahnradgetriebe (Typ T 2 bei VT 137 000 bis VT 137 024, 4 Gänge, druckölbetätigte Lamellenkupplungen schalteten Gänge); Wendegetriebe (in Ganggetriebe eingebaut); Blindwelle; Treibstangen. Bei VT 137 036 bis VT 137 054 und VT 137 121 bis VT 137 135 zwischen Motor und Getriebe Flüssigkeitskupplung. Getriebe erhielt Umschaltbremse, Typ T 2a.
Steuerung: Einfachsteuerung, Seilzüge.
Hilfseinrichtungen: Nebenaggregate vom Getriebe angetrieben, Luftverdichter bei VT 137 000 bis VT 137 004 vom Motor angetrieben. Zwei Hilfsgeneratoren. Unterflurkühlanlage für Motorkühlwasser. Batterie.

Umbau DB

Die Triebwagen VT 62 905 und VT 62 906 wurden auf Dieselmotor Typ GO 5h umgebaut.

Beiwagen VB 147 004 bis VB 147 043 (DR 197.8)
Techn. Daten: Seite 293

Fahrzeugteil: Analog Triebwagen.
Fahrgastraum: Großräume 3. Klasse mit Mittelgang. Sitzplatzanordnung 2 + 3; Warmwasserheizung; Koksofen. Elektrische Beleuchtung vom Triebwagen aus.

VT 137 025 bis 027, VT 137 055 bis 057 VT 137 111 bis 120, VT 137 236 VT 137 296 bis 300 **DB VT 50.0, VT 50.1, VT 50.2, VT 51.0, VT 51.1**
2'Bo'
1933 bis 1968
Techn. Daten: Seite 240

Mitte der dreißiger Jahre beschaffte die DRG – neben den 302-kW-Einheitstriebwagen – Dieseltriebwagen mit 220 kW Leistung. Diese Fahrzeuge sollten in weniger dicht besiedelten Flachlandgebieten einen schnellen Personenverkehr zwischen kleineren Städten und einen Zubringerverkehr zu den Hauptstrecken ermöglichen.
Die Triebwagen VT 137 025 bis VT 137 027 waren als Versuchsfahrzeuge vorgesehen, um den Einsatz eines Dieselmotors mit einer geringen Nenndrehzahl in seiner Auswirkung auf den Instandhaltungsaufwand zu untersuchen.
Ein Versuchsfahrzeug für die Ermittlung der Grenzleistung mechanischer Getriebe war der Triebwagen VT 137 236, der im Fahrzeugteil nahezu den VT 137 111 bis VT 137 116 entsprach.
Die Triebwagen hatten eine Höchstgeschwindigkeit von 90 km/h; mit einem Steuerwagen konnte eine maximale Geschwindigkeit von 80 km/h erreicht werden.
Die Triebwagen wurden zwischen 1932 und 1937 in Dienst gestellt. Sie waren in den Bw Würzburg, Nürnberg, Gemünden und Allenstein eingesetzt.
Die DR hat lediglich den VT 137 112 in ihren Bestand aufnehmen können. Sie stattete ihn mit einem 155-kW-Sechszylinder-Dieselmotor aus und baute ihn zu einem 2.-Klasse-Wagen um. Er wurde 1968 abgestellt und später ausgemustert.
Bei der DB waren 18 Triebwagen verblieben, von denen einige als Salontriebwagen genutzt sowie die Triebwagen VT 137 025, VT 137 056, VT 137 057 und VT 137 117 zu Steuerwagen umgebaut wurden. Die anderen Triebwagen wurden bis 1960 ausgemustert und zum Teil auch

VT 137 025 bis 027
Foto: Sammlung J. Deppmeyer

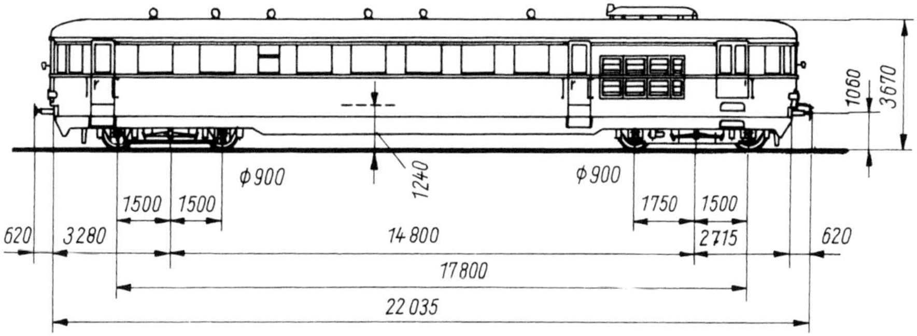

VT 137 025 bis 027

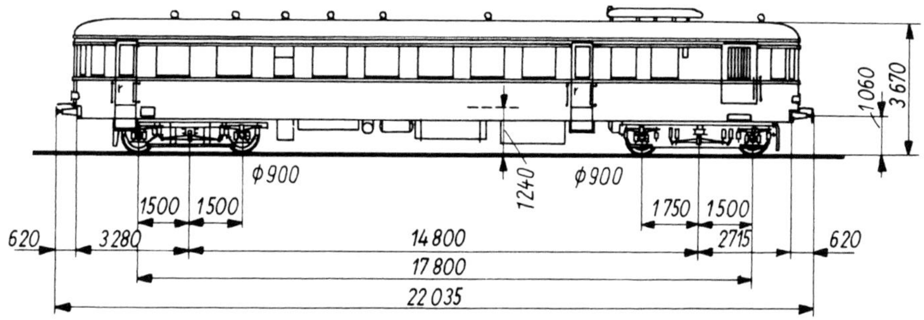

VT 137 117 bis 120

verkauft. So sind z. B. der VT 137 116 als T 170 bei den Eisenbahnfreunden der Wilstedt-Zeven-Tostedter Eisenbahn (WZTE) in Zeven mit dem Steuerwagen VS 145 091 im Museumsbetrieb Wilstedt–Tostedt sowie der VT 137 118 bei dem Verein zur Erhaltung und Förderung des Schienenverkehrs (VEFS) im Museumsbetrieb auf der Strecke Bocholt-Rhedebrügge eingesetzt.

Fahrzeugteil

Laufwerk: Triebdrehgestellrahmen aus Profilen geschweißt. Bei VT 137 236 geschweißte Blechträgerbauweise. Wälzradsatzlager. Radsatzfederung Blatt- und Schraubenfedern. Wiegenfederung Blattfedern. Bei einem Teil der Fahrzeuge Drehzapfen asymmetrisch, bei einem Teil der Fahrzeuge Wiege oberhalb der Verbindungswelle Dieselmotor–Generator bzw. Getriebe angeordnet.

Laufdrehgestell Bauart Görlitz. Rahmen aus Profilen genietet. Bei VT 137 236 geschweißte Blechträgerbauweise. Wälzradsatzlager. Radsatzfederung Blatt- und Schraubenfedern. Wiegenfederung Blattfedern.

Wagenkasten: Kastengerippe aus gewalzten und gepreßten Stahlprofilen, Kastensäulen aus (z. T. geschweißten) Z-Profilen, Schweißkonstruktion, Stahlblechverkleidung zum Tragen mit herangezogen, genietet. Untergestell aus Normal-und Sonderprofilen, geschweißt. Holzfußboden, über Hauptgenerator erhöht. Stirnenden abgerundet. Offene Übergangsbrücken nur für Personal.

Zug- und Stoßvorrichtung: Schraubenkupplung, Stangenpuffer.

Druckluftanlage: Luftverdichter, Hauptluftbehälter. Sandstreueinrichtung.

Bremse: Mehrlösige Klotzbremse Bauart Kp (VT 137 025 bis VT 137 027) bzw. Hikpt. Spindelhandbremse.

Fahrgastraum

Gestaltung: Dem schnellen Personenverkehr zwischen kleineren Städten angepaßt.

Führerstand und Gepäckraum; Maschinenraum; Einstiegraum; Großraum 3. Klasse mit zweieinhalb bzw. drei Abteilen; zwei Abteile 2. Klasse; Einstiegraum; Führerstand (nur auf rechter Wagenseite).
Einstieg: Einflüglige Drehtür, nach innen öffnend, lichte Türweite 650 mm. Zugang über Trittstufen.
2. Klasse: Abteile mit Mittelgang. Sitzplatzanordnung 1 + 3; Abteiltiefe 1 750 mm, Sitzplatzbreite 680 mm und 525 mm, Gangbreite 550 mm. Polstersitzbänke.
3. Klasse: Großräume mit zweieinhalb bzw. drei Abteilen und Mittelgang. Sitzplatzanordnung 2 + 3; Abteiltiefe 1 500 mm, Sitzplatzbreite 490 mm bzw. 458 mm, Gangbreite 450 mm. Polstersitzbänke.
Gepäckraum: 3 270 mm, 3 275 mm bzw. 3 335 mm lang. Beidseitig einflüglige Schiebetür, lichte Türweite 900 mm.
Heizung: Warmwasserheizung; Kühlwasser und kohle- bzw. ölgefeuerter Heizkessel.
Beleuchtung: Glühlampen.

Maschinenanlage VT 137 025 bis VT 137 027

Anordnung: Maschinenanlage (Dieselmotor, Haupt- und Hilfsgenerator) in zwei Hilfstragrahmen federnd im Drehgestell aufgehängt. Dieselmotor ragt in Maschinenraum, mit Haube abgedeckt.
Motor: Dieselmotor Typ RS 125, 6 Zylinder, stehend, 4 Takte. Wasserkühlung. Elektrisches Anlassen über Hauptgenerator.
Leistungsübertragung: Hauptgenerator (Typ VGN 1350) mit Hilfsgenerator (Typ NLH 6,5); zwei Gleichstromreihenschlußmotoren (Typ USL 421f, Nennleistung je 103 kW, Tatzlagerantrieb).
Steuerung: AEG-Lemp-Schaltung, Vielfachsteuerung. Elektropneumatische Regelung des Dieselmotors in sechs Stufen (einschließlich einer Überlaststufe).
Hilfseinrichtungen: Kühler für Wasser und Öl des Dieselmotors in Maschinenraumseitenwand. Elektrisch angetriebene Lüfter für Kühler. Luftverdichter elektrisch angetrieben. Batterie. Zeitabhängige Sicherheitsfahrschaltung.

Maschinenanlage VT 137 055 bis VT 137 057 und VT 137 111 bis VT 137 116

Anordnung: Maschinenanlage bestehend aus Dieselmotor, Haupt- und Hilfsgenerator in zwei Hilfstragrahmen federnd im Drehgestell aufgehängt.
Der Dieselmotor ragt in den Maschinenraum hinein und ist mit einer Haube abgedeckt.
Motor: Dieselmotor Typ OM 85 (später als MB 805 bezeichnet), 12 Zylinder, V-förmig, 4 Takte. Wasserkühlung. Elektrisches Anlassen über Anlaßwicklung des Hauptgenerators.
Leistungsübertragung: Voith-Maurer-Kupplung; Hauptgenerator (Typ FG 4226) und Hilfsgenerator (Typ FE 295); zwei Gleichstromfahrmotoren (Typ USL 421f, Nennleistung je 103 kW, Tatzlagerantrieb).
Steuerung: RZM-Einfach-Schaltung, Steuerung von VT und VS. Elektrische Regelung des Dieselmotors in fünf Stufen.
Hilfseinrichtungen: Kühler für Wasser und Öl des Dieselmotors unterflur. Lüfter über Gelenkwelle vom Dieselmotor angetrieben. Batterie. Zeitabhängige Sicherheitsfahrschaltung.

Maschinenanlage VT 137 117 bis VT 137 120

Anordnung: Maschinenanlage (Dieselmotor, Haupt- und Hilfsgenerator) in zwei Hilfstragrahmen federnd im Drehgestell aufgehängt. Dieselmotor ragt in Maschinenraum, mit Haube abgedeckt.
Motor: Dieselmotor Typ RS 125s, 6 Zylinder, stehend, 4 Takte. Wasserkühlung. Elektrischer Anlasser.
Leistungsübertragung: Voith-Maurer-Kupplung (Typ DIAH spez.); Hauptgenerator (Typ VGN 1350); zwei Gleichstromfahrmotoren (Typ USL 421f, Nennleistung je 103 kW, Tatzlagerantrieb).
Steuerung: RZM-Einfach-Schaltung, Steuerung von VT und VS. Elektrische Regelung des Dieselmotors in sechs Stufen.
Hilfseinrichtungen: Kühler für Wasser und Öl des Dieselmotors in Maschinenraumseitenwand. Zeitabhängige Sicherheitsfahrschaltung.

Maschinenanlage VT 137 236

Anordnung: Dieselmotor mit Hilfstragrahmen federnd im Drehgestell aufgehängt. Ragt in Maschinenraum, mit Haube abgedeckt. Getriebe und Wendegetriebe über Gummiklötze befestigt.
Motor: Dieselmotor Typ OM 85 (später als MB 805 bezeichnet), 12 Zylinder, V-förmig, 4 Takte. Wasserkühlung. Elektrischer Anlasser.
Leistungsübertragung: Trocken laufende Lamellenkupplung; Zahnradgetriebe (Typ EW, 5 Gänge); Wendegetriebe (in Ganggetriebe eingebaut) mit Differential und doppelseitigem Abtrieb; Gelenkwellen; Radsatztrieb (Typ A).
Steuerung: Einfachsteuerung. Dieselmotorfüllungsregelung durch

Seilzug. Druckluftbetätigung für Getriebe und Wendegetriebe.
Hilfseinrichtungen: Ölkühlerlüfter auf innerer Seite des Drehgestells angeordnet, vom Getriebe angetrieben. Lüfter für Wasserkühler über Lüfterkupplung und weitere Gelenkwelle angetrieben. Luftverdichter von Motorwelle unmittelbar angetrieben.

Maschinenanlage VT 137 296 bis VT 137 300

Anordnung: Maschinenanlage (Dieselmotor, Haupt- und Hilfsgenerator) in zwei Hilfstragrahmen federnd im Drehgestell aufgehängt. Dieselmotor ragt in Maschinenraum, mit Haube abgedeckt.
Motor: Dieselmotor Typ RS 125s, 6 Zylinder, stehend, 4 Takte. Wasserkühlung. Elektrischer Anlasser.
Leistungsübertragung: Hauptgenerator (Typ FG 4628) und Hilfsgenerator (Typ SFE 2912); zwei Gleichstromfahrmotoren (Typ USL 421f, Nennleistung je 103 kW, Tatzlagerantrieb).
Steuerung: RZM-B-Schaltung (Vollastschaltung), Vielfachsteuerung. Elektrische Steuerung des Dieselmotors.
Hilfseinrichtungen: Kühler für Wasser und Öl von Dieselmotor in Maschinenraumseitenwand. Batterie. Zeitabhängige Sicherheitsfahrschaltung.

Steuerwagen VS 145 009 bis VS 145 033, VS 145 048 bis VS 145 087 und VS 145 216 bis VS 145 220 (DR 195.6)
Techn. Daten: Seite 269

Fahrzeugteil: Analog Triebwagen.

Fahrgastraum: Zwei Abteile 2. Klasse und zwei Großräume 3. Klasse bzw. nur zwei Großräume 3. Klasse, dementsprechend 16/60 Sitzplätze 2./3. Klasse bzw. 80 Sitzplätze 3. Klasse. VS 145 216 bis VS 145 220 zusätzlich Mitteleinstieg.
Einsatzmöglichkeit:
VS 145 011 bis VS 145 013
für VT 137 025 bis VT 137 027;
VS 145 015 bis VS 145 017,
VS 145 072 bis VS 145 081 und
VS 145 216 bis VS 145 220
für
VT 137 055 bis VT 137 057,
VT 137 117 bis VT 137 120 und
VT 137 296 bis VT 137 300.

VT 137 028 bis 035, VT 137 058 bis 110, VT 137 160 und 161, VT 137 164 bis 223, VT 137 271 und 272

DB VT 25.5, VT 30.0, VT 32.0, VT 32.5, VT 33.1, VT 33.2, VT 33.5, VT 39.0, VT 46.5
DR 185.0 und 185.2

2'Bo'/Bo'2'/B'2'

1933 bis 1977

Techn. Daten: Seite 241

In dem Typenprogramm, das die DRG Mitte der dreißiger Jahre für Dieseltriebwagen aufgestellt hatte, nahm der 302-kW-Einheitstriebwagen eine dominierende Rolle ein. Das Hauptziel war, eine vereinheitlichte Baureihe zu schaffen, was freilich bei der raschen technischen Entwicklung nicht umfassend zu verwirklichen war. Einheitlich blieben nur die Grundzüge und bestimmte Bauelemente. Die im Jahre 1934 angelieferten Triebwagen VT 137 028 bis VT 137 030 waren noch Versuchswagen, die mit dem nicht aufgeladenen Dieselmotor GO 5 und mit der BBC-Leistungswächtersteuerung gebaut wurden.
Die Triebwagen waren für verkehrsschwache Zeiten im leichten Schnell-, Eilzug- und Personenzugdienst auf Hauptbahnen vorgesehen. Außerdem sollten sie im Vorortverkehr eingesetzt werden. Entsprechend den Einsatzgebieten erfolgte die Innenraumgestaltung in drei Varianten.

VT 137 061 (oben)
Foto: Archiv transpress

In den Jahren von 1933 bis 1937 lieferten zahlreiche Firmen über 100 Triebwagen, deren Dieselmotoren eine Leistung von etwa 300 kW erreichten; die Leistungsübertragung geschah elektrisch. Vier Versuchstriebwagen hatten eine hydraulische Leistungsübertragung.
In der Regel waren die Fahrzeugeinheiten aus einem Triebwagen und einem Steuerwagen zusammengesetzt und hatten dabei eine spezifische Antriebsleistung von 4,9 kW/t. Etwa die Hälfte der Triebwagen fuhr ab 1935 im Ruhrschnellverkehr auf einigen Strecken mit einer 30-min- oder 60-min-Zugfolge. Dabei bewährten sich diese Fahrzeuge jedoch nicht hinlänglich. Dagegen erbrachten sie sehr gute Ergebnisse im Personen- und Eilzugdienst.
Bei Kriegsbeginn wurden die Triebwagen zur Einsparung von Dieselkraftstoff stillgesetzt. Später wurde ein überwiegender Teil der Triebwagen mit elektrischer Leistungsübertragung als Notstromaggregat für die Wehrmacht winterfest gemacht und eingesetzt (zum Beispiel VT 137 164, VT 137 169 und VT 137 180 für die Entmagnetisierung von U-Booten).

Grundrisse der Einheitstriebwagen
oben: Eilzugwagengrundriß
Mitte: Essener Grundriß
unten: Einheitsgrundriß

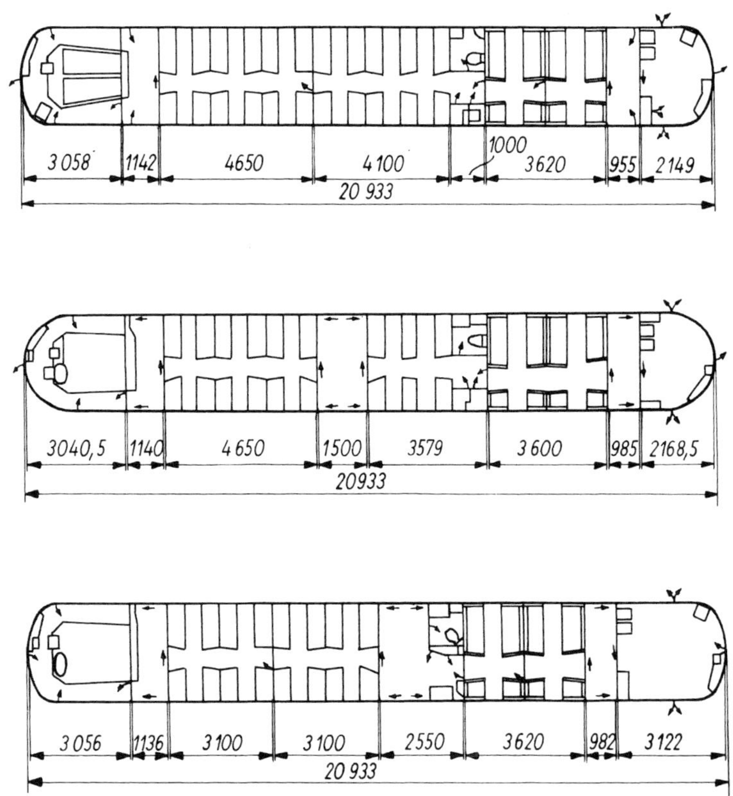

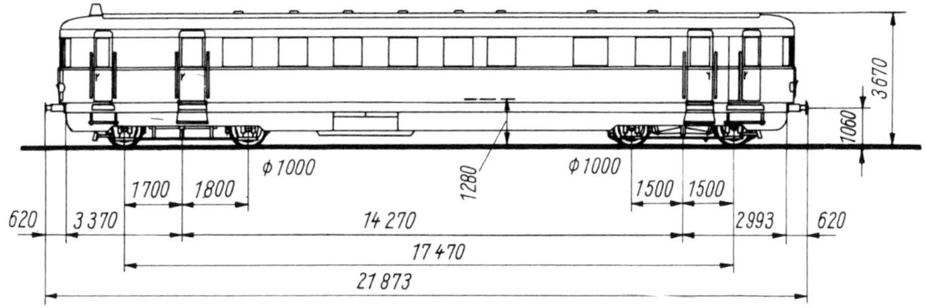

VT 137 058 bis 067

Die DR hat 43 Triebwagen in ihren Bestand übernommen. Einige wurden als Salon-Triebwagen genutzt. Die DR stattete sie später mit einem gleichstarken Dieselmotor der Firma ČKD, Prag, aus. Außerdem modernisierte sie den Fahrgastraum. So erhielt beispielsweise der VT 137 220 beim Wiederaufbau im Jahre 1959 eine Sitzplatzteilung von 1 + 2/2 + 2 mit 12/32 Sitzplätzen in der jetzigen 1./2. Klasse. Die Triebwagen wurden bis 1977 ausgemustert. Der Triebwagen 185 254 (ex VT 137 099, jetzt 685 254) wird als betriebsfähiges Museumsfahrzeug der DR erhalten und mit dem Beiwagen VB 147 052, der ebenfalls als einsatzfähiges Museumsfahrzeug aufgearbeitet ist, zu Sonderfahrten eingesetzt. Der Triebwagen VT 137 063 wurde zu einem Funkmeßtriebwagen umgebaut und als VT 137 700 (später 188 101, jetzt 723 101) bezeichnet, der sich derzeitig noch im Einsatz befindet.

Auch die bei der DB verbliebenen Triebwagen wurden teilweise umgebaut. Die Triebwagen der Baureihe VT 32.0 erhielten einen 309-kW-Dieselmotor (Daimler-Benz, MB 836), in die Triebwagen der Baureihe VT 33.2 wurde der Maybach-Motor Typ GO 56 eingebaut. Im Jahre 1951 wurden die Triebwagen VT 137 097, VT 137 098, VT 137 107, VT 137 214, VT 137 222 und VT 137 223 auf hydraulische Leistungsübertragung umgebaut (Baureihe VT 25.5). Sämtliche bei der DB verbliebenen Triebwagen wurden inzwischen ausgemustert, nachdem einige von ihnen noch längere Zeit im Bw Bielefeld beheimatet waren. Folgende Triebwagen waren dabei die letzten Fahrzeuge ihrer Baureihe:

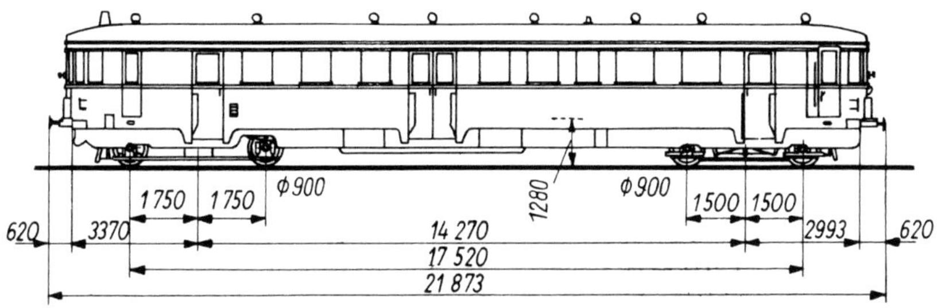

VT 137 080 bis 093 (oben)

VT 137 160 und 161 (unten)

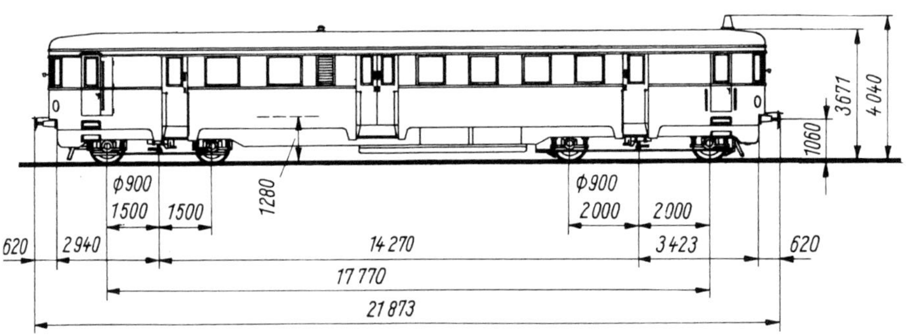

VT 25 505, Bw Münster, ausgemustert 25. August 1966,
VT 30 001, Bw Darmstadt, ausgemustert 26. April 1965,
VT 32 002, VT 32 005, VT 32 011, VT 32 012 und VT 32 016, Bw Kempten, ausgemustert 7. September 1964,
VT 33 106, Bw Braunschweig, ausgemustert 14. April 1964
VT 33 215 und VT 33 225, Bw Bielefeld, ausgemustert 2. August 1967
VT 33 502, Bw Landau, ausgemustert 2. Dezember 1963.

Fahrzeugteil

Laufwerk: Triebdrehgestell Bauart Görlitz III leicht und Sonderbauformen. Schweißkonstruktion. Wälzradsatzlager. Radsatzfederung Blatt- und Schraubenfedern. Wiegenfederung Blattfedern.
Laufdrehgestell Sonderbauformen, da es Maschinenanlage trägt, meist Bauart Görlitz III leicht angepaßt. Schweißkonstruktion. Zum Teil asymmetrischer Drehzapfen. Drehgestellwiege liegt oberhalb des Maschinensatzes. Wälzradsatzlager. Radsatzfederung Blatt- und Schraubenfedern. Wiegenfederung Blattfedern.
Wagenkasten: Stahlkonstruktion in geschweißter Leichtbauweise. Untergestell verstärkt, dadurch Wagenkasten leichter. Stirnenden korbbogenförmig bzw. halbrund. Schürzen (zum Teil später entfernt). Offene Übergangsbühnen für Personal.
Zug- und Stoßvorrichtung: Schraubenkupplung leichter Bauart, Hülsenpuffer (zum Teil am Triebdrehgestellende nur einseitig angeordnet; dann nur mit zugehörigem Steuerwagen einsetzbar).
Druckluftanlage: Luftverdichter, Hauptluftbehälter, Hauptluftbehälterleitung. Sandstreueinrichtung.
Bremse:
VT 137 028 bis VT 137 035 und VT 137 058 bis VT 137 073 einlösige Klotzbremse Bauart Kp, später in mehrlösige Klotzbremse Bauart Hikpt umgebaut. Spindelhandbremse.
VT 137 074 bis VT 137 093 mehrlösige Klotzbremse Bauart Hikpt. Druckölhandbremse.
VT 137 094 bis VT 137 110, VT 137 160 und VT 137 161, VT 137 164 bis VT 137 223 sowie VT 137 271 und VT 137 272 mehrlösige Trommelbremse Bauart Hikpt sowie Druckölhandbremse. Aus der Serie VT 13 164 bis VT 137 223 haben zwei VT mehrlösige Scheibenbremse Bauart Hikp.

Fahrgastraum „Eilzugwagengrundriß“

(VT 137 028 bis VT 137 030)
(VT 137 058 bis VT 137 073)
(VT 137 075 bis VT 137 079)

Gestaltung: Dem Personenzugdienst angepaßt.
Führerstand; Maschinenraum; Einstiegraum; Großraum 3. Klasse mit drei Abteilen; Großraum 3. Klasse mit drei Abteilen; zwei Abteile 2. Klasse; Einstiegraum; Gepäckraum; Führerstand. Führerstand mit Maschinenraum bzw. Gepäckraum vereinigt.
Einstieg: Einflüglige Drehtür, nach innen öffnend, lichte Türweite 650 mm, Zugang über Trittstufen.
2. Klasse: Abteile mit Mittelgang. Sitzplananordnung 1 + 3; Abteiltiefe 1 800 mm, Sitzplatzbreite 680 mm bzw. 529 mm, Gangbreite 550 mm. Polstersitzbänke.
3. Klasse: Großräume mit drei Abteilen und Mittelgang. Sitzplatzanordnung 2 + 3; Abteiltiefe 1 550 mm, Sitzplatzbreite 470 mm bzw. 468 mm, Gangbreite 470 mm.
Gepäckraum: 2 149 mm lang. Zwei Klappsitze. Beidseitig einflüglige Drehtür, durch Zusatzflügel zu verbreitern, lichte Türweite 920 mm.
Heizung: Warmwasserheizung; Kühlwasser und koksgefeuerter Unterflurofen.
Beleuchtung: Glühlampen =110 V.

Fahrgastraum „Essener Grundriß“

(VT 137 031 bis 035)
(VT 137 074)
(VT 137 080 bis 096)

Gestaltung: Für den Ruhrschnellverkehr entwickelt, schneller Fahrgastwechsel.
Führerstand; Maschinenraum; Einstiegraum; Großraum 3. Klasse mit drei Abteilen; Einstiegraum; Großraum 3. Klasse mit eineinhalb Abteilen; Großraum 2. Klasse mit zwei Abteilen; Einstiegraum; Gepäckraum; Führerstand. Führerstand mit Maschinenraum bzw. Gepäckraum vereinigt.
Einstieg: An den Wagenenden einflüglige Schiebetür, lichte Türweite 650 mm bzw. 760 mm, Zugang über Trittstufen. In Wagenmitte zweiflüglige Schiebetür, lichte Türweite 1 000 mm bzw. 1 180 mm, Zugang über Trittstufen.
2. Klasse: Großraum mit zwei Abteilen und Mittelgang. Sitzplatzanordnung 1 + 3; Abteiltiefe 1 800 mm, Sitzplatzbreite 678 mm bzw. 528 mm, Gangbreite 550 mm. Polstersitzbänke.
3. Klasse: Großräume mit drei bzw. eineinhalb Abteilen und Mittelgang. Sitzplatzanordnung 2 + 3; Abteiltiefe 1 550 mm, Sitzplatzbreite 489 mm bzw. 462 mm, Gangbreite 450 mm.

Gepäckraum: 2 168 mm lang. Zwei Klappsitze. Beidseitig einflüglige Drehtür, durch Zusatzflügel erweiterbar.
Heizung: Warmwasserheizung; Kühlwasser und koksgefeuerter Unterflurofen.
Beleuchtung: Glühlampen =100 V.

Fahrgastraum „Einheitsgrundriß"
(VT 137 097 bis 110)
(VT 137 160 und VT 137 161)
(VT 137 164 bis 223)
(VT 137 271 und VT 137 272)

Gestaltung: Dem Vorortverkehr angepaßt, durch großen Mitteleinstiegraum weitere Verkürzung des Fahrgastwechsels.
Führerstand; Maschinenraum; Einstiegraum; Großraum 3. Klasse mit zwei Abteilen, Großraum 3. Klasse mit zwei Abteilen; Einstiegraum; zwei Abteile 2. Klasse; Einstiegraum; Gepäckraum, Führerstand. Führerstand mit Maschinenraum bzw. Gepäckraum vereinigt.
Einstieg: An den Wagenenden einflüglige Schiebetür, lichte Türweite 665 mm. Zugang über Trittstufen. In Wagenmitte doppelflüglige Schiebetür, lichte Türweite 970 mm. Zugang über Trittstufen.
2. Klasse: Abteile mit Mittelgang. Sitzplatzanordnung 1 + 3; Abteiltiefe 1 800 mm, Sitzplatzbreite 679 mm bzw. 529 mm, Gangbreite 550 mm. Polstersitzbänke.
3. Klasse: Großräume mit zwei Abteilen und Mittelgang. Sitzplatzanordnung 2 + 3; Abteiltiefe 1 550 mm, Sitzplatzbreite 488 mm bzw. 462 mm, Gangbreite 450 mm.
Gepäckraum: 3 122 mm lang. Drei Klappsitze. Beidseitig einflüglige Drehtür, durch Zusatzflügel erweiterbar; dann lichte Türweite 920 mm.
Heizung: Warmwasserheizung; Motorkühlwasser oder koksgefeuerter Unterflurofen. Bei VT 137 160 und VT 137 161 Warmluftheizung mit Ölfeuerung.
Beleuchtung: Glühlampen =110 V.

Maschinenanlage (elektrische Leistungsübertragung)
(VT 137 028 bis 035)
(VT 137 058 bis 110)
(VT 137 164 bis 223)

Anordnung: Maschinenanlage (Dieselmotor, Haupt- und Hilfsgenerator) mit zwei Hilfstragrahmen im Drehgestell federnd aufgehängt. Dieselmotor ragt in Maschinenraum; mit Haube abgedeckt. Motor bei VT 137 074, VT 137 097 bis VT 137 109 und VT 137 210 bis VT 137 223 waagerecht eingebaut, übrige geneigt.
Motor:
VT 137 028 bis 035, VT 137 058 bis 073, VT 137 075 bis 096, VT 137 164 bis 187 und
VT 137 191 bis 209:
Dieselmotor Typ GO 5, 12 Zylinder, V-förmig 60°, 4 Takte. Wasserkühlung. Elektrisches Anlassen über Hauptgenerator.
VT 137 074, VT 137 097 bis 109 und VT 137 210 bis 223:
Dieselmotor Typ L 2 × 6 V 17,5/18, 2 × 6 Zylinder, Zweiwellenmotor, 4 Takte. Wasserkühlung. Beide Kurbelwellen über Zahnradgetriebe auf gemeinsame Abtriebswelle. Elektrisches Anlassen über Hauptgenerator.
VT 137 110:
Dieselmotor Typ L 12 V 17,5/18, 12 Zylinder, V-förmig, 4 Takte. Wasserkühlung. Elektrisches Anlassen über Hauptgenerator.
VT 137 188 bis 190:
Dieselmotor Typ OM 86, 12 Zylinder, V-förmig, 4 Takte. Wasserkühlung. Elektrisches Anlassen über Hauptgenerator.
Umbau DR: Dieselmotor Typ 12 V 170 DR, 12 Zylinder, V-förmig 50°, 4 Takte. Wasserkühlung. Elektrisches Anlassen über Hauptgenerator.
Leistungsübertragung: Kupplungswelle mit zwei Gewebescheiben; Hauptgenerator (Typ G 550/6 bei VT 137 028 bis 035, VT 137 072 bis 074, VT 137 080 bis 086; Typ aGV 310/26 bei VT 137 058 bis 067; Typ FG 5227 bei VT 137 068 bis 071; Typ FG 5227b bei VT 137 095 und VT 137 096; Typ FG 5227c bei VT 137 075 bis 079, VT 137 087 bis 094, VT 137 097 bis 110 und VT 137 164 bis 223); Hilfsgenerator (Typ G 340/6 bei VT 137 028 bis 035, VT 137 072 bis 074, VT 137 080 bis 086; Typ aG 230/5 bei VT 137 058 bis 067; Typ FE 295 bei VT 137 068 bis 071; Typ SFE 2911 bei VT 137 095 und VT 137 096; Typ FE 295b bei VT 137 075 bis 079, VT 137 087 bis 094, VT 137 097 bis 110 und VT 137 164 bis 223); zwei Gleichstromreihenschlußmotoren (Typ GDTM 1412 bei VT 137 028 bis 035, VT 137 072 bis 074 und VT 137 080 bis 086, Nennleistung je 117 kW, Tatzlagerantrieb bzw. Typ GBMy 700 bei VT 137 058 bis 071, VT 137 075 bis 079, VT 137 087 bis 110 und VT 137 164 bis 223 mit je 120 kW Nennleistung und Tatzlagerantrieb).
Steuerung: VT 137 028 bis 030, VT 137 072 und VT 137 073: BBC-Leistungswächter-Steuerung, Einfachsteuerung;
VT 137 031 bis 035, VT 137 074 und VT 137 080 bis 086: BBC-Vielfach-Steuerung; fünf Fahrstufen;
VT 137 058 bis 071: RZM-Steuerung, Einfachsteuerung, fünf Fahrstufen;

VT 137 075 bis 079, VT 137 087 bis 094, VT 137 097 bis 110, VT 137 164 bis 191 und VT 137 194 bis 223: RZM-A-Steuerung, Vielfachsteuerung; fünf Fahrstufen, davon drei Fahrstufen für Teillasten.
VT 137 095 und VT 137 096: RZM-B-Steuerung, Vollastschaltung, Vielfachsteuerung;
VT 137 192 und VT 137 193: BBC-Servo-Feldregler-Steuerung, Vielfachsteuerung.
Notfahrschaltung (Speisung Fahrmotor aus Batterie) bei VT 137 028 bis 035, VT 137 058 bis 074, VT 137 097 bis 110 und VT 137 210 bis 223; nur zur Räumung der Strecke.
Hilfseinrichtungen: Kühler für Dieselmotorkühlwasser unterflur. Lüfter von Hilfsgenerator über Gelenkwelle angetrieben. Kühler für Motoröl an Drehgestell. Luftverdichter, elektrisch angetrieben. Batterie =110 V. Wegabhängige Sicherheitsfahrschaltung.

Maschinenanlage (hydraulische Leistungsübertragung)
VT 137 160 und VT 137 161

Anordnung: Maschinenanlage unterhalb Wagenkasten; Dieselmotor ragt in Maschinenraum, durch Haube abgedeckt.
Motor: Dieselmotor Typ L 2×6 V 17,5/18, 2×6 Zylinder, Zweiwellenmotor, 4 Takte. Wasserkühlung. Elektrischer Anlasser.
Leistungsübertragung: Vorgelege (zur Drehzahlerhöhung); Gelenkwelle mit Gummigelenkkupplungen; Strömungsgetriebe (Typ ACL 36 m 1, ein Wandler und eine Kupplung); Wendegetriebe (Typ W 40); Vorgelege; Gelenkwellen; Radsatztrieb.
Steuerung: Einfachsteuerung (Steuerung von VT und VS), Dieselmotor elektrische Füllungsverstellung, Strömungs- und Wendegetriebe elektropneumatisch gesteuert.
Hilfseinrichtungen: Kühler für Wasser und Öl unterflur, Lüfter über durch Wärmefühler gesteuerte Kupplung vom Getriebe angetrieben. Lichtanlaßmaschine über Vorgelege mit Motorkurbelwelle gekuppelt. Batterie, Sicherheitsfahrschaltung.

VT 137 271 und VT 137 272

Anordnung: Maschinenanlage unterhalb Wagenkasten, Dieselmotor ragt in Maschinenraum, durch Haube abgedeckt.
Motor: Dieselmotor Typ GO 56, 12 Zylinder, V-förmig, 4 Takte. Wasserkühlung. Elektrischer Anlasser.
Leistungsübertragung: Gelenkwelle; Zahnradgetriebe; Strömungsgetriebe (Typ FF 6,3 CC 8,8, 3 Wandler, Anfahrwandler auf beide Radsätze, Marschwandler II und III treiben jeweils nur einen Radsatz; Zahnradgetriebe (für jeden Marschwandler unterschiedliche Übersetzung); Gelenkwelle; Radsatztrieb.
Steuerung: Mehrfachsteuerung. Dieselmotor elektrischer Drehzahlversteller, Getriebe elektropneumatisch gesteuert.
Hilfseinrichtungen: Kühler unterflur, temperaturabhängig gesteuert. Lichtanlaßmaschine über Gelenkwelle von Getriebe angetrieben. Batterie. Sicherheitsfahrschaltung.

Steuerwagen VS 145 004 bis 087, VS 145 096 bis 150 sowie VS 145 214 und VS 145 215
(DR 195.6)
Techn. Daten: Seite 269

Fahrzeugteil: Analog Triebwagen.
Fahrgastraum: Analog Triebwagen.
Eilzugwagengrundriß VS 145 009 bis 033, VS 145 048 bis 070, VS 145 082 bis 087 16/60 Sitzplätze 2./3. Klasse bzw. 80 Sitzplätze 3. Klasse.
Essener Grundriß VS 145 004 bis 008, VS 145 034 bis 047 16/52 Sitzplätze 2./3. Klasse.
Einheitsgrundriß VS 145 096 bis 150, VS 145 214 und VS 145 215 16/60 Sitzplätze 2./3. Klasse.
Warmwasserumlaufheizung. Elektroenergie vom zugehörigen Triebwagen über Steuerstromkupplung.
Einsatzmöglichkeit: VS 145 004 bis 008, VS 145 031 und VS 145 032 für VT 137 031 bis 035, VT 137 072 und VT 137 073;
VS 145 009, VS 145 010 und VS 145 014 für VT 137 028 bis 030;
VS 145 018 bis 030 und VS 145 033 für VT 137 058 bis 071;
VS 145 034 bis 070, VS 145 082 bis 085, VS 145 096 bis 150, VS 145 214 und VS 145 215 für VT 137 058 bis 071, VT 137 074 bis 110, VT 137 164 bis 223, VT 137 271 und VT 137 272;
VS 145 086 und VS 145 087 für VT 137 160 und VT 137 161.

VT 137 136 bis 148, VT 137 162 und 163, VT 137 235

DB VT 63.9

B'2'

1935 bis 1965

Techn. Daten: Seite 249

Für den Personenverkehr auf Nebenbahnen wurde Mitte der dreißiger Jahre auch eine größere Anzahl vierachsiger Triebwagen beschafft. Bei der Gestaltung ging man vom Einziehen der Seitenwände im Bereich der Einstiege und vom Stangenantrieb ab, glich die äußere Form derjenigen der 302-kW-Triebwagen an und versah den Antrieb mit Gelenkwellen.
Außer den 13 Serien-Triebwagen (VT 137 136 bis VT 137 148) mit einer dieselmechanischen Antriebsanlage von 155 kW wurden auch versuchsweise zwei Triebwagen (VT 137 162 und VT 137 163) mit hydraulischer Leistungsübertragung und 206 kW Leistung (infolge Aufladung) sowie vergleichsweise dazu für die Erprobung eines neuen mechanischen Getriebes ein Triebwagen (VT 137 235) mit ebenfalls 206 kW beschafft.
Die Triebwagen waren in den Bw Rheine und Landau beheimatet. Nach Kriegsbeginn wurden sie als Befehlswagen bei Eisenbahn-Batterien bzw. als Lazarettwagen (mit eingebauten Betten) eingesetzt.
Die DR hatte in ihren Bestand zwei dieser Triebwagen übernehmen können. Der VT 137 136 war bis 1958 im Bw Zittau eingesetzt und wurde 1964 ausgemustert. Der VT 137 163 war im Bw Aschersleben beheimatet und wurde 1965 zum VB 147 532 umgebaut.
Bei der DB verblieben neun Fahrzeuge. Sie wurden ab 1956 ausgemustert (letztes Fahrzeug VT 63 907, Bw Nürnberg Hbf, am 30. März 1962). Der VT 63 902 wurde an die Bremervörde-Osterholzer Eisenbahn verkauft (VT 171) und gehört jetzt als VT 137 138 den Freunden der Eisenbahn (FdE), Hamburg.
Der Triebwagen VT 137 142 wurde 1961 von der österreichischen privaten Montafonerbahn Bludenz–Schruns gekauft und bis 1965 zu einem elektrischen Triebwagen (ET 10 103) für zwei Stromsysteme =0,8 kV und $16^2/_3$ Hz ~15 kV) umgebaut. Zwei weitere Fahrzeuge (VT 137 143 und VT 137 144) folgten, die als Ersatzteilspender (anfangs zum Umbau in einen Steuerwagen vorgesehen) dienten bzw. zu einem weiteren Triebwagen (ET 10 104) umgebaut wurden.

Fahrzeugteil

Laufwerk: Triebdrehgestell Schweißkonstruktion aus Profilen und Blechen. Bei VT 137 162 und VT 137 163 sowie VT 137 235 geschweißte Blechträgerbauweise. Wälzradsatzlager. Radsatzfederung Blatt- und Schraubenfedern. Wiegenfederung Blattfedern.

VT 137 140
Foto: Archiv Waggonbau Dessau

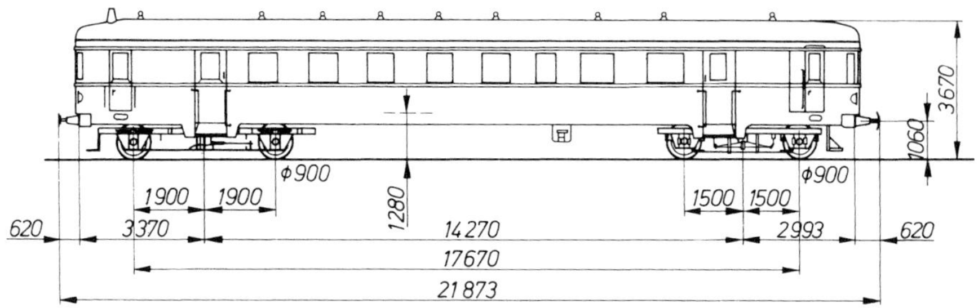

VT 137 136 bis 148

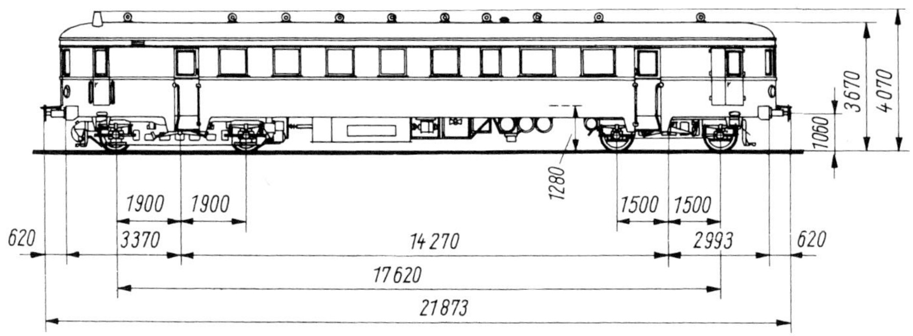

VT 137 235

Laufdrehgestell Schweißkonstruktion Bauart Görlitz IV leicht. Bei VT 137 162 und VT 137 163 sowie VT 137 235 geschweißte Blechträgerbauweise. Wälzradsatzlager. Radsatzfederung Blatt- und Schraubenfedern. Wiegenfederung Blattfedern.

Wagenkasten: Schweißkonstruktion aus Walzprofilen, Kastensäule aus Z-Profilen. Gekupferte Stahlbleche der äußeren Kastenverkleidung zum Tragen mit herangezogen. Untergestell Schweißkonstruktion aus Walzprofilen. Stirnenden abgerundet. Offene Übergangsbrücken für Personal.

Zug- und Stoßvorrichtung: Schraubenkupplung, leichte Bauart. Hülsenpuffer.

Druckluftanlage: Luftverdichter, Hauptluftbehälter, Hauptluftbehälterleitung.

Bremse: Mehrlösige Trommelbremse Bauart Hikpt. Druckölhandbremse.

Fahrgastraum

Gestaltung: Dem Nebenbahnverkehr angepaßt.

Führerstand; Maschinenraum; Einstiegraum; Großraum 3. Klasse mit Traglastenabteil und zwei Abteilen; Großraum 3. Klasse mit zweieinviertel Abteilen; zwei Abteile 2. Klasse; Einstiegraum; Gepäckraum; Führerstand.

Führerstand mit Maschinenraum und Gepäckraum vereinigt.

Einstieg: An Wagenenden einflüglige Schiebetür, lichte Türweite 650 mm. Zugang über Trittstufen.

2. Klasse: Abteile mit Mittelgang. Sitzplatzanordnung 1 + 3; Abteiltiefe 1 800 mm, Sitzplatzbreite 679 mm bzw. 527 mm, Gangbreite 550 mm. Polstersitzbänke.

3. Klasse: Großräume mit zwei bzw. zweieinviertel Abteilen und Mittelgang. Sitzplatzanordnung 2 + 3; Abteiltiefe 1 550 mm, Sitzplatzbreite 488 mm bzw. 461 mm, Gangbreite 450 mm.

Traglastenabteil: Abteiltiefe 1 530 mm, vier Klappsitze, Sitzplatzanordnung 2 + 0.

Gepäckraum: 3 126 mm lang, drei Klappsitze (bei VT 137 162, VT 137 163 und VT 137 235 ein Klappsitz), beidseitig einflüglige Drehtür, lichte Weite 920 mm, durch Zusatzflügel erweiterbar.

Heizung: Warmwasserheizung. Koksgefeuerter Unterflurofen, bei VT 137 162 und VT 137 163 ölgefeuerter Unterflurofen.

Beleuchtung: Glühlampen.

Maschinenanlage (mechanische Leistungsübertragung)
VT 137 136 bis VT 137 148

Anordnung: Maschinenanlage (Dieselmotor und Getriebe) in Hilfstragrahmen im Drehgestell federnd aufgehängt. Dieselmotor ragt in Maschinenraum, mit Haube abgedeckt.
Motor: Dieselmotor Typ L 6 V 17,5/18, 6 Zylinder, V-förmig, 4 Takte. Wasserkühlung. Elektrischer Anlasser.
Leistungsübertragung: Zwischenwelle; Zahnradgetriebe (Typ LRG 175 D, 4 Gänge. Für jeden Gang Lamellenkupplung. Kupplungen für 1. und 2. Gang außerhalb Getriebe angeordnet, Kupplungen für 3. und 4. Gang innerhalb Getriebe, laufen in Ölnebel. Druckluftzufuhr zu Kupplung für 1. und 2. Gang verzögert, vermeidet Anfahrstöße. Doppelter Abtrieb); Wendegetriebe (in gleichem Gehäuse wie Ganggetriebe); Gelenkwellen; Radsatztriebe.
Steuerung: Seilzugsteuerung für Dieselmotorfüllung. Druckluftbetätigung für Lamellenkupplung und Wendegetriebe. Motor hat Sicherheitsregler gegen Überdrehzahl des Motors.
Hilfseinrichtungen: Kühler für Motorkühlwasser unterflur. Kühler für Motoröl auf innerer Seite des Triebdrehgestelles. Antrieb der Kühler über Gelenkwelle von Getriebe. Batterie. Sicherheitsfahrschaltung.

VT 137 235

Anordnung: Dieselmotor mit Hilfstragrahmen im Drehgestell federnd aufgehängt. Getriebe mit elastischen Gummiklötzen im Drehgestell angeordnet. Dieselmotor ragt in Maschinenraum, mit Haube abgedeckt.
Motor: Dieselmotor Typ L 6 V 17,5/18, 6 Zylinder, V-förmig, 4 Takte. Aufladung. Wasserkühlung. Elektrischer Anlasser.
Leistungsübertragung: Zwischenwelle; Zahnradgetriebe (Typ LRG 250 D, 4 Gänge. Für jeden Gang Lamellenkupplung. Kupplungen für 1. und 2. Gang außerhalb des Getriebes angeordnet. Kupplungen für 3. und 4. Gang innerhalb des Getriebes, laufen in Ölnebel. Zahnradvorgelege im Getriebeeingang); Wendegetriebe (in gleichem Gehäuse mit Ganggetriebe); Gelenkwellen; Radsatztriebe (Typ AT 160).
Steuerung: Seilzugsteuerung für Dieselmotorfüllung. Druckluftbetätigung für Gang- und Wendegetriebe.
Hilfseinrichtungen: Kühler für Motorkühlwasser unterflur. Kühler für Motoröl auf innerer Seite des Triebdrehgestelles. Antrieb der Kühler über Gelenkwelle vom Getriebe, vor Wasserkühler elektromagnetische Lüfterkupplung. Hilfsgenerator von Lüfterwelle angetrieben. Batterie. Sicherheitsfahrschaltung.

Maschinenanlage (hydraulische Leistungsübertragung)
VT 137 162 und VT 137 163

Anordnung: Maschinenanlage unterhalb Wagenkasten. Dieselmotor ragt in Maschinenraum, mit Haube abgedeckt. Motor- und Getriebehilfsrahmen in Gummi gelagert.
Motor: Dieselmotor Typ L 6 V 17,5/18, 6 Zylinder, V-förmig, 4 Takte. Aufladung. Wasserkühlung. Elektrischer Anlasser.
Leistungsübertragung: Vorgelege (zur Drehzahlerhöhung); Gelenkwelle mit Gummigelenkkupplungen; Strömungsgetriebe (Typ ACL 37 m 1 , ein Wandler und eine Kupplung); Wendegetriebe (mit Vorgelege vereinigt); Gelenkwellen; Radsatztriebe.
Steuerung: Einfachsteuerung (Steuerung von VT und VS möglich). Dieselmotor elektrische Füllungsverstellung, Strömungs- und Wendegetriebe elektropneumatisch gesteuert.
Hilfseinrichtungen: Kühler für Wasser und Öl unterflur, Lüfter über durch Wärmefühler gesteuerte Kupplung von Getriebe angetrieben, Hilfsgenerator ebenfalls vom Getriebe über gleiche Welle angetrieben. Batterie. Sicherheitsfahrschaltung.

Steuerwagen VS 145 088 und VS 145 089
Techn. Daten: Seite 271

Fahrzeugteil: Analog Triebwagen.
Fahrgastraum: Analog Triebwagen. 16/59 Sitzplätze 2./3. Klasse. Warmwasserheizung.
Einsatzmöglichkeit: Für VT 137 162 und VT 137 163.

Beiwagen VB 147 044 bis 075
(DR 197.8)
Techn. Daten: Seite 294

Fahrzeugteil: Analog Triebwagen.
Fahrgastraum: Analog Triebwagen. 16/59 Sitzplätze 2./3. Klasse. Warmwasserheizung.
Einsatzmöglichkeit: Für VT 137 136 bis VT 137 148 und VT 137 235.

SVT 137 149 bis 152, SVT 137 224 bis 232

DB VT 04.1 und VT 04.5 DR 183.0 und 183.2

2'Bo'2'/B'2'B'

1935 bis 1983

Techn. Daten: Seite 251

Wegen der guten Betriebserfahrungen mit dem „Fliegenden Hamburger" entschloß sich die DRG, den Schnelltriebwagenverkehr auf weitere Strecken auszudehnen und stellte 1935/36 die zweiteiligen SVT Bauart Hamburg in Dienst. Die Erfahrungen mit dem „Fliegenden Hamburger" wurden hier bereits verwertet, so daß die neue Baureihe verschiedene Abweichungen aufwies.

Die Triebzüge befuhren ab 1935 planmäßig die Strecken Berlin–Hamburg, Berlin–Köln, Berlin–Frankfurt (Main), Berlin–Nürnberg–München/Stuttgart. Auf dem Streckenabschnitt Berlin–Nürnberg und Berlin–Hamm wurde in Doppeltraktion gefahren. Auf dem Streckenabschnitt Hannover–Hamm erreichten sie eine Reisegeschwindigkeit von 132,2 km/h und waren seinerzeit die schnellsten Züge der Welt.

Bei Beginn des Zweiten Weltkrieges wurden die Triebzüge abgestellt, später jedoch durch die Wehrmacht und die Regierung genutzt. In den Bestand der DR gingen zwei Triebzüge (SVT 137 225 und SVT 137 226). Vom SVT 137 226 wurde der a-Wagen verschrottet und der b-Wagen zu einem zusätzlichen Mittelwagen des SVT 137 234 (s. S. 84) umgebaut.

Die fünf Triebzüge, die in den Bestand der DB übergingen, wurden bis 1950 im US-Militärverkehr eingesetzt und für Sonderzwecke mit einer neuen Innenausstattung versehen. Den Triebzug SVT 137 227 baute die DB in den Jahren 1950/51 auf hydraulische Leistungsübertragung um (VT 04 501).

Sechs Triebzüge (SVT 137 150, SVT 137 151, SVT 137 224 sowie SVT 137 228 bis SVT 137 230) verblieben bei der ČSD, die sie mit den Betriebsnummern M 297.001 bis M 297.006 als Schnelltriebzüge zwischen Prag und Bratislava sowie Ostrava einsetzte. Im Jahre 1958 wurde der Triebzug SVT 137 224 zurückgegeben. Er wurde jedoch nicht wieder aufgebaut und im Jahre 1965 verschrottet.

Ab 1958/59 kamen auch die DB-Triebzüge VT 04 102, VT 04 106, VT 04 107 und VT 04 501 (ex SVT 137 152, SVT 137 231, SVT 137 232 und SVT 137 227) in den Bestand der DR. Die Triebzüge verkehrten längere Zeit in einigen Schnellzugrelationen (z. B. Berlin–Bautzen). Sie wurden bis 1983 ausgemustert. Der Triebzug 183 252 (ex SVT 137 225) wurde in einen Salontriebzug der Regierung der DDR umgebaut und erhielt im VTa Schlafkabinen und im VTb einen Salon unter Beibehaltung der Anrichte. Seit 1975 war er ein nichtbetriebsfähiges Museumsfahrzeug. Im Jahre 1990 wurde er betriebsfähig aufgearbeitet und wird, äußerlich in seinen Ursprungszustand versetzt, als Museumsfahrzeug erhalten und vom Bw Leipzig Hbf Süd für Sonderfahrten eingesetzt.

Fahrzeugteil

Laufwerk: Jacobs-Triebdrehgestell, angepaßte Konstruktion der Bauart Görlitz. Wälzradsatzlager. Radsatzfederung Blatt- und Schraubenfedern. Wiegenfederung Blattfedern.

Laufdrehgestelle angepaßte Konstruktion der Bauart Görlitz. Wälzradsatzlager. Radsatzfederung Blatt- und Schraubenfedern. Wiegenfederung Blattfedern. Ende der dreißiger Jahre Laufdrehgestelle durch neue geschweißte Bauart ersetzt, dabei Wiegenfederung auf Blatt- und Schraubenfedern umgestaltet.

Wagenkasten: Spantenbauweise mit tragenden Seitenwänden. Außenhautbündige Konstruktion. Stirnenden abgerundet. Durchgehende Bodenschürze. Innerhalb des Triebzugs durch Faltenbalg geschützter Übergang, weiterer Faltenbalg mit Wagenaußenhaut bündig. An Stirnenden keine Übergangsmöglichkeit.

Zug- und Stoßvorrichtung: Selbsttätige Mittelpufferkupplung Bauart Scharfenberg. Pneumatische Leitungen werden mitgekuppelt. Ende der dreißiger Jahre umgebaut, auch elektrische Leitungen mitkuppelbar.

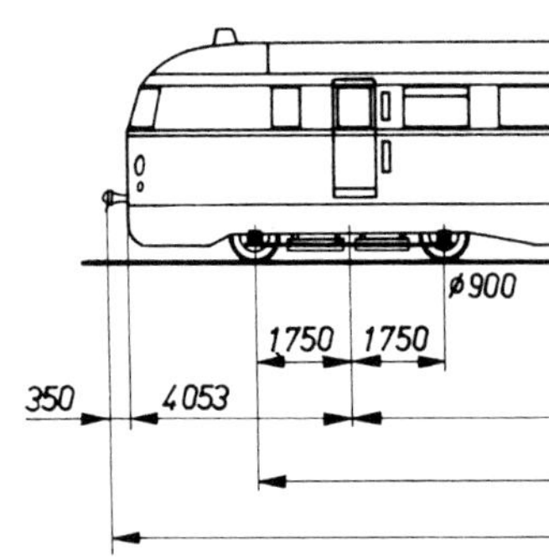

SVT 137 149 bis 152 und SVT 137 224 bis 232

SVT 137 149 bis 152 und SVT 137 224 bis 232
Foto: Archiv Waggonbau Görlitz

Druckluftanlage: Luftverdichter, Hauptluftbehälter, Hauptluftbehälterleitung. Elektropneumatische Sandstreueinrichtung.
Bremse: Mehrlösige Trommelbremse Bauart Hikp. Magnetschienenbremse. Druckölhandbremse. Bei Drehgestellneubau auf Scheibenbremse umgestaltet.

Fahrgastraum

Gestaltung: Dem nationalen Expreß-Schnellzugverkehr angepaßt.
VTa: Führerstand mit Maschinenraum; Gepäckraum; Einstiegraum; Großraum 2. Klasse mit fünfeinhalb Abteilen; Toiletten; Einstiegraum.
VTb: Anrichte; Großraum 2. Klasse mit siebeneinhalb Abteilen; Einstiegraum; Führerstand mit Maschinenraum.
Einstieg: An Wagenenden und über Nachbarwagen. Einflüglige Schiebetür, lichte Weite 650 mm. Zugang über Trittstufen, unterste Trittstufe klappt beim Öffnen der Tür heraus.
2. Klasse: Großräume mit siebeneinhalb und fünfeinhalb Abteilen und Mittelgang. Sitzplatzanordnung 1 + 2; Abteiltiefe 1 800 mm, Sitzplatzbreite 740 mm bzw. 695 mm, Gangbreite 522 mm. Polstersitze.

Anrichte: ca. 3 000 mm lang. Vier Sitzplätze.
Gepäckraum: 3 600 mm lang. Grundfläche 9,5 m^2. Beidseitig doppelflüglige Drehtür, lichte Türweite 950 mm.
Heizung: Warmwasserheizung; koksgefeuerter Heizkessel. Jeder Wagen eigene Heizanlage.
Beleuchtung: Glühlampen.
Nebenanlagen: Heißwasserspeicher in Anrichte, von Hilfsgenerator gespeist. Kochplatte und Kraftsteckdose von Batterie gespeist.

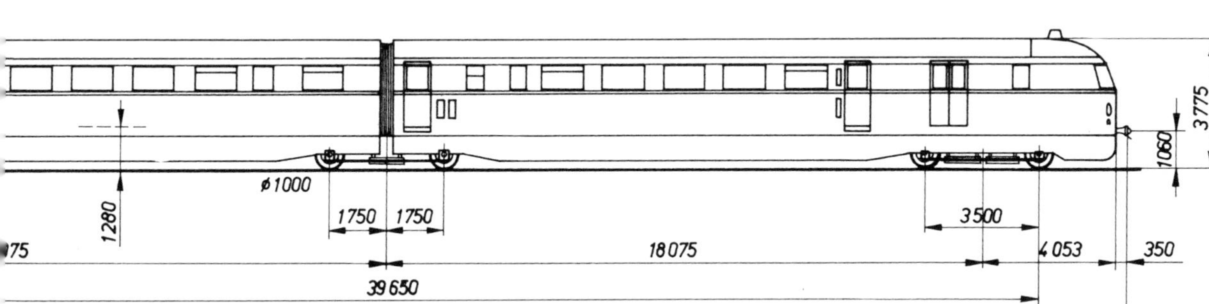

Maschinenanlage (elektrische Leistungsübertragung)

Anordnung: Zwei getrennte gleiche Maschinenanlagen. Maschinenanlage (Dieselmotor, Hauptgenerator) auf zwei getrennten Hilfsrahmen über je drei Aufhängepunkte im Laufdrehgestell aufgehängt und miteinander verbunden. Später einige Rahmen versuchsweise gegen seitliche Pendelbewegung festgelegt. Dieselmotor ragt in Maschinenraum, mit Haube abgedeckt. Mit neuer Drehgestellbauart durchgehender Hilfsrahmen mit drei Aufhängepunkten.
Motor: Dieselmotor Typ GO 5, 12 Zylinder, V-förmig 60°, 4 Takte. Wasserkühlung. Elektrisches Anlassen über Anlaßwicklung des Hauptgenerators. Bei DB Ersatz durch Dieselmotor Typ GTO 56. Bei DR Ersatz durch Dieselmotor der Firma ČDK (Typ 12 V 170 DR).
Leistungsübertragung: Hauptgenerator (Typ aG 310/26b) mit Hilfsgenerator (Typ aGV 230/5); Gleichstromreihenschlußmotoren (Typ Dx 1681a, eigenbelüftet, Tatzlagerantrieb).
Steuerung: RZM-Vielfachsteuerung. 22polige Steuerstromverbindung über Steckdosen, später Kontaktleiste an Mittelpufferkupplung. Anlassen der Motoren in jedem Triebzug erforderlich, gesteuerte Triebzüge mit Maschinenwärter besetzt. Fernsprech- und Klingelanlage zwischen Führerständen.
Hilfseinrichtungen: Hilfsgenerator und Lüfter für Motorkühlwasser über Gelenkwellen von Dieselmotor angetrieben. Luftverdichter von Batterie gespeist. Fremdeinspeisung für Batterieladung. Zeitabhängige Sicherheitsfahrschaltung. Induktive Zugbeeinflussung.

Maschinenanlage (hydraulische Leistungsübertragung)

Anordnung: Zwei getrennte gleiche Maschinenanlagen im Triebdrehgestell. Dieselmotor ragt in Maschinenraum, mit Haube abgedeckt.
Motor: Dieselmotor Typ GTO 56, 12 Zylinder, V-förmig, 4 Takte. Wasserkühlung.
Leistungsübertragung: Hydraulisches Getriebe Typ T 24a mit einer auf 280 kW eingestellten Leistung. Radsatzgetriebe Typ T 04a.
Steuerung: RZM-Vielfachsteuerung.
Hilfseinrichtungen: Fremdeinspeisung. Zeitabhängige Sicherheitsfahrschaltung. Induktive Zugbeeinflussung.

SVT 137 153 und 154, SVT 137 233 und 234

DR 183.2

2'Bo'Bo'2' / B'2'2'B'

1935 bis 1983

Techn. Daten: Seite 251

Parallel zum zweiteiligen SVT Hamburg entstand ein dreiteiliger Schnelltriebzug, der für den Einsatz nach Schlesien und Ostpreußen konzipiert war, deshalb erstmalig außer der 2. auch die 3. Wagenklasse erhielt und als SVT Bauart Leipzig (anfangs SVT Breslau) bezeichnet wurde. Die Höchstgeschwindigkeit sollte wiederum 160 km/h betragen; auch die bewährte Aufteilung der Maschinenanlage des SVT Hamburg sollte beibehalten werden. Die notwendige höhere Leistung kam dadurch zustande, daß inzwischen ein 442-kW-Motor mit nahezu gleichen Abmessungen wie der bisherige 302-kW-Motor zur Verfügung

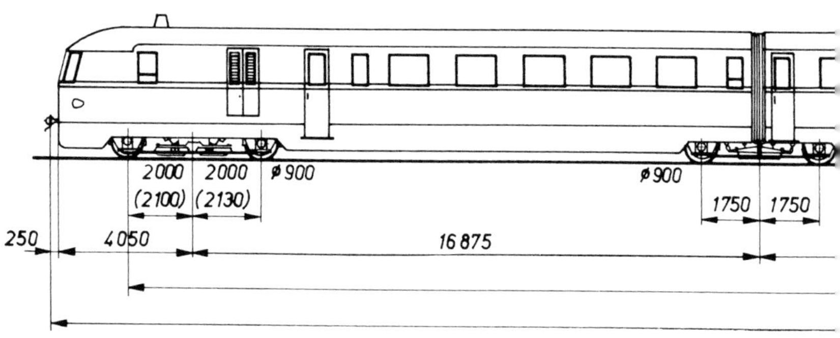

SVT 137 154
Foto: Sammlung J. Deppmeyer

stand; denn die Entwicklung schnelllaufender Dieselmotoren mit Abgasturbolader war zu einem vorläufigen Abschluß gekommen. Zwei Triebzüge wurden mit hydraulischer Leistungsübertragung (SVT 137 153 und SVT 137 154) und zwei mit elektrischer Leistungsübertragung (SVT 137 233 und SVT 137 234) ausgerüstet, um das vorteilhaftere System zu ermitteln.

Die Triebzüge wurden in zahlreichen Meß- und Versuchsfahrten erprobt, wobei auch Geschwindigkeiten über 160 km/h erzielt werden konnten. Bei einer Fahrt am 17. Februar 1936 von Hamburg nach Berlin stellte der Triebzug mit 205 km/h einen Weltrekord für serienmäßige Eisenbahnfahrzeuge auf. Beim planmäßigen Einsatz von Berlin Schlesischer Bf bis Breslau Hbf ohne Zwischenhalt wurde eine Reisegeschwindigkeit von 124,3 km/h erreicht.

Da die Plätze 2. Klasse sehr gefragt waren, sollte 1939 durch einen zusätzlichen vierten Wagen mit sieben Abteilen 2. Klasse das Sitzplatzangebot erhöht werden. Außerdem sollte der Großraum 3. Klasse des Endwagens in einen Speiseraum umgestaltet werden, was auch später ausgeführt wurde. Die dadurch gesunkene spezifische Antriebsleistung hätte sich nicht nachteilig ausgewirkt, da diese Baureihe nur im Flachland auf der damaligen Relation Berlin–Breslau–Beuthen ein-

SVT 137 233 und SVT 137 234 (Klammerwerte SVT 137 153 und SVT 137 154)

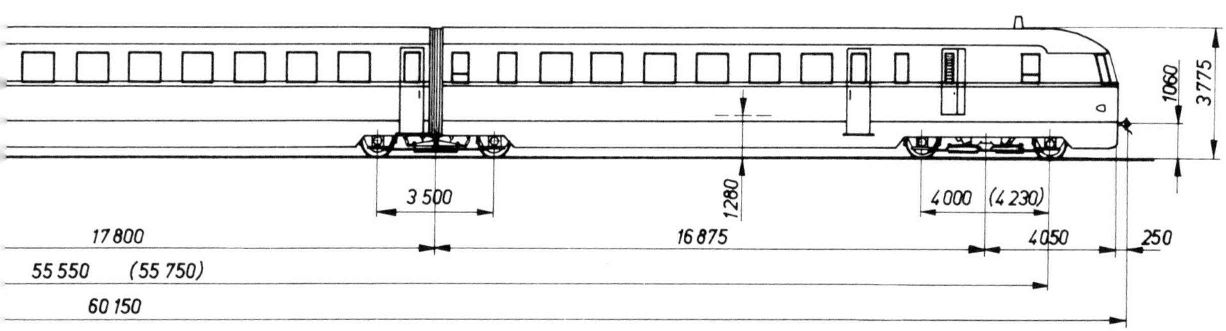

gesetzt wurde. Der SVT 137 153 ging durch Kriegsereignisse verloren.

Die Triebzüge SVT 137 154 (bis 1947 von der US-Army beschlagnahmt), SVT 137 233 und SVT 137 234 gingen in den Bestand der DR über. Der SVT 137 234, der von der PKP zurückgeliefert wurde, war kurzzeitig als vierteiliger Triebzug (Mittelwagen d entstand aus SVT 137 226b) zusammengestellt und verkehrte so z. B. auf der Strecke Berlin–Hamburg als Ft 65/66. Später verkehrte auch dieser Triebzug wieder dreiteilig.

Die Triebzüge wurden inzwischen ausgemustert und zuletzt als antriebslose Bahndienstfahrzeuge eingesetzt. Der SVT 137 234 wurde vom Eisenbahn-Kurier übernommen und soll als betriebsfähiges Museumstriebfahrzeug wieder aufgearbeitet werden.

Fahrzeugteil

Laufwerk: Triebdrehgestelle der SVT 137 153 und SVT 137 154 Kastenrahmen. Wiege unterhalb Verbindungswelle Motor–Getriebe. Wälzradsatzlager. Radsatzfederung Blatt- und Schraubenfedern. Wiegenfederung Blattfedern. Triebdrehgestelle der SVT 137 233 und SVT 137 234 Jacobs-Drehgestell. Angepaßte Konstruktion der Drehgestellbauart Görlitz. Wälzradsatzlager. Radsatzfederung Blatt- und Schraubenfedern. Wiegenfederung Blattfedern.

Laufdrehgestelle der SVT 137 153 und SVT 137 154 Jacobs-Drehgestelle. Angepaßte Konstruktion der Drehgestellbauart Görlitz. Wälzradsatzlager. Radsatzfederung Blatt- und Schraubenfedern. Wiegenfederung Blattfedern. Laufdrehgestelle der SVT 137 233 und SVT 137 234 angepaßte Konstruktion der Drehgestellbauart Görlitz. Wiege unterhalb Verbindungswelle Motor–Generator. Wälzradsatzlager. Radsatzfederung Blatt- und Schraubenfedern. Wiegenfederung Blattfedern.

Wagenkasten: Spantenbauweise mit tragenden Seitenwänden. Außenhautbündige Konstruktion. Stirnenden abgerundet. Durchgehende Schürze. Innerhalb des Triebzuges durch Faltenbalg geschützte Übergänge, weiterer Faltenbalg mit Außenhaut bündig. An Stirnenden keine Übergangsmöglichkeiten.

Zug- und Stoßvorrichtung: Selbsttätige Mittelpufferkupplung Bauart Scharfenberg. Pneumatische Leitungen werden mitgekuppelt.

Druckluftanlage: Luftverdichter, Hauptluftbehälter, Hauptluftbehälterleitung. Elektropneumatische Sandstreueinrichtung.

Bremse: Mehrlösige Trommelbremse Bauart Hikp. Magnetschienenbremse. Druckölhandbremse.

Fahrgastraum

Gestaltung: Dem nationalen Fernschnellzugverkehr angepaßt.

Wagen a: Führerstand mit Maschinenraum; Gepäckraum; Einstiegraum; fünf Abteile 2. Klasse; Einstiegraum.

Wagen b: Einstiegraum; Großraum 3. Klasse mit fünf Abteilen; Großraumraum 3. Klasse mit vier Abteilen; Einstiegraum.

Wagen c: Einstiegraum; Anrichte; Küche; Großraum 3. Klasse mit fünf Abteilen; Einstiegraum; Postabteil; Maschinenraum mit Führerstand. Großraum wurde später in einen Speiseraum umgestaltet.

Einstieg: An Wagenenden und über Nachbarwagen. Einflüglige Schiebetür, lichte Weite 760 mm. Zugang über Trittstufen.

2. Klasse: Geschlossene Abteile mit Seitengang. Sitzplatzanordnung 0 + 3; Abteiltiefe 1 990 mm, Sitzplatzbreite 658 mm, Gangbreite 710 mm. Polstersitze.

3. Klasse: Großräume mit fünf bzw. vier Abteilen und Seitengang. Sitzplatzanordnung 0 + 4; Abteiltiefe 1 600 mm, Sitzplatzbreite 519 mm, Gangbreite 600 mm. Polsterbänke mit halbhohen Rückenlehnen.

Speiseraum: Sitzplatzanordnung 1 + 2, 29 Sitzplätze.

Gepäckraum: 3 310 mm lang. Beidseitig doppelflüglige Drehtür, lichte Weite 1 000 mm.

Postabteil: 1 800 mm lang. Beidseitig einflüglige Drehtür, durch Zusatzflügel zu erweitern, lichte Weite 700 mm. Seitengang.

Heizung: Luftheizung. Wärmetauscher Motorkühlwasser und Ölheizkessel, in Mittelwagen nur Ölheizkessel. Im Sommer als Lüftungsanlage verwendbar. Jeder Wagen eigene Heizanlage.

Beleuchtung: Glühlampen.

Maschinenanlage (hydraulische Leistungsübertragung)

(SVT 137 153 und SVT 137 154)

Anordnung: Zwei getrennte gleiche Maschinenanlagen. Dieselmotor ragt in Maschinenraum, durch Haube abgedeckt. Dieselmotor und Getriebe auf Hilfsrahmen, mit drei Kugelzapfen im Drehgestellrahmen gelagert.

Motor: Dieselmotor Typ GO 6, 12 Zylinder, V-förmig 60°, 4 Takte. Aufladung. Wasserkühlung. Elektrischer Anlasser.

Leistungsübertragung: Zahnradgetriebe (ü = 4:3); Gelenkwelle; Strömungsgetriebe (Typ FCR 97 m 2, zwei Wandler; Anfahrwandler bis 108 km/h, Marschwandler von 108 km/h bis 160 km/h. Bremsbetrieb mit Anfahrwandler möglich); Wendegetriebe (in Strömungsgetriebe eingebaut); Zahnradgetriebe; Gelenkwelle mit Abschaltkupplung (über 30 km/h in jedem Drehgestell ein Radsatz abgeschaltet); Radsatzgetriebe.
Steuerung: Elektropneumatische Vielfachsteuerung; bis zu drei Triebzüge steuerbar.
Hilfseinrichtungen: Kühlanlage für Motorkühlwasser und -öl sowie für Getriebeöl unterflur. Lichtanlaßmaschine von Eingangswellen des Getriebes angetrieben. Zeitabhängige Sicherheitsfahrschaltung. Induktive Zugbeeinflussung.

Maschinenanlage (elektrische Leistungsübertragung)
(SVT 137 233 und SVT 137 234)

Anordnung: Zwei getrennte gleiche Maschinenanlagen. Maschinenanlage (Dieselmotor, Hauptgenerator, Hilfsgenerator) auf Hilfsrahmen; über Schaken am Drehgestellrahmen aufgehängt.
Motor: Dieselmotor Typ GO 6, 12 Zylinder, V-förmig 60°, 4 Takte. Aufladung. Wasserkühlung. Elektrischer Anlasser.
Leistungsübertragung: Hauptgenerator (Typ aG 311/3 8r) mit Hilfsgenerator (Typ aGV 240/5); Gleichstromreihenschlußmotoren (Typ GBM 780 spez, Tatzlagerantrieb, zwei Fahrmotoren je Maschinenanlage).
Steuerung: RZM-Vielfachsteuerung. 22polige Steuerstromverbindung über Steckdosen, später durch Kontaktleiste an Mittelpufferkupplung ersetzt. Gemischte Erregung des Hauptgenerators (Fremderregung, Selbsterregung und Gegenkompoundierung) ermöglicht gute Ausnutzung der Dieselmotorleistung im gesamten Geschwindigkeitsbereich.
Hilfseinrichtungen: Lüfter für Motorkühlwasser vom Dieselmotor angetrieben. Wegabhängige Sicherheitsfahrschaltung. Induktive Zugbeeinflussung.

SVT 137 155

(1 A) 2′2′ (A 1)

1938 bis 1939

Techn. Daten: Seite 251

Die am 5. April 1928 gegründete „Flugbahn-Gesellschaft mit beschränkter Haftung" nahm recht aktiv an der Entwicklung von Fernschnelltriebwagen teil, wobei diese Gesellschaft besonders neue Antriebsformen erprobte. Gründer dieser Gesellschaft waren Franz Kruckenberg und Curt Stedefeld.
Nach zahlreichen Versuchen mit Einzelwagen wurde im Herbst 1931 das Projekt für einen Schnelltriebzug erarbeitet. Dieses Projekt lief parallel zur Entwicklung des Zentralamtes der DRG, das im Februar 1931 der Wumag, Görlitz, den Auftrag zum Bau eines Probetriebzuges mit dieselelektrischem Antrieb für eine Höchstgeschwindigkeit von 160 km/h („Fliegender Hamburger", VT 877) erteilt hatte.
Der Triebzug SVT 137 155 erhielt einen dieselhydraulischen Antrieb und war für eine Höchstgeschwindigkeit von 160 km/h ausgelegt. Im Januar 1938 stand der Triebzug zu Probefahrten bereit. Einige Schwierigkeiten und technische Mängel führten jedoch dazu, daß der Triebzug nicht planmäßig ab 1. Juli 1938 auf der Strecke Berlin–Hamburg eingesetzt werden konnte. Bei der Probefahrt am 27. Juni 1938 von

SVT 137 155
Foto: Pressefoto KHD

Hamburg nach Berlin war ein Radsatzlager heißgelaufen, so daß die Radsatzachse brach. Andererseits wurden die Laufeigenschaften des Triebzuges besonders gelobt. Auf einer Versuchsfahrt am 23. Juni 1939 wurde bei der Fahrt nach Berlin hinter Ludwigslust eine Geschwindigkeit von 215 km/h erreicht. Ein erneuter Radsatzbruch am 25. Juni 1939 führte zur Stillsetzung des Triebzuges. Der Triebzug blieb im RAW Wittenberge abgestellt und wurde, nachdem die DR den Wiederaufbau erwogen hatte, im Jahre 1967 verschrottet.

Fahrzeugteil

Laufwerk: Drehgestelle Kastenrahmen, schwanenhalsförmig ausgebildet. Drehzapfenlos, Winkelbewegung über Lenkerstangen, Winkelhebel und quer zur Fahrzeugachse liegende Stange mit Rückstelleinrichtung. Lenkerbewegung durch Flüssigkeits-Drehdämpfer gedämpft. Wälzradsatzlager, Innenlager. Radsatzfederung Schraubenfedern. Wiegenfederung Gummikugeln (im Triebdrehgestell 24 Stück, im Laufdrehgestell 20 Stück) und Blattfedern.

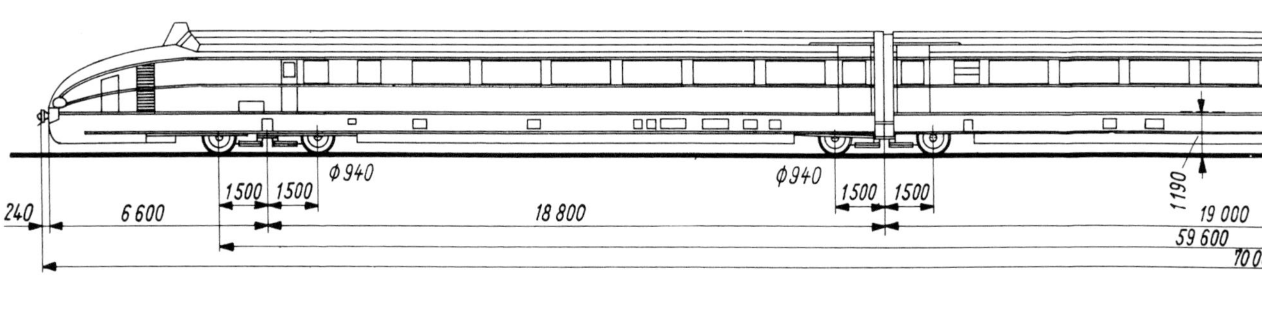

Wagenkasten: Selbsttragende geschweißte Röhrenkonstruktion, Leichtbauweise, kassettenförmig ausgesteift. Wagenkasten aus fünf Längsteilen (Boden, Seitenwände, zwei Dachteile), diese einzeln mit Spanten- und Spriegelstücken sowie Längs- und Querstreifen verschweißt und danach zusammengefügt. Verbindung zwischen Wagenkästen durch Gelenkkupplungen, die Winkelbewegung in horizontaler und vertikaler Ebene gestatten, jedoch Verdrehen oder Versetzen der Wagenkästen verhindern. Stirnenden stromlinienförmig ausgebildet, großer Vorbau. Durchgehende Bodenschürze. Innerhalb des Triebzugs durch Faltenbalg geschützte Übergänge. An Außenhaut verlängerte Seitenwandbleche, die übereinander greifen, um Luftwiderstand zu mindern. An Stirnenden keine Übergangsmöglichkeit.
Zug- und Stoßvorrichtung: Selbsttätige Mittelpufferkupplung, Bauart Scharfenberg. Pneumatische Leitungen werden mitgekuppelt.
Druckluftanlage: Luftverdichter, Hauptluftbehälter, Hauptluftbehälterleitung.

Bremse: Mehrlösige Klotzbremse Bauart Hikss. Magnetschienenbremse. Spindelhandbremse.

Fahrgastraum

Gestaltung: Dem nationalen Expreß-Schnellzugverkehr angepaßt.
Wagen a: Maschinenraum mit hochgelegenem Führerstand; Gepäckraum; Postabteil; Großraum 2. Klasse mit fünf Abteilen; Einstiegraum.
Wagen b: Einstiegraum; Toiletten; Großraum 2. Klasse mit sechs Abteilen; Toiletten; Einstiegraum.
Wagen c: Einstiegraum für Reisende; Großraum 2. Klasse mit sechs Abteilen; Anrichte; Küche; Einstiegraum für Personal; Maschinenraum mit hochgelegenem Führerstand.
Einstieg: Über Jacobs-Drehgestellen. Einflüglige Schiebetür, läuft an Wagenaußenseite und liegt im geschlossenen Zustand bündig mit Wagenaußenwand, lichte Türweite 800 mm bzw. 750 mm. Zugang über Trittstufen.
2. Klasse: Großräume mit sechs bzw. fünf Abteilen und Mittelgang. Sitzplatzanordnung 1 + 2; Abteiltiefe 2 100 mm, Sitzplatzbreite 680 mm, Gangbreite 658 mm. Polstersitze. Klapptische zum Servieren von Speisen und Getränken.

Küche: 1 710 mm lang.
Anrichte: 2 260 mm lang.
Gepäckraum: 3 470 mm lang. Grundfläche 8,8 m^2. Beidseitig doppelflüglige Drehtür, lichte Weite 910 mm.
Postabteil: 3 135mm lang, Seitengang. Grundfläche 5,7 m^2.
Heizung: Luftheizung, für jeden Wagen getrennte Anlage. Heizkessel Ölfeuerung, automatisch geregelt. Luftbefeuchtung.
Beleuchtung: Glühlampen, =110 V.

Maschinenanlage

Anordnung: Zwei getrennte gleiche Maschinenanlagen. Maschinenanlage (Dieselmotor, Strömungsgetriebe) auf gemeinsamem gummigefedertem Hilfsrahmen in Vorbau.
Motor: Dieselmotor Typ GO 6, 12 Zylinder, V-förmig 60°, 4 Takte. Aufladung. Wasserkühlung. Elektrischer Anlasser.
Leistungsübertragung: Kupplungen; Strömungsgetriebe (2 Wandler, Betriebsflüssigkeit Wasser); Gelenkwelle; Radsatztrieb.
Steuerung: Handbetätigte elektrohydraulische Gangschaltung. Keine Mehrfachtraktion.
Hilfseinrichtungen: Sicherheitsfahrschaltung. Induktive Zugbeeinflussung.

SVT 137 155

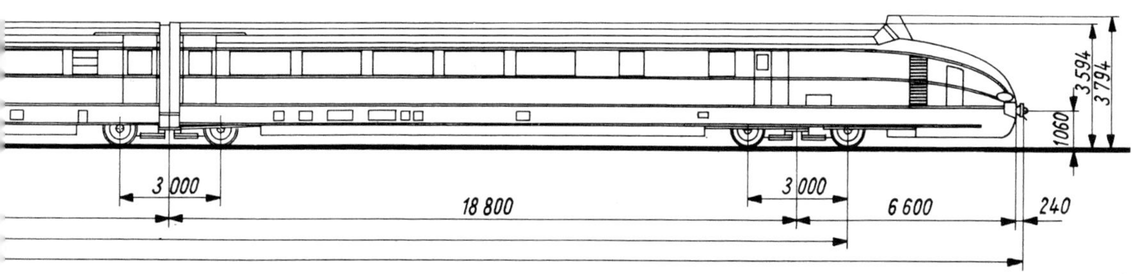

VT 137 240, VT 137 462 und 463

DB VT 90.5

(A 1) (1 A)
1936 bis 1962
Techn. Daten: Seite 257

Dieser Fahrzeugtyp war nicht neu, neu war nur sein Einsatz auf einem größeren Streckennetz. Die DRG wollte mit dem 1936 in Dienst gestellten Aussichtstriebwagen, dem drei Jahre später weitere folgten, vor allem den Reisegesellschaften, die Kraftomnibusse verwendeten, Konkurrenz bieten und den wachsenden Ausflugsverkehr auf die Schiene leiten.

Die Höchstgeschwindigkeit von 120 km/h ermöglichte kurze Fahrzeiten zum Reiseziel. Der Triebwagen konnte Steigungen von 33 ‰ noch mit 30 km/h befahren.

Die Farbgebung dieser Triebwagen war abweichend vom üblichen Farbschema (Wagenkasten hechtgrau und Wagenschürze blaugrau).

Der Ersteinsatz erfolgte in den Bw Koblenz, Saarbrücken und Dresden-Pieschen.

Die Beschaffung weiterer zwei baugleicher Triebwagen (VT 137 560 und VT 137 561) war vorgesehen, unterblieb aber wegen des Zweiten Weltkrieges.

Mit Kriegsbeginn wurden die Fahrten eingestellt.

Zwei im Krieg beschädigte Triebwagen wurden bei der DB wieder aufgebaut und als VT 90.5 eingenummert. Sie durften auch grenzüberschreitend nach Österreich, der Schweiz, Frankreich und den Niederlanden eingesetzt werden. Die Triebwagen wurden 1960 und 1962 ausgemustert (letzter Triebwagen VT 90 501 Bw Stuttgart am 22. März 1962).

Die DB beschaffte im Jahre 1952 noch zwei Einachsanhänger für Gepäck und Ski. Sie waren in den Bw Stuttgart Hbf und Köln Bbf beheimatet und wurden 1961 ausgemustert.

Fahrzeugteil

Laufwerk: Drehgestellrahmen aus Blechen geschweißt. Sonderkonstruktion. Vorderer Kopfträger durchgekröpft, da darüber tiefliegende Toilette. Wiegenträger erhielt Ausschnitt für Antriebsgelenkwelle. Wälzradsatzlager. Radsatzfederung Blatt- und Schraubenfedern. Wiegenfederung Blattfedern.

Wagenkasten: Schweißkonstruktion aus Rohren, Profilen und Blechen. Untergestell besonders kräftig ausgeführt, einige Untergestellträger waren Gitterträger aus Hohlprofilen. Seitenwand zum Tragen herangezogen. Viele Dachöffnungen (Fenster in Kehle und Rolldach in Wagenmitte) erforderten eine besondere konstruktive Gestaltung. Stirnenden abgerundet. Schürzen klappbar. Keine Übergangsmöglichkeit.

VT 137 462 und VT 137 463 geringförmig abweichende Konstruktion.

Zug- und Stoßvorrichtung: Ungefederte Notpuffer und Abschlepphaken.

Druckluftanlage: Luftverdichter, Hauptluftbehälter.

Bremse: Mehrlösige Scheibenbremse Bauart Hikpt. Spindelhandbremse. Hydraulische Bremse möglich.

Fahrgastraum

Gestaltung: Dem Ausflugsverkehr angepaßt. Triebwagen besteht aus einem Raum, der Fahrgastraum, Einstiegräume und Führerstände türlos vereinigt. Breite Fenster an allen Wagenseiten und in Dachkehle ermöglichen ungehinderte Sicht nach allen Seiten. Au-

Dachansicht des VT 137 240 mit geöffnetem Schiebedach
Foto: Archiv transpress

VT 137 240
Foto: Sammlung J. Deppmeyer

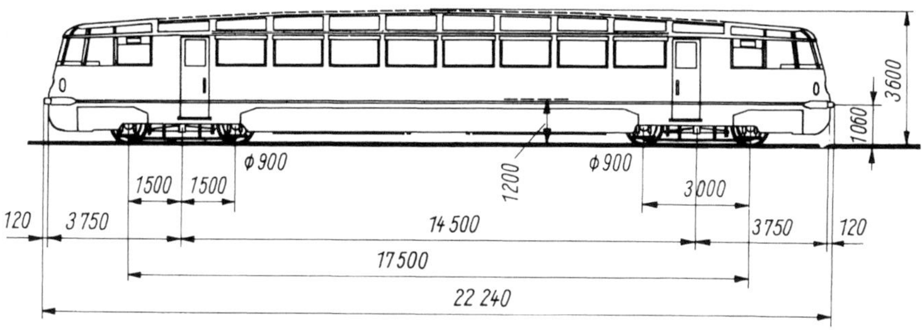

VT 137 240 (Mitte)

VT 137 462 und VT 137 463 (unten)

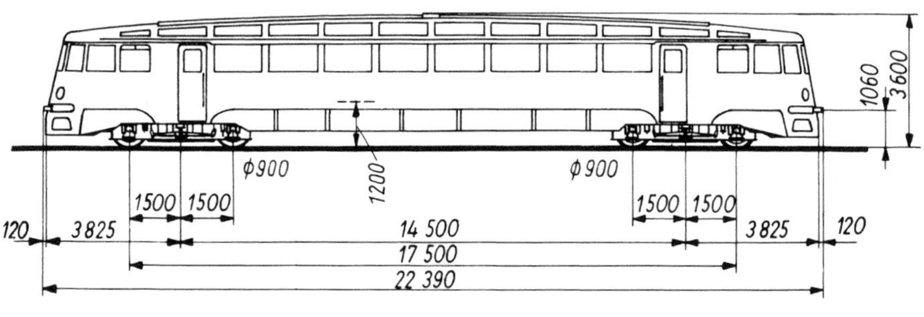

ßerdem Rolldach, elektrisch und von Hand bedienbar. Größere Gepäckstücke in Schränken neben Einstiegtüren unterbringbar. Toilette an Stirnwänden unterhalb Fensterbrüstung vertieft neben Führertischen, um Sicht nicht zu beeinträchtigen.

Einstieg: An Wagenenden einflügliche Schiebetür, lichte Weite 685 mm (VT 137 240) bzw. 675 mm (VT 137 462 und VT 137 463). Zugang über Trittstufen.

3. Klasse: Großraum mit Mittelgang, Wendesitze. Sitzplatzanordnung 2 + 2; Sitzplatzabstand 800 mm, Sitzplatzbreite 550 mm (VT 137 240) bzw. 538 mm (VT 137 462 und VT 137 463), Gangbreite 436 mm (VT 137 240) bzw. 430 mm (VT 137 462 und VT 137 463). Polstersitzbänke. Sitzgestelle aus leichtem Hydronaliumrohr.

Heizung: Frischluftheizung. Wärmeaustauscher der Motorgase bzw. ölgefeuerte Heizkessel. Zwei Heizanlagen. Fensterscheiben beheizt. Später auf Umluftheizung um-

gebaut. Bei VT 137 463 Warmluftheizung.
Beleuchtung: Glühlampen.
Zusatzausrüstung: Lautsprecheranlage, mit Plattenspieler kombinierbar (bei VT 137 240 erst 1937 eingebaut).

Maschinenanlage

Anordnung: Zwei getrennte gleiche Maschinenanlagen. Gesamte Maschinenanlage außerhalb des Wagenkastens angeordnet. Dieselmotor, Kühlanlage und Luftverdichter auf Rahmen, über vier Gummipuffer am Wagenuntergestell aufgehängt. Strömungsgetriebe hängt an drei Punkten im Drehgestellrahmen. Abgase jeweils an hinterer Stirnseite abgeführt.
Motor: Unterflurdieselmotor Typ 2 × 4 V 18 L, 8 Zylinder, liegend. 4 Takte. Wasserkühlung. Elektrischer Anlasser. Im Jahre 1953/54 Umbau auf Unterflur-Dieselmotor Typ U 15.
Leistungsübertragung: Voith-Maurer-Kupplung (Typ D Di AW 6); Zahnradgetriebe; Strömungsgetriebe (Typ JJ 5,4 CG 3,3, zwei Wandler und zwei Kupplungen, arbeiten beide prallel, somit nur für halbe Leistung ausgelegt. Kupplung II von 58 km/h bis 82 km/h, darüber Kupplung III. Wandler bei längeren Gefällefahrten zur Bremsung nutzbar); Zahnradgetriebe (für jede Kupplung andere Übersetzung); Gelenkwelle; Radsatzwendegetriebe (Typ 5 – OR).
Steuerung: Einfache Fahrsteuerung. Füllungsregelung der Dieselmotoren, pneumatisch gesteuert. Selbsttätige Steuerung des Getriebes. Pneumatische Steuerung von Strömungs- und Radsatzwendegetriebe.
Hilfseinrichtungen: Lüfter für Motorkühlwasser vom Dieselmotor angetrieben. Luftverdichter über Lüfter angetrieben. Kühler für Getriebeöl. Zeitabhängige Sicherheitsfahrschaltung.

Beiwagen VB 141 121 und VB 141 122

Techn. Daten: Seite 354

Einachsanhänger für Gepäck und Ski. Sonderkupplung. Tragfähigkeit 1,2 t.

VT 137 241 bis 270, VT 137 442 bis 461

DB VT 36.5

Bo'2'

1936 bis 1968

Techn. Daten: Seite 258

Außer zweiachsigen Nebenbahntriebwagen beschaffte die DRG ab 1936 auch vierachsige, die auf den anschließenden Hauptstrecken den Verkehr mit bedienen sollten. Die Höchstgeschwindigkeit von 100 km/h und die installierte Leistung von 265 kW ließen diese Triebwagen sehr vielseitig einsetzbar und sogar für einen Steuerwagenbetrieb geeignet werden. Die Triebwagen waren zur Erprobung langsamlaufender Dieselmotoren bestimmt, denn es galt herauszufinden, ob sich bei geringerer Motordrehzahl ein günstigerer Instandhaltungsaufwand ergäbe. Außerdem wurde die hydraulische Leistungsübertragung erstmalig in einer größeren Serie erprobt.
Die Triebwagen haben sich gut bewährt. Im Zweiten Weltkrieg wurden die Triebwagen einschließlich der Steuerwagen als Schlepptriebwagen für Eisenbahngeschütze oder als Befehlswagen für Eisenbahnbatterien eingesetzt. Sie erhielten einen dunkelgrünen Anstrich. Die zweite Lieferserie wurde wohl sofort im Wehrmachtsdienst eingesetzt.
In den Bestand der DR gingen fünf Triebwagen (VT 137 249, VT 137 251,

VT 137 247
Foto: Archiv Waggonbau Dessau

VT 137 269, VT 137 446, VT 137 451) über, die in der Rbd Dresden eingesetzt waren. Im Jahre 1956 kamen noch zwei Triebwagen (VT 137 253, VT 137 445) hinzu, die durch die Kriegsereignisse zu den Italienischen Staatsbahnen gelangt waren. Alle Triebwagen wurden bis 1968 ausgemustert. Der Triebwagen VT 137 251 wurde im Jahre 1964 in den Beiwagen VB 147 530 umgebaut und im Jahre 1965 der VT 137 451 in den VB 147 531.

Die DB übernahm 16 Triebwagen, die sie in den BD Hannover, Köln und Wuppertal einsetzte. Einige Triebwagen wurden im US-Militärverkehr eingesetzt. Die Triebwagen wurden von 1963 bis 1966 ausgemustert (als letztes Fahrzeug VT 36 519 Bw Köln-Nippes am 26. April 1966). Der Triebwagen VT 137 456 (später VT 36 519) gehörte dem Verein zur Erhaltung und Förderung des Schienenverkehrs und jetzt dem Historischen Schienenverkehr Wesel.

Fahrzeugteil

Laufwerk: Drehgestelle geschweißte Konstruktion. Triebdrehgestellwiege in Mittelteil Öffnung für Gelenkwelle. Wälzradsatzlager. Radsatzfederung Blatt- und Schraubenfedern. Wiegenfederung Blattfedern.

Wagenkasten: Schweißkonstruktion aus Profilen und Blechen. Untergestell ebenfalls aus Profilen und Blechen geschweißt, an Einstiegen Längsträger eingezogen, wobei Untergurt mittlere Trittstufe ist. Seitenwand- und Deckenbleche leicht gekupfert. Stirnenden aus Schrägflächen abgerundet. An Stirnenden offene Übergangsbrücken für Personal.

Zug- und Stoßvorrichtung: Schraubenkupplung, Hülsenpuffer.

Druckluftanlage: Luftverdichter, Hauptluftbehälter, Hauptluftbehälterleitung.

Bremse: Mehrlösige Klotzbremse der Bauart Hikpt. Übliche Spindelhandbremse.

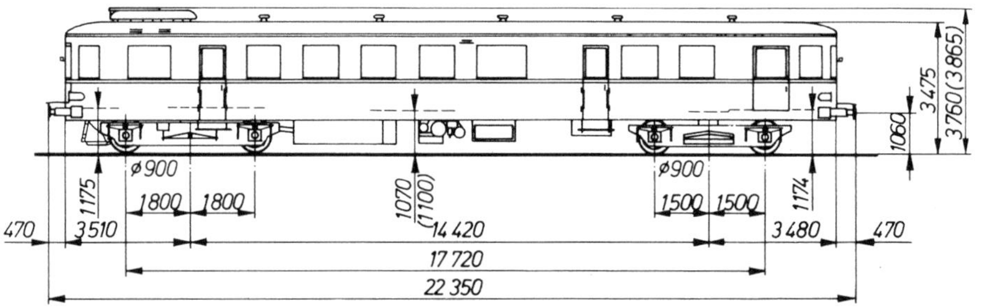

VT 137 241 bis 270 (Klammerwerte VT 137 442 bis 461)

Fahrgastraum VT 137 241 bis VT 137 270

Gestaltung: Dem Nebenbahnverkehr angepaßt.
Führerstand mit Maschinenraum; Einstiegraum, Großraum 3. Klasse mit dreieinhalb Abteilen; Abteil 2. Klasse; Einstiegraum, türlos verbunden mit Traglastenraum; Gepäckraum mit Führerstand.
Fußboden sehr niedrig angeordnet (1 070 mm über SO), über Triebdrehgestell (Einstiegraum) auf 1 175 mm erhöht, deshalb Fußbodenschräge in Fahrgastraum. Ferner Fußboden in Gepäckraum auf 1 174 mm erhöht.
Einstieg: Einflüglige Schiebetür, Zugang über Trittstufen.
2. Klasse: Abteil mit Mittelgang. Sitzplatzanordnung 2 + 2; Abteiltiefe 2 000 mm, Sitzplatzbreite 554 mm, Gangbreite 590 mm. Polstersitze.
3. Klasse: Großraum mit dreieinhalb Abteilen und Mittelgang. Sitzplatzanordnung 2 + 3; Abteiltiefe 1 600 mm, Sitzplatzbreite 485 mm bzw. 461 mm, Gangbreite 450 mm.
Traglastenraum: Klappsitze.
Gepäckraum: Klappsitze. Beidseitig einflüglige Schiebetür.
Heizung: Frischluftheizung, später Kühlwasser-Ofenheizung.
Beleuchtung: Glühlampen.

Fahrgastraum VT 137 442 bis VT 137 461

Gestaltung: Dem Nebenbahnverkehr angepaßt.
Führerstand mit Maschinenraum; Einstiegraum; Großraum 3. Klasse mit vier Abteilen; Abteil 2. Klasse; Einstiegraum; türlos verbunden mit Traglastenraum; Gepäckraum mit Führerstand.
Fußboden sehr niedrig angeordnet (1 100 mm über SO), über Triebdrehgestell (Einstiegraum) erhöht, deshalb Fußbodenschräge im Fahrgastraum.
Einstieg: Einflüglige Schiebetüren, lichte Türweite 656 mm. Zugang über Trittstufen.
2. Klasse: Geschlossenes Abteil mit Seitengang. Sitzplatzanordnung 0 + 3; Abteiltiefe 1975 mm, Sitzplatzbreite 687 mm, Gangbreite 700 mm. Polstersitze.
3. Klasse: Großraum mit vier Abteilen und Mittelgang. Sitzplatzanordnung 2 + 3; Abteiltiefe 1 600 mm, Sitzplatzbreite 478 mm bzw. 459 mm, Gangbreite 449 mm.
Traglastenraum: Großraum, 3 200 mm lang, zwei Abteile, Sitzplatzanordnung 2 + 2. Vier feste, vier klappbare Sitzbänke.
Gepäckraum: 2 908 mm lang. Vier Klappsitze. Beidseitig einflüglige Schiebetür mit einer lichten Weite von 886 mm.
Heizung: Frischluftheizung, später Kühlwasser-Ofenheizung.
Beleuchtung: Glühlampen.

Maschinenanlage

Anordnung: Maschinenanlage im Triebdrehgestell. Dieselmotor ragt in Maschinenraum, durch Haube abgedeckt. Motortragrahmen über Gummipuffer in drei Punkten aufgehängt.
Motor: Dieselmotor Typ W 6 V 22/30, 6 Zylinder, Reihe, 4 Takte. Wasserkühlung. Elektrischer Anlasser.
Leistungsübertragung: Gelenkwelle; Voith-Maurer-Kupplung; Stiftkupplung; Zahnradgetriebe; Strömungsgetriebe (Typ JJ 14 GG 8,8; Doppelturbogetriebe); Zahnradgetriebe (für jede Kupplung andere Übersetzung); Radsatzwendegetriebe (Typen 6 OL und 5 UL). Zur Anfahrt beide Radsätze genutzt (Wandler Ia und Ib), bei höheren Geschwindigkeiten nur ein Radsatz angetrieben (Kupplung II von 51 km/h bis 71 km/h, darüber Kupplung III).
Steuerung: Vielfachsteuerung. Betrieb von zwei VT und zwei VS möglich. Sieben Fahrstufen. Elektrische Füllungsverstellung des Dieselmotors. Vorsteuerblock des Getriebes elektrisch gesteuert. Radsatzwendegetriebe elektropneumatisch gesteuert.
Hilfseinrichtungen: Kühler für Motorkühlwasser unterflur, über elektromagnetische Kupplung, Vorgelege und Gelenkwelle vom Strömungsgetriebe angetrieben. Kühler für Motoröl. Hilfsgenerator über Gelenkwelle vom Getriebe angetrieben. Zeitabhängige Sicherheitsfahrschaltung.

Steuerwagen VS 145 154 bis VS 145 183
Techn. Daten: Seite 272

Fahrzeugteil: Analog Triebwagen.
Fahrgastraum: Analog Triebwagen. Großräume 2. und 3. Klasse, Postraum. Heizung koksgefeuerte Warmwasserumlaufheizung. Beleuchtung vom Triebwagen aus.

SVT 137 273 bis 278, SVT 137 851 bis 858

DB VT 06.1 und VT 06.5 DR 182.0 und 182.5

2′Bo′ + 2′2′ + Bo′2′/ B′2′ + 2′2′ + 2′B′
1938 bis 1982
Techn. Daten: Seite 259

Als die DRG wegen der großen Nachfrage ihr Schnellverkehrsnetz weiter ausdehnen mußte, beschaffte sie 1938 dreiteilige Triebzüge, die die Bezeichnung SVT Köln erhielten. Da das Kuppeln mehrerer Triebzüge auf die Dauer unwirtschaftlich ist und eine dreiteilige Einheit beibehalten werden sollte, ging man bei dem neuen Triebzug auf Einzelwagen über, die länger sein konnten als Wagen mit Jacobs-Drehgestellen. Die Innenausrüstung wurde verbessert, indem geschlossene Abteile und ein Speisewagen ausgeführt wurden.

Der Triebzug besteht aus zwei Triebwagen (Endwagen) und dem Mittelwagen, die als Einzelwagen mit zweiachsigen Drehgestellen ausgeführt und durch eine Kurzkupplung verbunden sind.

Die Triebzüge, die nur die 2. Wagenklasse besaßen, fuhren ab 1. Juli 1938 auf der Strecke Berlin–Köln. Im Herbst 1939 kam es zur kriegsbedingten Betriebseinstellung, und ein Teil der Triebzüge wurde von der Wehrmacht als mobiles Stabsquartier des Oberkommandos genutzt.

Der SVT 137 855 gelangte in die Sowjetunion und erhielt dort die Betriebsnummer DP-14.

Der SVT 137 274 wurde 1946 als Beutegut in die USA abtransportiert.

Die DR übernahm drei Triebzüge, teilweise stark beschädigt, in ihren Bestand (SVT 137 273, SVT 137 278 und SVT 137 852). Der Triebzug SVT 137 278 war bis 1948 vom Bw Berlin Anhalter Bahnhof für die US-Army eingesetzt gewesen. Der Triebzug SVT 137 852 wurde im Jahre 1949 von der ČSD (dort

SVT 137 273 bis 278 und SVT 137 851 bis 858
Foto: Sammlung J. Deppmeyer

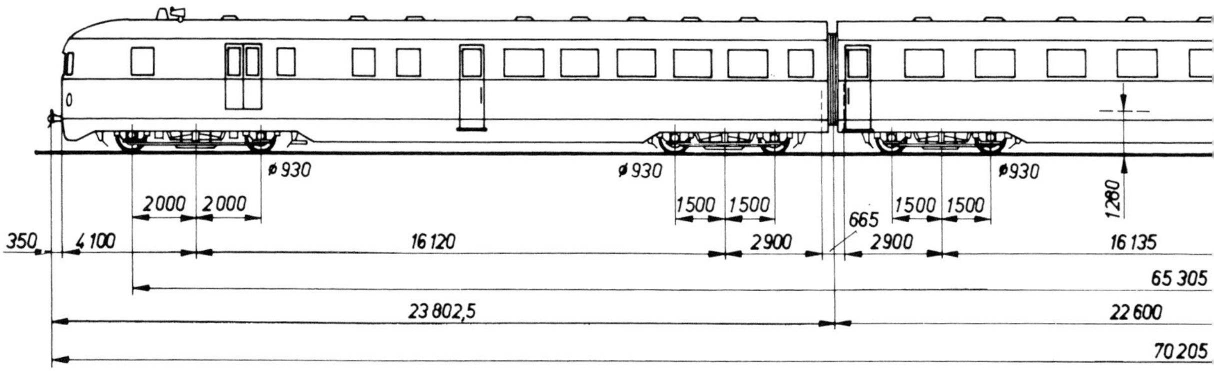

M 494 001, Einsatz Praha–Bratislava) zurückgegeben.
Die bei Kriegsende in den westlichen Besatzungszonen befindlichen Triebzüge wurden von den US-Streitkräften beschlagnahmt und, zum Teil mit eingebauter Sondereinrichtung, eingesetzt.
Die DB übernahm neun Triebzüge (SVT 137 275 bis SVT 137 277, SVT 137 851, SVT 137 853 und SVT 137 854, SVT 137 856 bis SVT 137 858), die sie zum Teil auch vierteilig einsetzte. 1951 wurden von der DB die Triebzüge SVT 137 275 und SVT 137 858 auf hydraulische Leistungsübertragung umgebaut und als Baureihe VT 06.5 bezeichnet. Die bei der DB verbliebenen Triebzüge waren im Bww Köln (zeitweise auch Bww Dortmund) beheimatet und befuhren als Ferntriebwagen „Dompfeil", „Sachsenroß" und „Germania" die Relation Köln–Hannover (planmäßig 140 km/h). Als „Rheinblitz" befuhren sie auch die Rheinstrecke zwischen Düsseldorf und Mainz in Drei- bzw. Vierfachtraktion (zum Teil mit anderen Baureihen), da die Endpunkte der Einzelzüge Basel, Nürnberg und München waren.
Als letzter Triebzug im Bestand der DB wurde am 16. August 1963 der VT 06 106 (Bw Köln-Nippes) ausgemustert. Der Triebzug VT 06 104 (ex SVT 137 277) befindet sich mit den zwei Endwagen nicht betriebsfähig im Fahrzeugmuseum der Linke-Hofmann-Busch GmbH in Salzgitter.
In den Jahren 1959/60 gingen vier Triebzüge (VT 06 107, VT 06 109, VT 06 501 und VT 06 502, ex SVT 137 853, SVT 137 854, SVT 137 275 und SVT 137 858) in den Bestand der DR über, wo sie ab 1963 modernisiert und zwei Jahre später mit neuen ČKD-Motoren ausgerüstet wurden. Auch die DR setzte einige Triebzüge als vierteilige Einheiten ein.
Der Triebzug SVT 137 275 brannte teilweise aus und wurde 1959 ausgemustert.
Die Triebzüge befuhren einige internationale Schnellverkehrslinien der DR, z. B. als „Neptun" die Strecke Berlin–Kopenhagen und als „Vindobona" die Strecke Berlin–Prag–Wien. Später wurden sie durch die Bauart Görlitz abgelöst. Zwei dreiteilige Triebzüge wurden noch zu Sonderfahrten eingesetzt. In den Jahren 1974 bis 1982 wurden alle Triebzüge ausgemustert. Teilweise wurden sie dann als Bahndienstwagen genutzt. Der SVT 137 856 (zuletzt 182 009/182 509/182 010) wird seit Mitte 1992 im Bw Leipzig Hbf Süd als betriebsfähiges Museumsfahrzeug aufgearbeitet.

Fahrzeugteil

Laufwerk: Triebdrehgestelle Bauart Görlitz. Rahmen vollständig geschweißt. Wälzradsatzlager. Radsatzfederung Blatt- und Schraubenfedern. Wiegenfederung Blattfedern.
Laufdrehgestelle der Triebwagen angepaßte Konstruktion der Drehgestellbauart Görlitz. Schweißkontruktion. Wälzradsatzlager. Radsatzfederung Blatt- und Schraubenfedern. Wiegenfederung Blattfedern.
Laufdrehgestelle der Mittelwagen Bauart Görlitz. Rahmen vollständig geschweißt. Wälzradsatzlager. Radsatzfederung Blatt- und Schraubenfedern. Wiegenfederung Blattfedern.
Wagenkasten: Spantenbauweise mit tragenden Seitenwänden. Schweißkontruktion. Außenhautbündige Konstruktion. Stirnenden abgerundet. Kleine Führerstandsfenster. Durchgehende Schürze. Innerhalb des Triebzugs durch Faltenbalg geschützte Übergänge. An Außenhaut Windleitbleche. An Stirnenden keine Übergangsmöglichkeit.

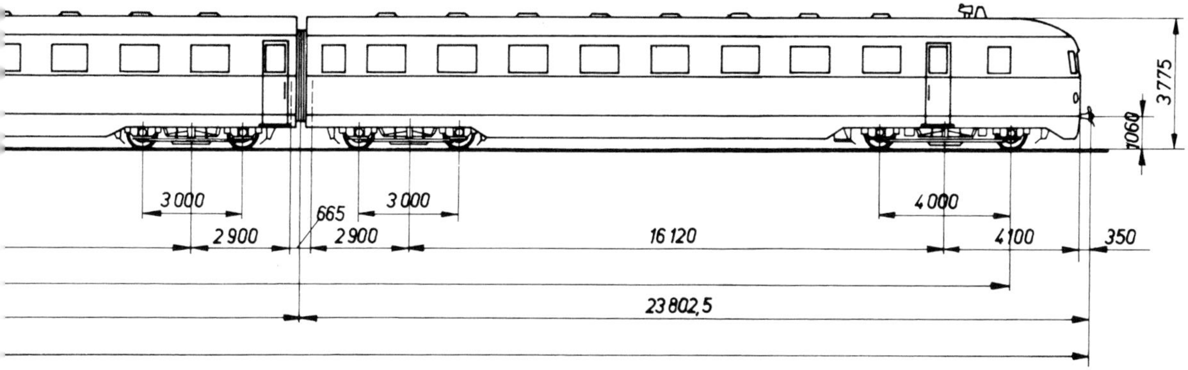

SVT 137 273 bis 278 und SVT 137 851 bis 858

Zug- und Stoßvorrichtung: An Stirnenden selbsttätige Mittelpufferkupplung Bauart Scharfenberg. Elektrische und pneumatische Leitungen werden mitgekuppelt. Innerhalb des Triebzugs Schrauben-Kurzkupplung, einseitige Hülsenpuffer. Besondere Veränderungen für Trajektierung auf Fährschiff „Danmark" der DSB, da Auffahrt über 90-m-S-Kurve ohne Zwischengerade unter gleichzeitiger Berücksichtigung der Pegelschwankung +0,9 m und -0,7 m von NN.
Druckluftanlage: Luftverdichter, Hauptluftbehälter, Hauptluftbehälterleitung. Sandstreueinrichtung.
Bremse: Mehrlösige Klotzbremse Bauart Hikss mit Hikst-Steuerventil. Zweiteilige Bremsklötze. Elektrische Steuerung. Abbremsung 200 % über 60 km/h, darunter 80 %. Magnetschienenbremse. Spindelhandbremse.

Fahrgastraum

Gestaltung: Dem nationalen Fernschnellzugverkehr angepaßt.
Wagen a (bei DB später Wagen c): Führerstand mit Maschinenraum; Einstiegraum; acht Abteile 2. Klasse; Einstiegraum.
Wagen b: Einstiegraum; neun Abteile 2. Klasse; Einstiegraum.
Wagen c (bei DB später Wagen a): Einstiegraum; Speiseraum, Einstiegraum; Anrichte; Küche; Gepäckraum; Maschinenraum mit Führerstand.
Einstieg: An Wagenenden und über Nachbarwagen. Einflüglige Schiebetür. Zugang über Trittstufen.
2. Klasse: Geschlossene Abteile mit Seitengang. Sitzplatzanordnung 0 + 3; Abteiltiefe 2 100 mm, Sitzplatzbreite 652 mm, Gangbreite 730 mm. Polstersitze.
Speiseraum: Sitzplatzanordnung 1 + 2, 30 Sitzplätze, ledergepolstert.
Gepäckraum: 4 200 mm lang. Grundfläche 10 m^2. Beidseitig doppelflüglige Drehtür.
Heizung: Warmwasserheizung. Ölheizkessel, durch Wärmefühler gesteuert. Jeder Wagen eigene Heizanlage.
Beleuchtung: Glühlampen =110 V.

Maschinenanlage

Anordnung: Zwei getrennte gleiche Maschinenanlagen. Maschinenanlage (Dieselmotor, Hauptgenerator, Hilfsgenerator) auf Hilfsrahmen angeordnet, in drei Punkten pendelnd am Drehgestellrahmen aufgehängt. Lenker mit hydraulischen Stroßdämpfern.
Motor: Dieselmotor Typ GO 6, 12 Zylinder, V-förmig 60°, 4 Takte, Aufladung. Wasserkühlung. Elektrischer Anlasser.
Leistungsübertragung: Hauptgenerator (Typ aG 311/28) mit angebautem Hilfsstromgenerator (Typ aGV 270/5); Gleichstromreihenschlußmotor (Typ GBM 780 spez., Tatzlagerantrieb, zwei Fahrmotoren je Maschinenanlage).
Steuerung: RZM-Vielfachsteuerung. Von einem Führerpult vier Maschinenanlagen vollständig bedienbar (steuern, anlassen, abstellen, überwachen), insgesamt sechs Maschinenanlagen steuerbar.
Zur Anfahrt und zur Fahrt bei großen Steigungen beide Fahrmotoren in Reihe, sonst parallelgeschaltet.
Klingel und Fernsprechanlage zur Verständigung von Triebzugführer und Maschinenwärter.
Hilfseinrichtungen: Lüfter für

Unterflurkühlung über Kupplung mit Wärmefühler angetrieben, Luftverdichter aus Batterie gespeist. Batterie 2 × 4 Ky 285, je 200 Ah. Zeitabhängige Sicherheitsfahrschaltung. Induktive Zugbeeinflussung.

Umbau DR

Fahrgastraum

Gestaltung: Dem internationalen Schnellzugverkehr angepaßt.
Wagen a: Führerstand mit Maschinenraum; Einstiegraum; acht Abteile 1. Klasse; Einstiegraum.
Wagen c: Einstiegraum; neun Abteile 2. Klasse; Einstiegraum.
Wagen d: Einstiegraum; neun Abteile 2. Klasse; Einstiegraum.
Wagen b: Einstiegraum; Speiseraum; Einstiegraum; Küche; Anrichte; Gepäckraum; Maschinenraum mit Führerstand.
2. Klasse: Geschlossene Abteile mit Seitengang. Sitzplatzanordnung 0 + 4; Abteiltiefe 2100 mm, Sitzplatzbreite 489 mm, Gangbreite 730 mm. Polstersitzbänke.

Maschinenanlage

Motor: Dieselmotor Typ K 12 V 170 DR IV, 12 Zylinder, V-förmig 50°, 4 Takte. Aufladung. Wasserkühlung. Elektrischer Anlasser.
Hilfseinrichtungen: Batterie (Typ 3 Gt 195), je 195 Ah. Fremdeinspeisung 220 V, 50 Hz. Brandschutzanlage.

Umbau DB

Fahrzeugteil: Einbau verstärkter Treibradsätze. Bremse umgebaut auf Bauart Kss mit elektrischer Steuerung (außer VT 06 106 bis VT 06 109).
Fahrgastraum: In Baureihe VT 06.5 in Mittelwagen ein Schreibabteil und Heizung mit Ölkessel.
Maschinenanlage (elektrische Leistungsübertragung): Ersatz durch Dieselmotor Typ GTO 6.
Maschinenanlage (hydraulische Leistungsübertragung) VT 06 501 und VT 06 502: Dieselmotor Typ GTO 6, Zweiwandler-Strömungsgetriebe Typ T 24a und Radsatzgetriebe Typ T 04. Als Strömungsgetriebe später Typ T 24r eingesetzt.

VT 137 283 bis 287

B'2'2'B'
1938 bis 1969
Techn. Daten: Seite 260

Für den Berufsverkehr im Ruhrgebiet probierte die DRG in den dreißiger Jahren verschiedene Bauarten von Triebzügen aus. Außer den üblichen 302-kW-Dieseltriebwagen beschaffte sie auch zwei- und dreiteilige Triebzüge der Bauart Ruhr.
Die Triebzüge bestehen aus drei Wagenkästen, die durch Jacobs-Drehgestelle verbunden sind.
Die Triebzüge bewährten sich im Ruhrschnellverkehr nicht. Trotz hoher Anfahrbeschleunigung konnten sie auf Dauer dem stark anwachsenden Verkehr wegen ihres geringen Fassungsvermögens nicht gerecht werden. Außerdem erwies es sich als notwendig, die Anzahl der Einstiege erheblich zu vergrößern,

VT 137 283 bis 287

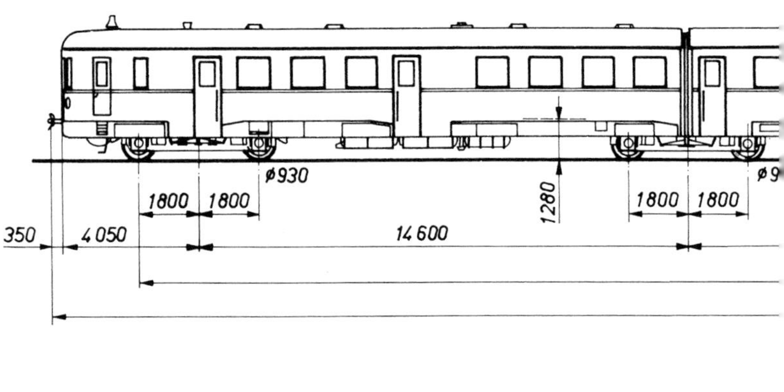

VT 137 284
Foto: Archiv transpress

um die Aufenthaltszeiten zu verkürzen. Deshalb war eine weitere Baureihe (VT + VS) vorgesehen, die 25 Sitzplätze 2. Klasse, 93 der 3. Klasse und 171 Stehplätze aufweisen sollte. Sie sollte sich in ihrer Gestaltung an die Berliner S-Bahntriebwagen anlehnen, wobei auch der trittstufenlose Zugang übernommen werden sollte. Es waren 480-kW-Dieselmotoren und elektrische Leistungsübertragung geplant. Zur Bauausführung dieses Projekts ist es jedoch wegen des Kriegsausbruchs nicht gekommen.

Der Triebzug VT 137 285 verbrannte im Krieg im Bw Dresden-Pieschen.

Die DR übernahm zwei Triebzüge, die lange Zeit im Bw Dresden-Pieschen beheimatet waren. Außerdem wurde der VT 137 283 bei der DR nach seiner Rückgabe im Jahre 1948 von der ČSD (dort als M 493 001 bezeichnet) wieder eingesetzt. Der Triebzug VT 137 286, der bei der ČSD als M 493 002 bezeichnet war, wurde jedoch nicht wieder aufgebaut und bereits im Jahre 1956 verschrottet. Die Triebzüge befuhren vorzugsweise als Dt 179/180 die Strecke Dresden–Berlin–Stralsund in einem eintägigen Umlauf. Sie wurden später in das Bw Templin umgesetzt und 1969 ausgemustert.

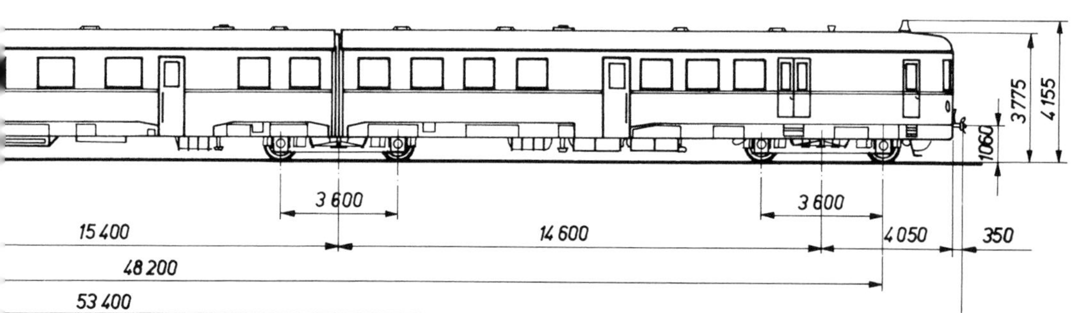

Fahrzeugteil

Laufwerk: Triebdrehgestell Kastenkonstruktion, geschweißt, Wälzradsatzlager. Radsatzfederung Blatt- und Schraubenfedern. Wiegenfederung Blattfedern.
Laufdrehgestell Kastenkonstruktion System Jacobs. Wälzradsatzlager. Radsatzfederung Blatt- und Schraubenfedern. Wiegenfederung Blattfedern.
Wagenkasten: Geschweißtes Stahlgerippe aus leichten Profilen. Äußere Kastenverkleidung zum Tragen herangezogen. Stirnenden abgerundet. Klappbare Schürze. Innerhalb des Triebzugs durch Faltenbalg geschützter asymmetrisch angeordneter Übergang, zweiter Faltenbalg an Wagenaußenhaut. An Stirnenden offene Übergangsbrükken, nur für Personal.
Zug- und Stoßvorrichtung: Selbsttätige Mittelpufferkupplung Bauart Scharfenberg. Elektrische und pneumatische Leitungen werden mitgekuppelt.
Druckluftanlage: Luftverdichter, Hauptluftbehälter, Hauptluftbehälterleitung.
Bremse: Einlösige Klotzbremse Bauart Kp, durch elektrische Steuerung mehrlösig. Spindelhandbremse.

Fahrgastraum

Gestaltung: Dem Vorortverkehr angepaßt.
Wagen a: Führerstand mit Maschinenraum; Gepäckraum; Traglastenabteil, türlos verbunden mit Einstiegraum; Großraum 3. Klasse mit vier Abteilen.
Wagen b: Großraum 3. Klasse mit zwei Abteilen; Einstiegraum; Großraum 2. Klasse mit zwei Abteilen; Großraum 2. Klasse mit zwei Abteilen, Einstiegraum.
Wagen c: Großraum 3. Klasse mit vier Abteilen; Einstiegraum; Großraum 3. Klasse mit drei Abteilen; Einstiegraum; Maschinenraum mit Führerstand.
Einstieg: Gleichmäßig über Triebzug verteilt. Einflüglige Schiebetür, lichte Türweite 690 mm. Zugang über Trittstufen. Einstiegtüren vom Führerstand elektropneumatisch schließbar.
2. Klasse: Großräume mit zwei Abteilen und Mittelgang. Sitzplatzanordnung 1 + 3; Abteiltiefe 2 020 mm, Sitzplatzbreite 658 mm bzw. 516 mm. Gangbreite 528 mm. Polstersitze. Bei DR auf Sitzplatzanordnung 1 + 2 umgebaut.
3. Klasse: Großräume mit vier, drei bzw. zwei Abteilen und Mittelgang. Sitzplatzanordnung 1 + 3; Abteiltiefe 1600 mm, Sitzplatzbreite 565 mm bzw. 517 mm, Gangbreite 620 mm. Polstersitzbänke. Bei DR auf Sitzplatzanordnung 2 + 2 umgebaut.
Traglastenraum: 2 874 mm lang. Längssitzbänke mit je sechs Sitzplätzen, zwei Klappsitze.
Gepäckraum: 3 000 mm lang. Vier Klappsitze. Beidseitig doppelflüglige Drehtür, lichte Türweite 900 mm.
Heizung: Warmwasserheizung. Ölheizkessel.
Beleuchtung: Glühlampen.

Maschinenanlage

Anordnung: Zwei getrennte gleiche Maschinenanlagen.
Motor: In VT 137 283 bis VT 137 285 Dieselmotor Typ GO 56, 12 Zylinder, V-förmig, 4 Takte. Wasserkühlung. Elektrischer Anlasser.
In VT 137 286 und VT 137 287 Dieselmotor Typ OM 86/28 (später als MB 806 bezeichnet), 12 Zylinder, V-förmig, 4 Takte. Wasserkühlung.
Leistungsübertragung: Strömungsgetriebe (Typ T 45 M 2, zwei Wandler); Gelenkwelle; Radsatzwendegetriebe (Typ 5 OL und 5 UL).
Steuerung: RZM-Vielfachsteuerung. Fünf Fahrstufen. Von einem Führerpult vier Maschinenanlagen (zwei Triebzüge) vollständig bedienbar (anlassen, steuern, abstellen, überwachen), insgesamt sechs Maschinenanlagen steuerbar. Selbsttätige elektrische Steuerung des Strömungsgetriebes.
Hilfseinrichtungen: Unterflurkühler. Luftverdichter von Batterie gespeist. Batterie. Zeitabhängige Sicherheitsfahrschaltung.

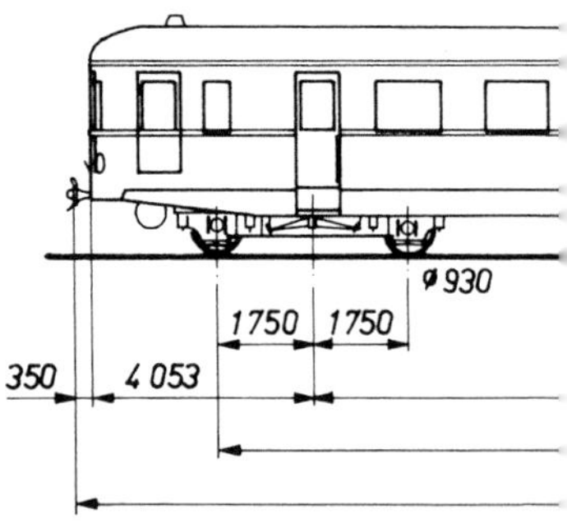

VT 137 288 bis 295

DR 184.0

2'Bo'2'

1938 bis 1982

Techn. Daten: Seite 261

Für die zweiteilige Bauart Ruhr gilt für Aufgabenstellung, Entwicklung und Betriebsbewährung das gleiche wie für die dreiteilige Bauart (unter VT 137 283 bis VT 137 287 beschrieben).

Die von der DR übernommenen sechs Triebzüge waren im Bw Berlin-Karlshorst beheimatet. Sie wurden im Eil- und Schnellzugdienst bei geringerem Verkehrsaufkommen sowie im Zubringerdienst des Berliner Berufsschnellverkehrs eingesetzt. Inzwischen sind alle Triebzüge ausgemustert.

Fahrzeugteil

Laufwerk: Triebdrehgestell Bauart Görlitz, System Jacobs. Rahmen aus Profilen und Blechen vollständig geschweißt. Wälzradsatzlager. Radsatzfederung Blatt- und Schraubenfedern. Wiegenfederung Blattfedern.
Laufdrehgestell angepaßte Konstruktion der Drehgestellbauart Görlitz, aus Profilen und Blechen geschweißt. Wälzradsatzlager. Radsatzfederung Blatt- und Schraubenfedern. Wiegenfederung Blattfedern.
Wagenkasten: Geschweißtes Stahlgerippe aus leichten Profilen. Äußere Kastenverkleidung zum Tragen herangezogen. Stirnenden abgerundet. Klappbare Schürze. Innerhalb des Triebzuges durch Faltenbalg geschützter Übergang, weiterer Faltenbalg an Wagenaußenhaut. An Stirnenden offene Übergangsbrücken.
Zug- und Stoßvorrichtung: Selbsttätige Mittelpufferkupplung Bauart Scharfenberg. Elektrische und pneumatische Leitungen werden mitgekuppelt.
Druckluftanlage: Luftverdichter, Hauptluftbehälter, Hauptluftbehälterleitung.
Bremse: Einlösige Klotzbremse Bauart Ks, durch elektrische Steuerung mehrlösig. Geteilte Bremsklötze. Spindelhandbremse.

Fahrgastraum

Gestaltung: Dem Vorortverkehr angepaßt.
Wagen a: Führerstand mit Maschinenraum; Gepäckraum; Traglastenraum und Einstiegraum; Großraum 3. Klasse mit sechs Abteilen; Einstiegraum.
Wagen b: Einstiegraum; Großraum 3. Klasse mit fünf Abteilen; Einstiegraum; Abteil 2. Klasse; Großraum 2. Klasse mit zwei Abteilen; Einstiegraum; Maschinenraum mit Führerstand.
Einstieg: An Wagenenden und in Wagenmitte. Einflüglige Schiebetür. Zugang über Trittstufen. Einstiegtüren vom Führerstand elektropneumatisch schließbar.
2. Klasse: Abteil und Großraum mit zwei Abteilen und Mittelgang. Sitzplatzanordnung 1 + 2; Polstersitze.
3. Klasse: Großräume mit viereinhalb bzw. sechs Abteilen und Mittelgang. Sitzplatzanordnung 2 + 3; Polstersitzbänke. Bei DR auf Sitzplatzanordnung 2 + 2 umgebaut.
Traglastenraum: Längssitzbänke mit je fünf Sitzplätzen.

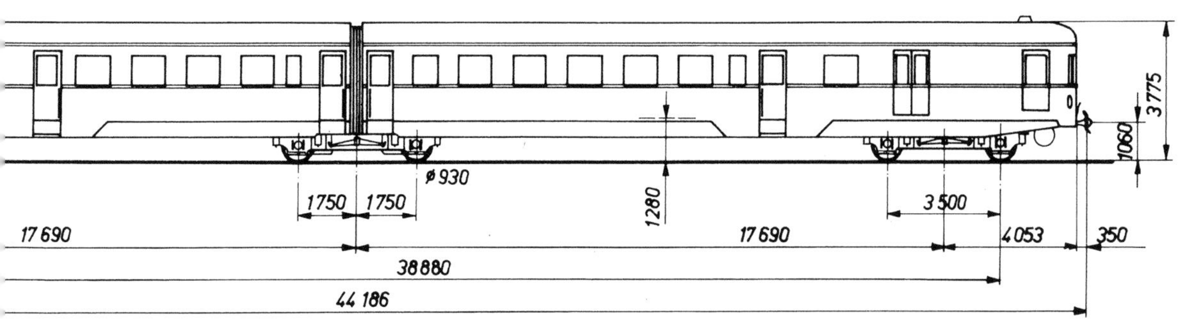

VT 137 288 bis 295

Gepäckraum: Beidseitig doppelflüglige Drehtür.
Heizung: Warmluftheizung. Ölheizkessel. Druckbelüftung.
Beleuchtung: Glühlampen.

Maschinenanlage

Anordnung: Zwei getrennte gleiche Maschinenanlagen. Maschinenanlage (Dieselmotor, Hauptgenerator) auf zwei Hilfsrahmen angeordnet, miteinander verbunden, an fünf Punkten im Drehgestellrahmen pendelnd aufgehängt.
Motor: Dieselmotor Typ GO 56, 12 Zylinder, V-förmig. 4 Takte. Wasserkühlung. Elektrisches Anlassen durch Zusatzwicklung im Hauptgenerator.
Leistungsübertragung: Hauptgenerator (Typ aG 280/25) mit Hilfsgenerator (Typ aGV 240/6); Gleichstromreihenschlußmotoren (Typ Dy 1411a, Tatzlagerantrieb, ein Fahrmotor je Maschinenanlage).
Steuerung: RZM-Vielfachsteuerung. Fünf Fahrstufen. Von einem Führerpult vier Maschinenanlagen (zwei Triebzüge) vollständig bedienbar (anlassen, steuern, abstellen, überwachen), insgesamt acht Maschinenanlagen steuerbar. Dieselmotor elektrischer Drehzahlsteller. Fernsprech- und Klingelanlage zwischen Führerständen.
Hilfseinrichtung: Unterflurkühler. Hilfsgenerator im Hauptgenerator eingebaut; übernahm neben Erregung des Hauptgenerators auch Stromversorgung der Hilfsbetriebe und Ladung der Batterie. Luftverdichter von Batterie gespeist. Zeitabhängige Sicherheitsfahrschaltung.

VT 137 322 bis 325

B'2'
1938 bis 1964
Techn. Daten: Seite 261

Die DRG stellte 1938 vier Schmalspurtriebwagen für eine Spurweite von 750 mm in Dienst. Die Fahrzeuge waren für die Strecke Zittau–Hermsdorf vorgesehen und bedienten den Urlaubsverkehr Zittau–Oybin/Jonsdorf. Die vier Triebwagen hatten zwar die gleiche Maschinenanlage, aber zwei verschiedene Grundrisse. Das Verkehrsaufkommen dieser Strecke erforderte das Fahren von zwei Triebwagen im Zugverband. Später mußte man als Mittelwagen mit Steuerleitungen ausgerüstete Schmalspurpersonenwagen einstellen. Die Höchstgeschwindigkeit von 50 km/h mußte

VT 137 288 bis 295
Foto: Archiv Waggonbau Görlitz

VT 137 322
Foto: Archiv Waggonbau Bautzen

herabgesetzt werden, da die Wagen zu große Schlingerbewegungen hatten.
Die Triebwagen bewährten sich auf der Strecke mit ihren oft erheblichen Steigungen und kleinen Krümmungshalbmessern.
Im Zweiten Weltkrieg waren sie durch die Wehrmacht in der RBD Posen eingesetzt. Drei Wagen übernahmen die PKP, sie wurden zu den Triebwagen MBxd 1-114 bis MBxd 1-116 umgebaut und ab 1956 in Trzebnica eingesetzt.
Die DR hat nur den Triebwagen VT 137 322 in ihren Bestand übernommen, der bis 1964 eingesetzt wurde. Dabei wurden auch drei Personenwagen zu Behelfs-Beiwagen umgerüstet (Druckluftbremse, rotgelber Anstrich), wobei der Triebwagen aber bergwärts nur einen Beiwagen befördern konnte, während er talwärts von Oybin bzw. Jonsdorf nach Zittau Süd bis zu drei Beiwagen beförderte. Der VT 137 322 gehört zum Bestand der Eisenbahnmuseumsfahrzeuge der DR und wird museumsgerecht aufgestellt.

Fahrzeugteil

Laufwerk: Triebdrehgestellrahmen Schweißkonstruktion aus Blechen und Profilen. Ein Kopfträger stark durchgekröpft, um Gelenkwelle nicht zu behindern. Wälzradsatzlager (geteilte Lager). Radsatzfederung Blatt- und Schraubenfedern. Wiegenfederung Blattfedern.
Laufdrehgestellrahmen Schweißkonstruktion aus Blechen und Profilen. Wälzradsatzlager. Radsatzfederung Blatt- und Schraubenfedern. Wiegenfederung Blattfedern.

VT 137 322 und VT 137 324

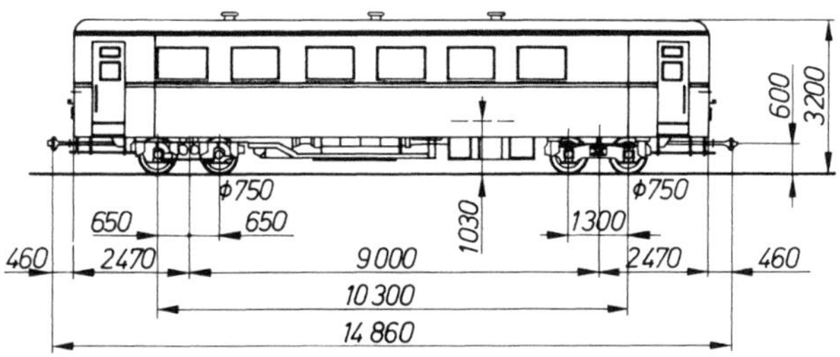

VT 137 323 und VT 137 325

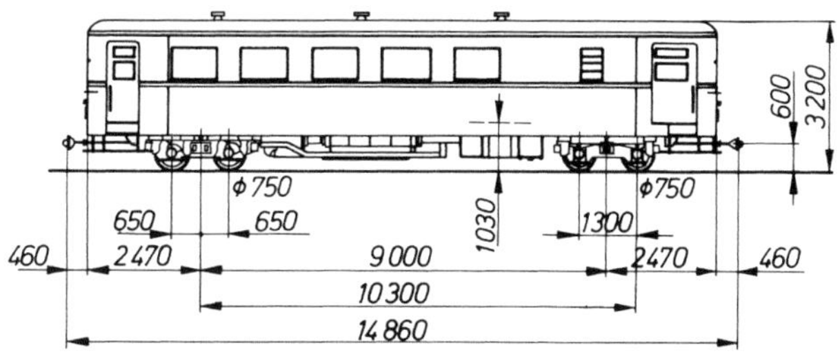

Wagenkasten: Selbsttragende Schweißkonstruktion aus Profilen und Blechen. Am Einstiegvorraum fischbauchartig eingezogen. Stirnenden gerade. Keine Übergangsmöglichkeit.
Zug- und Stoßvorrichtung: Selbsttätige Mittelpufferkupplung Bauart Scharfenberg leicht. Elektrische und pneumatische Leitungen werden mitgekuppelt. Elektrische Kontaktleisten seitlich angeordnet.
Druckluftanlage: Luftverdichter, Hauptluftbehälter, Hauptluftbehälterleitung.
Bremse: Mehrlösige Klotzbremse Bauart Hikp. Spindelhandbremse.

Fahrgastraum VT 137 322 und VT 137 324

Gestaltung: Dem Nebenbahnverkehr von Schmalspurstrecken angepaßt.
Führerstand mit Einstiegraum; Großraum 3. Klasse mit zwei Abteilen; Großraum 3. Klasse mit vier Abteilen; Einstiegraum mit Führerstand.
Einstieg: An Wagenenden. Einflüglige Schiebetür, lichte Türweite 629 mm. Zugang über Trittstufen.
3. Klasse: Großräume mit zwei bzw. vier Abteilen und Mittelgang. Sitzplatzanordnung 1 + 2; Abteiltiefe 1 550 mm, Sitzplatzbreite 475 mm, Gangbreite 485 mm.
Heizung: Warmwasserheizung; Motorkühlwasser und koksgefeuerten Unterflurofen. Auch zum Vorwärmen von Motorkühlwasser geeignet. Fremdbelüftung der Heizkörper.
Beleuchtung: Glühlampen.

Fahrgastraum VT 137 323 und VT 137 325

Gestaltung: Dem Nebenbahnverkehr von Schmalspurstrecken angepaßt.
Führerstand mit Einstiegraum; Großraum 3. Klasse mit fünf Abteilen; Einstiegraum mit Gepäckraum und Führerstand.
Einstieg: An Wagenenden. Einflüglige Schiebetür, lichte Türweite 629 mm bzw. in Gepäckraum 947 mm. Zugang über Trittstufen.
3. Klasse: Großraum mit fünf Abteilen und Mittelgang. Sitzplatzanordnung 1 + 2; Abteiltiefe 1 550 mm, Sitzplatzbreite 475 mm, Gangbreite 485 mm.
Gepäckraum: 3 410 mm lang (einschließlich Einstiegbereich und Führerstand). Sechs Klappsitze.
Heizung: Warmwasserheizung; Motorkühlwasser und koksgefeuerter Unterflurofen. Auch zum Vorwärmen von Motorkühlwasser geeignet. Fremdbelüftung der Heizkörper.
Beleuchtung: Glühlampen.

Maschinenanlage

Anordnung: Maschinenanlage unterflur auf Maschinentragrahmen angeordnet. Maschinentragrahmen vollständig geschweißt, an Wagenuntergestell über Querträger mit gummibewehrten Federn aufgehängt. Maschinentragrahmen nimmt Motor, Strömungsgetriebe und Luftverdichter auf.
Motor: Unterflurdieselmotor Typ 8 R 3580 l, 8 Zylinder, liegend, 4 Takte. Wasserkühlung.
Leistungsübertragung: Strömungsgetriebe (Typ T 43 KA, ein Wandler und zwei Kupplungen); Gelenkwelle, Radsatzwendegetriebe (Typ 7 OL, auf äußerem Radsatz angeordnet); Kuppelstange (Kurbelzapfen) und Gegenmasse außerhalb Drehgestellrahmen.
Steuerung: Automatische Stufenschaltung mit Auf- und Ab-Steuerung. Vielfachsteuerung. Von einem Führerpult zwei Triebwagen überwacht, jedoch drei Wagen steuerbar. Füllungsregelung des Dieselmotors. Fahrschalter hat Stellung „Null", „Ab", „Fahrt" und „Auf". Radsatzwendegetriebe elektropneumatisch geschaltet.
Hilfseinrichtungen: Unterflurkühler. Luftverdichter, vom Motor über Vorgelege angetrieben.

VT 137 326 bis 331

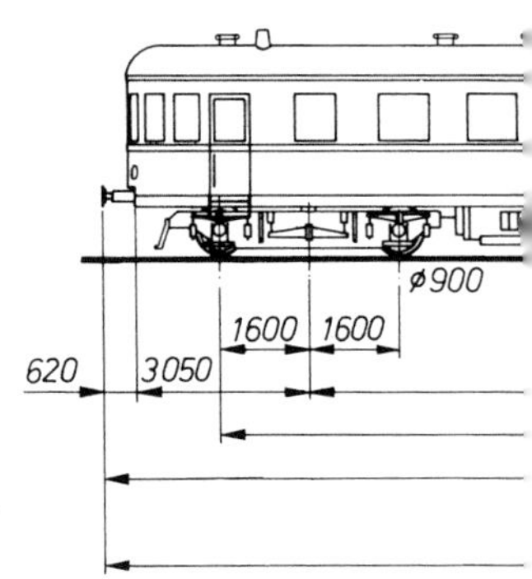

VT 137 326 bis 331, VT 137 367 bis 376

DB VT 45.5, 645

(A 1) 2′ + 2′ (1 A)

1938 bis 1963

Techn. Daten: Seite 262

Abweichend von dem 1936 beschlossenen Vereinheitlichungsprogramm der DRG für Verbrennungstriebwagen entstanden auch Fahrzeuge für Sonderzwecke. So wurden von 1938 bis 1940 für den Vorort- und Städteschnellverkehr zwei Serien zweiteiliger Triebzüge geliefert. Da die Motoren unterflur angeordnet waren, konnten Räume für Gepäck und Post vorgesehen werden, ohne daß Fahrgastraum in Anspruch genommen werden mußte. Die spezifische Antriebsleistung von 5,05 kW/t verlieh dem Triebzug das für seinen Einsatz geforderte Beschleunigungsvermögen.

Die Inbetriebnahme erfolgte ab 1940. Die Triebzüge wurden dem Bw Stettin zugeordnet und auch vorübergehend noch eingesetzt.

Die DR hat zehn Triebzüge dieser Baureihe in ihren Bestand übernommen, jedoch nur vier wieder aufgebaut. Sie wurden inzwischen ausgemustert (letzter Triebzug 1963) oder zu Beiwagen umgebaut (VT 137 331 a/b zu VB 147 553 a/b, VT 137 367 a/b zu VB 147 551 a/b, VT 137 368 a/b zu VB 147 552 a/b und VT 137 371 a/b zu VB 147 554 a/b), die aber inzwischen ausgemustert sind. Lediglich der Doppelwagen 197 843 (ex VB 147 544 a/b) wird noch als Klubraum in Güsten genutzt.

Die DB übernahm drei Triebzüge, die sie als Baureihe VT 45.5 einnummerte. Sie baute diese Triebzüge um (Fahrgastraum und Dieselmotor). Diese Triebzüge sind inzwischen ausgemustert.

Fahrzeugteil

Laufwerk: Drehgestelle Bauart Görlitz. Rahmen vollständig geschweißt. Wälzradsatzlager. Radsatzfederung Blatt- und Schraubenfedern. Wiegenfederung Blattfedern.

Wagenkasten: Geschweißte Stahlkonstruktion aus leichten Sonderprofilen. Seitenwände zum Tragen herangezogen. Stirnenden abgerundet. Innerhalb des Triebzugs durch Faltenbalg geschützter Übergang. An Stirnenden offene Übergangsbrücken.

Zug- und Stoßvorrichtung: An Stirnenden Schraubenkupplung, Hülsenpuffer. Innerhalb des Triebzugs Schrauben-Kurzkupplung mit Dämpfungspuffern.

Druckluftanlage: Luftverdichter, Hauptluftbehälter, Hauptluftbehälterleitung.

Bremse: Mehrlösige Klotzbremse Bauart Hikpt. Spindelhandbremse.

Fahrgastraum

Gestaltung: Dem Vorortverkehr angepaßt.

Wagen a: Führerstand; Gepäckraum; Postraum; Traglastenraum; Einstiegraum; Großraum 3. Klasse mit vier Abteilen; Einstiegraum.

Wagen b: Einstiegraum; drei Abteile 2. Klasse; Einstiegraum; Großraum 3. Klasse mit fünf Abteilen; Einstiegraum (nur bei VT 137 326 bis VT 137 331); Führerstand.

Einstieg: An Wagenenden und in Wagenmitte. Einflüglige Schiebetür, lichte Weite 640 mm. Zugang über Trittstufen.

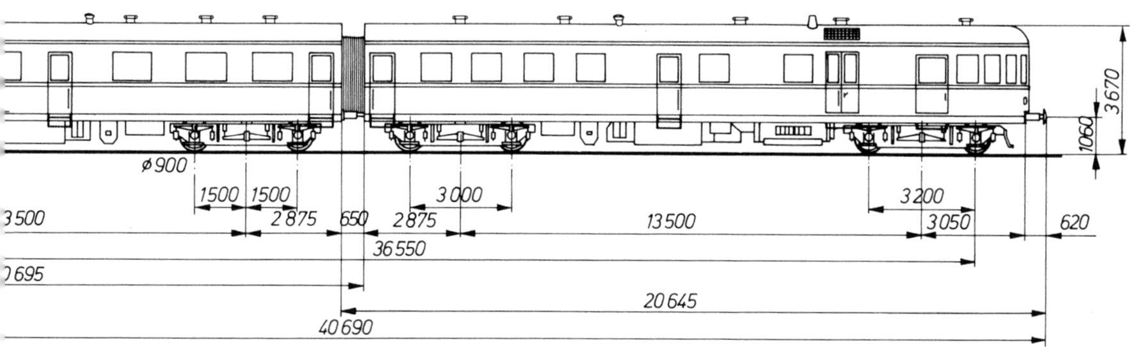

2. Klasse: Geschlossene Abteile mit Seitengang. Sitzplatzanordnung 0 + 3. Abteiltiefe 1 975 mm. Sitzplatzbreite 688 mm. Gangbreite 695 mm. Polstersitze.
3. Klasse: Großräume mit vier bzw. fünf Abteilen und Mittelgang. Sitzplatzanordnung 2 + 3; Abteiltiefe 1 600 mm bzw. 1 700 mm. Sitzplatzbreite 477 mm bzw. 458 mm. Gangbreite 450 mm.
Traglastenraum: Zwei Abteile. Sitzplatzanordnung 2 + 2; zwei Klappbänke mit je zwei Sitzplätzen.
Gepäckraum: Beidseitig einflüglige Schiebetür.
Postraum: Beidseitig doppelflüglige Drehtür.
Heizung: Warmwasserheizung. Ölheizkessel.
Beleuchtung: Glühlampen =110 V.

Maschinenanlage

Anordnung: Zwei getrennte gleiche Maschinenanlagen. Dieselmotor in besonderem Tragrahmen am Wagenkastenuntergestell elastisch aufgehängt. Strömungsgetriebe im Triebdrehgestell.
Motor: Wahlweise mehrere Bauarten, jedoch alle Typen 12 Zylinder, liegend Boxer, 4 Takte; Wasserkühlung.
Eingesetzte Dieselmotoren:
DKW 12 V 19, Deutz A 12 M 319,
Daimler MB 807, MAN W 12 V 13/19.
Leistungsübertragung: Gelenkwelle; Strömungsgetriebe (wahlweise Typ T 25 KB Wandler/Kupplung oder T 25 MW Wandler/Wandler); Gelenkwelle; Radsatzwendegetriebe.
Steuerung: Vielfachsteuerung, von einem Führerstand zwei Triebzüge steuerbar und überwachbar. Fünf Fahrstufen. Dieselmotorfüllungsregelung und Radsatzwendegetriebe elektropneumatisch gesteuert.
Hilfseinrichtungen: Kühlanlage unterflur, horizontaler Lüfter über temperaturabhängig gesteuerte Kupplung vom Dieselmotor angetrieben. Lichtanlaßmaschine über Gelenkwelle vom Getriebe angetrieben. Zeitabhängige Sicherheitsfahrschaltung.

VT 137 347 bis 366, VT 137 377 bis 396

DB VT 60.5, 660
DR 185.0

(A 1) 2′

1939 bis 1972

Techn. Daten: Seite 262

Als Weiterentwicklung der vierachsigen 129-kW- bzw. 155-kW-Nebenbahntriebwagen mit mechanischer Leistungsübertragung beschaffte die DRG in den Jahren 1939/40 mehrere Dieseltriebwagen mit hydraulischer Leistungsübertragung. Sie haben eine Höchstgeschwindigkeit von 80 km/h und können somit auch bedingt auf Hauptstrecken verkehren. Bei einem Betrieb mit Steuerwagen eignen sie sich wegen der relativ geringen Leistung vorrangig für Strecken ohne nennenswerte Neigungen.

VT 137 327
Foto: Archiv Waggonbau Görlitz

VT 137 347 bis 366
und VT 137 377 bis 396
Foto: Sammlung J. Deppmeyer

Nach Kriegsbeginn wurden die Triebwagen abgestellt bzw. für die Wehrmacht eingesetzt. Der Umbau auf wahlweisen Flüssiggasbetrieb war vorgesehen. Aber nur der VT 137 350 wurde auf Koksgasbetrieb umgebaut, indem ein Schwelkoksgenerator auf einem zweiachsigen Generatorwagen (Betriebsnummer GT 139 001) aufgebaut war. Bewegliche Anschlußleitungen führten zum Triebwagen. Da der Generatorwagen durchgehende Steuerleitungen hatte, konnte er auch zwischen Trieb- und Steuerwagen eingestellt werden. Der Rückbau erfolgte im Juni 1946.

Die DR hat nur vier Triebwagen in ihren Bestand übernommen. Sie wurden bis 1969 ausgemustert.

Bei der DB verblieben 32 Triebwagen, von denen zahlreiche Fahrzeuge, zum Teil nach entsprechendem Umbau, für den US-Militärverkehr eingesetzt wurden. Die Triebwagen, die später als Baureihe VT 60.5 bezeichnet wurden, erhielten Anfang der 60er Jahre einen 243-kW-Dieselmotor (MWM, Typ RHS 518 A). Auch wurde bei einem Teil der Triebwagen die Aufteilung der Fahrgasträume geändert (18/31 Sitzplätze 1./2. Klasse). Die Triebwagen waren in den Bw Bielefeld, Friedrichshafen, Heilbronn, Kassel, Nürnberg Hbf und Rheine stationiert. Die induktive Zugbeeinflussung wurde nachträglich eingebaut. Diese Triebwagen wurden im Jahre 1972 als letzte Vorkriegsbaureihe ausgemustert (letztes Fahrzeug 660 516 Bw Rheine am 1. August 1972). Der Triebwagen VT 60 531, zuletzt als Dienstfahrzeug 723 003 genutzt, ist jetzt im Bestand der Hammer Eisenbahnfreunde.

Fahrzeugteil

Laufwerk: Drehgestelle Bauart Görlitz, geschweißte Blechträgerbauweise. Wälzradsatzlager. Rad-

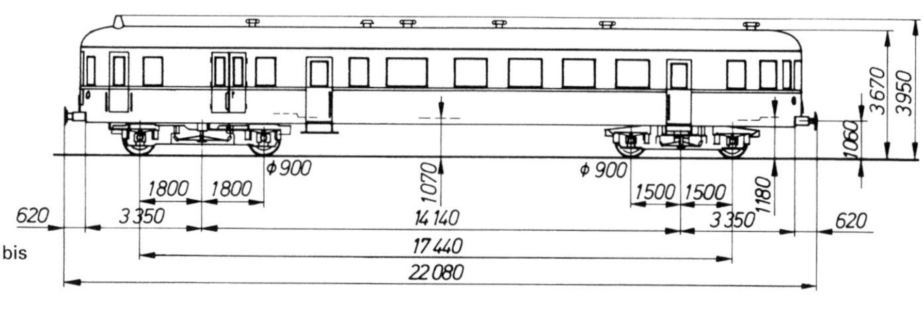

VT 137 347 bis VT 137 366 und VT 137 377 bis VT 137 396

satzfederung Blatt- und Schraubenfedern. Wiegenfederung Blattfedern.
Wagenkasten: Geschweißte Stahlkonstruktion aus leichten Profilen. Stirnenden abgerundet. An Stirnenden Übergangsbrücken.
Zug- und Stoßvorrichtung: Schraubenkupplung, Hülsenpuffer.
Druckluftanlage: Luftverdichter, Hauptluftbehälter und -leitung.
Bremse: Mehrlösige Klotzbremse Bauart Hikp. Spindelhandbremse.

Fahrgastraum

Gestaltung: Dem Nebenbahnverkehr angepaßt.
Führerstand mit Maschinenraum; Gepäckraum; Einstiegraum; Abteil 2. Klasse; Großraum 3. Klasse mit zwei Abteilen; Einstiegraum, türlos verbunden mit Traglastenabteil; Führerstand.
Einstieg: Einflüglige Schiebetüren, lichte Türweite 690 mm. Zugang über Trittstufen.
2. Klasse: Geschlossenes Abteil mit Seitengang. Sitzplatzanordnung 0 + 3; Abteiltiefe 2 000 mm, Sitzplatzbreite 688 mm, Gangbreite 700 mm. Polstersitze.
3. Klasse: Großräume mit zwei Abteilen und Mittelgang. Sitzplatzanordnung 2 + 3; Abteiltiefe 1 600 mm, Sitzplatzbreite 477 mm bzw. 458 mm, Gangbreite 450 mm.
Traglastenabteil: 1 705 mm lang. Zwei feste Sitzbänke, Sitzplatzanordnung 2 + 2; vier Klappsitze.
Gepäckraum: 3000 mm lang. Beidseitig doppelflüglige Drehtür, lichte Türweite 900 mm. Vier Klappsitze.
Heizung: Warmwasserheizung. Ölheizkessel, Wärmetauscher für Motorkühlwasser.
Beleuchtung: Glühlampen.

Maschinenanlage

Anordnung: Maschinenanlage im Triebdrehgestell. Dieselmotor ragt in Maschinenraum, mit Haube abgedeckt.
Motor: Dieselmotor Typ G 56h, 6 Zylinder, Reihe, 4 Takte. Wasserkühlung.
Leistungsübertragung: Strömungsgetriebe (Typ T 25 MW, zwei Wandler); Gelenkwelle; Radsatzwendegetriebe.
Steuerung: Vielfachsteuerung. Fünf Fahrstufen. Elektrischer Drehzahlsteller für Dieselmotor.
Hilfseinrichtungen: Unterflurkühlanlage, vom Strömungsgetriebe über temperaturabhängig gesteuerte Kupplung angetrieben. Zeitabhängige Sicherheitsfahrschaltung.

Steuerwagen VS 145 184 bis VS 145 213

(DR 195.6)
Techn. Daten: Seite 273

Fahrzeugteil: Analog Triebwagen.
Fahrgastraum: Analog Triebwagen. VS 145 184 bis VS 145 193 6/60 Sitzplätze 2./3. Klasse, VS 145 194 bis VS 145 203 6/56 Sitzplätze 2./3. Klasse, VS 145 204 bis VS 145 213 76 Sitzplätze 3. Klasse; VS 145 194 bis VS 145 213 Postabteil. Warmwasserheizung, koksgefeuerter Ofen, Beleuchtung von Triebwagen versorgt.

SVT 137 901 bis 903

2'Bo' + 2'2' + 2'2' + Bo'2'

1938 bis 1945

Techn. Daten: Seite 267

Für die längeren Fahrzeiten im erweiterten Netz des Fernschnellverkehrs benötigte die DRG komfortablere Triebzüge; so entstand die Baureihe SVT Bauart Berlin, die in der Gestaltung der maschinentechnischen Anlage von den bisherigen Schnelltriebzug-Baureihen erheblich abwich. Betriebliche und instandhaltungstechnische Gründe führten dazu, diesen Triebzug mit nur einer Maschinenanlage auszurüsten. Wegen der Vielfachtraktion der Schnelltriebzüge sah man keine Bedenken. Motoren mit niedrigeren Drehzahlen ließen einen geringeren Verschleiß und fast keine Schäden erwarten, wie internationale Untersuchungen ergaben. Die Maschinenanlage wurde deshalb in einem besonderen Maschinenwagen untergebracht, der leicht gegen einen Ersatzmaschinenwagen getauscht werden konnte. Da aber die Antriebskraft wegen der gleichmäßigen Antriebsmomente über den ganzen Zug verteilt sein sollte, kam nur die elektrische Leistungsübertragung in Frage. Auch für die Innenausstattung wählte man gegenüber der Bauart Köln eine größere Abteiltiefe und eine größere Küche.

SVT 137 901 bis 903
Foto: ZBDR

Der SVT Berlin war als Versuchsausführung gedacht; deshalb wurden zunächst zwei Triebzüge (SVT 137 901 und SVT 137 902) und ein Ersatz-Maschinenwagen (SVT 137 903a) gebaut. Der erste Triebzug war 1938 einsatzbereit, unternahm aber nur einige Versuchsfahrten auf der Strecke Berlin–Basel bzw. Karlsruhe, da ab August 1939 die Bewirtschaftung von Dieselkraftstoff begann, so daß keine Verbrennungstriebwagen mehr bei der DRG verkehrten. Später verwendete die Wehrmacht die Maschinenwagen als ortsveränderliche Stromerzeuger. Die Fahrgastwagen wurden als Bürozug der DRG verwendet.
Die DR übernahm nur den Maschinenwagen SVT 137 902a in ihren Bestand. Er wurde mit anderen Wagen des Schadparkes zu einem neuen Triebzug SVT 137 902 (s. S. 115) aufgebaut.
Auch die bei der DB verbliebenen Triebzüge waren unvollständig. Von beiden Zügen waren die Maschinenwagen sowie die Mittelwagen b durch die Kriegsereignisse verlorengegangen. Die Wagen wurden deshalb mit einer neuen Maschinenanlage versehen, zu dreiteiligen Triebzügen umgestaltet und als Baureihe VT 07.5 (s. S. 137) bezeichnet.

Fahrzeugteil

Laufwerk: Drehgestelle angepaßte Konstruktion der Bauart Görlitz. Wälzradsatzlager. Radsatzfederung Blatt- und Schraubenfedern. Wiegenfederung Blattfedern.
Wagenkasten: Spantenbauweise mit tragenden Seitenwänden. Schweißkonstruktion aus Blechen und leichten Stahlprofilen. Fenster und Türen außenhautbündig. Stirnenden abgerundet. Durchgehende Schürze. Innerhalb des Triebzugs durch Faltenbalg geschützte Übergänge, an Außenhaut Windleitbleche (zwischen Maschinenwagen und Mittelwagen b) oder Faltenbalg (zwischen den übrigen Wagen). An Stirnenden keine Übergangsmöglichkeit.
Maschinenwagen abweichender Aufbau: Wagenuntergestell gleichzeitig Tragrahmen für Dieselmotor. Hohe Blechträger (Längs- und Querträger). Seitenwandbleche bis zu Fensterbrüstungshöhe als Längsträger ausgebildet. Querträger stark gekröpft. Wagenkasten aus Profilen und Blechen geschweißt. Dach über Haupt- und Hilfsdieselaggregat mit Kastengerippe bis zur Fensterbrüstung abnehmbar.
Zug- und Stoßvorrichtung: Am Triebzugende und zwischen Maschinenwagen und Mittelwagen b selbsttätige Mittelpufferkupplung Bauart Scharfenberg. Elektrische und pneumatische Leitungen werden mitgekuppelt. Zwischen anderen Wagen Kurzkupplung als nichtlösbare Kuppelstange mit Seitenpuffern.
Druckluftanlage: Luftverdichter, Hauptluftbehälter, Hauptluftbehälterleitung. Elektropneumatische Sandsteueinrichtung (alle Drehgestelle, um auch Bremswirkung zu verbessern).
Bremse: Mehrlösige Klotzbremse Bauart Hikss, elektrische Steue-

rung. Fliehkraftregler ergab über 60 km/h 200 % Abbremsung, unter 60 km/h 75 % Abbremsung. Magnetschienenbremse. Spindelhandbremse.

Fahrgastraum

Gestaltung: Dem nationalen Fernschnellzugverkehr angepaßt.
Maschinenwagen: Führerstand; Maschinenraum; Gepäckraum; Postabteil.
Mittelwagen b: Einstiegraum; neun Abteile 2. Klasse; Einstiegraum.
Mittelwagen c: Einstiegraum; neun Abteile 2. Klasse; Einstiegraum.
Steuerwagen: Drei Abteile 2. Klasse, Speiseraum; Einstiegraum; Anrichte; Küche; Führerstand.
Einstieg: An Wagenenden und über Nachbarwagen. Einflüglige Schiebetür, lichte Weite 760 mm. Zugang über Trittstufen, klappbar, von Führerstand elektropneumatisch betätigt.
2. Klasse: Geschlossene Abteile mit Seitengang. Sitzplatzanordnung 0 + 3; Abteiltiefe 2 095 mm; Sitzplatzbreite 651 mm, Gangbreite 700 mm. Polstersitze.
Speiseraum: Sitzplatzanordnung 1 + 2; 29 Sitzplätze, feste Sitzbänke, Polster hochklappbar.
Gepäckraum: 3 200 mm lang. Grundfläche 3,0 m². Beidseitig doppelflüglige Drehtür.
Postabteil: 2800 mm lang. Beiseitig einflüglige Drehtür, durch Zusatzflügel zu verbreitern.
Küche: 1 880 mm lang. Nur von Anrichte betretbar.
Anrichte: 1 800 mm lang.
Heizung: Luftheizung. Ölheizkessel und Wärmetauscher. Raumtemperatur und Luftwechsel selbsttätig geregelt. Im Sommer als Belüftungsanlage verwendbar. Jeder Wagen eigene Heizanlage. Maschinenwagen elektrische Widerstandsheizung, Kühlluftumwälzung der elektrotechnischen Maschinen.
Beleuchtung: Glühlampen, =110 V, gespeist von Hilfsgenerator.

Maschinenanlage

Anordnung: Maschinenanlage in gesondertem Maschinenwagen. Je zwei Fahrmotoren im Maschinenwagen und im Steuerwagen angeordnet.
Motor: Dieselmotor Typ W 8 V 30/38, 8 Zylinder, Reihe, 4 Takte. Aufladung. Wasserkühlung. Elektrischer Anlasser.

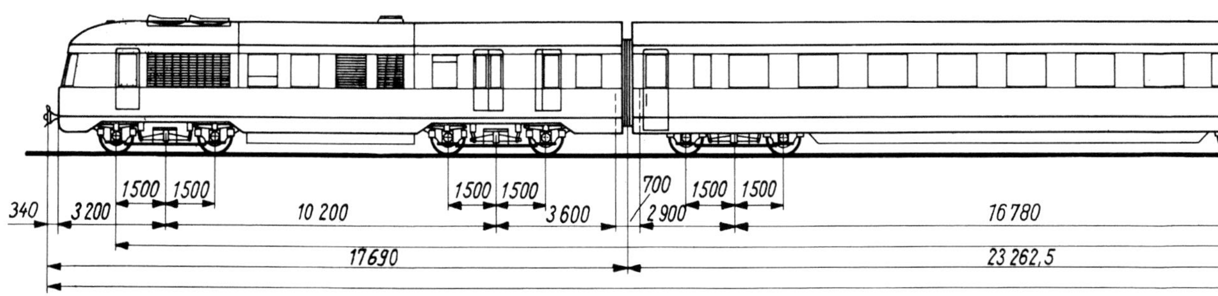

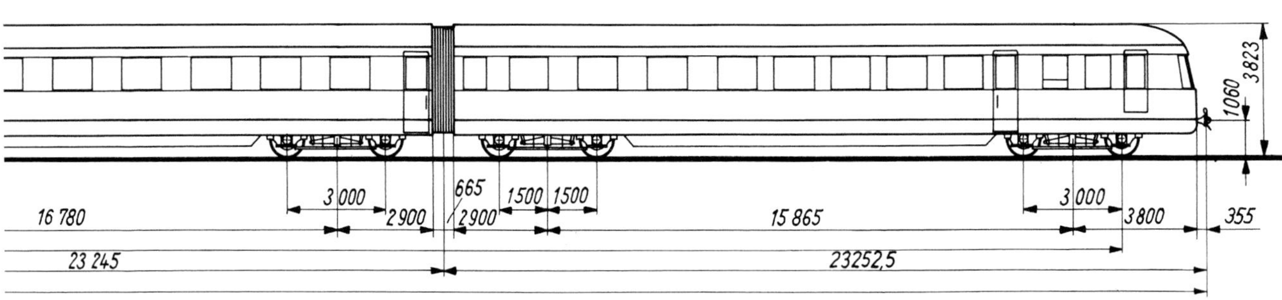

Leistungsübertragung: Hauptgenerator (Typ GE 1100/8) mit eingebauter Hilfserregermaschine (Typ G 500/6; Hilfserregermaschine nur bei Ausfall von Hilfsdiesel benutzt); Gleichstromreihenschlußmotor (Typ GLM 2375 H, Stundenleistung 223 kW. Fahrmotoren in Drehgestellrahmen abgefedert aufgehängt. Achse des Treibradsatzes verlief durch Fahrmotorhohlwelle. Leistungsübertragung durch achtarmigen Mitnehmer und vorgespannte Schraubenfedern, die sich in Kammern des Großrades befanden).

Steuerung: BBC-Servo-Feldreglersteuerung. Vielfachsteuerung von zwei Triebzügen. Fünf Fahr- und eine Überlaststufe. Klingel- und Fernsprechanlage zur Verständigung zwischen Führerständen.

Hilfseinrichtung: Hilfsdieselsatz, bestehend aus Dieselmotor (Typ W 6 V 15/18, 6 Zylinder, Reihe, 4 Takte, Nennleistung 89 kW, Nenndrehzahl 1 200 min^{-1}, Hubraum 19,1 l) und Hilfsgenerator (Typ GE 440/6, Nennleistung 71,5 kW bei 130 V und 1 200 min^{-1}) für Beleuchtung, Lüftermotoren, Luftverdichter, Batterie, Anlaßstrom für Hauptdieselmotor, Erregerstrom für Hauptgenerator.

Zum Räumen der Strecke bei Störung langsame Fahrt mit Hilfsdieselsatz möglich (dabei Nenndrehzahl 1 500 min^{-1}, ergibt Leistung 110 kW bei 179 V).

Kühler für Motorkühlwasser und -öl in Seitenwand. Zeitabhängige Sicherheitsfahrschaltung. Induktive Zugbeeinflussung.

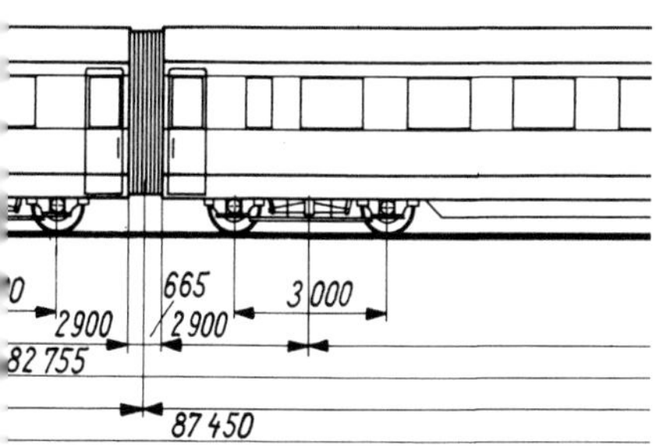

SVT 137 901 und 902 (Ursprungsausführung)

VT 133 501 bis 525

187.0

1 A und andere

1923 bis 1978

Techn. Daten: Seite 298

Die Privatbahnen in der sowjetischen Besatzungszone Deutschlands kamen in den Jahren 1949 bis 1952 zur DR. Damit wurden

DR Betriebsnr.	Privatbahn Betriebsnr.	Name	Bemerkungen
VT 133 501	T 1	OHE	Umbau in VT 135 501^{II}
VT 133 502	T 2	OHE	Umbau in VT 135 502^{II}
VT 133 503	T 3	OHE	1955 ausgemustert
VT 133 504	T 1	HBE	Leichtmetallwagen, Dieselmotor, 1963 ausgemustert
VT 133 505	T 1	BStHB	1956 ausgemustert
VT 133 506	1021	NLE	1955 ausgemustert
VT 133 507	1022	NLE	1955 ausgemustert
VT 133 508	2	EBA	Umbau auf Dieselmotor in VT 135 549
VT 133 509	1	KMTK	1967 ausgemustert
VT 133 510	2	KMTK	1966 ausgemustert
VT 133 511	1	GHWE	Doppelstocktriebwagen, 1957 ausgemustert
VT 133 512			Umbau aus VT 135 513, vor 1966 ausgemustert
VT 133 513			1953 Umbau aus VT 135 501, ausgemustert
VT 133 514			1953 Umbau aus VT 135 502, 1967 ausgemustert
VT 133 515	1023	NLE	ausgemustert
VT 133 516			Umbau aus VT 135 545, ausgemustert
VT 133 521	1	GMWE	Spurweite 1 000 mm, Dieselmotor, 1961 ausgemustert
VT 133 522	T 1	GHE	Spurweite 1 000 mm, Dieselmotor, 1963 Umbau in Gerätewagen, 1970 in 187 001 umgezeichnet, 1978 ausgemustert, Museumstriebfahrzeug (788 135) ab 1. Februar 1993 Übergabe der Betriebsführung an HSB
VT 133 523	501	SWB	Spurweite 1 000 mm, Dieselmotor, 1970 in 187 002 umgezeichnet, 1970 ausgemustert
VT 133 524	701	PB	Spurweite 750 mm, Vergasermotor, 1965 Dieselmotor, 1968 ausgemustert
VT 133 525	702	PB	Spurweite 750 mm, Vergasermotor, 1965 Dieselmotor, 1969 ausgemustert

auch die Triebwagen übernommen und in das Nummernsystem der Verbrennungstriebwagen der DR eingeordnet. Gemäß dem „Umzeichnungsplan für die von den nichtreichsbahneigenen Eisenbahnen des öffentlichen Verkehrs in der sowjetischen Besatzungszone übernommenen Trieb-, Bei- und Steuerwagen, Normal- und Schmalspur" der Generaldirektion der DR vom 24. Dezember 1949 wurden den zweiachsigen Schienenomnibussen (d. h. Triebwagen ohne Zug- und Stoßvorrichtung) die Betriebsnummern VT 133 501 bis VT 133 511 für normalspurige Triebwagen und VT 133 521 bis VT 133 525 für schmalspurige Triebwagen zugeordnet. Dabei wurden die am 1. April 1949 übernommenen Triebwagen jeweils nach dem Jahr der Indienststellung geordnet. Die in den Jahren 1950 und 1952 übernommenen Triebwagen sowie Umbauten wurden angeschlossen. Die in diese Nummerngruppe aufgenommenen Triebwagen enthält die Tabelle auf S. 111.

VT 135 500 bis 553

186.0

1 A und andere

1908 bis 1983

Techn. Daten: Seite 302

Gemäß dem „Umzeichnungsplan für die von den nichtreichsbahneigenen Eisenbahnen des öffentlichen Verkehrs in der sowjetischen Besatzungszone übernommenen Trieb-, Bei- und Steuerwagen, Normal-und Schmalspur" der Generaldirektion der DR vom 24. Dezember 1949 wurden den zweiachsigen Verbrennungstriebwagen die Betriebsnummern VT 135 501 und VT 135 502 für benzinmechanischen Antrieb, VT 135 511 bis VT 135 543 für dieselmechanischen

Steuer- und Beiwagen
Techn. Daten: Seiten 324 und 326

DR Betriebsnr.	Privatbahn Betriebsnr.	Name	Bemerkungen
VB 140 501	1201	HBE	vor 1970 ausgemustert
VB 140 502	61	AME	vor 1970 ausgemustert
VB 140 503	1202	HBE	1961 ausgemustert
VB 140 504	1212	HBE	1970 in 190 830 umgezeichnet, ausgemustert
VB 140 505	1221	HBE	1970 in 190 831 umgezeichnet, ausgemustert
VB 140 506	1211	HBE	1970 in 190 832 umgezeichnet, ausgemustert
VB 140 507	177	DE	1970 in 190 849 umgezeichnet
VB 140 508	151	GHWE	1970 in 190 833 umgezeichnet, 1970 ausgemustert
VB 140 509	152	GHWE	1970 in 190 834 umgezeichnet, 1970 ausgemustert
VB 140 510	153	GHWE	1970 in 190 835 umgezeichnet, 1970 ausgemustert
VB 140 511	41	GE	1970 in 190 836 umgezeichnet, ausgemustert
VB 140 512	47	HHE	vor 1970 ausgemustert
VB 140 513			1970 in 190 837 umgezeichnet, ausgemustert
VB 140 514	1221	NLE	1970 in 190 838 umgezeichnet, ausgemustert
VB 140 515	62	AME	1968 ausgemustert
VB 140 516	254	NE	1970 ausgemustert
VB 140 517	255	NE	1970 in 190 839 umgezeichnet
VB 140 518	256	NE	1970 in 198 840 umgezeichnet, 1974 in 279 202 umgebaut
VB 140 519	257	NE	1968 ausgemustert (vorgesehen 190 841)
VB 140 520			vor 1970 ausgemustert
VB 140 521	601	PB	1970 in 190 842 umgezeichnet, ausgemustert
VB 140 522	5	StE	1970 in 190 843 umgezeichnet, ausgemustert
VB 140 523			aus VT 135 527 umgebaut, ausgemustert
VB 140 524			aus VT 135 529 umgebaut, 1970 in 190 844 umgezeichnet, ausgemustert
VB 140 525			1970 in 190 845 umgezeichnet, ausgemustert
VB 140 526			1963 aus VS 144 501 umgebaut, 1970 in 190 846 umgezeichnet
VB 140 527			1963 aus VS 144 500 umgebaut, 1964 ausgemustert
VS 144 500	4	StE	1963 in VB 140 527 umgebaut, ausgemustert
VS 144 501	309	HE	1963 in VB 140 526 umgebaut, ausgemustert
VS 144 502	1220	HBE	vor 1970 ausgemustert

Triebwagen

DR Betriebsnr.	Privatbahn Betriebsnr.	Name	Bemerkungen
VT 135 500	1031	GKB	ausgemustert
VT 135 501	121	EFE	1953 Umbau in VT 135 513
VT 135 501[II]			Umbau aus VT 133 501, 1970 in 186 010 umgezeichnet, vor 1984 ausgemustert
VT 135 502	122	EFE	1953 Umbau in VT 133 514
VT 135 502[II]			Umbau aus VT 133 502
VT 135 503	VT 41	DWE	1955 Umbau auf Dieselmotor, ausgemustert
VT 135 511	1021	NLE	1955 ausgemustert
VT 135 512	1032	GWK	1962 ausgemustert
VT 135 513	T 01	ESD	Umbau in VT 133 512
VT 135 514	T 2	HBE	1968 ausgemustert
VT 135 515	101	OB	1956 ausgemustert
VT 135 516	102	OB	1969 ausgemustert
VT 135 517	T 08	TE	1970 in 186 011 umgezeichnet, 1971 ausgemustert
VT 135 518	T 32	KK	1970 in 186 012 umgezeichnet, vor 1984 ausgemustert
VT 135 519	T 15	KLK	1970 in 186 013 umgezeichnet, 1971 ausgemustert
VT 135 520	1031	StTrE	1970 in 186 014 umgezeichnet, vor 1984 ausgemustert
VT 135 521	29	DE	1970 in 186 015 umgezeichnet, vor 1984 ausgemustert
VT 135 522	33	AME	1970 in 186 016 umgezeichnet, 1971 ausgemustert
VT 135 523	34	StE	1970 in 186 017 umgezeichnet, 1971 ausgemustert
VT 135 524	31	GE	1970 in 186 018 umgezeichnet, 1971 ausgemustert
VT 135 525	1	WWE	1970 in 186 019 umgezeichnet, 1971 ausgemustert
VT 135 526	T 502	PKB	1956 ausgemustert
VT 135 527	602	PB	1947 Umbau in VB 140 523
VT 135 528	603	PB	1969 ausgemustert
VT 135 529	604	PB	1947 Umbau in VB 140 524
VT 135 530	12	DE	1970 in 186 020 umgezeichnet, vor 1984 ausgemustert
VT 135 531	39	DE	1970 in 186 021 umgezeichnet, vor 1984 ausgemustert
VT 135 532	35	AME	1969 ausgemustert
VT 135 533	11	EHM	1970 in 186 022 umgezeichnet, vor 1984 ausgemustert
VT 135 534	5	PAE	1970 in 186 023 umgezeichnet, 1976 ausgemustert
VT 135 535	8	ESM	1970 in 186 024 umgezeichnet, vor 1984 ausgemustert
VT 135 536	51	GHWE	1970 in 186 025 umgezeichnet, vor 1984 ausgemustert
VT 135 537	52	GHWE	1970 in 186 026 umgezeichnet, vor 1984 ausgemustert
VT 135 538	53	GHWE	1969 ausgemustert (vorgesehen 186 027)
VT 135 539	61	GHWE	1970 in 186 028 umgezeichnet, vor 1984 ausgemustert
VT 135 540	13	GE	1970 in 186 029 umgezeichnet, 1971 ausgemustert
VT 135 541	T 14	WWE	1970 in 186 030 umgezeichnet, vor 1984 ausgemustert
VT 135 542	T 503	PKB	1968 ausgemustert
VT 135 543	T 4	HBE	1969 ausgemustert (vorgesehen 186 031)
VT 135 544			1970 in 186 032 umgezeichnet, 1971 ausgemustert
VT 135 545			Umbau auf Vergasermotor in VT 133 516
VT 135 546	VT 38	DE	ehemaliger DR-VT 135 038; 1970 umgezeichnet in 186 033, 1970 ausgemustert
VT 135 547	T 1	OE	1964 ausgemustert
VT 135 548	VT 104	OB	ausgemustert
VT 135 549			Umbau aus VT 133 508, 1970 in 186 035 umgezeichnet, 1971 ausgemustert
VT 135 550	T 9	ERF	1970 in 186 036 umgezeichnet, ausgemustert
VT 135 551	89	RE	1968 ausgemustert
VT 135 552	T 03	HE	1956 ausgemustert
VT 135 553	T 2	NE	1969 ausgemustert

Antrieb sowie VT 135 551 und VT 135 552 für dieselelektrischen Antrieb, alles Normalspur, zugeordnet. Auch hier wurde der Nummernplan später ergänzt.

Die zweiachsigen Beiwagen erhielten die Betriebsnummern VB 140 501 bis VB 140 511 und die zweiachsigen Steuerwagen die Nummern VS 144 501 und VS 144 502. Auch diese Nummernreihen wurden später ergänzt.

Die in diese Nummerngruppe aufgenommenen Trieb-, Steuer- und Beiwagen enthalten die Tabellen auf den Seiten 112 und 113.

VT 137 511 bis 571

185.0, 185.2, 187.0, 187.1

(1 A) (A 1) und andere

1923 bis 1977

Techn. Daten: Seite 313

Gemäß dem „Umzeichnungsplan für die von den nichtreichsbahneigenen Eisenbahnen des öffentlichen Verkehrs in der sowjetischen Besatzungszone übernommenen Trieb-, Bei- und Steuerwagen, Normal- und Schmalspur" der Generaldirektion der DR vom 24. Dezember 1949 wurden bei den vierachsigen Verbrennungstriebwagen folgende Nummergruppen gebildet:

VT 137 501 bis VT 137 510
: frei für benzinmechanischen Antrieb, Normalspur,

VT 137 511 bis VT 137 526
: für dieselmechanischen Antrieb, Normalspur,

VT 137 531 und VT 137 532
: für dieselmechanischen Antrieb, Schmalspur,

VT 137 551 bis VT 137 558
: für dieselelektrischen Antrieb, Normalspur,

VT 137 561 bis VT 137 566
: für dieselelektrischen Antrieb, Schmalspur,

VT 137 571
: für dieselhydraulischen Antrieb, Normalspur.

Auch hier wurde der Nummernplan mit den in den Jahren 1950 und 1952 übernommenen Triebwagen erweitert.

Die vierachsigen Steuerwagen zu Verbrennungstriebwagen erhielten die Betriebsnummern VS 145 501 und VS 145 502 und der vierachsige Beiwagen die Betriebsnummer VB 147 501. Hier waren ebenfalls Ergänzungen erforderlich. Die in diese Nummerngruppen aufgenommenen Trieb-, Steuer- und Beiwagen enthalten die Tabellen auf den Seiten 114 und 115.

Triebwagen

DR Betriebsnr.	Privatbahn Betriebsnr.	Name	Bemerkungen
VT 137 511	80	RE	in VB 147 081 umgebaut
VT 137 512	82	RE	vor 1970 ausgemustert
VT 137 513	84	RE	1961 ausgemustert
VT 137 514	91	SE	1961 ausgemustert
VT 137 515	97	KEN	in VB 147 082 umgebaut
VT 137 516	95	AME	1968 ausgemustert
VT 137 517	96	KODP	in VB 147 083 umgebaut
VT 137 518	92	SE	1965 ausgemustert
VT 137 519	93	SE	1968 ausgemustert
VT 137 520	94	StE	vor 1970 ausgemustert
VT 137 521	85	RE	1954 in VB 147 502 umgebaut
VT 137 522	4	KODP	vor 1970 ausgemustert
VT 137 523	5	OHE	vor 1970 ausgemustert
VT 137 524	6	OHE	vor 1956 ausgemustert
VT 137 525	103	RE	1961 ausgemustert
VT 137 526	1001	KBF	1968 ausgemustert
VT 137 527	VT 105	OB	1970 in 185 256 umgezeichnet, ausgemustert
VT 137 528	T 4	NE	1968 ausgemustert
VT 137 531	1121	FBN	Spurweite 1 000 mm, 1952 in VB 147 562 umgebaut
VT 137 532	1124	FBN	Spurweite 1 000 mm, 1970 in 187 101 umgezeichnet, 1971 ausgemustert, ab Juli 1974 als T 42 in Bruchhausen-Vilsen
VT 137 551	T 04	OWE	1965 ausgemustert
VT 137 552	T 1	StTE	1958 ausgemustert
VT 137 553	1–301	BStB	1966 ausgemustert
VT 137 554	1–303	BStB	1969 ausgemustert
VT 137 555	T 05	WBBE	Doppeltriebwagen, vor 1970 ausgemustert
VT 137 556	1–304	BStB	1967 ausgemustert
VT 137 557	1–305	BStB	1965 ausgemustert
VT 137 558	1–306	BStB	1966 ausgemustert
VT 137 559	T 1	NE	vor 1970 ausgemustert
VT 137 560	T 5	NE	1970 in 185 024 umgezeichnet, 1972 ausgemustert
VT 137 561	T 1	NWE	Spurweite 1 000 mm, 1965 ausgemustert
VT 137 562	1125	FBN	Spurweite 1 000 mm, 1971 ausgemustert
VT 137 563	1126	FBN	Spurweite 1 000 mm, 1970 in 187 103 umgezeichnet, 1971 ausgemustert
VT 137 564	1127	FBN	Spurweite 1 000 mm, 1951 in VB 147 561 umgebaut
VT 137 565	T 2	NWE	Spurweite 1 000 mm, 1965 ausgemustert
VT 137 566	T 3	NWE	Spurweite 1 000 mm, 1970 in 185 025 und später in 187 025 umgezeichnet, später Diensttriebwagen, dann Museumstriebfahrzeug (688 136), ab 1. Februar 1993 Übergabe der Betriebsführung an HSB
VT 137 571	T 3	HBE	1965 ausgemustert

Steuer- und Beiwagen
Techn. Daten: Seiten 325 und 331

DR Betriebsnr.	Privatbahn Betriebsnr.	Name	Bemerkungen
VS 145 501	110	RE	in VB 147 511 umgebaut
VS 145 502	311	HE	in VB 147 512 umgebaut
VS 145 503	73	BStB	1970 in 195 630 umgezeichnet, später in 197 847 (VB) umgebaut
VS 145 504	70, 72 od. 74	BStB	1970 in 195 631 umgezeichnet, 1973 in 197 851 (VB) umgebaut
VS 145 505			ausgemustert
VS 145 506			ausgemustert
VB 147 501	2	OHE	vor 1970 ausgemustert
VB 147 502			1954 aus VT 137 521 umgebaut, 1966 ausgemustert
VB 147 503	251	NE	1967 ausgemustert
VB 147 504	252	NE	vor 1970 ausgemustert
VB 147 505	253	NE	vor 1970 ausgemustert
VB 147 510			1970 in 197 831 umgezeichnet
VB 147 511			aus VS 145 501 umgebaut, 1970 in 197 832 umgezeichnet
VB 147 512			aus VS 145 502 umgebaut, 1970 in 197 833 umgezeichnet
VB 147 561			Spurweite 1 000 mmm, 1951 aus VT 137 564 umgebaut, 1970 in 199 801 umgezeichnet, 1977 ausgemustert
VB 147 562			Spurweite 1 000 mm, 1953 aus VT 137 531 umgebaut, 1970 in 199 802 umgezeichnet, 1977 ausgemustert

SVT 137 902

2'Bo'+2'2'+2'Bo'+Bo'2'

1956 bis 1961

Techn. Daten: Seite 319

Nach dem Zweiten Weltkrieg befand sich von der Baureihe SVT Berlin (s. S. 108) nur noch der Maschinenwagen SVT 137 902a im Bestand der DR. Für den Aufbau eines neuen Triebzuges mußte deshalb im Schadpark der DR nach Wagen gesucht werden, die hinsichtlich Abmessungen, Platzverhältnissen und äußerer Formgebung dem früheren Triebzug weitgehend ensprachen.

SVT 137 902 nach dem Wiederaufbau, Ansicht des Steuerwagens
Foto: Otte

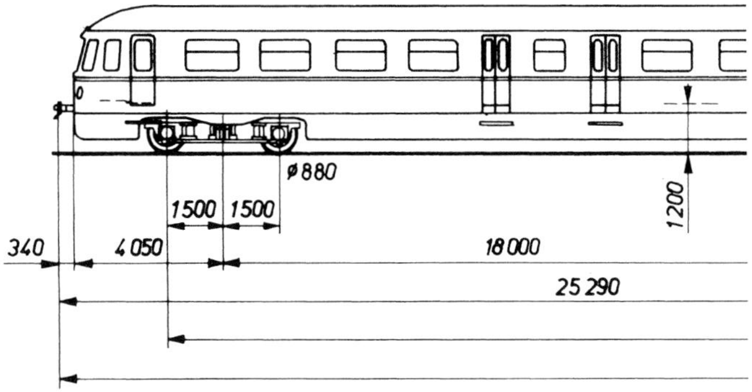

SVT 137 902 (Neuaufbau DR)

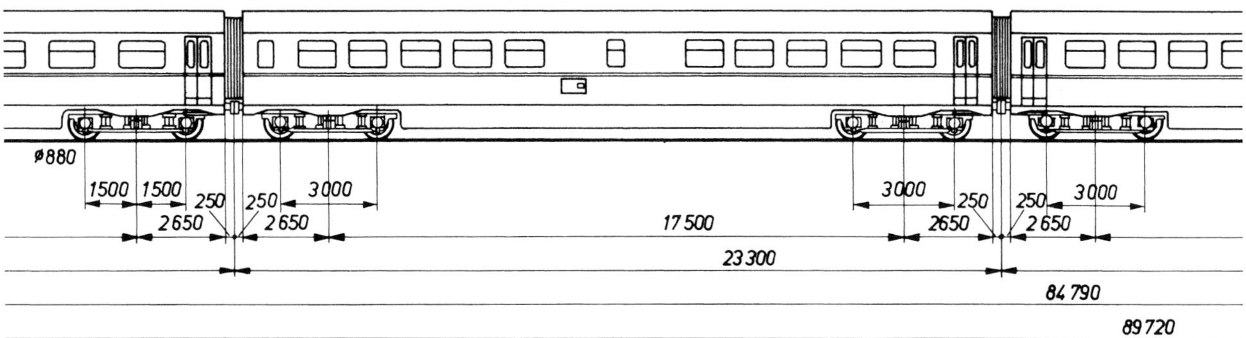

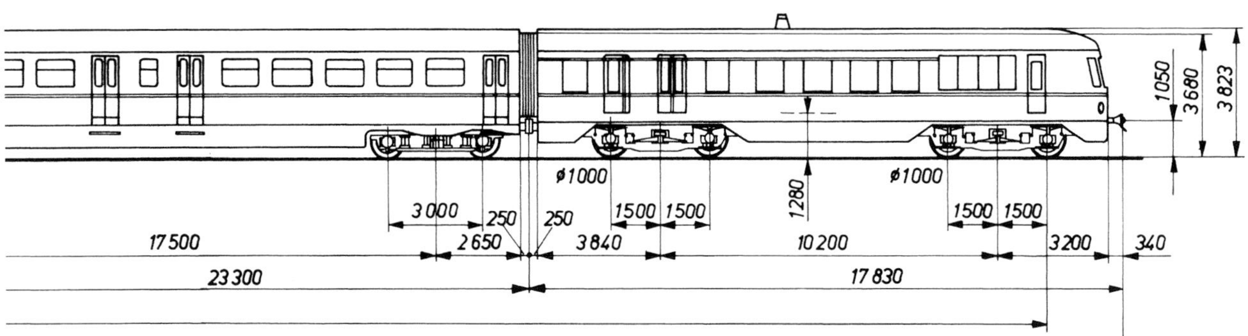

Aus drei Wagen elektrischer Triebzüge der Niederländischen Staatsbahnen, die sich durch die Kriegsereignisse im Schadpark der DR befanden, wurde im Raw Wittenberge in Zusammenarbeit mit dem Technischen Zentralamt der DR ein neuer Triebzug SVT 137 902 aufgebaut, der im Jahre 1956 in Dienst gestellt wurde. Da die Fahrmotoren dieser elektrischen Triebzüge eine geringere Leistung hatten, mußten sechs Stück eingebaut werden. Somit war die elektrische Schaltung vollständig neu zu gestalten. Die Höchstgeschwindigkeit wurde auf 140 km/h festgelegt. Neben der 1. Klasse wurden auch Sitzplätze der 2. Klasse eingebaut.

Der Triebzug verkehrte längere Zeit als FDt 143/144 auf der Strecke Berlin–Halle (Saale)–Erfurt. Er war im Bw Berlin-Karlshorst beheimatet. Neben dem regulären Einsatz wurde er auch zu Sonderfahrten verwendet. Im Jahre 1961 wurde der Triebzug ausgemustert, da er als Einzelfahrzeug einen unvertretbaren Instandhaltungsaufwand erforderte, und 1968 verschrottet.

Fahrzeugteil

Laufwerk: Maschinenwagendrehgestelle angepaßte Konstruktion der Bauart Görlitz. Wälzradsatzlager. Radsatz- und Wiegenfederung Blatt- und Schraubenfedern.
Drehgestelle Mittel- und Steuerwagen Schweißkonstruktion. Wälzradsatzlager. Radsatz- und Wiegenfederung Schraubenfedern.
Wagenkasten: Schweißkonstruktion aus Profilen und Blechen. Stirnenden abgerundet. Durchgehende Schürze. Innerhalb des Triebzuges durch Faltenbalg geschützte Übergänge. An Stirnenden keine Übergangsmöglichkeit.
Maschinenwagen abweichender Aufbau. Wagenuntergestell gleichzeitig Tragrahmen für Hauptdieselmotor. Hohe Blechträger (Längs- und Querträger). Seitenwandbleche bis Fensterbrüstungshöhe als Längsträger ausgebildet. Querträger stark gekröpft. Wagenkasten aus Profilen und Blechen geschweißt. Dach über Haupt- und Hilfsdieselaggregat abnehmbar.
Zug- und Stoßvorrichtung: Selbsttätige Mittelpufferkupplung Bauart Scharfenberg. Pneumatische Leitungen werden mitgekuppelt. Innerhalb des Triebzugs Kurzkupplung.
Druckluftanlage: Luftverdichter, Hauptluftbehälter, Hauptluftbehälterleitung. Elektropneumatische Sandstreueinrichtung.
Bremse: Mehrlösige Klotzbremse Bauart Hikss, elektrische Steuerung. Magnetschienenbremse. Spindelhandbremse.

Fahrgastraum

Gestaltung: Dem nationalen Fernschnellzugverkehr angepaßt.
Maschinenwagen: Führerstand; Maschinenraum; Gepäckraum; Postabteil.
Mittelwagen b: Einstiegraum; Großraum 2. Klasse mit fünf Abteilen; Einstiegraum, Großraum 2. Klasse mit fünf Abteilen; Einstiegraum.
Mittelwagen c: Einstiegraum; Großraum 2. Klasse mit drei Abteilen; Funkraum; Küche; Anrichte; Speiseraum.
Steuerwagen: Einstiegraum; Großraum 1. Klasse mit zwei Abteilen; Großraum 1. Klasse mit zwei Abteilen; Einstiegraum; Großraum 1. Klasse mit zwei Abteilen; Großraum 1. Klasse mit zwei Abteilen, Führerstand.
Einstieg: An Wagenenden und in Wagen b und d außerdem in Wagenmitte. Doppelflüglige Schiebetür. Zugang über Trittstufen.
1. Klasse: Großräume mit zwei Abteilen und Mittelgang. Sitzplatzanordnung 1 + 2; Abteiltiefe 2 012 mm. Polstersitze.
2. Klasse: Großräume mit drei und fünf Abteilen und Mittelgang. Sitzplatzanordnung 2 + 2; Abteiltiefe 1 600 mm. Polstersitzbänke.
Speiseraum: Großraum mit fünf Abteilen und Mittelgang. Sitzplatzanordnung 1 + 2; Abteiltiefe 1 600 mm, Polstersitzbänke.
Gepäckraum: 3 200 mm lang. Beidseitig doppelflüglige Drehtür.
Postabteil: 2 800 mm lang. Beidseitig einflüglige Drehtür, durch Zusatzflügel zu erweitern.

Maschinenanlage

Anordnung: Maschinenanlage in gesondertem Maschinenwagen. Je zwei Fahrmotoren in Maschinenwagen, Mittelwagen und Steuerwagen.
Motor: Dieselmotor Typ W 8 V 30/38, 8 Zylinder, Reihe, 4 Takte. Aufladung. Wasserkühlung. Elektrischer Anlasser.
Leistungsübertragung: Hauptgenerator (Typ GE 1100/8 mit eingebautem Hilfsgenerator); Gleichstromreihenschlußmotoren (Typ Heemaf, Stundenleistung 198 kW, Tatzlagerantrieb).
Steuerung: BBC-Servo-Feldreglersteuerung. Fünf Fahrstufen und eine Überlaststufe. Klingel- und Fernsprechanlage zur Verständigung zwischen Führerständen.
Hilfseinrichtungen: Hilfsdieselsatz, bestehend aus Dieselmotor (Typ W 6 V 15/18, 6 Zylinder, Reihe, 4 Takte. Nennleistung 89 kW, Nenndrehzahl 1 200 min^{-1}, Hubraum 19,1 l) und Hilfsgenerator (Typ GE 440/6, Nennleistung 71,5 kW bei 130 V und 1 200 min^{-1}) für Beleuchtung, Lüftermotoren, Luftverdichter, Batterie, Anlaßstrom für Hauptdieselmotor, Erregerstrom für Hauptgenerator. Kühler für Motorkühlwasser und -öl in Seitenwand. Batterie. Sicherheitsfahrschaltung.

171.0

VT 2.09.0
DB/DR 771

1 A
ab 1957
Techn. Daten: Seite 319

Die Triebwagen der Baureihe 171.0 lösten bei der DR zum Teil die Dampflokomotiven auf den Nebenbahnstrecken ab. Außerdem fahren sie in verkehrsschwachen Zeiten auch auf Hauptstrecken.
Das Baumuster 1 entstand 1957. Der Triebwagen ist in Stahlleichtbau ausgeführt und enthält einen unterflur angeordneten Dieselmotor mit einer Leistung von 111 kW. Der Motor wurde von Büssing geliefert und entsprach der Ausführung, die die DB in ihren Schienenbussen verwendete. Der Triebwagen absolvierte im Jahre 1958 Probefahrten und wurde ab März 1959 zur Betriebserprobung bei der DR eingesetzt.
Das Baumuster 2, auf der Frühjahrsmesse 1959 in Leipzig ausgestellt, erhielt dagegen einen 132-kW-Unterflurdieselmotor und die Getriebe aus einheimischer Produktion. Dieser Triebwagen war in einer Stahl-Leichtmetall-Gemischtbauweise ausgeführt. Für eine wirtschaftliche Serienfertigung eignete sich jedoch nur der Stahlleichtbau, der aber wiederum eine größere Dienstmasse ergibt. Nach der Nullserie im Jahre 1962 (VT 2.09.003 bis VT 2.09.007) wurde in den Jahren 1963 und 1964 die Serie (VT 2.09.008 bis VT 2.09.070) ausgeliefert.
Zu dieser Baureihe wurden auch Beiwagen hergestellt.
Eine verstärkte Kupplung erlaubt eine Zugbildung von einem Triebwagen mit zwei Beiwagen oder von zwei Einheiten (VT + VB). Nach anfänglichen Schwierigkeiten bei der Gestaltung einzelner Bauteile bewähren sich die Triebwagen im täglichen Einsatz gut.
Die Triebwagen sind in zahlreichen Bw beheimatet. Die Baumuster-Triebwagen wurden 1977 bzw. 1974 ausgemustert. Von den Serienfahrzeugen sind nur einige Fahrzeuge nach schweren Betriebsunfällen ausgemustert worden.
Seit Mitte der siebziger Jahre ist ein stetiger Rückgang der Betriebsleistungen zu verzeichnen. Als Musterfahrzeuge für eine grundlegende Modernisierung wurden der Triebwagen 171 043 und der Beiwagen 171 843 Anfang 1992 vom Raw Halle zu RegionalBahn-Wagen umgebaut (771 043 und 971 043). Der Fahrgastraum wurde modernisiert und erhielt stoffgepolsterte Sitze und einen textilen Fußbodenbelag. Der Führerstand wurde abgetrennt. Außerdem wurde ein MAN-Unterflur-Dieselmotor Typ 2866 UH mit einer Nennleistung von 132 kW eingebaut. Die serienmäßige Modernisierung ist inzwischen angelaufen; dabei wurden auch Beiwagen (971.0) zu Steuerwagen (971.6) umgebaut. Der Einsatz im Taktverkehr, z. B. Weimar–Kranichfeld und auf der Insel Usedom, brachte eine starke Erhöhung des Fahrgastaufkommens.

Fahrzeugteil

Laufwerk: Schweißkonstruktion aus Walzprofilen und Blechen. Enthält gesamte Maschinenanlage. Radsätze spielfreie Radsatzführung, exzentrische Buchsen der Radsatzfeder dienen zur Einstellung des Radsatzes. Wälzradsatzlager. Radsatzfederung Blattfedern.

171 829
Foto: J. Steckel

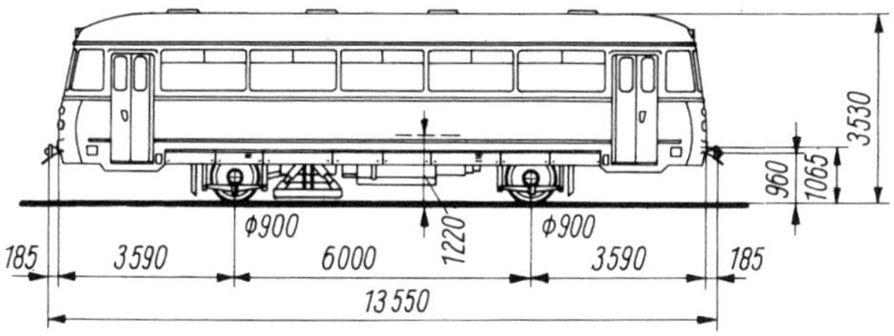

171 001 bis 171 070

Zwischen Fahrgestell und Wagenkasten Schraubenfedern mit parallelgeschalteten Stoßdämpfern. Durch verschleißfreie Lenker Stabilisierung in Längs- und Querrichtung.
Wagenkasten: Selbsttragende Schweißkonstruktion aus leichten Walz- und Abkantprofilen in Stahlleichtbau. Untergestell, Seitenwand und Dach verwindungssteif verbunden. Sickenblechfußboden. Stirnenden abgerundet. Keine Übergangsmöglichkeit.
Zug- und Stoßvorrichtung: Selbsttätige Mittelpufferkupplung, Bauart Scharfenberg leicht. Pneumatische Leitungen werden mitgekuppelt. Notpuffer für Puffer der Regelfahrzeuge.

Druckluftanlage: Luftverdichter, Hauptluftbehälter. Sandstreueinrichtung. Spurkranzschmierung.
Bremse: Einlösige Scheibenbremse Bauart Kp. Magnetschienenbremse. Spindelhandbremse.

Fahrgastraum

Gestaltung: Dem Nebenbahnverkehr angepaßt. Triebwagen besteht aus einem Raum, der Fahrgastraum, Einstiegräume und Führerstände tür- und wandlos vereinigt.

Beiwagen 971 043 nach Umbau in Regional-Bahn-Design
Foto: R. Zschech

Nachträglich bei einigen Triebwagen Führerstände durch Wand abgetrennt.
Einstieg: Je eine zweiflüglige Drehfalttür an Wagenenden. Lichte Weite ca. 770 mm. Zugang über Trittstufen. Türbetätigung örtlich elektropneumatisch; zentrale Türschließeinrichtung.
2. Klasse: Großraum mit fünf und zwei halben Abteilen und Mittelgang. Sitzplatzanordnung 2 + 3; Abteiltiefe 1 580 mm, Sitzplatzbreite ca. 480 mm, Gangbreite 580 mm. Polstersitzbänke.
Heizung: Luftheizung, über Thermostate geregelt. Kühlwasser und Ölheizgerät. Im Sommer als Belüftungsanlage verwendbar.
Beleuchtung: Glühlampen =24 V.

Maschinenanlage

Anordnung: Gesamte Maschinenanlage außerhalb Wagenkasten.
Motor: Unterflurdieselmotor Typ 6 KVD 18 S/HRW, 6 Zylinder, liegend, 4 Takte. Wasserkühlung. Elektrischer Anlasser. Mit drei Gummielementen am Fahrgestell befestigt.
Leistungsübertragung: Strömungskupplung; mechanisches Zahnradgetriebe (6 Gänge, Zahnräder ständig im Eingriff, über elektromagnetische Kupplungen Verbindungen des Ganges hergestellt); Gelenkwelle; Radsatzwendegetriebe (elektropneumatische Schaltung).
Steuerung: Einfache Fahrsteuerung, Spannung =24 V. Rufanlage für Zugverband.
Hilfseinrichtungen: Nebenaggregate vom Dieselmotor über Winkelgetriebe mit Magnetkupplungen angetrieben. Zwei Hilfsgeneratoren, je 1,2 kW, =24 V, später auf je 3,0 kW umgebaut. Kühler für Dieselmotorkühlwasser. Batterie =24 V

(2 x 12 V), 180 Ah, nachträglich zentrale Stromversorgung für gesamten Zug eingebaut. Zeit- und wegabhängige Sicherheitsfahrschaltung. Fremdstromversorgung 50 Hz, 220 V für Reinigungsgeräte.

Beiwagen 171 801 bis 171 870
(VB 2.07.501 bis VB 2.07.570, DB/DR 971)

Techn. Daten: Seite 334

Fahrzeugteil: Analog Triebwagen, abweichend jedoch zwei einachsige Laufwerke; Wagenkasten stützt sich auf Fahrgestell über Gummi-Metall-Federn ab.
Fahrgastraum: Großraum 2. Klasse mit viereinhalb Abteilen und Mittelgang; mit Einstiegraum vereinigt. Sitzplatzanordnung 2 + 3; Abteiltiefe 1 580 mm, Sitzplatzbreite ca. 480 mm, Gangbreite 580 mm. Polstersitzbänke. Gepäckabteil (bzw. Traglastenraum) mit Einstiegraum vereinigt, Grundfläche 9 m^2, an Seitenwänden Klappsitze, an Stirnwand Sitzbank. Luftheizung, Ölheizgerät selbsttätige Regelung. Beleuchtung Glühlampen, Radsatzgenerator mit Riemenantrieb, später zentrale Stromversorgung vom VT aus.

172.0 und 172.1

VT 2.09.1 und VT 2.09.2 DB/DR 772

1 A

ab 1964

Techn. Daten: Seite 320

Die Baureihe 172.0, in den Jahren 1964 und 1965 geliefert, stellt eine Weiterentwicklung der Baureihe 171.0 dar, die sich auf den Nebenstrecken der DR gut bewährt hatte. Als nachteilig erwies sich jedoch das Fehlen der Zugsteuerung, so daß bei der Zugbildung aus mehreren Wagen ein größerer Personaleinsatz erforderlich wurde.
Die Triebwagen der Baureihe 172.0 haben eine Vielfachsteuerung, mit der sich zwei Maschinenanlagen steuern lassen. Ferner wurden für diese Baureihe Steuerwagen gebaut.

Die Triebwagen bewährten sich sehr gut. Da der Fahrgestellrahmen jedoch verschiedentlich Risse an Getriebe- und Rahmenlängsträger zeigte, wurde er für die Baureihe 172.1, die ab 1968 ausgeliefert wurde, neu konstruiert. Auch wurde ein neuer Motor eingebaut, da der bisherige Typ nicht mehr gefertigt wurde. Die größere Motormasse erforderte außerdem eine stärkere Ausführung des Rahmens. Auch diese Baureihe bewährt sich gut im Betriebseinsatz. Die Triebwagen sind in zahlreichen Bw eingesetzt.
Im Oktober 1991 wurde das erste Fahrzeug vom Raw Halle als RegionalBahn-Triebwagen (772 009) mit zugehörigem Steuerwagen (972 609) modernisiert. Der Fahrgastraum erhielt grau/blau-gepolsterte Sitze. Der Führerstand ist als Kabine vom Fahrgastraum abgetrennt. Die serienmäßige Modernisierung ist angelaufen.
Der Triebzug 772 131 mit Steuerwagen 972 731 des Bw Berlin-Pankow, Einsatzstelle Basdorf, wurde für den Sonderverkehr eingerichtet und erhielt stoffbezogene Sitz-

VT 2.09.239 (später 172 139)
Foto: ZBDR

bänke, Tische mit Tischleuchten sowie Läuferbelag. Auf Wunsch ist auch gastronomische Betreuung möglich.

Fahrzeugteil

Laufwerk: Schweißkonstruktion aus Walzprofilen und Blechen St 52 (BR 172.0) bzw. aus gekanteten und geschweißten Blechprofilen St 38-3 (BR 172.1). Enthält gesamte Maschinenanlage. Radsätze spielfreie Radsatzführung, exzentrische Buchsen der Radsatzfeder dienen zur Einstellung des Radsatzes. Wälzradsatzlager. Radsatzfederung Blattfedern. Zwischen Fahrgestell und Wagenkasten Schraubenfedern mit parallelgeschalteten Stoßdämpfern. Durch verschleißfreie Lenker Stabilisierung in Längs- und Querrichtung.
Wagenkasten: Selbsttragende Schweißkonstruktion aus leichten Walz- und Abkantprofilen in Stahlleichtbau. Untergestell, Seitenwand und Dach verwindungssteif verbunden. Sickenblechfußboden. Stirnenden abgerundet. Keine Übergangsmöglichkeit.

172 001 bis 172 016 und
172 101 bis 172 173

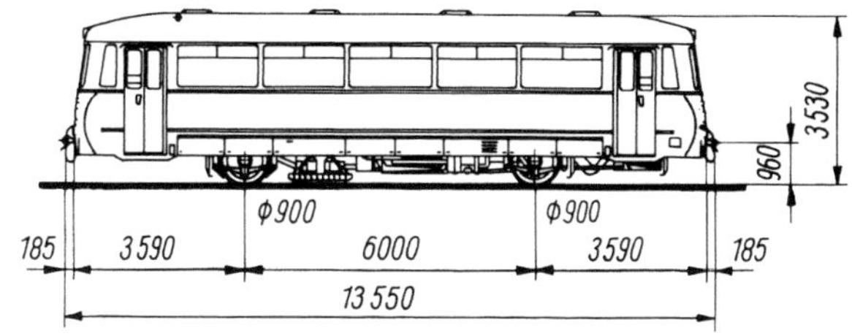

Zug- und Stoßvorrichtung: Selbsttätige Mittelpufferkupplung, Bauart Scharfenberg leicht. Pneumatische Leitungen werden mitgekuppelt. Notpuffer für Puffer der Regelfahrzeuge.
Druckluftanlage: Luftverdichter, Hauptluftbehälter, Hauptluftbehälterleitung. Sandstreueinrichtung. Spurkranzschmierung.
Bremse: Einlösige Scheibenbremse Bauart Kp. Magnetschienenbremse. Spindelhandbremse.

Fahrgastraum

Gestaltung: Dem Nebenbahnverkehr angepaßt. Triebwagen besteht aus einem Raum, der Fahrgastraum 2. Klasse, Einstiegräume und Führerstände tür- und wandlos vereinigt. Nachträglich bei einigen Triebwagen Führerstände durch Wand abgetrennt.
Einstieg: Je eine zweiflüglige Drehfalttür an Wagenenden. Lichte Weite ca. 770 mm. Zugang über Trittstufen. Türbetätigung örtlich elektropneumatisch; zentrale Türschließeinrichtung.
2. Klasse: Großraum mit fünf und zwei halben Abteilen und Mittelgang. Sitzplatzanordnung 2 + 3; Abteiltiefe 1 580 mm, Sitzplatzbreite ca. 480 mm, Gangbreite 580 mm. Polstersitzbänke.
Heizung: Luftheizung, über Thermostate geregelt. Kühlwasser und Ölheizgerät. Im Sommer als Belüftungsanlage verwendbar.
Beleuchtung: Glühlampen =24 V.

Maschinenanlage

Anordnung: Gesamte Maschinenanlage unterhalb Wagenkasten.
Motor:
BR 172.0: Unterflurdieselmotor Typ 6 KVD 18 S/HRW, 6 Zylinder, liegend, 4 Takte. Wasserkühlung. Elektrischer Anlasser. Mit drei Gummielementen am Fahrgestell befestigt.

VS 2.08.239 (später 172 739)
Foto: ZBDR

BR 172.1: Unterflurdieselmotor Typ 6 VD 18/15-1 HRW, 6 Zylinder, liegend, 4 Takte. Wasserkühlung, Elektrischer Anlasser. Besonderer Motortragrahmen.
Leistungsübertragung: Strömungskupplung; mechanisches Zahnradgetriebe (6 Gänge, Zahnräder ständig im Eingriff, über elektromagnetische Kupplungen Verbindungen des Ganges hergestellt); Gelenkwelle; Radsatzwendegetriebe (elektropneumatische Schaltung).
Steuerung: Vielfachsteuerung, Spannung =24 V. Steuerung von zwei Maschinenanlagen.
Hilfseinrichtungen: Nebenaggregate vom Dieselmotor über Winkelgetriebe mit Magnetkupplungen angetrieben. Zwei Hilfsgeneratoren, je 1,2 kW, =24 V, später auf je 3,0 kW umgebaut. Kühler für Motorkühlwasser. Batterie =24 V (2 x 12 V), 180 Ah, nachträglich zentrale Stromversorgung für gesamten Zug eingebaut. Zeit- und wegabhängige Sicherheitsfahrschaltung. Fremdstromversorgung 50 Hz, 220 V für Reinigungsgeräte.

Steuerwagen 172 601 bis 172 616 und 172 701 bis 172 770
(VS 2.08.101 bis VS 2.08.116 und VS 2.08.201 bis VS 2.08.270, DB/DR 972)

Techn. Daten: Seite 325

Fahrzeugteil: Analog Triebwagen, abweichend jedoch zwei einachsige Laufwerke; Wagenkasten stützt sich auf Fahrgestell über Gummi-Metall-Federn ab.
Fahrgastraum: Großraum 2. Klasse mit viereinhalb Abteilen und Mittelgang, mit Einstiegraum und Führerstand vereinigt. Nachträglich teilweise Führerstand durch Trennwand abgeteilt. Sitzplatzanordnung 2 + 3; Abteiltiefe 1 580 mm, Sitzplatzbreite ca. 480 mm, Gangbreite 580 mm. Polstersitzbänke. Gepäckabteil (bzw. Traglastenraum) mit Einstiegraum vereinigt, Grundfläche 9 m², an Seitenwänden Klappsitze, an Stirnwand Sitzbank. Luftheizung. Ölheizgerät, selbsttätige Regelung. Beleuchtung Glühlampen. Radsatzgenerator mit Riemenantrieb, später zentrale Energieversorgung vom VT aus.

173.0

VT 4.12

(1 A) (A 1)

1964 bis 1978

Techn. Daten: Seite 321

Wenn auch der zweiachsige Leichttriebwagen der Baureihe 171.0 (früher VT 2.09) auf der Leipziger Frühjahrsmesse 1963 Anklang fand, so schien für ausländische Bahnverwaltungen ein vierachsiger Triebwagen doch interessanter. Daher schuf die Schienenfahrzeugindustrie in der erstaunlich kurzen Zeit von nur einem Jahr das Probemu-

173 002
Foto: Archiv transpress

ster VT 4.12.01 und stellte es auf der Frühjahrsmesse 1964 vor.
Da die Maschinenanlage nahezu unverändert von der Baureihe VT 2.09 übernommen worden war, konnte von Anfang an mit einer hohen Betriebszuverlässigkeit gerechnet werden.
Der Triebwagen war für die Auflokkerung des Bezirks- und Nahverkehrs auf Hauptbahnen sowie zur Befriedigung des Verkehrs auf Nebenbahnen konzipiert. Er sollte die Vorkriegsbauarten der Verbrennungstriebwagen ersetzen. Darüber hinaus sollte er sich für den Ausflugs- und Sonderverkehr eignen. Zugehörige Steuer- und Beiwagen sollten noch entwickelt werden, um einen flexiblen Einsatz zu ermöglichen; sie wurden nicht gebaut.
Ein weiteres Jahr später erschien ein überarbeitetes Baumuster (VT 4.12.02), dessen äußere Form und dessen Fahrgastraum verbessert waren.
Die DR hat beide Triebwagen in ihren Bestand aufgenommen. Sie waren nach ihrem Einsatz im Bw Cottbus längere Zeit abgestellt und wurden 1975 bzw. 1978 ausgemustert. Die Fahrzeuge dienen heute als stationäre Unterkünfte.

Fahrzeugteil

Laufwerk: Drehgestelle Schweißkonstruktion. Rahmen ohne Kopfstücke. Dreiecklenker für Radsätze lagern in Gummi-Metall-Federn. Wiege durch Lenker geführt. Wälzradsatzlager. Radsatzfederung Schraubenfedern. Wiegenfederung Luftfederung, höhengeregelt.
Wagenkasten: Selbsttragende Schweißkonstruktion aus kalt gezogenen und abgekanteten Blechen. Untergestell Schweißkonstruktion aus Walzprofilen und gekanteten Trägern. Starke Langträgerumführungen im Bereich der Einstiege. Untergestell, Seitenwand und Dach verwindungssteif verbunden. Sikkenblechfußboden. Klappbare Schürzen (bei 173 002). Stirnenden abgerundet. Keine Übergangsmöglichkeit.
Zug- und Stoßvorrichtung: Selbsttätige Mittelpufferkupplung, Bauart Scharfenberg. Pneumatische Leitungen werden mitgekuppelt.
Druckluftanlage: Luftverdichter, Hauptluftbehälter, Hauptluftbehälterleitung. Sandstreueinrichtung.
Bremse: Mehrlösige Scheibenbremse Bauart KE. Einbau von Magnetschienenbremse möglich. Spindelhandbremse.

Fahrgastraum

Gestaltung: Dem Nah- und Mittelstreckenverkehr auf Haupt- und Nebenbahnen angepaßt.
173 001: Führerstand; Großraum 2. Klasse mit drei Abteilen; Einstiegraum; Großraum 2. Klasse mit

173 001
Foto: J. Steckel

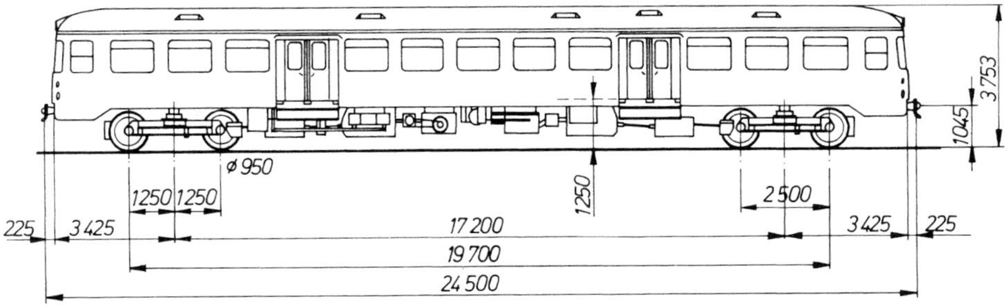

173 001

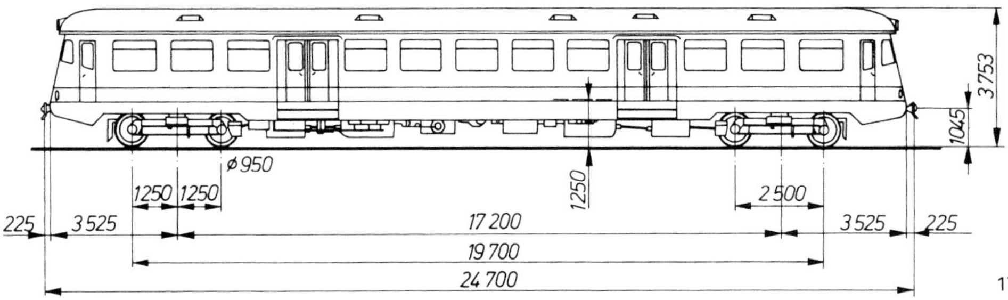

173 002

viereinhalb Abteilen; Einstiegraum; Großraum 2. Klasse mit drei Abteilen; Führerstand.
173 002: Führerstand; Großraum 1. Klasse mit drei Sitzreihen; Einstiegraum; Großraum 2. Klasse mit drei und zwei halben Abteilen; Einstiegraum; Großraum 2. Klasse mit drei Abteilen; Führerstand.
Führerstände über Drehtüren vom Fahrgastraum aus (173 001) bzw. direkt von außen (173 002) zugänglich.
Einstieg: Zwei Einstiege mit je zwei Drehfalttüren. Zugang über Trittstufen. Elektropneumatische Türschließeinrichtung (173 002).
1. Klasse: Großraum mit drei Sitzreihen und Mittelgang. Sitzplatzanordnung 1 + 2; Sitzplatzabstand 1 350 mm. Drehbare Polstersitze.
2. Klasse: Großräume mit viereinhalb, vier bzw. drei Abteilen und Mittelgang. Sitzplatzanordnung 2 + 2; Abteiltiefe 1 600 mm. Polstersitzbänke.
Heizung: Luftheizung, über Thermostate geregelt. Zwei unabhängige Anlagen. Kühlwasser und Ölheizgerät. Im Sommer als Belüftungsanlage verwendbar.
Beleuchtung: Leuchtstofflampen. Lichtband. Speisung 50 Hz, 180/200 V, Einankerumformer.

Maschinenanlage

Anordnung: Gesamte Maschinenanlage außerhalb des Wagenkastens. Über Gummi-Metall-Elemente an Wagenkasten befestigt. Zwei gleiche Antriebsanlagen.
Motor:
173 001: Unterflurdieselmotor Typ 6 KVD 18 S/HRW, 6 Zylinder, liegend, 4 Takte. Nennleistung 147 kW. Wasserkühlung. Elektrischer Anlasser. Hilfstragrahmen.
173 002: Unterflurdieselmotor Typ 6 KVD 18/1 S/HRW, 6 Zylinder, liegend, 4 Takte. Nennleistung 162 kW. Wasserkühlung. Elektrischer Anlasser.
Leistungsübertragung: Strömungskupplung; mechanisches Zahnradgetriebe (6 Gänge, Zahnräder ständig in Eingriff, über elektromagnetische Kupplungen Verbindungen des Ganges hergestellt. Überholeinrichtung gestattet Schalten ohne Zugkraftunterbrechnung); Gelenkwelle; Radsatzwendegetriebe (elektropneumatisch).
Steuerung: Vielfachsteuerung =24 V. Relais und Schützen. Elektropneumatische Motorregulierung in sieben Stufen.
Hilfseinrichtungen: Nebenaggregate vom Dieselmotor über elastische Kupplung bzw. Keilriemen angetrieben. Zwei Hilfsgeneratoren je 4,5 kW. Kühler für Dieselmotorkühlwasser. Batterie =24 V, 300 Ah (173 001) bzw. 400 Ah (173 002). Zeit- und wegabhängige Sicherheitsfahrschaltung. Überwachungsanlagen.

175.0

VT 18.16
DB/DR 675/975

B'2'+2'2'+2'2'+2'B'
B'2'+2'2'+2'2'+2'2'+2'B'
B'2'+2'2'+2'2'+2'2'+2'2'+2'B'

ab 1963

Techn. Daten: Seite 321

Der internationale Reiseverkehr fordert bessere, schnellere und komfortablere Verkehrsverbindungen. Für diesen Fernschnellverkehr bestellte die DR Mitte der sechziger Jahre einen vierteiligen Dieseltriebzug bei der einheimischen Schienenfahrzeugindustrie.
Der Triebzug bestand in der Regel aus vier Wagen: VTa (175.0) + VMc (175.3) + VMd (175.4) + VTb (175.0). Falls notwendig, ließ sich mit weiteren Mittelwagen (VMe, 175.5) auch eine fünf- bzw. sechsteilige Einheit bilden. Die maschinentechnische Ausrüstung war für eine solche Erweiterung eingerichtet, allerdings verminderte sich dann die Höchstgeschwindigkeit auf 140 km/h.
Der Probetriebzug wurde 1963 vorgestellt. Die Versuchsfahrten zeigten, daß die grundsätzliche Gestaltung des Triebzugs gut ist. Auch bewiesen Schnellfahrversuche die hohe Laufruhe und die Einhaltung des erforderlichen Bremsweges. Daher änderte sich bei der Serienausführung, mit deren Auslieferung 1965 begonnen wurde, nichts an der Grundkonzeption. Insgesamt wurden bis 1968 sieben Serientriebzüge, zwei Reservemaschinenwagen und sechs Mittelwagen VMe beschafft.
Der Probetriebzug wurde im Sommerfahrplan 1964 als „Neptun" zwischen Berlin und Kopenhagen und ab Winterfahrplan 1964 nach Prag eingesetzt. Die Triebzüge verkehrten bevorzugt auf den Strecken Berlin–Kopenhagen, Berlin–Prag–Wien (teilweise als fünfteilige Einheiten), Berlin–Leipzig–Karlovy Vary sowie im nationalen Schnellzugverkehr von Berlin nach Leipzig, Magdeburg bzw. Bautzen.
Für den Einsatz auf der Relation Berlin–Malmö (ab Sommerfahrplan 1968) mußte ein Teil der Triebzüge den zusätzlichen Bedingungen beim Trajektieren auf Fährschiffen der SJ angepaßt werden (Beheizung mit 16 $^{2}/_{3}$-Hz-Strom, Fremd-

Triebzug Baureihe 175 mit Triebwagen 175 016 an Zugspitze
Foto: K. Kirsch

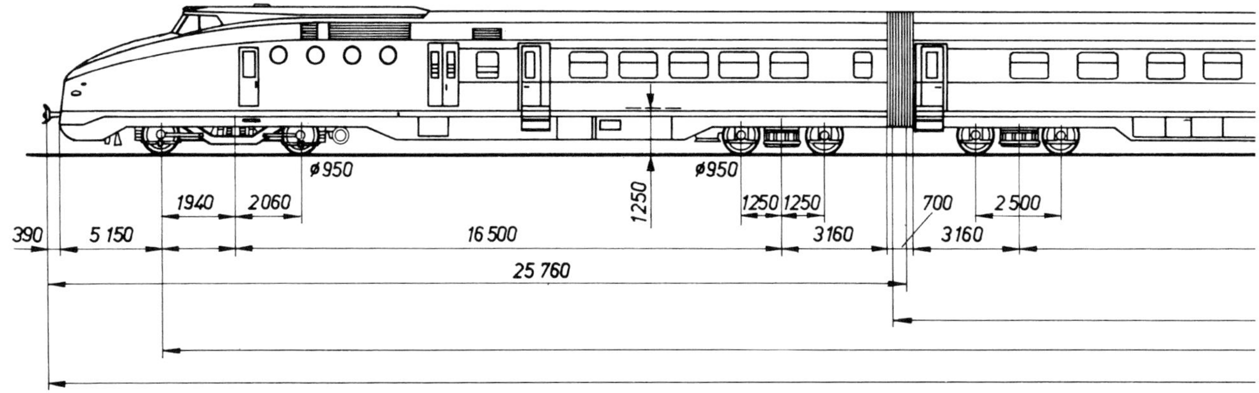

175 001 bis 175 019 (vierteiliger Triebzug)

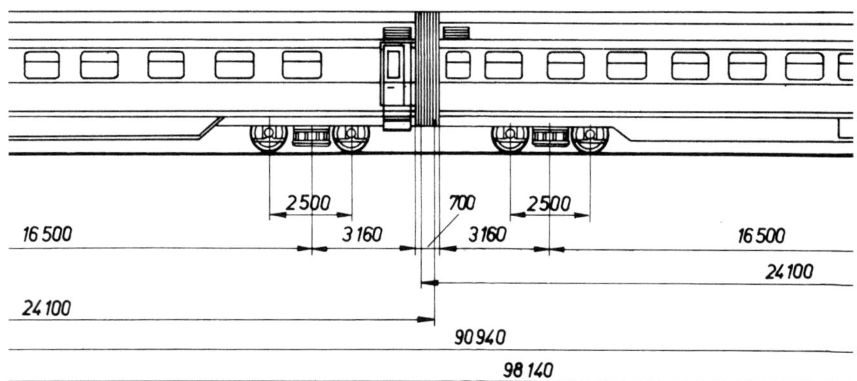

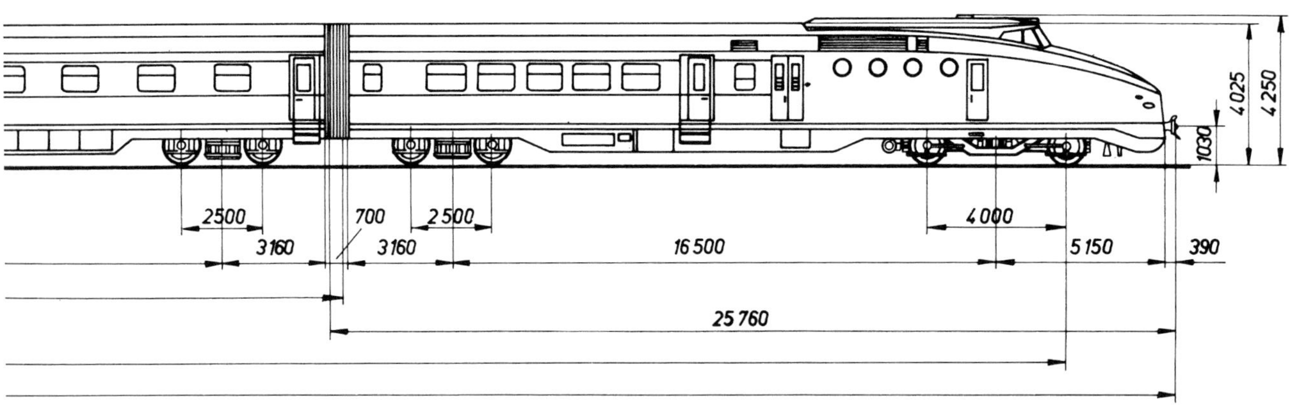

stromversorgung 50 Hz 220 V und Bedienbarkeit der Bremse von Bremseinrichtung des Schiffes).
Mit Beendigung des Sommerfahrplans 1981 schieden die Triebzüge aus dem internationalen Einsatz aus. Sie werden jetzt nicht mehr planmäßig eingesetzt.
Die Triebzüge waren im Bw Berlin-Karlshorst, später Bw Berlin Ostbahnhof (heute Bw Berlin Hauptbahnhof), beheimatet.
Der Probetriebzug wurde im Jahre 1982 ausgemustert. Zwei weitere Triebwagen wurden nach Unfallschäden ausgemustert, wobei der Reservemaschinenwagen 175 017 in 175 004^{II} umgezeichnet wurde.
Der Triebzug 175 005/175 305/175 405/175 006 war zum fahrenden "Jugendklub ‚Ernst Thälmann' Elektrifizierung" umgebaut worden.
Ein sechsteiliger Triebzug (Triebwagen 175 014 und 175 019, Mittelwagen 175 313 Speisewagen, 175 413 1.-Klasse-Wagen, 175 507 2.-Klasse-Wagen sowie 175 511 Salonwagen mit vier Abteilen 1. Klasse und Tanzfläche) wurde 1991 wieder aufgebaut (neue Baureihennummer 675/975). Andere Trieb- und Mittelwagen wurden 1993 ausgemustert bzw. sind noch abgestellt und zum Verkauf vorgesehen. Der Triebzug 675 015/975 315/975 413/675 016 wurde von einer Berliner BSW-Gruppe zum „Treffpunkt Wriezener Bahnhof" aufgearbeitet.

Fahrzeugteil

Laufwerk: Triebdrehgestelle Sonderkonstruktion, enthält gesamte Antriebsausrüstung (Motor und Getriebe). Kastenkonstruktion, vollständig geschweißt. Einstellbare Radsatzlenker. Wälzradsatzlager. Radsatzfederung Schraubenfedern. Wiegenfederung Schraubenfedern. Hydraulische Stoßdämpfer.
Laufdrehgestelle Kastenkonstruktion, vollständig geschweißt, radsatzhalterlos. Radsatzlenker aus Stahl, teilweise versuchsweise Blattlenker aus glasfaserverstärktem Polyester. Wälzradsatzlager. Radsatzfedern Schraubenfedern. Wiegenfederung Schraubenfedern. Hydraulische Stoßdämpfer.
Wagenkasten: Selbsttragende Schweißkonstruktion aus Blechen und Leichtprofilen. Untergestell aus Walzprofilen und Blechen geschweißt. Sickenblechfußboden in Konstruktion einbezogen. Führerkabine auf Dach aufgesetzt und verschweißt. Tief herabgezogene Schürze und Bodenwanne. An Stirnenden keine Übergangsmöglichkeit. Innerhalb des Triebzuges Übergänge mit Gummiwülsten. An Wagenkästenaußenwand Faltenbalg.
Bei 175 007 und 175 008 Vorbau der Triebwagen aus glasfaserverstärktem Polyester. Ab 175 009 Vorbauschürze der Triebwagen aus glasfaserverstärktem Polyester.
Zug- und Stoßvorrichtung: Selbsttätige Mittelpufferkupplung Bauart Scharfenberg. Pneumatische und elektrische Leitungen werden mitgekuppelt. Innerhalb des Triebzuges Kurzkupplung Bauart Scharfenberg. Dämpfungspuffer.
Druckluftanlage: Luftverdichter. Hauptluftbehälter. Hauptluftbehälterleitung. Sandstreueinrichtung.
Bremse: Mehrlösige Klotzbremse Bauart KEs (VT 18.16.01 Hikss). Doppelbremssohlen. Gleitschutzregler für alle Radsätze. Magnetschienenbremse (in Laufdrehgestellen). Spindelhandbremse.
Besonderheit: Zugelassen für Fährverkehr nach UIC-Richtlinien.

Fahrgastraum

Gestaltung: Dem internationalen Expreßzugverkehr angepaßt.
Triebwagen 175.0: Maschinenvorbau; Führerstand; Maschinenraum; Gepäck- bzw. Postabteil; Dienst- bzw. Funkabteil; Einstiegraum; Großraum 2. Klasse mit sieben Sitzreihen; Toilette.
Mittelwagen 175.3: Einstiegraum; Toilette; Küche; Anrichte; Speiseraum; drei Abteile 2. Klasse (durch große Stecktische auch als weitere Speiseabteile nutzbar); Vorraum.
Mittelwagen 175.4: Einstiegraum; Toilette; sechs Abteile 1. Klasse; drei Abteile 2. Klasse; Toilette; Waschraum; Einstiegraum. (Bei 175 401 sieben Abteile 1. Klasse und ein Großabteil 1. Klasse.)
Mittelwagen 175.5: Einstiegraum; Heizkesselraum; neun Abteile 2. Klasse; Toilette; Waschraum; Einstiegraum.
Führerstände vom Maschinenraum betretbar; hochgelegen.
Einstieg: Einstiege an Wagenenden, z. T. nur über Nachbarwagen. Einflüglige Drehfalttüren (bei 175 001 Schiebetüren). Zugang über Trittstufen. Elektropneumatische Türschließeinrichtungen.
1. Klasse: Geschlossene Abteile mit Seitengang. Sitzplatzanordnung 0 + 3; Abteiltiefe 2 000 mm, Sitzplatzbreite 666 mm, Gangbreite 745 mm. Polstersitze.
Im Wagen 175 401 (ex VMd 18.16.01) versuchsweise Großabteil, 3 845 mm lang, als Konferenzraum nutzbar. Sondereinrichtung (zwei Polsterbänke, vier Sessel, zwei Tische). Indirekte Beleuchtung.
2. Klasse: Geschlossene Abteile mit Seitengang. Sitzplatzanordnung 0 + 4; Abteiltiefe 1 750 mm (175.3) bzw. 1 985 mm (175.5), Sitz-

platzbreite 500 mm, Gangbreite 750 mm. Polsterbänke.
Großräume mit sieben Sitzreihen und Mittelgang. Sitzplatzanordnung 2 + 2; gepolsterte Doppelsitze, drehbar.
Speiseraum: Großraum mit vier Abteilen und Mittelgang. Sitzplatzanordnung 1 + 2; Abteiltiefe 1775 mm, Sitzplatzbreite 685 mm bzw. 642 mm, Gangbreite 800 mm. Klappbare Polsterbänke, nach oben klappbare Speisetische.
Küche: 4 155 mm lang.
Anrichte: 2 900 mm lang.
Gepäck- bzw. Postraum: 1 775 mm lang. Beidseitig doppelflüglige Drehtür.
Heizung: Warmwasserheizung und vorgewärmte Frischluft, je ein VT und ein VM (VMc, VMd) bilden eine Anlage. Ölheizkessel, Motorkühlwasser einbeziehbar. Druckbelüftung. VMe eigene Anlage. Fremdeinspeisung 16 $^2/_3$ Hz, 1 000 V in Teil der Triebzüge.
Beleuchtung: Leuchtstofflampen, 50 Hz 220 V bzw. 50 bis 60 Hz 180 V. Umformer und Hilfsgeneratoren mit gepufferter Batterie. Glühlampen für Nebenräume.

Maschinenanlage

Anordnung: Maschinenanlage im Triebdrehgestell, im Maschinenvorbau und unterhalb des Wagenkastens untergebracht. Großtauschteile entsprechen denen der Diesellokomotiven der BR 118 und BR 110 sowie teilweise der BR 106. Zwei Maschinenanlagen.
Motor: Im Probetriebzug Dieselmotor Typ 12 KVD 18/21 A, 12 Zylinder, V-förmig 60°, 4 Takte, Nennleistung 660 kW. Abgasturbolader. Wasserkühlung. Elektrischer Anlasser.
In Serienfahrzeugen (z. T. erst durch Umbau) Dieselmotor Typ 12 KVD 18/21 A II, 12 Zylinder, V-förmig, 4 Takte. Nennleistung 736 kW, Abgasturbolader. Wasserkühlung. Elektrischer Anlasser.
Leistungsübertragung: Gelenkwellen; Strömungsgetriebe (Typ LT 306 r, drei Drehmomentwandler, eine vor- und eine nachgeschaltete Zahnradübersetzung, Fahrtwendeschaltung. Wandler ohne Zugkraftunterbrechung umgeschaltet). Radsatzgetriebe (Typ AÜK 20-1).
Steuerung: Vielfachsteuerung =110 V, Steuerung von zwei Triebzügen. Elektrischer Drehzahlversteller für Dieselmotor, Getriebesteuerung selbsttätig in Abhängigkeit von Fahrgeschwindigkeit und Motordrehzahl.
Hilfseinrichtungen: Kühler für Dieselmotorkühlwasser. Batterie =110 V, 325 Ah. Fremdeinspeisung 50 Hz, 380/220 V, teilweise auch 50 Hz 220 V. Wegabhängige Sicherheitsfahrschaltung. Induktive Zugbeeinflussung. Selbsttätiges Überwachungssystem für Motor, Getriebe und Ölheizanlage. Bromid-Löschanlage für Maschinenräume, halbautomatisch.

181.0

VT 12.14

(1 B) 2′+2′2′+2′2′+2′ (B 1)
1954 bis 1970
Techn. Daten: Seite 322

Da in den ersten Nachkriegsjahren die Industrie noch nicht lieferfähig war, sah sich die DR veranlaßt, Neubauten zunächst im Ausland zu beschaffen. Die ersten neuen Triebzüge kamen aus Ungarn und wurden im Jahre 1954 in Dienst gestellt.
Der Triebzug bestand aus zwei Triebwagen und zwei dazwischengestellten Mittelwagen. Beachtenswert ist, daß ein mechanisches Getriebe zur Leistungsübertragung verwendet wurde.
Die Triebzüge dienten längere Zeit im internationalen Verkehr: Sie befuhren ab 1. März 1954 die Strecke Berlin–Prag und später auch Berlin–Hamburg sowie als „Berolina“ die Strecke Berlin–Warschau–Brest. Die Triebzüge erfüllten hinsichtlich ihrer Laufeigenschaften nicht die an sie gestellten Erwartungen. Sie waren im Bw Berlin-Karlshorst beheimatet.
Der Triebzug VT 12.14.02 wurde im Jahre 1963 als dreiteilige Einheit ersatzweise für einen bei einem Betriebsunfall beschädigten gleichartigen ČSD-Triebzug an die ČSD abgegeben. Die zwei anderen Triebzüge wurden im Jahre 1970 ausgemustert.

Fahrzeugteil

Laufwerk: Triebdrehgestell dreiachsig, vorderer Radsatz Laufradsatz. Kastenkonstruktion, vollständig geschweißt, drehzapfenlos (Patent Ganz-Rónai). Drehbare Stahlgußgleitbacken zentrieren und führen Bewegung des Drehgestells und übertragen Last. Wälzradsatzlager. Radsatzfederung Schraubenfedern. Mittlerer Radsatz geschwächter Spurkranz.
Laufdrehgestelle ebenfalls Kastenkonstruktion, vollständig geschweißt, drehzapfenlos (Patent Ganz-Rónai). Drehbare Stahlgußgleitbacken zentrieren und führen Bewegung des Drehgestells und übertragen Last. Wälzradsatzlager. Radsatzfederung Schraubenfedern.
Wagenkasten: Geschweißte Stahlkonstruktion aus Walzprofilen und gekanteten Blechen. Im Bereich der Einstiege Langträger des Untergestells durch geschweißte Tragwerke ersetzt. Wellblechfußboden. Schürze. Bleche am Kupplungsende zur Verminderung des Luftwiderstandes. Stirnenden abgeschrägt. An Stirnenden keine Übergangsmöglichkeit. Innerhalb des Triebzuges Übergänge mit Faltenbalg.
Zug- und Stoßvorrichtung: Schraubenkupplung mit Hülsenpuffern, auch innerhalb Triebzug.
Druckluftanlage: Luftverdichter, Hauptluftbehälter, Hauptluftbehälterleitung. Sandstreueinrichtung.
Bremse: Mehrlösige Klotzbremse Bauart Hikss. Doppelbremsklötze. Spindelhandbremse.

Fahrgastraum

Gestaltung: Dem Schnellzugverkehr angepaßt.
VTa: Führerstand; Maschinenraum; Gepäckabteil; Einstiegraum; Funkkabine; fünf Abteile 2. Klasse; Einstiegraum.
VMc: Einstiegraum; Großraum 2. Klasse mit drei Abteilen; Großraum 2. Klasse mit drei Abteilen; Großraum 2. Klasse mit drei Abteilen; Einstiegraum.
VMd: Einstiegraum; neun Abteile 1. Klasse; Einstiegraum.
VTb: Einstiegraum; Kiosk; Speiseraum; Küche; Einstiegraum; Gepäckabteil; Maschinenraum; Führerstand.
Führerstand von Maschinenraum betretbar, hochgelegen.
Einstieg: An Wagenenden einflüglige Drehtüren, lichte Türweite 800 mm. Zugang über Trittstufen. Trittstufen bei geschlossener Tür abgedeckt.

181 001 bis 181 004
Foto: Archiv transpress

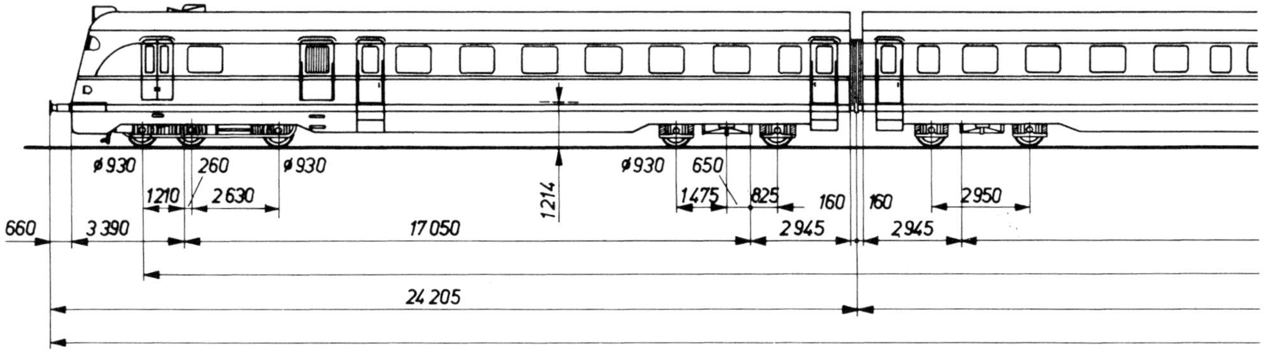

181 001 bis 181 004

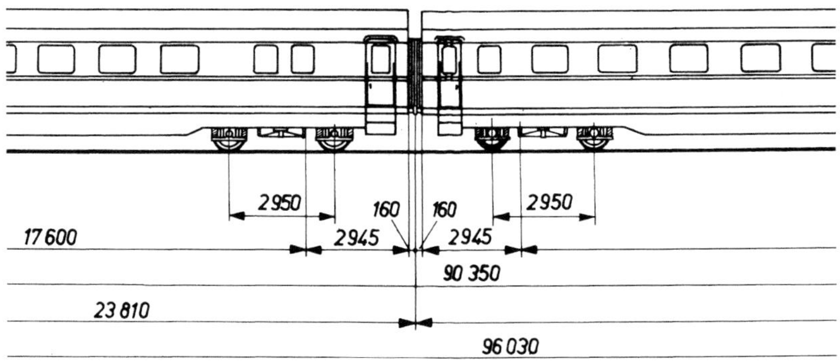

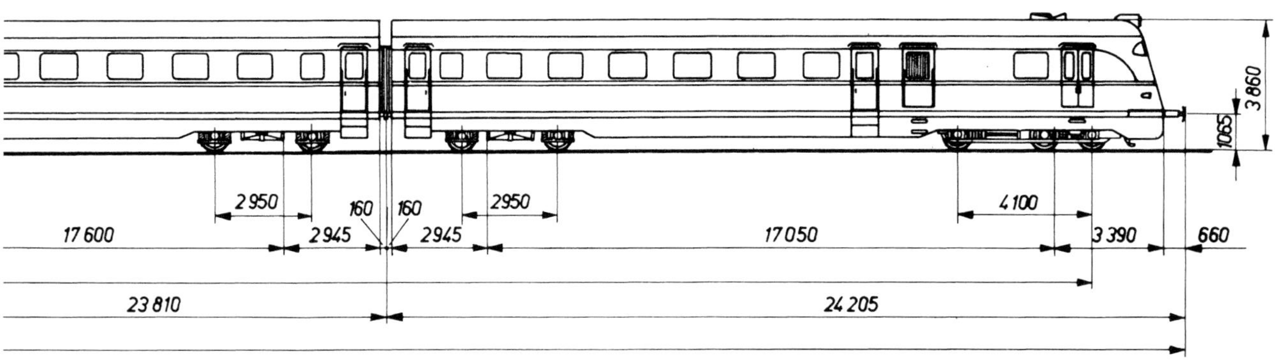

1. Klasse: Geschlossene Abteile mit Seitengang. Sitzplatzanordnung 0 + 3; Abteiltiefe 2 000 mm, Sitzplatzbreite 640 mm, Gangbreite 715 mm. Polstersitze.
2. Klasse: Großräume mit drei Abteilen und Mittelgang. Sitzplatzanordnung 2 + 2; Polsterwendesitze. Geschlossene Abteile mit Seitengang. Sitzplatzanordnung 0 + 4; Abteiltiefe 2 000 mm, Sitzplatzbreite 480 mm, Gangbreite 715 mm. Polstersitzbänke.
Speiseraum: Großraum mit vier Abteilen und Mittelgang. Sitzplatzanordnung 2 + 2. Abteiltiefe 1823 mm, Gangbreite 630 mm. Polsterstühle, nach oben klappbare Speisetische.
Gepäckraum: Beidseitig Einfachschiebetür.
Maschinenraum: Beidseitig doppelflüglige Drehtür.
Heizung: Warmwasserheizung,

für jeden Wagen getrennte Anlage. Kohlebeheizte Kessel, in Triebwagen Motorkühlwasser einbeziehbar. Belüftungsanlage.
Beleuchtung: Glühlampen =110 V. Hilfsgenerator mit Batterie gepuffert. VT und benachbarter VM bilden je eine Anlage.

Maschinenanlage

Anordnung: Maschinenanlage im Maschinenraum und unterhalb des Wagenkastens angeordnet. Dieselmotor über elastische Zwischenlagen direkt an Drehgestellrahmen befestigt. Zwei gleiche Antriebsanlagen.
Motor: Dieselmotor Typ Ganz XII Jv 170/240, 12 Zylinder, V-förmig, 4 Takte. Wasserkühlung. Elektrischer Anlasser.
Leistungsübertragung: Trockenlamellenkupplung (elektropneumatisch geschaltet); Zahnradgetriebe zum Ausgleich der Achsmittenunterschiede, mechanische Zahnradgetriebe (fünf Gänge, elektropneumatisch geschaltet, Verriegelungshebel verhindern gleichzeitiges Schalten mehrerer Gänge); Wendegetriebe (elektropneumatisch geschaltet); Gelenkwellen; Radsatzgetriebe.
Steuerung: Vielfachsteuerung, Steuerung von zwei Triebzügen; im gesteuerten Zug Maschinist zur Überwachung der Maschinenanlagen erforderlich.
Hilfseinrichtungen: Nebenaggregate von Hauptkupplung angetrieben. Kühler für Dieselmotorkühlwasser. Batterie =110 V, 200 Ah. Batteriegespeister Hilfsluftverdichter.

188.0

ORT 135 701 bis 706
DB/DR 708.0

A 1

ab 1956

Techn. Daten: Seite 311

Für die Instandhaltung der Oberleitung und für die Beseitigung von Störungen an Oberleitungen beschaffte die DR im Jahre 1956 zwei neue zweiachsige Triebwagen aus einheimischer Produktion, die eine Weiterentwicklung von für die PKP gelieferten dieselmechanischen Triebwagen sind. Die Arbeitsgeschwindigkeit beträgt 7 km/h (1. Gang). Im Jahre 1958 folgten drei Triebwagen (spätere Betriebsnummern ORT 135 703, ORT 135 705 und ORT 135 706).
Die Triebwagen können mit einer Anhängemasse von 25 t eine Geschwindigkeit von 50 km/h in der Ebene erreichen. Meist verkehren sie jedoch nur als Einzelfahrzeuge. Sie bewährten sich gut im Betriebseinsatz, stehen jedoch zur Ausmusterung an.

Fahrzeugteil

Laufwerk: Wälzradsatzlager. Radsatzfederung Blattfedern.
Wagenkasten: Geschweißte Stahlkonstruktion in Leichtbauweise aus Blechen und Walzprofilen, mit Stahlblech bekleidet. Untergestell Schweißkonstruktion aus Blechen und Profilen, besondere Konstruktion im Bereich der Einstiege. Im Fußboden Klappen für Wartung der Maschinenanlage. Stirnenden abgerundet. Keine Übergangsmöglichkeit.
Zug- und Stoßvorrichtung: Schraubenkupplung, Hülsenpuffer.
Druckluftanlage: Luftverdichter, Hauptluftbehälter. Sandstreueinrichtung.
Bremse: Einlösige Klotzbremse Bauart Kp. Spindelhandbremse.

Innenraum

Gestaltung: Führerstand; Arbeitsraum; Maschinenraum; Aufenthaltsraum, Führerstand.
Einstieg: In Wagenmitte doppelflüglige Schiebetür. Zugang über Trittstufen.
Arbeitsraum: 6775 mm lang; enthält Werkbank, Schränke für Werkzeug und Ersatzteile.
Maschinenraum: Unter Aufgang zum Beobachtungsdom. Dieselelektroaggregat und Kohlebehälter.
Aufenthaltsraum: 2 650 mm lang; enthält Tisch und sieben Stühle, Schränke.
Beobachtungsdom: Hinter Führerstand 1 ist Lehrstromabnehmer Typ SBS 58, wird elektropneumatisch gehoben bzw. gesenkt, hat am Schleifstück eine Skala für Fahrdrahtseitenlage und Meßwerk für Fahrdrahthöhe. Fenster mit Scheibenwischer. Zwei Sitzplätze und klappbares Schreibpult. Fernsprech- und Klingelanlage zu Führerständen.
Arbeitsbühne: Betretbar von Beobachtungsdom. Ausstiegklappe nur zu öffnen, wenn Stromabnehmer anliegt und damit Fahrleitung geerdet ist. Arbeitsbühne 3 740 mm x 1 970 mm, mechanisch

ORT 135 705 (später 188 005)
Foto: Archiv transpress

seitlich schwenkbar um 2 x 90°, ergibt seitliche Ausladung von 2 700 mm. Klappbare Seitengitter. Klappbare Leiter läßt sich auf 9 000 mm über Schienenoberkante ausschieben.
Heizung: Warmwasserheizung. Kohlebeheizter Ofen. Später Umbau auf kombiniertes Heiz- und Motorkühlsystem, dieselkraftstoffbeheizter Kessel.
Beleuchtung: Glühlampen =24 V.

Maschinenanlage

Anordnung: Maschinenanlage unterhalb Wagenkasten. Dieselmotor elastisch am Untergestell aufgehängt. Hilfsdieselaggregat in besonderem Raum in Wagenkasten untergebracht.
Motor: Dieselmotor Typ EM 6-20-7, 6 Zylinder, stehend, 4 Takte. Nennleistung 73,5 kW, Nenndrehzahl 2 000 min^{-1}. Wasserkühlung. Elektrischer Anlasser.
Später Dieselmotor Typ 6 KVD 14,5 SRW mit Nennleistung 99 kW und Nenndrehzahl 1 800 min^{-1} bzw. Nennleistung 111 kW und Nenndrehzahl 2 000 min^{-1}.
Weiterer Umbau ab 1977 auf Dieselmotor Typ 6 VD 14,5/12-2 SRW, 6 Zylinder, stehend, 4 Takte. Nennleistung 103 kW, Nenndrehzahl 2 000 min^{-1}.
Leistungsübertragung: Zweischeibentrockenkupplung (später Einscheibentrockenkupplung und nachgeordnete Dreiklauen-Gelenkseilscheibe); mechanisches Zahnradgetriebe (vier Gänge, mechanische Gangvorwahl und pneumatische Schaltung); Gelenkwelle; Kegelradwendegetriebe (pneumatische Schaltung).
Steuerung: Einfache Fahrsteuerung, mechanische und pneumatische Betätigung.
Hilfseinrichtungen: Batterie =24 V, 300 Ah. Hilfsdieselaggregat mit Motor Typ GD 1, 1 Zylinder, 4 Takte. Nennleistung 6,3 kW, Nenndrehzahl 2 000 min^{-1}; zwei Generatoren (220 V 50 Hz, 3 kVA und =24 V, 2 kW), später Gleichstromlichtmaschine durch 3-kW-Drehstromgenerator mit elektronischem Regler ersetzt. Sicherheitsfahrschaltung, später elektronische Sicherheitsfahrschaltung.

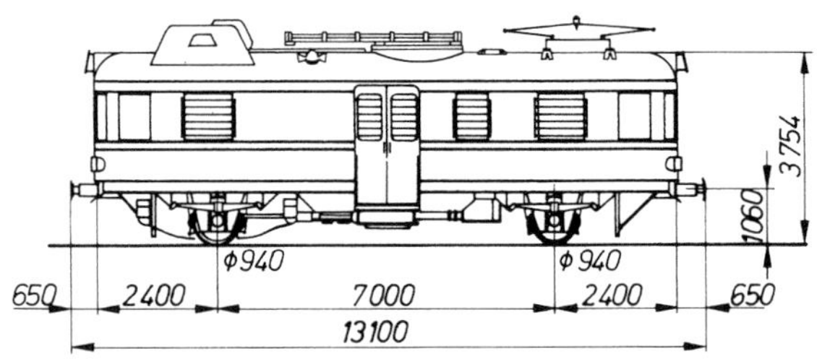

188 001 bis 188 006

188.1

VT 137 700
DB/DR 723.1

2'Bo'

ab 1958

Techn. Daten: Seite 241

Im Jahre 1958 baute die DR den Triebwagen VT 137 063 zu einem Funk-Meß-Triebwagen um, der anfangs die Betriebsnummer VT 137 700 hatte. Später wurde er als 188 101 bezeichnet. Der Bahndiensttriebwagen, der jetzt die Betriebsnummer 723 101 hat, wird heute noch eingesetzt und ist in Berlin stationiert. Nutzer dieses Fahrzeuges ist eine zentrale Dienststelle der DR.
Der Fahrzeugteil und die Maschinenanlage entsprechen den anderen Triebwagen dieser Baureihe, während der Innenraum dem neuen Einsatzgebiet angepaßt wurde. Die Abgasführung wurde ebenfalls verändert.

188.2

ORT 137 710 bis 715
DB/DR 708.2

(1 A) 2'

ab 1968

Techn. Daten: Seite 319

Wenn sich auch die zweiachsigen Oberleitungsrevisionstriebwagen (ORT 135 701 bis ORT 135 706) gut bewährt hatten, so benötigte die DR dennoch größere Fahrzeuge für die Fahrleitungsmeistereien (später: Bahnstromwerke). Ende 1968 stellte sie das erste derartige Fahrzeug in Dienst.
Die Triebwagen werden bei der planmäßigen Instandhaltung und bei der Beseitigung von Störungen der Oberleitungsanlagen mit gutem Erfolg eingesetzt. Sie können mit einer Anhängemasse von 50 t eine Geschwindigkeit von 58 km/h in der Ebene erreichen. Meist verkehren sie jedoch als Einzelfahrzeuge. Die Arbeitsgeschwindigkeit beträgt 7,5 km/h.

Fahrzeugteil

Laufwerk: Drehgestelle Schweißkonstruktion. Wälzradsatzlager. Radsatzfederung Blatt- und Schraubenfedern. Wiegenfederung Schraubenfedern.
Wagenkasten: Geschweißte Stahlkonstruktion in Spantenbauweise. Dachseitenteile verstärkt, werden zum Tragen mit herangezogen. Dach im Bereich der Hebebühne abgesenkt. Untergestell Schweißkonstruktion aus Profilen und Blechen. Stirnenden abgerundet. Keine Übergangsmöglichkeit.
Zug- und Stoßvorrichtung: Schraubenkupplung, Hülsenpuffer.
Druckluftanlage: Luftverdichter, Hauptluftbehälter. Elektropneumatische Sandstreueinrichtung.
Bremse: Einlösige Klotzbremse Bauart Kp. Spindelhandbremse.

Innenraum

Gestaltung: Führerstand; Aufenthaltsraum; Toilette; Werkstattraum; Maschinenraum; Führerstand.
Einstieg: In Wagenmitte doppelflüglige Schiebetür, lichte Weite 1 300 mm. Zugang über Trittstufen.
Aufenthaltsraum: 4 290 mm lang. Enthält Arbeitstisch, sechs Stühle, eine Sitzbank, Schränke.

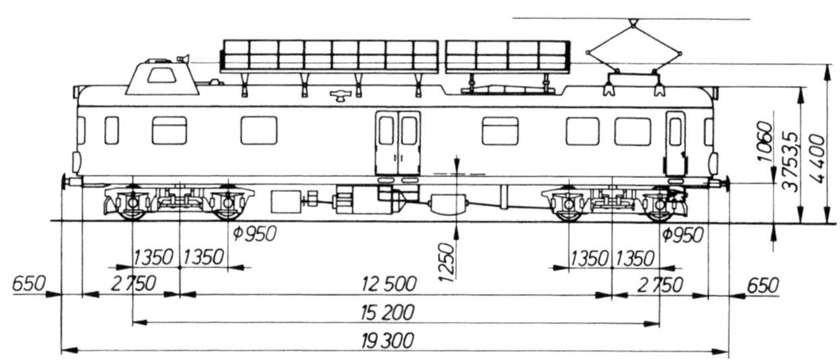

188 201 bis 188 206

ORT 137 714 (später 188 205)
Foto: Archiv transpress

Werkstattraum: 10 595 mm lang. Enthält Werkbank, Werkzeugschrank, Arbeitsmittel. Ferner Heizkessel.
Maschinenraum: Unter Aufgang zum Beobachtungsdom Dieselelektroaggregat.
Beobachtungsdom: Hinter Führerstand 2. Zwei Klappsitze, ein Schreibpult und ein höhenverstellbarer Drehstuhl. Wechselsprechanlage mit Führerständen. Lehrstromabnehmer mit Druckluft betätigt. Skala am Schleifstück für seitliche Fahrdrahtlage und Meßwerk für Fahrdrahthöhe. Fenster mit Scheibenwischer.
Arbeitsbühne: Vom Beobachtungsdom betretbar. Ausstiegklappe nur zu öffnen, wenn Stromabnehmer anliegt und Fahrleitung geerdet ist. Feste Arbeitsbühne 6 310 mm lang; heb- und schwenkbare Arbeitsbühne 3 680 mm lang, beide 1960 mm breit. Bewegliche Arbeitsbühne kann bis auf 5720 mm über SO gehoben werden, ist um 2 x 90° seitlich schwenkbar, ergibt seitliche Ausladung von 2350 mm. Antrieb elektrohydraulisch.
Heizung: Warmwasserheizung, kohlegefeuerter Ofen und Wärmetauscher, Motorkühlwasser.
Beleuchtung: Glühlampen =24 V.

Maschinenanlage

Anordnung: Maschinenanlage unterflur. Motor auf Tragrahmen, der am Untergestell schwingungsgedämpft aufgehängt ist. Hilfsdieselaggregat in Maschinenraum innerhalb des Wagenkastens.
Motor: Unterflurdieselmotor Typ 6 VD 18/15-1, 6 Zylinder, liegend, 4 Takte. Wasserkühlung. Elektrischer Anlasser.
Leistungsübertragung: Strömungskupplung; Gelenkwelle; Zahnradschaltgetriebe (Typ ESA 86, elektromagnetische Überholkupplungen, 6 Gänge); Gelenkwellen; Radsatzwendegetriebe (Typ AWÜK 14, pneumatisch betätigt).

Steuerung: Elektrische Steuerung.
Hilfseinrichtungen: Unterflurkühler für Motorkühlwasser. Luftverdichter vom Dieselmotor angetrieben. Hilfsdieselmotor Typ 2 VD 12,5/9 SRL, Nennleistung 10 kW, 2 Zylinder mit Hilfsgenerator =24 V, 2 kW; mit Batterie gepuffert. Weiterer Hilfsgenerator 50 Hz, 220/380 V Ds, 5 kVA. Batterie =24 V, 260 Ah. Sicherheitsfahrschaltung.

188.3

DB/DR 708.3

B'2'

ab 1987

Techn. Daten: Seite 323

Die Elektrifizierung der Hauptstrecken der DR erforderte für die Instandhaltung der Oberleitungsanlagen neue Oberleitungsrevisionstriebwagen. Obwohl die bisherigen Baureihen noch im Einsatz sind, war es unter Auswertung der vorliegenden Betriebserfahrungen erforderlich, eine neue Baureihe zu entwickeln.
Der erste Triebwagen der Baureihe 188.3 wurde auf der Frühjahrsmesse 1987 in Leipzig vorgestellt. Der Triebwagen kann allein eine Geschwindigkeit von 100 km/h und mit 50 t Anhängemasse 80 km/h erreichen. Die minimale Arbeitsgeschwindigkeit beträgt 5 km/h.
Nach den beiden Prototriebwagen, die eingehend erprobt wurden, folgte ab 1989 die Serienfertigung von 35 Fahrzeugen. Die Bahndiensttriebwagen werden durch die Bahnstromwerke eingesetzt.

Fahrzeugteil

Laufwerk: Drehgestelle Schweißkonstruktion, Bauart Görlitz V angepaßt. Wälzradsatzlager. Radsatzfederung Schraubenfedern. Wiegenfederung Schraubenfedern. Wiege über zwei Wannen pendelnd am Drehgestellrahmen aufgehängt.
Wagenkasten: Untergestell Schweißkonstruktion aus gewalzten Stahlleichtprofilen. Wagenka-

188 301
Foto W. Theurich

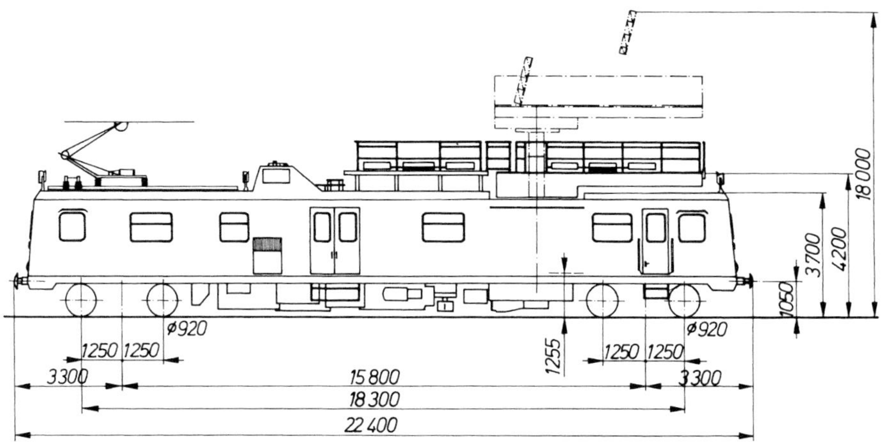

188.3

stengerippe geschweißte Stahlkonstruktion aus gezogenen und gekanteten Stahlleichtprofilen. Außenflächen glatt. Dach gerade, im Bereich der beweglichen Arbeitsbühne abgesenkt. Keine Übergangsmöglichkeit.
Zug- und Stoßvorrichtung: Schraubenkupplung, Hülsenpuffer.
Druckluftanlage: Luftverdichter, Hauptluftbehälter. Elektropneumatische Sandstreueinrichtung.
Bremse: Mehrlösige Scheibenbremse Bauart KE. Spindelhandbremse.

Innenraum

Gestaltung: Führerstand; Werkstattraum; Toilette; Aufenthaltsraum; Führerstand. Für Führerstand arbeitspsychologisch gestaltete Ausführung der Ellok-Baureihe 243 (jetzt 143) weitgehend übernommen.
Einstieg: Auf jeder Wagenseite eine Drehtür, nach innen öffnend, Zugang über Trittstufen. In Wagenmitte doppelflüglige Schiebetür, lichte Weite 1 200 mm. Zugang über Trittstufen.
Aufenthaltsraum: 3 602 mm lang. Enthält Arbeitstisch, Sitzgelegenheiten für acht Personen, Schränke, elektrische Doppelkochplatte, Kühlschrank.
Werkstattraum: 13 769 mm lang. Enthält 6 m lange Werkbank mit zwei Schraubstöcken, Bohrmaschine und Schleifbock; Schränke und Regale für Werkzeug und Material.
Im Bereich der Schiebetüren ausfahrbarer Hubbalken. Flaschenzug, maximale Hubmasse 300 kg.
Beobachtungsdom: Über Treppe begehbares Podest im Werkstattraum, zur Beobachtung und zur Bedienung des Lehrstromabnehmers und der Suchscheinwerfer. Außerdem Ausstiegsplattform auf Arbeitsbühne. Lehrstromabnehmer mit optischer Meßeinrichtung für Fahrdrahthöhen- und -seitenlage, verschiedene Anpreßkräfte einstellbar.
Arbeitsbühne: Betretbar von Beobachtungsdom. Feste Arbeitsbühne 4 400 mm lang; heb- und schwenkbare Arbeitsbühne 6 290 mm lang. Bewegliche Arbeitsbühne kann bis auf 6 200 mm über SO angehoben werden, ist um 2 x 100° seitlich schwenkbar. Antrieb elektrohydraulisch. Hub- und Schwenkbewegungen der Hubbühne von Bühne oder von Beobachtungsdom möglich. Auf beweglicher Arbeitsbühne Leiter mit 12 m Steighöhe, Aufrichtwinkel 75°, seitlich 300 mm verschiebbar. Aufrichten und Ausfahren hydraulisch.
Heizung: Warmwasserheizung, ölgefeuertes Heizgerät und Wärmetauscher Kühlwasser von Dieselmotor. Elektrische Zusatzheizung auf Podest.
Beleuchtung: Leuchtstofflampen. Arbeitsplatzleuchten mit Glühlampen.

Maschinenanlage

Anordnung: Maschinenanlage unterflur. Alle Aggregate einzeln an Untergestell schwingungsgedämpft aufgehängt.
Motor: Unterflurdieselmotor Typ 6 VD 18/15 AL-2 HRW 123, 6 Zylinder, liegend, 4 Takte. Wasserkühlung. Elektrischer Anlasser.
Leistungsübertragung: Strömungsgetriebe Typ GS 20/4,2; Wendegetriebe; drehelastische Kupp-

lung; Gelenkwelle; Radsatzgetriebe innerer Radsatz; Gelenkwelle; Radsatzgetriebe äußerer Radsatz.
Steuerung: Elektrische Steuerung =110 V.
Hilfseinrichtungen: Unterflurkühler für Motorkühlwasser. Luftverdichter von Dieselmotor angetrieben. An Strömungsgetriebe Drehstromgenerator mit Gleichrichter (in Prototriebwagen Gleichstromgenerator), Nennleistung 15 kW, gepuffert mit Batterie =110 V, 260 Ah. Energieaggregat mit Dieselmotor und Drehstromgenerator 220/380 V 50 Hz, Nennleistung 12 kW, mit nachgeschalteten Transformatoren und Gleichrichtern. Batterien =110 V und =24 V. Beleuchtung der Arbeitsbühnen und Suchscheinwerfer. Fremdeinspeisung 230/400 V 50 Hz. Elektronische Sicherheitsfahrschaltung. Induktive Zugbeeinflussung. Mobile Empfangs- und Sendeeinrichtung.

VT 07.5

B′2′+2′2′+2′2′

1951 bis 1960

Techn. Daten. Seite 336

Von den SVT Bauart „Berlin“ (s. S. 108) blieben nach dem Zweiten Weltkrieg bei der DB die Mittelwagen c und die Steuerwagen erhalten. Da einerseits ein Bedarf an Schnelltriebzügen bestand, andererseits auch Großdieselmotoren mit hydraulischem Getriebe für neue Schnelltriebwagenbaureihen vorgesehen waren, wurden die Mittel- und Steuerwagen zu zwei dreiteiligen Triebzügen umgebaut, wobei der Maschinenwagen vom WMD völlig neu gebaut wurde.
Die Triebzüge wurden im Schnellzugdienst eingesetzt. Sie gehörten zuerst zu den Bw Dortmund Bbf bzw. Bw Frankfurt-Griesheim und verkehrten als F-Züge. Später waren sie auch im Bw Hamburg-Altona beheimatet und wurden als Verstärkungseinheit des TEE 77/78 verwendet. Später gehörten sie zum Bw Dortmund Bbf und Bw Köln-Nippes. Am 4. Juli 1960 wurden die beiden Triebzüge im Rahmen der Typenbereinigung ausgemustert und die Maschinenanlagen als Tauschteile weiterverwendet.

Fahrzeugteil

Laufwerk: Triebdrehgestelle Schweißkonstruktion mit Doppel-T-Längsträgern und teilweise Hohlkastenkonstruktion und Tiefanlenkung. Wälzradsatzlager. Radsatzfederung Blattfedern. Kastenfederung zwei Sätze Schraubenfedern. Laufdrehgestelle angepaßte Konstruktion Bauart Görlitz. Wälzradsatzlager. Radsatzfederung Blatt- und Schraubenfedern. Wiegenfederung Blatt- und Schraubenfedern.
Wagenkasten: Spantenbauweise mit tragenden Seitenwänden. Schweißkonstruktion aus Blechen und leichten Stahlprofilen. Türen und Fenster außenhautbündig. Stirnenden abgerundet. Durchgehende Schürze. Innerhalb des Triebzuges durch Faltenbalg geschützte Übergänge, weiterer Faltenbalg an Außenhaut. An Stirnenden keine Übergangsmöglichkeit.
Zug- und Stoßvorrichtung: An Triebzugende selbsttätige Mittelpufferkupplung Bauart Scharfenberg. Elektrische und pneumatische Leitungen werden mitgekuppelt. Zwischen den Wagen Kurzkupplung mit Seitenpuffern.
Druckluftanlage: Luftverdichter, Hauptluftbehälter, Hauptluftbehälterleitung. Elektropneumatische Sandstreueinrichtung.
Bremse: Einlösige Bremse Bauart Kp, in Laufdrehgestellen als Klotzbremse, in Triebdrehgestell als Scheibenbremse, durch elektrische Steuerung mehrlösig. Spindelhandbremse.

Fahrgastraum

Gestaltung: Dem nationalen Fernschnellzugverkehr angepaßt.
VTa: Führerstand und Maschinen-

raum; Gepäckraum; fünf Abteile 1. Klasse; Einstiegraum.
VTb: Einstiegraum; neun Abteile 1. Klasse; Einstiegraum.
VTc: Einstiegraum; zwei Abteile 1. Klasse; Schreibabteil mit beweglicher Einrichtung und fünf Sitzplätzen; Speiseraum; Einstiegraum; Anrichte; Küche; Führerstand.
VTc (nach Umbau): Einstiegraum; ein Abteil 1. Klasse; Schreibabteil; Großabteil 1. Klasse; Speiseraum; Einstiegraum; Anrichte; Küche; Führerstand.
Einstieg: An Wagenenden und über Nachbarwagen. Einflüglige Schiebetür, lichte Weite 760 mm. Zugang über Trittstufen, klappbar, von Führerstand elektropneumatisch betätigt.
1. Klasse: Geschlossene Abteile mit Seitengang. Sitzplatzanordnung 0 + 3; Abteiltiefe 2 075 mm bzw. 2 000 mm, Sitzplatzbreite 651 mm, Gangbreite 700 mm. Polstersitze.
Großabteil 2 635 mm lang, Tisch und fünf Sessel, als Konferenzraum nutzbar.
Speiseraum: Großraum mit fünf Abteilen, Sitzplatzanordnung 1 + 2, 29 Sitzplätze. Abteiltiefe 1 700 mm, Sitzplatzbreite 677 mm bzw. 643,5 mm, Gangbreite 689 mm.
Gepäckraum: 4 875 mm lang. Beidseitig einflüglige Schiebetür.
Küche: 1 880 mm lang.
Anrichte: 1 800 mm lang.
Heizung: Triebwagen Warmwasserheizung, Ölheizkessel und Wärmetauscher. Steuer- und Mittelwagen Luftheizung, Ölheizkessel.
Beleuchtung: Glühlampen = 110 V, gespeist von Hilfsgenerator, gepuffert mit Bleibatterie.
Sondereinrichtung: Lautsprecheranlage.

Maschinenanlage

Anordnung: Maschinenanlage mit geschweißtem Tragrahmen im Triebdrehgestell angeordnet, ragt in Maschinenraum, mit Haube abgedeckt.
Motor: Dieselmotor, wahlweise Bauarten Daimler-Benz MB 820 Ab, MAN L 12 V 17,5/21 B und Maybach MD 650. Alle Typen 12 Zylinder, V-förmig, 4 Takte, Aufladung. Wasserkühlung. Elektrischer Anlasser.
Leistungsübertragung: Drehelastische Schwingmetallkupplung; Gelenkwelle; Strömungsgetriebe, wahlweise Typen Mo 32 (Wandler – vier mechanische Gänge) oder T 36 (spätere Bezeichnung LT 306 r) (drei hydraulische Drehmomentwandler); Gelenkwelle; Radsatztriebe.
Steuerung: Elektrische Vielfachsteuerung Typ 1949.
Hilfseinrichtungen: Hilfsdieselaggregat für Luftheizung und Batterieladung im Fahrzeugstillstand mit luftgekühltem KHD-Dieselmotor Typ F 2 L 514, 16,9 kW mit angebautem Gleichstromgenerator mit Dauerleistung 13,5 kW. Lüfter für Motorkühlwasser. Sicherheitsfahrschaltung. Induktive Zugbeeinflussung.

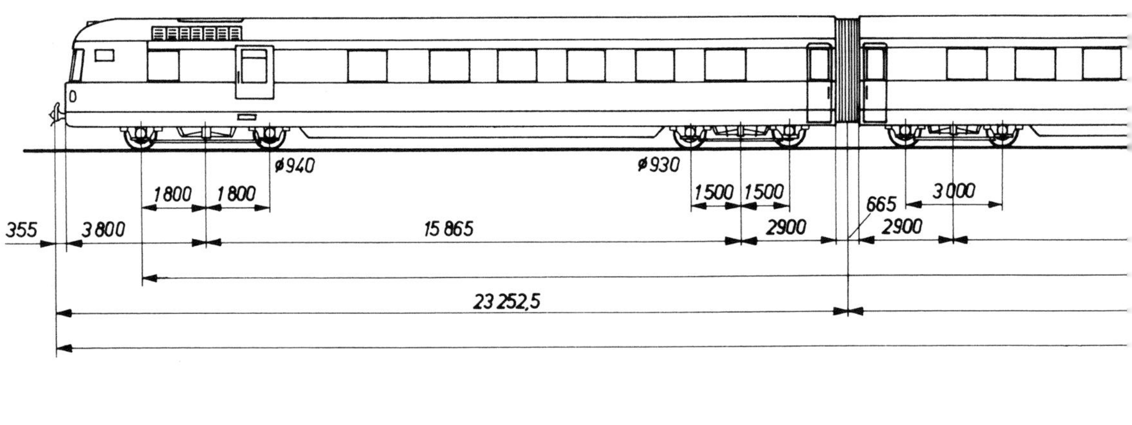

VT 07 501 und
VT 07 502

VT 10.5

B′1′1′1′1′1′1′B′
B′2′2′2′2′2′2′B′

1954 bis 1960

Techn. Daten: Seite 337

Im Streben um höhere Geschwindigkeiten ist die Verringerung der toten Fahrzeugmasse von eminenter Bedeutung, um nicht zu hohe Antriebsleistungen installieren zu müssen. Dabei war der Übergang vom Einzelwagen zum Triebzug ein wesentlicher Schritt. Im Ausland waren bereits früher Gliedertriebzüge gebaut worden, die durch ihre niedrige Sitzplatzmasse bestachen, z. B. der Talgo-Zug in Spanien. Obwohl Gliedertriebzüge betriebliche Nachteile besitzen, war die Erprobung derartiger Fahrzeuge wesentlich für die weitere Entwicklung.
Ein Konstruktionsbüro unter Leitung von Kruckenberg erhielt Aufträge für Entwürfe von Gliedertriebzüge durch die DB, die Deutsche Bundespost und die Deutsche Schlafwagen- und Speisewagen-Gesellschaft (DSG). Da die Bundespost später von der Entwicklung spezieller Posttriebzüge Abstand nahm, wurden zwei Triebzüge gebaut:
Tagesreisezug der DB VT 10 501, Hersteller Linke-Hofmann-Busch, Schlafwagenzug der DSG VT 10 501, Hersteller Wegmann.
Der VT 10 501 war ein Gliedertriebzug, dessen Glieder durch einachsige Laufwerke verbunden waren.
Der VT 10 501 war ein Gliedertriebzug, bei dem die einzelnen Wagenglieder durch Jacobs-Drehgestelle verbunden waren. Beide Triebzüge bestanden aus zwei Maschinen- und fünf Mittelwagen. Der Schlafwagenzug wurde nach den ersten Probefahrten um einen weiteren Mittelwagen (Speisewagen) verstärkt.
Die Triebzüge hatten eine Höchstgeschwindigkeit von 120 km/h, waren aber lauftechnisch für 160 km/h ausgelegt.
Die Triebzüge wurden auf der Verkehrsausstellung 1953 in München ausgestellt und ab Mai 1954 eingesetzt. Diese Züge blieben Einzelstücke; das wirkte sich auf den Betriebseinsatz recht nachteilig aus (Ersatzzug bei Reparaturen und Instandhaltung). Der Tagesreisezug lief als FT 41/42 "Senator" auf der Strecke Frankfurt (Main)–Hamburg, der Schlafwagenzug befuhr als FT 49/50 "Komet" dreimal in der Woche die Strecke Hamburg–Basel, ab Sommerfahrplan 1955 bis Zürich. Meist reichte das Platzangebot nicht aus. Ab 1. Januar 1955 ging der Schlafwagenzug in den Besitz der DB über, bewirtschaftet wurde er aber weiterhin von der DSG. Während der VT 10 501 bereits im Dezember 1956 ausgemustert wurde, blieb der VT 10 551 noch für Sonderfahrten vorgesehen, wurde jedoch im Oktober 1957 abgestellt und am 20. Dezember 1960 (zuletzt Bw Hamburg-Altona) ebenfalls ausgemustert. Im Jahre 1956 wurde für den VT 10 551 noch ein Salonwagen (VT 10 551 i) nachbeschafft, der für repräsentative Einsätze gedacht war. Nachdem 1960 beide Triebzüge ohne Erfolg zum Verkauf angeboten wurden, verschrottete man sie im Jahre 1963. Ein Wagenteil wird noch heute als Klubheim

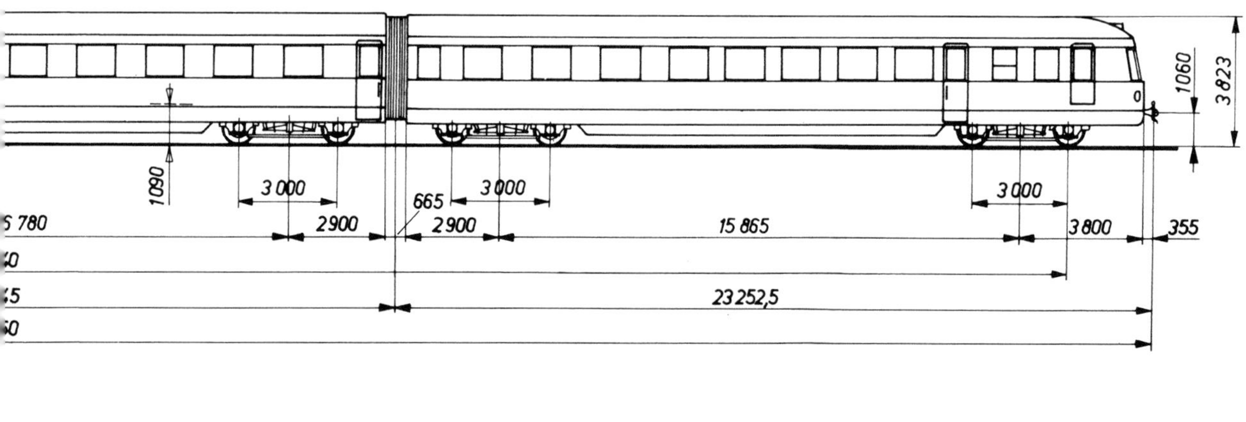

VT 10 501
Foto: Archiv transpress

in Nürnberg genutzt (VT 10 551 i) und steht auf zwei Drehgestellen. Insgesamt bewährten sich die Triebzüge, jedoch waren sie als Einzelfahrzeuge in der Instandhaltung zu teuer. Außerdem zeigten sich bei hohen Fahrgeschwindigkeiten schlechte Laufeigenschaften und eine zu große Geräuschbelästigung. Beim VT 10 551 ließen sich diese Mängel leicht beheben, beim VT 10 501 hingegen ergaben sich Schwierigkeiten. Insbesondere konnte das Schlingern nicht beseitigt werden. Die Triebzüge stellten einen Großversuch dar.

Fahrzeugteil

Laufwerk: Triebdrehgestellrahmen geschweißte Blechträgerkonstruktion aus Stahl. Radsatzlenker. Wälzradsatzlager. Radsatzfederung Blatt- und Schraubenfedern. Wiegenfederung Gummi- und Schraubenfedern. Stoßdämpfer.
Laufdrehgestell VT 10 501 Einradsatzlaufwerk System Kruckenberg, Kastenabstützung über Lenker. Längslenker Einstellung bei Kurvenlauf. Senkrechte und waagerechte Stöße und Schwingungen durch Stabilisatoren aufgenommen.
Laufdrehgestell VT 10 551 Jacobs-Drehgestell. Radsatzlenker. Radsatzfederung Torsionsfedern. Stoßdämpfer.
Wagenkasten: Biege- und verwindungssteife Röhrenkonstruktion in Schalenbauweise (VT 10 501) bzw. Spanten- und Schalenbauweisen (VT 10 551). Schweißkonstruktion (VT 10 501) bzw. Nietkonstruktion (VT 10 551). Untergestell, Kastengerippe, Gurte, Spanten und Bleche aus hochfesten Leichtmetallegierungen. Zwischen Wagengliedern Stabilisatoren (VT 10 551). Tief herabgezogene Schürze und Bodenwanne. Stirnenden aerodynamisch ausgebildet. An Stirnenden keine Übergangsmöglichkeit. Innerhalb Triebzug durch Faltenbalg geschützte Übergänge, an Wagenaußenhaut zusätzlich bündige Gummihaut.
Zug- und Stoßvorrichtung: An Stirnenden selbsttätige Mittelpufferkupplung Bauart Scharfenberg.

VT 10 551
Foto: Sammlung J. Deppmeyer

Elektrische und pneumatische Leitungen werden mitgekuppelt. Innerhalb Triebzug Bolzen-Mittelkupplung.
Druckluftanlage: Luftverdichter, Hauptluftbehälter, Hauptluftbehälterleitung.
Bremse: Einlösige Scheibenbremse Bauart Kp, elektrisch steuerbar. Magnetschienenbremse in Triebdrehgestellen. Spindelhandbremse.

Fahrgastraum VT 10 501

Gestaltung: Dem Luxus-Fernschnellverkehr angepaßt. Sehr großzügige Ausstattung, da verkehrswerbende Aufgabe. Kein besonderer Speiseraum, an allen Sitzplätzen Verabreichung von Speisen möglich.
Kopfglied A: Führerstand; Maschinenraum; Gepäckraum; Abteil 1. Klasse (Schreibabteil); Besprechungsabteil; Funksprechkabine; Einstiegraum.
Mittelglied 1: Großraum mit fünf Abteilen 1. Klasse.
Mittelglied 2: Großraum mit vier Abteilen 1. Klasse; Einstiegraum.
Mittelglied 3: Küche; Einstiegraum.
Mittelglied 4: Großraum mit fünf Abteilen 1. Klasse.
Mittelglied 5: Großraum mit drei Abteilen 1. Klasse; Einstiegraum.
Kopfglied B: Großraum mit sechs Sitzreihen 1. Klasse; Einstiegraum; Maschinenraum; Führerstand.
Einstieg: Nicht in jedem Wagen, Zugang teilweise über Nachbarwagen. Einflüglige Schwenkschiebetür, lichte Weite 800 mm bzw. 600 mm. Zugang über Trittstufen.
1. Klasse: Geschlossenes Abteil mit Seitengang, Sitzplatzanordnung 0 + 3; Abteiltiefe 2 300 mm. Polstersitze.
Großräume mit vier bzw. fünf Abteilen und Mittelgang. Sitzplatzanordnung 1 + 2. Abteiltiefe 2 300 mm, Sitzplatzbreite 680 mm. Polstersitze.
Großraum mit sechs Sitzreihen und Mittelgang. Sitzplatzanordnung 2 + 2. Sitzreihenabstand 1 100 mm. Gepolsterte Liegesitze.

VT 10 501

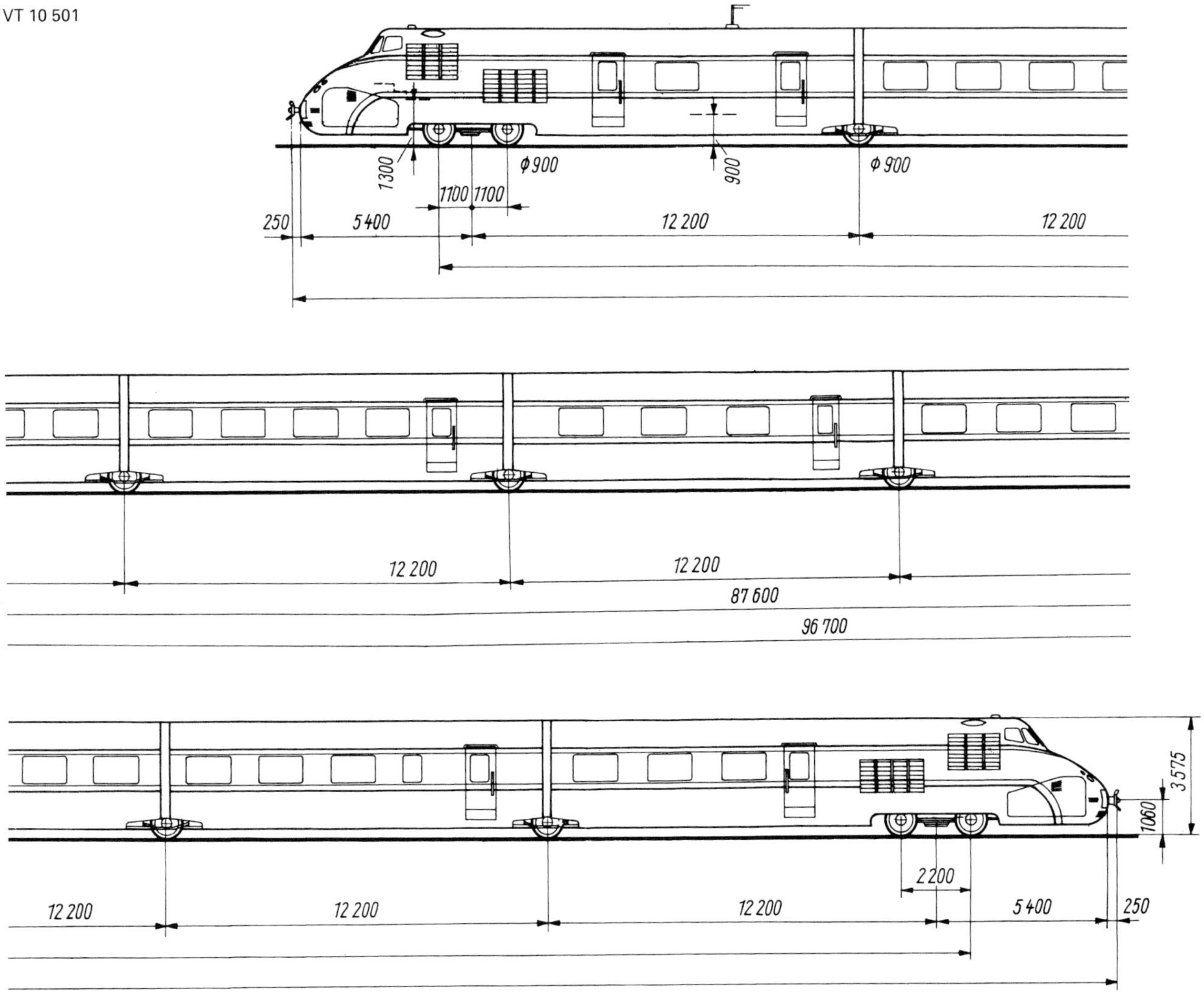

Küche und Anrichte: 5 225 mm lang, elektrische Einrichtung.
Gepäckraum: 2 820 mm lang. Beidseitig einflüglige Schwenkschiebetür.
Heizung: Klimaanlage, vollautomatisch. Elektrische Fensterstrahlungsheizung.
Beleuchtung: Leuchtstofflampen, Brennspannung 6 000 V, indirekte Beleuchtung. Notbeleuchtung Glühlampen =24 V.
Sondereinrichtung: Lautsprecheranlage.

Fahrgastraum VT 10 551

Gestaltung: Als Schlafwagenzug für den Luxus-Fernschnellverkehr.
Kopfglied A: Führerstand; Maschinenraum; Einstiegraum; Großraum 2. Klasse mit vier Sitzreihen.
Mittelglied 1: Einstiegraum; vier Abteile 1./2. Klasse; Dienstraum.
Mittelglied 2: Einstiegraum; vier Abteile 1./2. Klasse; Dienstraum.
Mittelglied 3: Speiseraum mit 21 Sitzplätzen.
Mittelglied 4: Bar; Büfett; Küche;

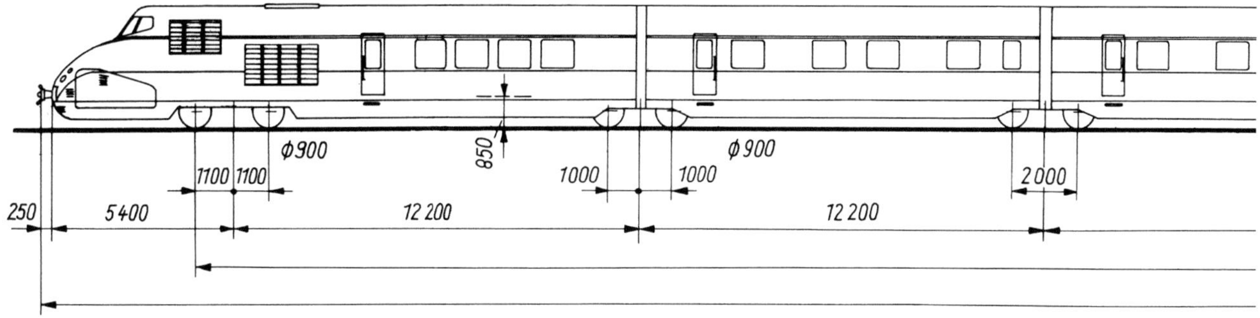
ϕ900
850
ϕ900
1100 1100
1000
1000
2000
250
5400
12 200
12 200

VT 10 551

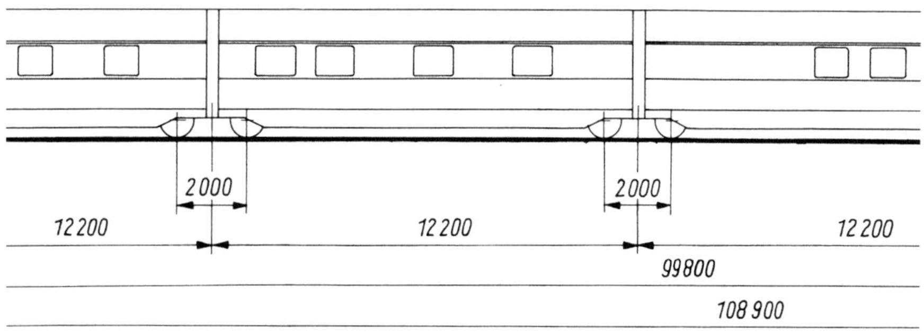
2000
2000
12 200
12 200
12 200
99 800
108 900

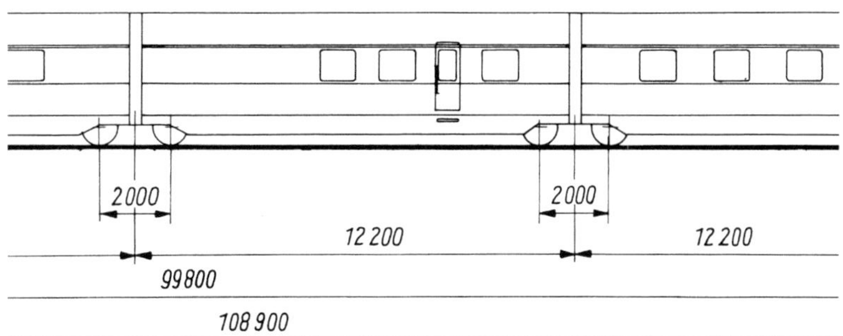
2000
2000
12 200
12 200
99 800
108 900

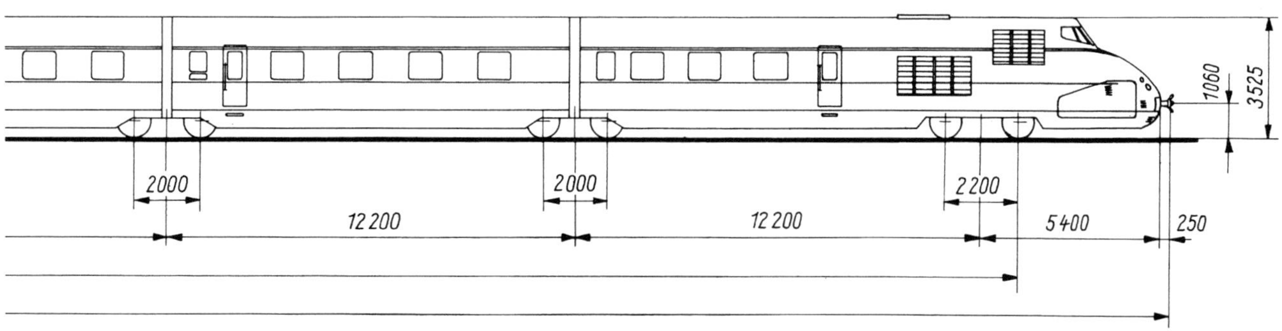
1060
3525
2000
2000
2200
12 200
12 200
5400
250

Einstiegraum; zwei Schlafabteile 2. Klasse.
Mittelglied 5: Neun Schlafabteile 2. Klasse.
Mittelglied 6: Dienstraum; Einstiegraum; acht Schlafabteile 2. Klasse.
Kopfglied B: Fünf Schlafabteile 2. Klasse; Gepäckraum; Maschinenraum; Führerstand.
Einstieg: Nicht in jedem Wagen, Zugang teilweise über Nachbarwagen. Einflüglige Drehtür, nach innen öffnend. Zugang über Trittstufen.
Schlafabteile 1./2. Klasse: Einzelabteile mit Seitengang. Abteiltiefe 1 400 mm, Abteilbreite 2 035 mm, Gangbreite 824 mm. Toilette und Waschraum 1 090 mm tief (halbe Abteilbreite). Verwendet für einen Reisenden 1. Klasse oder zwei Reisende 2. Klasse.
Schlafabteile 2. Klasse: Einzelabteile in Längsrichtung mit Mittelgang; Abteillänge 1 950 mm, Abteilbreite 1 225 mm (am Waschtischende) bzw. 925 mm (am Fußende).
2. Klasse: Großraum mit vier Sitzreihen und Mittelgang. Sitzplatzanordnung 1 + 2; Sitzreihenabstand 1 350 mm. Sitzplatzbreite 650 mm. Gepolsterte Liegesitze.
Speiseraum: 11 600 mm lang. Großraum mit Tischen und vier, zwei oder einem Sitzplatz.
Bar: L-förmige Theke mit Hockern und Sitzecken.
Küche: 3 725 mm lang.
Gepäckraum: 2 750 mm lang, beidseitig einflüglige Drehtür, nach innen öffnend.
Heizung: Klimaanlage, vollautomatisch.
Beleuchtung: Leuchtstofflampen 220 V, Notbeleuchtung Glühlampen =24 V.
Umbau: Beide Doppelabteile des Mittelgliedes 1 später in Wohnabteil mit zwei Betten und Schreibtisch umgestaltet, für Sonderzwecke genutzt.

Maschinenanlage

Anordnung: Maschinenanlage in Wagenkasten angeordnet. Fahrdieselmotor und Getriebe auf ausfahrbarem Maschinenrahmen. Je vier Dieselmotoren parallel für Antrieb und zwei einzeln für Hilfseinrichtungen.
Motor: Dieselmotor Typ MAN D 1548 G, 8 Zylinder, V-förmig, 4 Takte. Aufladung. Elektrischer Anlasser.
Leistungsübertragung: Hydromechanisches Getriebe AEG-EMG (ein Wandler, vier Gänge); Gelenkwelle; Radsatztriebe.
Steuerung: Vielfachsteuerung.
Hilfseinrichtungen: Dieselelektroaggregat (Dieselmotor 92 kW, 1 500 min^{-1}, Generator 90 kVA, 220/380 V 50 Hz). Batterie =110 V und =24 V. Kühler für Fahr- und Hilfsdieselmotoren. Fremdeinspeisung für Lichtnetz und Nutzstromversorgung. Sicherheitsfahrschaltung. Induktive Zugbeeinflussung.

601/602

VT 11.5

B'2'+2'2'+2'2'+2'2'
+2'2'+2'2'+2'B'
B'2'+2'2'+2'2'+2'2'
+2'2'+2'2'+2'2'
+2'2'+2'2'+2'B'

1957 bis 1988

Techn. Daten: Seite 337

Für die in den fünfziger Jahren gegründete Organisation für den westeuropäischen Eisenbahnfernschnellverkehr (Trans Europ Express – TEE) stellte die DB eine Triebzugbaureihe in Dienst, die in der Grundeinheit aus sieben Wagen (zwei Trieb- und fünf Mittelwagen) besteht.
Da nur sehr wenig Zeit für Konstruktion und Fertigung verblieb, denn die ersten Züge sollten schon im Sommer 1957 verkehren, waren keine umfangreichen Neuentwicklungen möglich. Man verwendete vielmehr bewährte Bauteile, so daß zeitaufwendige Erprobungen nicht nötig waren.
Der Triebzug besteht aus folgenden Einzelwagen:
Triebwagen (VTa, VTb) 11 5001 bis 11 5019 (601 001 bis 601 019);
Reisewagen mit Abteilen (VMc, VMg) 11 5101 bis 11 5123 (901 101 bis 901 123);
Reisewagen mit Fahrgastgroßraum (VMd) 11 5201 bis 11 5208 (901 201 bis 901 208);
Speisewagen mit Bar und Fahrgastraum (VMe) 11 5301 bis 11 5308 (901 301 bis 901 308);
Küchenwagen mit Speiseraum

(VMf) 11 5401 bis 11 5409 (901 401 bis 901 409).
Der windschnittige Kopf und die aufgesetzte Kanzel verleihen dem Triebzug seine charakteristische Form. Zur Verbesserung des Reisekomforts sollten die Wagenkästen möglichst breit sein. Daher legte man in Anlehnung an die Gliedertriebzüge der DB eine Kastenbreite von 3 012 mm fest, wodurch sich eine Wagenlänge von nur 17 400 mm ergab. Die beiden Triebwagen konnten wegen des Überhanges (Kopfform) 19 200 mm lang sein.
Der Triebzug kann mit weiteren Mittelwagen zu einer neun- bzw. zehnteiligen Einheit erweitert werden. Er eignet sich auch für das Trajektieren nach Dänemark und Schweden. Die Triebzüge waren ab Juni 1957 im TEE-Netz eingesetzt: „Helvetia" (Hamburg–Zürich), „Rhein-Main" [Frankfurt (Main)–Amsterdam], „Saphir" (Dortmund–Bruxelles–Oostende) und „Paris-Ruhr" (Dortmund–Paris). Sie bewährten sich sehr gut und waren in den Bw Frankfurt (Main), Dortmund und Hamburg-Altona beheimatet. Da die TEE-Läufe häufig überbesetzt waren, die Triebzüge aber nicht beliebig verstärkt werden konnten, ging die DB, begünstigt auch durch die fortschreitende Elektrifizierung, im TEE-Netz auf lokomotivbespannte Züge mit einem Spezialwagenpark über. Seit Herbst 1968 liefen die Triebzüge auch im nationalen Ft-Netz und ab Herbst 1971 im neuen Schnellbahnverkehrsnetz der „Intercity-Züge". Dabei wurde für die siebenteilige Regeleinheit die Höchstgeschwindigkeit auf 160 km/h heraufgesetzt. Zur Verbesserung der Laufeigenschaften wurde im Jahre 1969 in einigen Mittelwagen eine gleisbogenabhängige Wagenkastensteuerung mit hydraulischen Bauelementen erprobt.
Da jedoch bei Fahrgeschwindigkeiten über 100 km/h nur eine geringe Beschleunigungsfähigkeit bestand, wurden in den Jahren 1971 und 1972 vier Triebwagen (601 010, 601 003, 601 012 und 601 007) auf Gasturbinenantrieb umgebaut und als Baureihe 602 bezeichnet. Ohne Erhöhung der Masse konnte die Traktionsleistung wesentlich gesteigert werden, so daß der Triebzug (bestehend aus einem Triebwagen 601 und einem der BR 602), auf 10 Teile vergrößert, mit gleichen Fahrzeiten und bei einer Höchstge-

BR 601 im Intercity-Verkehr
Foto: Filmstelle der DB, Zentrales Bildarchiv

601 001 bis 601 019 (siebenteiliger Triebzug)

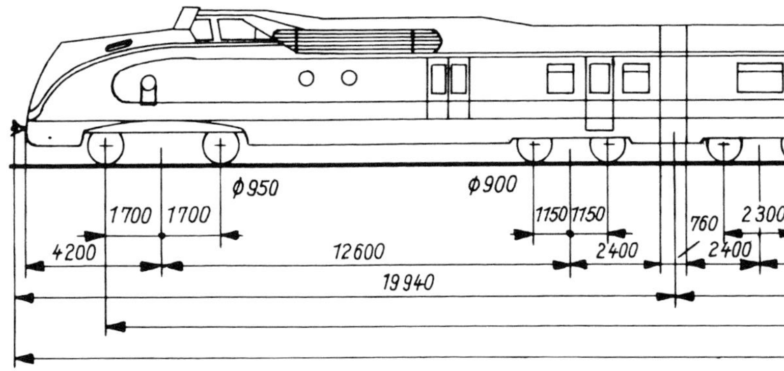

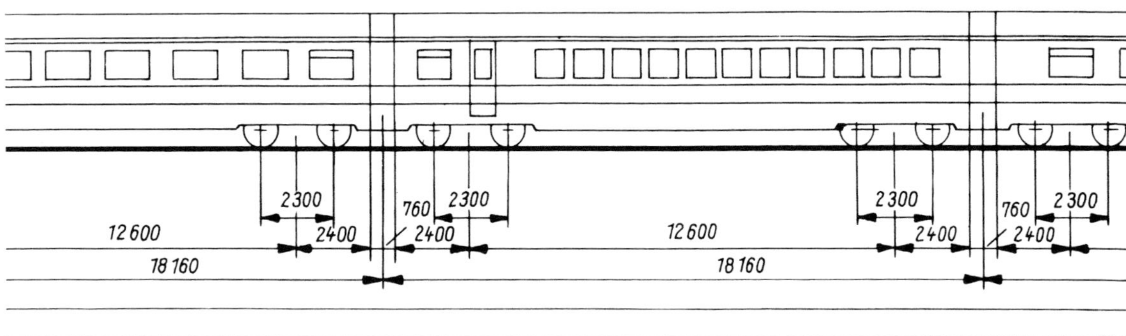

schwindigkeit von 160 km/h verkehren konnte. Bei Versuchsfahrten wurde mit einem Triebzug, der aus zwei Triebwagen 602 und zwei Mittelwagen 901 bestand, die Geschwindigkeit von 200 km/h überschritten.

Da die Anpaßsteuerung zur Baureihe 601 erst später entwickelt wurde, konnte die Baureihe 602 zuerst nur in Triebzügen mit reinen Gasturbinenantrieb von Juli 1974 bis Mai 1976 auf den Strecken Hamburg–Ludwigshafen und Hamburg-Köln (2 x VT 602, neunteilig) eingesetzt werden. Da die vorhandenen Wagen für die Verstärkung nicht ausreichten, wurden die acht Barwagen (Nr. 901 301 ff.) in Großraumwagen 1. Klasse mit einem Raucher- und einem Nichtraucherraum umgebaut. Vier Wagen haben im Nichtraucherraum schnell ausbaubare Stühle, so daß nach Entfernen des Teppichbodens eine Tanzfläche geschaffen werden konnte.

Seit dem Sommerfahrplan 1975 waren diese Triebzüge als Intercity-Züge auf der Strecke Hamburg–Ludwigshafen und ab Sommer 1976 Hamburg–Köln/Bonn–Hannover (VT 601 + VT 602, achtteilig) eingesetzt.

Der letzte Planeinsatz erfolgte im Winterfahrplan 1978/79 auf den Strecken Wiesbaden–München–Ludwigshafen, Hamburg–Ludwigshafen und Frankfurt (Main)–Seefeld (Tirol).

Am 25. Juli 1979 wurden die Triebköpfe der Baureihe 602 (602 001 bis 602 004, alle zuletzt Bw Hamburg-Altona) ausgemustert, wobei der Triebkopf 602 003 später im Verkehrsmuseum Nürnberg aufgestellt wurde.

Auch die übrigen Fahrzeuge wurden ab Beginn Sommerfahrplan 1979 nicht mehr im Regelverkehr der DB eingesetzt, da im Intercity-Netz jetzt auch die 2. Wagenklasse geführt wurde. Da ein Verkauf der Triebzüge nicht zustande kam und deshalb die Triebzüge weiter aus-

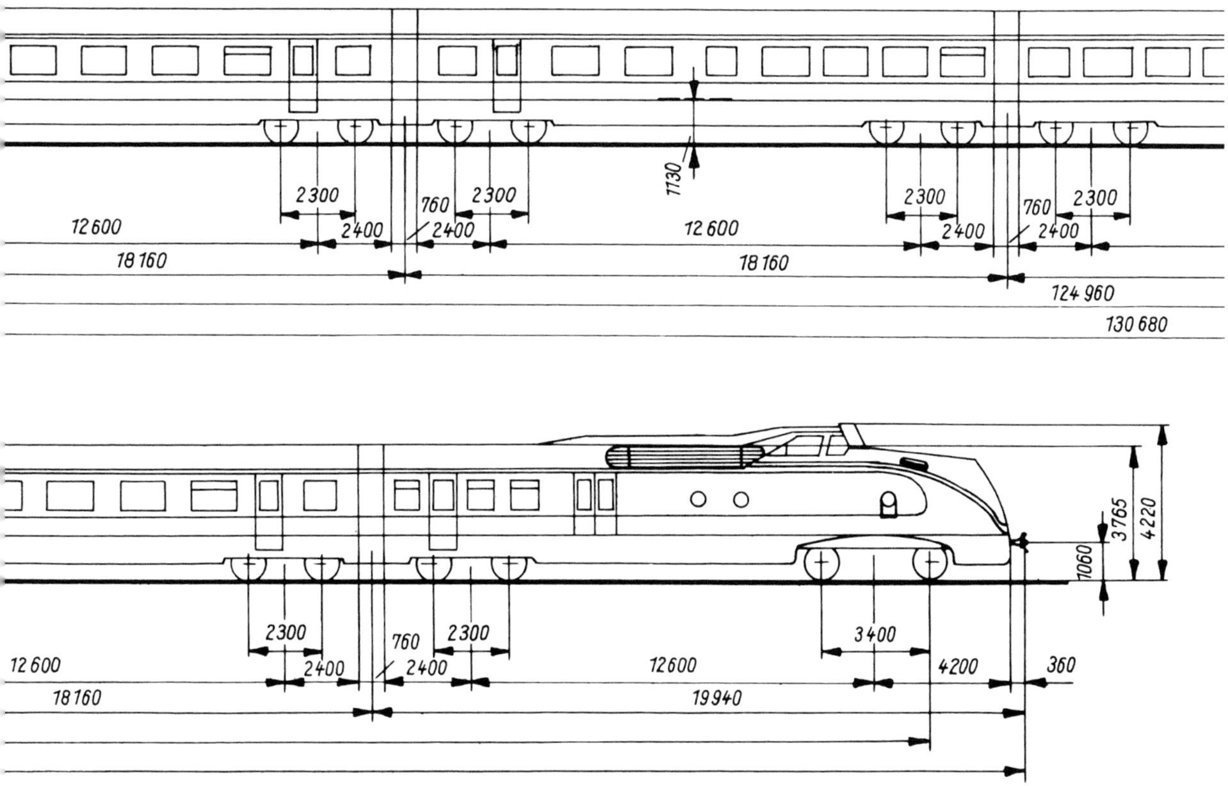

schließlich im Charterverkehr von Touristenunternehmen bzw. Reiseveranstaltern eingesetzt werden sollten, wurden sie modernisiert, die Fahrgastwagen auf die 2. Wagenklasse umgebaut und die Triebzüge zu fünf Einheiten mit je zehn Wagen (VT 601, VM 901.3 Bpz, VM 901.1 Büz, VM 901.1 Büz, VM 901.4 WRüz oder VM 901.5 WRyz, VM 901.2 Bpz, VM 901.1 Büz, VM 901.1 Büz, VM 901.3 Bpz, VT 601) zusammengestellt. Deshalb wurden die Mittelwagen 901 201 ff., 901 301 ff. und 901 401 ff. umgebaut sowie die Mittelwagen 901 501 und 901 502 aus den Wagen 901 405 und 901 406 umgezeichnet. Seit dem Winter 1979/80 verkehrten die Triebzüge im „planmäßigen Sonderzugdienst" vom Ruhrgebiet nach dem Allgäu, nach Oberbayern und Österreich. Bei den Langlaufstrecken traten Schwierigkeiten mit dem Kraftstoffvorrat auf, weshalb durch zusätzliche Behälter im Fahrzeugrahmen der Kraftstoffvorrat auf 2 700 l je Triebkopf erhöht wurde. Bei Steilstrecken sollte zur Schonung der Dieselmotoren und zur Einhaltung des Fahrplanes eine Elektrolok als Vorspann eingesetzt werden. Aber auch die hohe Außentemperatur im Sommer 1986 führte zu Störungen an der Antriebsanlage, wobei zahlreiche Zugleistungen mit Elektro-Vorspann gefahren werden mußten. Die Triebzüge wurden wegen abgelaufener Untersuchungsfristen abgestellt und zum Verkauf angeboten. Der letzte Einsatz erfolgte am 9. April 1988 als Reisebüro-Sonderzug „Alpen-See-Expreß" in den Relationen Traunstein–Hamburg-Altona und Innsbruck–Dortmund, dabei von Rosenheim bis Augsburg in Doppeltraktion.

Als letzte Triebwagen wurden die Fahrzeuge 601 004, 601 006, 601 011, 601 014, 601 016 und 601 019 (alle Bw Hamm 1) zum 1. Mai 1988 ausgemustert.

Triebwagen 602 001
Foto: MAN-Werkfoto

Die Triebwagen 601 014 und 601 019 sowie die Mittelwagen 901 115, 901 116, 901 121, 901 122, 901 201, 901 203, 901 401 und 901 404 gehören zu den betriebsfähigen Museumsfahrzeugen des Verkehrsmuseums Nürnberg und werden durch das Bw Hamm betreut und eingesetzt (in Hamm sind außerdem abgestellt: 601 001, 601 002, 601 008, 901 107 und 901 405).

Einen erneuten Einsatz erlebte ein Triebzug (601 006, 901 104, 901 109, 901 103, 901 402, 901 305, 901 208, 901 202, 901 301, 601 015) auf deutschen Bahnen, der, diesmal aber von der DR eingesetzt, im Sommerfahrplan als ICt 130/139 „Max Liebermann" zwischen Berlin und Hamburg verkehrte. Der Triebzug war, dazu noch als Reservetriebwagen 601 013, von der Firma Fervet, Italien, durch die DR angemietet worden. Damit begann der IC-Verkehr auch bei der DR.

Fahrzeugteil

Laufwerk: Triebdrehgestelle Sonderkonstruktion, Rahmen geschweißte Blechträgerbauweise. Ohne Wiege und ohne Drehzapfen. Führung durch Lenker und seitliche Gleitstücke. Radsatzlenker. Wälzradsatzlager. Radsatzfederung Schraubenfedern. Kastenfederung ebenfalls Schraubenfedern, außerdem Stoßdämpfer.

Laufdrehgestelle Bauart München-Kassel. Rahmen geschweißt. Radsatzlenker. Wälzradsatzlager. Radsatzfederung Schraubenfedern. Wiegenfederung Schraubenfedern. Stoßdämpfer.

Wagenkasten: Triebwagen kombinierte Spanten- und Schalenbauweise. Untergestell geschweißte Stahlkonstruktion. Seiten- und Stirnwände, Dach, Bodenwanne, Kastengerippe und Vorbauhaube aus Aluminiumlegierungen. Vorzugsweise Schweißkonstruktion, kombiniert mit Nietkonstruktionen. Führerstand als getrenntes Bauteil in Seitenwände des Wagenkastens elastisch aufgehängt. Kopfende aerodynamisch ausgebildet.

Mittelwagen Wagenkasten selbsttragende Konstruktion aus Leichtmetall, nur Hauptquerträger für Drehgestelle und Kupplungen aus Stahl. Schweiß- und Nietkonstruktion. Tief herabgezogene Schürze und geschlossene Bodenwanne.

An Stirnenden keine Übergangsmöglichkeit. Innerhalb Triebzug breite Übergänge mit doppelten Gummibälgen.
Zug- und Stoßvorrichtung: Selbsttätige Mittelpufferkupplung Bauart Scharfenberg. Elektrische und pneumatische Leitungen werden mitgekuppelt. Innerhalb Triebzug Kupplungen so niedrig angeordnet, daß trittstufenloser Übergang ermöglicht wurde; deshalb auch elektrische Kontakte seitlich vom Kupplungskopf angeordnet.
Druckluftanlage: Luftverdichter, Hauptluftbehälter, Hauptluftbehälterleitung. Spurkranzschmierung.

Bremse: Mehrlösige Scheibenbremse Bauart KE, elektrisch steuerbar. Schnellwirkende Gleitschutzregler. Magnetschienenbremse.

Fahrgastraum

Gestaltung: Dem Luxus-Fernschnellverkehr angepaßt.
601 001ff. (VTa und VTb): Maschinenraum; Führerstand; Maschinenraum; Gepäckraum; Dienstabteil; Schreibabteil bzw. DSG-Personalraum; Funkkabine.
901 001ff. (VMc und VMg): Sechs Abteile 1. Klasse; Einstiegraum.

Antriebsturbine der Baureihe 602
Foto: MAN-Werkfoto

901 201 ff. (VMd): Einstiegraum; Großraum 1. Klasse mit elf Sitzreihen.
901 301 ff. (VMe): Speiseraum mit vier Abteilen; Bar; Speiseraum mit drei Abteilen (auch als Großraum 1. Klasse nutzbar).
901 401 ff. (VMf): Einstiegraum; Küche; Anrichte; Speiseraum mit vier Abteilen.
Einstieg: Über Triebzug gleichmäßig verteilt, Zugang teilweise über Nachbarwagen. Einflüglige Drehtüren, nach innen öffnend, lichte Türweite 750 mm. Zugang über Trittstufen.
1. Klasse: Geschlossene Abteile mit Seitengang. Sitzplatzanordnung 0 + 3; Abteiltiefe 2 200 mm, Sitzplatzbreite 700 mm, Gangbreite 767 mm. Polstersitze. Großraum mit Mittelgang. Sitzplatzanordnung 1 + 2; Sitzabstand 1 150 mm, Sitzplatzbreite 700 mm, Gangbreite 642 mm. Drehbare Liegesitze.
Speiseraum: Großräume mit drei bzw. vier Abteilen und Mittelgang. Sitzplatzanordnung 1 + 2; Abteiltiefe 1 780 mm, Sitzplatzbreite 690 mm, Gangbreite 822 mm. Übergang zwischen Küchenwagen und Barwagen 1 048 mm breit, stets geöffnet.
Gepäckraum: 3 560 mm lang. Grundfläche 3,5 m^2.
Küche: 4 555 mm lang. Vollelektrische Ausrüstung.
Anrichte: 2 445 mm lang.
Bar: 3 740 mm lang. Beidseitig doppelflüglige Drehtür, nach innen öffnend, lichte Türweite 1 200 mm. Drei Barhocker; gegenüber Sitzplätze in Abteilanordnung.
Heizung: Klimaanlage in Fahrgastabteilen. Triebwagen Warmwasserheizung, Nebenräume Elektroheizkörper.
Beleuchtung: Leuchtstofflampen, Speiseräume indirekte Be-

leuchtung. Nebenräume Glühlampen.
Sondereinrichtung: Lautsprecheranlage.

Umbau 1976

Alle Barwagen 901 301ff. in Großraumwagen 1. Klasse umgebaut, dabei ergaben Speiseraum und Bar nach Einbau von zwei Fenstern an der Rückwand der ehemaligen Bar Großraum 1. Klasse mit 26 Sitzplätzen (vier Plätze je Reihe, Drehliegesessel). Vier Wagen davon haben im umgebauten Raum schnell ausbaubare Sitze, dadurch Umgestaltung zu Tanzfläche leicht möglich.

Umbau 1979/1980

601 001ff.: Maschinenraum; Führerstand; Maschinenraum; Gepäckraum; Dienstabteile; Funkkabine.
901 101ff.: Sechs Abteile 2. Klasse; Einstiegraum.
901 201ff.: Einstiegraum; Großraum 2. Klasse mit elf Sitzreihen.
901 301ff.: Großraum 2. Klasse mit neun Sitzreihen; Großraum 2. Klasse mit fünf Sitzreihen.
901 401ff.: Einstiegraum; Küche; Anrichte; Speiseraum mit einer Sitzreihe, zwei Abteilen und einer Sitzreihe.
901 501f.: Einstiegraum; Küche; Anrichte; Speiseraum mit vier Abteilen.
2. Klasse: Geschlossene Abteile mit Seitengang. Sitzplatzanordnung 0 + 3; Abteiltiefe 2 200 mm, Sitzplatzbreite 700 mm, Gangbreite 767 mm. Polstersitze.
Großraum mit Mittelgang. Sitzplatzanordnung 2 + 2; Liegesitze.
Speiseraum: Großraum mit zwei Abteilen und zwei Sitzreihen und Mittelgang. Sitzplatzanordnung 2 + 2.
Großraum mit vier Abteilen und Mittelgang. Sitzplatzanordnung 1 + 2; Abteiltiefe 1 780 mm, Sitzplatzbreite 690 mm, Gangbreite 822 mm.

Maschinenanlage 601

Anordnung: Jeder Triebwagen abgeschlossene Maschinenanlage. Maschinenanlage im Wagenkasten angeordnet. Dieselmotor und Getriebe durch Dachöffnungen tauschbar.
Motor: Dieselmotor, wahlweise Bauarten Daimler-Benz MB 820 Bb (ab 1969 MTU, als MTU MB 12 V 493 TZ bezeichnet), MAN L 12 V 18/21 und Maybach MD 650 (ab 1969 MTU, als MD 12 V 538 TA bezeichnet). Alle Typen Nennleistung 810 kW, 12 Zylinder, V-förmig, 4 Takte. Aufladung. Wasserkühlung. Später nur MTU Typ 12 V 538 TA 10 mit Nennleistung 760 kW.
Leistungsübertragung: Gelenkwelle mit Schwingmetallkupplung; wahlweise Strömungsgetriebe (Voith LT 306 r, später auch LT 306 rb, drei Wandler) oder hydromechanisches Getriebe (Maybach K 104 US/W, ein Wandler, mechanische Gänge); Gelenkwellen; Radsatztriebe.
Steuerung: Elektrische und elektropneumatische Vielfachsteuerung, Steuerspannung =110 V. Zusammenarbeit mit Baureihen 602 und 608 möglich.
Hilfseinrichtungen: Dieselelektrisches Aggregat für 50-Hz-Bordnetz 220/380 V (Dieselmotor Typ MWM RHS 518 A, 8 Zylinder, Nennleistung 218 kW, Nenndrehzahl 1 500 min^{-1}, Aufladung; Generator 210 kW). Kühlanlagen in Seitenwand von Triebwagen, hydrostatischer Antrieb. Zeit- und wegabhängige Sicherheitsfahrschaltung. Induktive Zugbeeinflussung. Zugsicherungseinrichtung der Französischen Eisenbahnen.

Maschinenanlage 602

Anordnung: Turbine in Vorbau auf Tragrahmen eingebaut, an vier Punkten auf Untergestell elastisch abgestützt. Einbau von Zusatzkraftstoffbehältern im Gepäckraum.
Turbine: Gasturbine Typ Avco Lycoming TF 35, Lizenz KHD, Zweiwellenturbine, Nennleistung 1 620 kW, Nenndrehzahl 13 700 min^{-1}. Start und Betrieb mit Dieselkraftstoff.
Leistungsübertragung: Untersetzungsgetriebe; Sondergelenkwelle; Kupplung; Strömungsgetriebe (Voith L 611 rU 2, ein Wandler, eine Kupplung); Gelenkwellen; Radsatztriebe.
Steuerung: Vielfachsteuerung. Fahrschalter 63 Fahrstufen, Anfahrt mit größter Zugkraft. Elektronischer Schleuderschutz. Durch Angleichsteuerung Zusammenarbeit mit Baureihe 601 ohne Einschränkungen möglich.
Hilfseinrichtungen: Dieselelektrisches Aggregat für 50-Hz-Bordnetz 220/380 V (Dieselmotor, Typ MWM RHS 518 A, 8 Zylinder, Nennleistung 218 kW, Nenndrehzahl 1 500 min^{-1}, Aufladung; Generator 210 kW). Kühler für Getriebeöl im Dach. Zeit- und wegabhängige Sicherheitsfahrschaltung. Induktive Zugbeeinflussung.

VT 08 501 (später BR 608)
Foto: Maybach Archiv

608

VT 08.5

B′2+2′2′+2′2′ B′2′+2′2′+2′2′+2′B′
1952 bis 1974
Techn. Daten: Seite 336

Im Sommer 1950 wurde auf den Strecken Frankfurt (Main)–Hamburg, Frankfurt (Main)–Basel und Köln–Hamburg der Schnellverkehr mit Triebzügen der Baureihen SVT „Hamburg“ und „Köln“ aufgenommen.

Um die für die Verdichtung dieses Netzes benötigten weiteren Triebzüge zu erhalten, ergingen im gleichen Jahr die Aufträge zum Neubau von Schnelltriebzügen der Baureihe VT 08.5. Diese 1.-Klasse-Triebzüge für den nationalen Schnellverkehr (Ersteinsatz Ft 30/29 Frankfurt (Main)–München) waren bis zum Erscheinen des TEE-Triebzuges auch im grenzüberschreitenden Verkehr (z. B. ab Winterfahrplan 1953/1954 Ft 78/77 „Helvetia“ Hamburg–Zürich) eingesetzt.

Diese Triebzüge erhielten eine hydraulische Leistungsübertragung. Vorversuche erfolgten mit dem Umbau von einem Triebzug SVT „Hamburg“ und zwei Triebzügen SVT „Köln“ auf hydraulische Leistungsübertragung (VT 04 501, VT 06 501 und VT 06 502). Bei dem Wiederaufbau der Restwagen der SVT „Berlin“ in die Triebzüge VT 07 501 und VT 07 502 wurde eine Maschinenanlage analog dem VT 08.5 eingebaut. Außerdem wurde der Triebwagen VT 92 501, der aus dem VT 872 entstand, als Komponententräger für Drehgestelle und Motoren verwendet sowie die neue Kopfform ausgeführt. Die erste Lieferung umfaßte 13 Triebzüge sowie einen Triebwagen und zwei Mittelwagen als Ersatzfahrzeuge.

Die auf einigen Strecken erforderliche Verstärkung des Triebzuges durch weitere Mittelwagen führte dazu, bei der nächsten Lieferung die Steuerwagen durch Triebwagen zu ersetzen (VT 08 515 bis VT 08 520). Diese Triebwagen hatten kein Speiseabteil mehr, dafür weitere Sitzplätze. Die Nachbeschaffung enthielt auch sieben Mittelwagen. Es waren folgende Zusammenstellungen möglich:

VT + VM + VS
Grundeinheit

VT + VM + VM + VS
verstärkte Grundeinheit

VT + VM + VM + VT
Doppeleinheit

VT + VM + VM + VM + VT
verstärkte Doppeleinheit

Die Kopfform der Triebzüge führte zum Spitznamen „Eierköpfe“. Die Triebzüge waren in vielen Verkehrs-

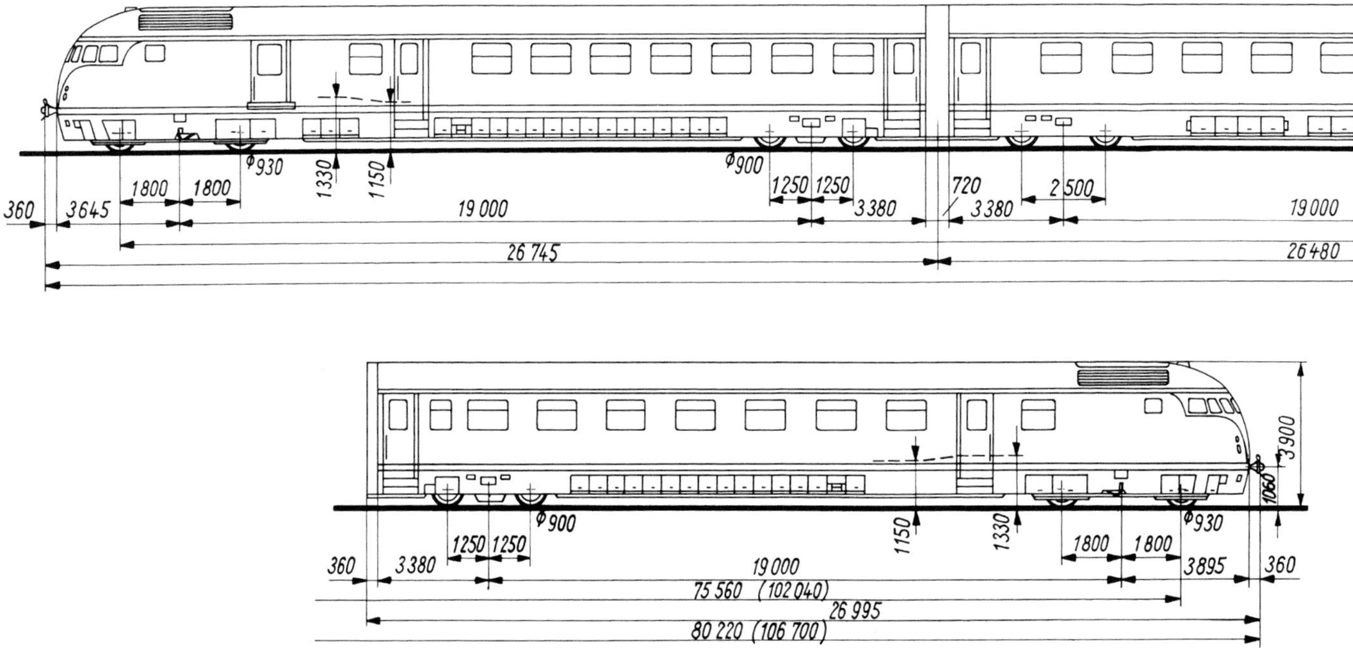

verbindungen eingesetzt und verhalfen der DB zu einem wirtschaftlichen Fernschnellverkehr. Dabei erzielten beispielsweise die Triebzüge des Bw Dortmund beim Einsatz als „Rheinblitz" (Ft 138/137 Dortmund–München) eine tägliche Laufleistung von 1 516 km. Die Rheinblitz-Gruppe war außerdem eine Besonderheit der Mehrfachtraktion, da zwischen Dortmund und Mainz drei Triebzüge der Baureihe VT 08.5 gekuppelt waren. Eine Einheit fuhr weiter nach Basel SBB und zwei Einheiten gekuppelt bis Würzburg, um dann die Endbahnhöfe Nürnberg und München getrennt zu erreichen. In ihrem technischen Niveau stellten sie eine Vorstufe für die TEE-Triebzüge dar.

Ende der fünfziger Jahre wurde die Höchstgeschwindigkeit von 120 km/h auf 140 km/h heraufgesetzt und das Postabteil nur noch als Vorratsabteil für die Bewirtschaftung genutzt. Ab 1960 waren die Triebzüge in den Bw Dortmund, Frankfurt-Griesheim und Köln-Nippes beheimatet.

Der Einsatz erfolgte auch gemischt mit der Baureihe VT 12.5, z. B. im Winterfahrplan 1961/62 als Dt 1110/1107 Frankfurt (Main)–Paris in der Zugbildung VT 08 Speise + VM 08 + VM 12 (+ VM 12) + VT 12.

Bei der weiteren Ausdehnung des elektrifizierten Streckennetzes liefen die Triebzüge später verstärkt im Bezirks- und Städteschnellverkehr. Man baute deshalb in den Jahren 1962 bis 1971 alle Triebzüge in 1./2.-Klasse-Einheiten ohne Speiseabteil um und nummerte sie in die Baureihe VT 12.6 (später 613/913) ein. Dabei mußten die Wagenkästen um 50 mm höher gesetzt werden, um mit der Baureihe VT 12.5 gekuppelt werden zu können.

Der vierteilige Triebzug VT 08 520 + VM 08 510 + VM 08 512 + VS 08 503 (sowie der Triebwagen VT 08 503) wird als Museumsfahrzeug der DB erhalten, untersteht dem Verkehrsmuseum Nürnberg und wird vom Bw Braunschweig betreut. Er wird zu Sonderfahrten eingesetzt.

In dieser Baureihe waren auch die im Jahre 1956 angelieferten Dienstzüge des Oberkommandierenden der US-Streitkräfte in Europa eingeordnet, die nicht zum Bestand der DB gehörten und dem Bw Heidelberg zugeteilt waren. Die Triebzüge bestanden aus einem Trieb- und einem Steuerwagen (608 801/908 801 und 608 802/908 802). Sie entsprachen im Fahrzeugteil und in der Maschinenanlage der Grundbaureihe, jedoch waren sie mit Schraubenkupplung und verkleideten, viereckigen Puffertellern ausgerüstet. Der Trieb-

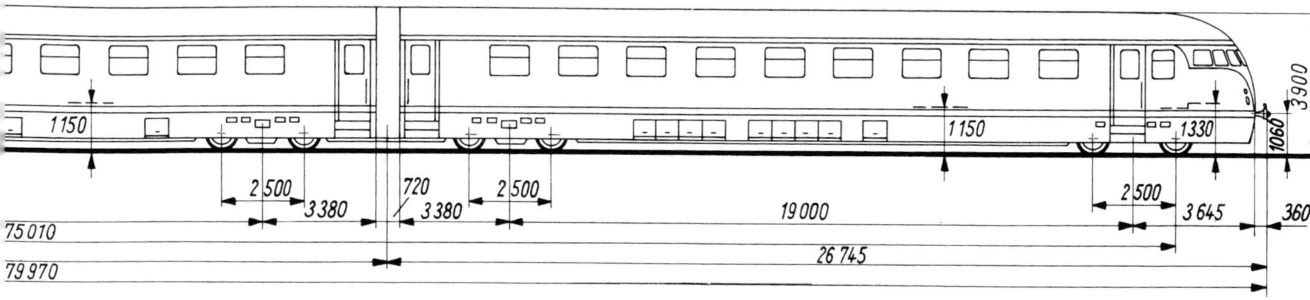

608
oben: Zugbildung VT Speise + VM + VS
unten: Zugbildung VT Speise + VM + VT Sitz;
(Klammerwerte für Zugbildung VT
Speise + VM + VM + VT Sitz)

zug enthielt einen Konferenzraum, eine Küche und Einzelschlafkabinen sowie eine Antennenanlage. Der Triebzug 608 802 wurde im Jahre 1973 ausgemustert, während der Triebzug 608 801 in den Jahren 1988/89 noch erneuert, aber 1991 ausgemustert und dann an die Reggiana SA in Lugano (Schweiz) verkauft wurde, wobei er nach entsprechendem Umbau für Sonderfahrten eingesetzt werden soll.

Fahrzeugteil

Laufwerk: Triebdrehgestellrahmen geschweißte Blechträgerkonstruktion. Keine Wiege und ohne Drehzapfen, Führung durch Lenker und seitliche Gleitstücke. Wälzradsatzlager. Radsatzfederung Blattfedern. Kastenfederung Schraubenfedern. Laufdrehgestell Bauart München-Kassel. Rahmen geschweißte Blechträgerkonstruktion. Radsatzlenker. Gewellte Radscheiben. Wälzradsatzlager, Innenlager. Radsatzfederung Schraubenfedern. Kastenfederung Schraubenfedern. Stoßdämpfer.
Wagenkasten: Verwindungssteife und selbsttragende Röhrenkonstruktion in Spanten- und Schalenbauweise. Schweißkonstruktion. Tief herabgezogene Schürze, in Triebwagen geschlossene Bodenwanne. Zwischen Wagenkästen Stabilisatoren. An Stirnenden keine Übergangsmöglichkeit. Innerhalb Triebzug durch Faltenbalg geschützte Übergänge.
Zug- und Stoßvorrichtung: An Stirnenden und innerhalb selbsttätige Mittelpufferkupplung, Bauart Scharfenberg. Elektrische und pneumatische Leitungen werden mitgekuppelt. Elektrische Kontaktköpfe an Stirnenden oberhalb Kupplungskopf, innerhalb Triebzug seitlich.
Druckluftanlage: Luftverdichter, Hauptluftbehälter, Hauptluftbehälterleitung.
Bremse: Mehrlösige Scheibenbremse Bauart Kp, elektrisch steuerbar. Gleitschutzregler. Magnetschienenbremse. Spindelhandbremse.

Fahrgastraum

Gestaltung: Dem Fernschnellverkehr angepaßt.
VT 08 501 bis VT 08 514: Führerstand; Maschinenraum; Gepäckraum; Postabteil bzw. Vorratsraum; Einstiegraum; Küche; Anrichte; Speiseraum mit vier Abteilen; Einstiegraum.
VT 08 515 bis VT 08 520: Führerstand; Maschinenraum; Dienstabteil; Einstiegraum; sieben Abteile 1. Klasse; Einstiegraum.
VM 08 501 bis VM 08 522: Einstiegraum; zehn Abteile 1. Klasse; Einstiegraum.
VS 08 501 bis VS 08 513: Einstiegraum; acht Abteile 1. Klasse; Konferenzraum (später in Abteil 1. Klasse umgebaut); Einstiegraum; Dienstabteil (anfangs Schreibraum); Führerstand.
Einstieg: An Wagenenden einflüglige Schwenkschiebetür, lichte Türweite 750 mm. Zugang über Trittstufen. Von Führerstand elektropneumatisch schließbar.
1. Klasse: Geschlossene Abteile mit Seitengang. Sitzplatzanordnung 0 + 3; Abteiltiefe 2 076 mm, Sitzplatzbreite 660 mm, Gangbreite 694 mm. Polstersitze.
Speiseraum: Großraum mit vier

Abteilen und Mittelgang. Sitzplatzanordnung 1 + 2; Abteiltiefe 1 700 mm.
Küche und Anrichte: Zusammen 3 720 mm lang.
Gepäckraum: 3 648 mm lang, beidseitig einflüglige Schwenkschiebetür.
Postabteil: Nur von Einstiegraum betretbar. Auch als Vorratsraum für Bewirtschaftung verwendet.
Heizung: Warmwasserheizung, Ölfeuerung und Wärmetauscher Kühlwasser (in VT). Selbsttätige Steuerung.
Beleuchtung: Glühlampen =110 V.
Sondereinrichtung: Lautsprecheranlage.

Maschinenanlage

Anordnung: Maschinenanlage in Triebdrehgestell angeordnet, ragt in Wagenkasten.
Motor: Wahlweise mehrere Bauarten, jedoch alle Typen 12 Zylinder, V-förmig, 4 Takte, Nennleistung 736 kW bei einer Nenndrehzahl von 1 500 m^{-1}:
Maybach MD 650 (später als MTU MD 12 V 538 TA bezeichnet) (Hubvolumen 64,5 l),
Daimler-Benz MB 820 Bb (später als MTU MB 12 V 493 TZ bezeichnet) (Hubvolumen 59,2 l) und
MAN L 12 V 18/21 (Hubvolumen 64,5 l),
alle mit Aufladung, Wasserkühlung und elektrischem Anlasser.
Später MAN-Motor und Maybach-Motor nicht mehr eingesetzt.
Leistungsübertragung: Gelenkwelle mit Schwingmetallkupplung; wahlweise Strömungsgetriebe (Typ Voith T 36 oder LT 306 r, drei Wandler) oder hydromechanisches Getriebe (Typ Maybach K 104 oder K 104 SU, ein Wandler, vier mechanische Gänge); Gelenkwellen; Radsatztriebe. Als Strömungsgetriebe später ausschließlich Voith LT 306 r eingesetzt.
Steuerung: Vielfachsteuerung, Steuerspannung =110 V. Getriebe selbsttätig in Abhängigkeit von Fahrgeschwindigkeit und Motordrehzahl geschaltet.
Hilfseinrichtungen: Kühlanlage unter Dach, elektromotorischer Antrieb. Batterie =110 V, 300 Ah je VT. Sicherheitsfahrschaltung. Induktive Zugbeeinflussung. Flaman-Zugsicherheitseinrichtung der SNCF. Fernsprecheinrichtung zwischen Führerständen. Feuerlöschanlagen.

612/613

VT 12.5 und VT 12.6

B'2'+2'2'+2'2'

1953 bis 1985

Techn. Daten: Seite 339

Neben dem Triebzug für den Fernverkehr VT 08.5 schuf die DB Anfang der fünfziger Jahre auch eine Baureihe für den Nahverkehr. Die erste Serie der dreiteiligen Triebzüge mit der Zugbildung VT + VM + VS lieferte Rathgeber im Jahre 1953. Sie wurden im Städteschnellverkehr Dortmund–Köln eingesetzt. In den Jahren 1956 und 1957 folgte die zweite Serie mit acht VT und neun VM. Die bei der Baureihe VT 08.5 freigewordenen Steuerwagen (VS 08 509 bis VS 08 513) wurden durch Rathgeber umgestaltet und als VS 12 505 bis VS 12 509 mitverwendet. Die Triebzüge wurden später für die Trajektierung eingerichtet.
Bedingt durch die Ausdehnung des elektrifizierten Streckennetzes wurden die Triebzüge der Baureihe VT 08.5 verstärkt im Bezirks- und Städteschnellverkehr eingesetzt und schließlich ab 1963 zu Triebzügen mit 1. und 2. Wagenklassen umgebaut; dabei reihte man diese Triebzüge in die Baureihe VT 12.6 (später 613/913) ein. Bei gemischter Zugbildung von VT 12.5 und VT 12.6 mußte die unterschiedliche Gestaltung der Fahrzeugheizung berücksichtigt werden, da man

eine Anpassung aus Wirtschaftlichkeitsgründen nicht vornahm. Die Baureihe 613/913 war in den Bw Hamburg-Altona und Braunschweig beheimatet.

Später waren alle Triebzüge im Bw Braunschweig beheimatet. Ab 1981 begann die Ausmusterung. Im Jahre 1985 schieden beide Baureihen aus dem Bestand der DB aus (als letzte Triebzüge 612 506 und 612 507 am 29. August 1985 sowie 613 620 am 30. September 1985).

Der Triebzug 612 506, 912 501, 912 507 und 612 507 wurde im AW Stuttgart-Bad Cannstatt und im Bw Stuttgart 2 in den Ursprungszustand zurückgebaut, wird als betriebsfähiges Museumsfahrzeug erhalten und ist dem Bw Stuttgart 1 zugeordnet („Stuttgarter Rössle").

Fahrzeugteil

Laufwerk: Triebdrehgestellrahmen geschweißte Blechträgerkonstruktion. Keine Wiege und ohne Drehzapfen, Führung durch Lenker und seitliche Gleitstücke. Wälzradsatzlager. Radsatzfederung Blattfedern. Kastenfederung Schraubenfedern.

Laufdrehgestelle Bauart München-Kassel. Rahmen geschweißte Blechträgerkonstruktion. Radsatzlenker. Radsätze gewellte Radscheiben. Wälzradsatzlager, Innenlager. Radsatzfederung Schraubenfedern. Kastenfederung Schraubenfedern. Stoßdämpfer.

Wagenkasten: Verwindungssteife und selbsttragende Röhrenkonstruktion in Spanten- und Schalenbauweise. Schweißkonstruktion. Tief herabgezogene Schürze, in Triebwagen geschlossene Bodenwanne. Zwischen Wagenkästen Stabilisatoren. An Stirnenden keine Übergangsmöglichkeit. Innerhalb Triebzug durch Faltenbalg geschützte Übergänge.

Zug- und Stoßvorrichtung: An Stirnenden und innerhalb Triebzug selbsttätige Mittelpufferkupplung, Bauart Scharfenberg. Elektrische und pneumatische Leitungen sowie Heizleitung der Warmwasserheizung werden mitgekuppelt. Elektrische Kontaktleisten an Stirnenden oberhalb Kupplungskopf, innerhalb Triebzug seitlich.

Druckluftanlage: Luftverdichter, Hauptluftbehälter, Hauptluftbehälterleitung.

Bremse: Mehrlösige Scheibenbremse Bauart Kp, elektrisch steuerbar. Gleitschutzregler. Magnetschienenbremse. Spindelhandbremse.

Fahrgastraum 612/912/913

Gestaltung: Dem Nahverkehr angepaßt.

612 501 bis 612 512 (ex VT 12 501 bis VT 12 512): Führerstand; Maschinenraum; Gepäckraum; Heizungsraum; Postabteil; Einstiegraum; Großraum 2. Klasse mit fünfeinhalb Abteilen; Einstiegraum.

912 501 bis 912 513 (ex VM 12 501 bis 12 513): Einstiegraum; Groß-

VT 12 501 (später BR 612)
Foto: Bundesbahn-Zentralamt München

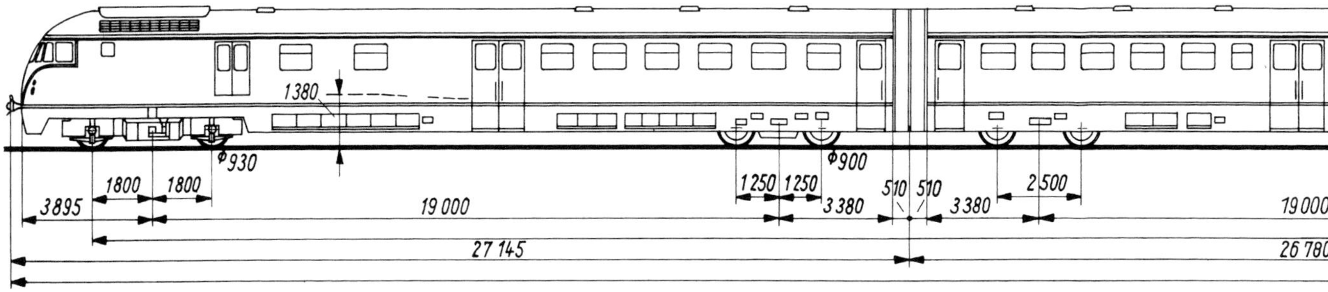

612/912 (Anlieferungszustand)

raum 2. Klasse mit fünfeinhalb Abteilen; Einstiegraum; Großraum 2. Klasse mit dreieinhalb Abteilen; Großraum 1. Klasse mit drei Abteilen; Einstiegraum.

912 601 bis 912 604 (ex VS 12 501 bis VS 12 504): Einstiegraum; Großraum 1. Klasse mit drei Abteilen; Großraum 2. Klasse mit zwei Abteilen; Einstiegraum; Großraum 2. Klasse mit zweieinhalb Abteilen; Einstiegraum; Großraum 2. Klasse mit drei Abteilen; Führerstand.

913 609 bis 913 613 (ex VS 12 505 bis VS 12 509): Einstiegraum; Abteil 2. Klasse; drei Abteile 1. Klasse; Großraum 2. Klasse mit fünf und zwei halben Abteilen; Einstiegraum; Dienstabteil; Führerstand.

Einstieg: An Wagenende einflüglige Schwenkschiebetür, in Wagenmitte zwei einflüglige Schwenkschiebetüren (nicht bei VS 12 505 bis VS 12 509), lichte Türweite 750 mm. Zugang über Trittstufen. Vom Führerstand elektropneumatisch schließbar.

1. Klasse: Großräume mit drei Abteilen und Mittelgang. Sitzplatzanordnung 2 + 2; Abteiltiefe 2 000 mm, Sitzplatzbreiten 550 mm, Gangbreite 494 mm. Polstersitzbänke.

Geschlossene Abteile mit Seitengang. Sitzplatzanordnung 0 + 3; Abteiltiefe 2 076 mm, Sitzplatzbreite 660 mm, Gangbreite 694 mm. Polstersitze.

2. Klasse: Großräume mit zwei, zweieinhalb, drei, dreieinhalb und fünfeinhalb Abteilen und Mittelgang. Sitzplatanzordnung 2 + 2; Abteiltiefe 1 600 mm, Sitzplatzbreite 525 mm, Gangbreite 594 mm. Polstersitzbänke.

Gepäckraum: 4 440 mm lang. Beidseitig doppelflüglige Drehtür, nach außen öffnend, lichte Türweite 2 x 600 mm.

Postabteil: 2 000 mm lang. Einflügliche Drehtür zum Einstiegraum.

Heizung: Warmwasserheizung, Ölheizkessel und Wärmetauscher in Triebwagen. Selbsttätige Steuerung.

Beleuchtung: Glühlampen =110 V.

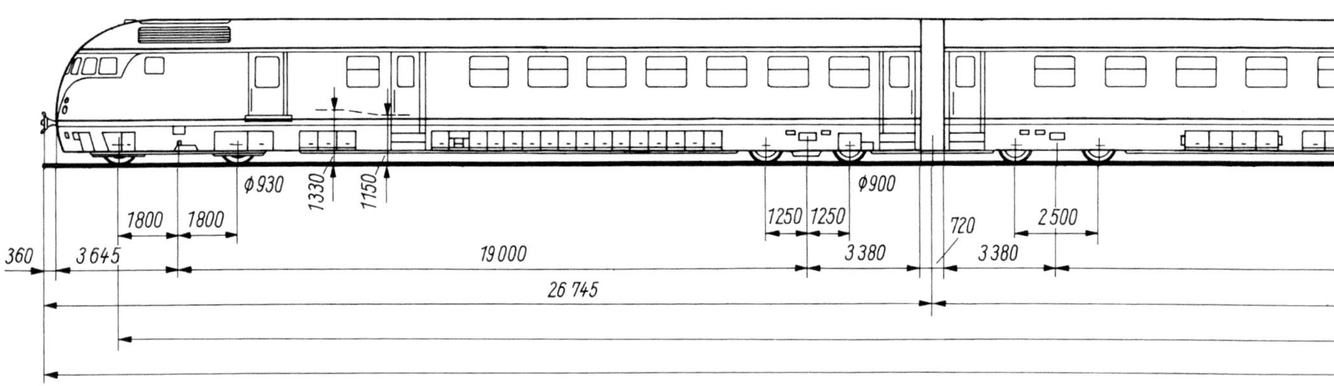

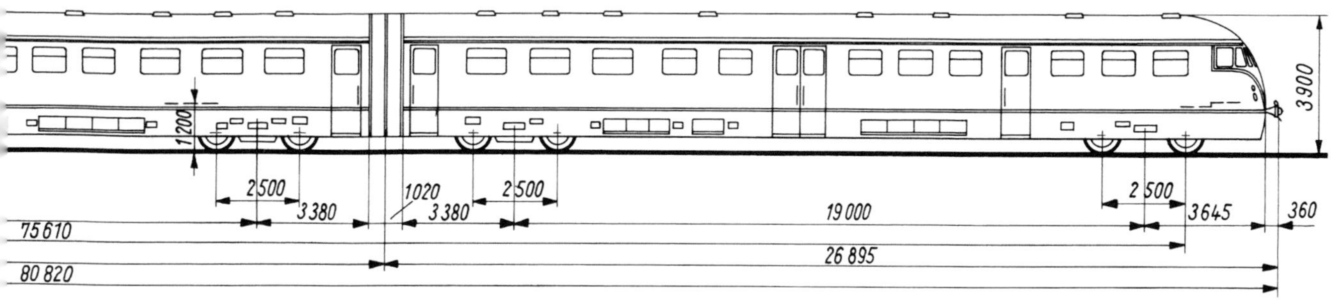

Fahrgastraum 613/913

Gestaltung: Dem Nahverkehr angepaßt.
613 601 bis 613 614: Führerstand; Maschinenraum; Gepäckraum; Einstiegraum; Großraum 2. Klasse mit sechsdreiviertel Abteilen; Einstiegraum.
613 615 bis 613 620: Führerstand; Maschinenraum; Dienstraum; Einstiegraum; sieben Abteile 2. Klasse; Einstiegraum.
913 001 bis 913 022: Einstiegraum; acht Abteile 2. Klasse; zwei Abteile 1. Klasse; Einstiegraum.
913 601 bis 913 608: Einstiegraum; drei Abteile 1. Klasse; sechs Abteile 2. Klasse; Einstiegraum; Dienstabteil; Führerstand.
913 609 bis 913 613: Einstiegraum; Abteil 2. Klasse; drei Abteile 1. Klasse; Großraum 2. Klasse mit fünf und zwei halben Abteilen; Einstiegraum; Dienstabteil; Führerstand.
Einstieg: An Wagenenden einflüglige Schwenkschiebetür, lichte Türweite 750 mm. Zugang über Trittstufen. Vom Führerstand elektropneumatisch schließbar.
1. Klasse: Geschlossene Abteile mit Seitengang. Sitzplatzanordnung 0 + 3; Abteiltiefe 2 060 mm, Sitzplatzbreite 660 mm, Gangbreite 774 mm bzw. 694 mm. Polstersitze.
2. Klasse: Geschlossene Abteile mit Seitengang. Sitzplatzanordnung 0 + 3; Abteiltiefe 2 060 mm, Sitzplatzbreite 660 mm bzw. 633 mm, Gangbreite 774 mm bzw. 694 mm. Polstersitze.
Großraum mit sechsdreiviertel Abteilen und Mittelgang. Sitzplatzanordnung 2 + 2; Abteiltiefe 1 700 mm, Sitzplatzbreite 517 mm, Gangbreite 624 mm. Polstersitzbänke.
Gepäckraum: 4 465 mm (612 501 bis 612 512) bzw. 5 155 mm (613 601 bis 613 614) lang, beidseitig einflüglige Schwenkschiebetür.
Postabteil: Nur von Einstiegraum betretbar.
Heizung: Warmwasserheizung, Ölfeuerung und Wärmetauscher Kühlwasser (in VT). Selbsttätige Steuerung.

613/913

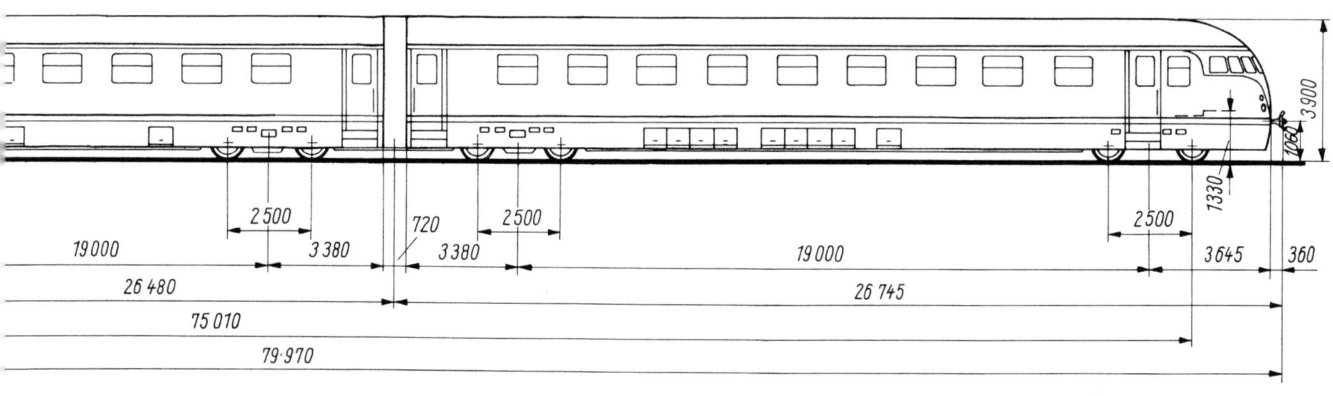

Beleuchtung: Glühlampen =110 V.
Sondereinrichtung: Lautsprecheranlage.

Maschinenanlage

Anordnung: Maschinenanlage in Triebdrehgestell angeordnet, ragt in Maschinenraum. Heizkesselraum in Triebwagen.
Motor: Wahlweise mehrere Bauarten, jedoch alle Typen 12 Zylinder, V-förmig, 4 Takte, Nennleistung 736 kW bei 1 500 min^{-1}, aufgeladen und mit Wasserkühlung:
Maybach MD 650 (spätere Bezeichnung MTU MD 12 V 538 TA) (Hubvolumen 64,5 l),
Daimler-Benz MB 820 Bb (spätere Bezeichnung MTU MB 12 V 493 TZ) (Hubvolumen 59,2 l),
MAN L 12 V 18/21 (Hubvolumen 64,5 l).
Später nur noch Typ MTU MB 12 V 493 TZ eingesetzt.
Leistungsübertragung: Gelenkwelle mit Schwingmetallkupplung; Strömungsgetriebe (Voith T 36 oder LT 306 r, drei Wandler) oder hydromechanisches Getriebe (Maybach K 104 oder K 104 SU, ein Wandler, vier mechanische Gänge); Gelenkwellen; Radsatztriebe.
Als Strömungsgetriebe später nur noch Typ LT 306 r verwendet.
Steuerung: Vielfachsteuerung, Steuerspannung =110 V. Getriebe selbsttätig in Abhängigkeit von Fahrgeschwindigkeit und Motordrehzahl geschaltet.
Hilfseinrichtungen: Kühlanlage unter Dach, elektromotorischer Antrieb. Batterie =110 V, 300 Ah je VT. Sicherheitsfahrschaltung. Induktive Zugbeeinflussung. Falman-Zugsicherungseinrichtung der SNCF. Fernsprecheinrichtung zwischen Führerständen. Feuerlöschanlagen.

614

DB/DR 614/914

B′2′+2′2′+2′B′

ab 1971

Techn. Daten: Seite 340

Als Weiterentwicklung der Baureihe VT 24.6 entstand 1971 ein neuer Triebzug, der sich nur in unwesentlichen Punkten von seinem Vorgänger unterscheidet. Insbesondere durch eine neue Kopfform und durch eine attraktive Farbgebung sollte der Triebzug verkehrswerbender wirken. Bei den Prototriebzügen wurde eine gleisbogenabhängige Wagenkastensteuerung eingebaut, die ein Befahren der Gleisbögen mit einer um ca. 20 % höheren Geschwindigkeit gestattet, ohne dabei Fahrsicherheit und Fahrkomfort zu beeinträchtigen. Die Erprobung ergab, daß mit der gleisbogenabhängigen Wagenkastensteuerung eine Verbesserung des Fahrkomforts entsteht, aber kein erheblicher Fahrzeitgewinn erreicht werden kann. Deshalb wurde bei den Serienfahrzeugen diese Steuerung nicht eingebaut.
Der Triebzug besteht aus zwei Triebwagen gleicher Ausführung und einem Mittelwagen. Im Bw Nürnberg verkehrten bis Ende des Jahresfahrplans 1991/92 auch einige viertei-

614 002
Foto: MAN-Werkfoto

lige Einheiten, die zwei Mittelwagen der Baureihen 914 oder 934 haben.
Die ersten zwei Probetriebzüge wurden 1971 und 1972 geliefert und auf der Moselstrecke eingesetzt. Sie waren im Bw Trier beheimatet.
Die Serienfertigung der Baureihe umfaßte 40 Triebzüge, die in den Jahren 1973 und 1975 geliefert wurden. Die Triebzüge sind in den Bw Braunschweig und Nürnberg Hbf beheimatet.
Die Triebzüge werden auch für Sonderfahrten genutzt. Um dabei Tanzveranstaltungen zu ermöglichen, ist in den Mittelwagen 914 026 und 914 027 die Bestuhlung so gestaltet, daß sie in kurzer Zeit aus- und eingebaut werden kann.
Alle Triebzüge sollen auf City-Bahn-Standard umgebaut werden. Dabei sollen sie ohne Zugbegleiter verkehren können und werden mit seitenabhängiger Türsteuerung ausgerüstet. Außerdem wird der Führerstand vergrößert.

Fahrzeugteil

Laufwerk: Triebdrehgestellrahmen H-förmiger Kastenhohlträger in verwindungssteifer Leichtbau-Schweißkonstruktion. Wiegenlos. Radsatzlenker. Wälzradsatzlager. Radsatzfederung Gummischeiben. Kastenfederung Luftfedern (bei Prototriebzügen gleisbogenabhängig gesteuert).
Laufdrehgestell Schweißkonstruktion. Wiegenlos. Radsatzlenker. Wälzradsatzlager, Radsatzfederung Gummischeiben. Kastenfederung Luftfedern (bei Prototriebwagen gleisbogenabhängig gesteuert).
Wagenkasten: Geschweißte Stahl-Leichtbaukonstruktion in Schalenbauweise aus leichten Walzprofilen und profilförmig gekanteten Blechen. Beblechung Stahlblech. Seitenwand und Obergurt bis unterhalb Fensterbrüstung eingezogen, um Wagenkastenneigung von 4°24′ zu ermöglichen. Stirnenden abgeschrägt. An Stirnende keine Übergangsmöglichkeit. Innerhalb Triebzug durch Gummiwülste geschützte Übergänge.
Zug- und Stoßvorrichtung: Schraubenkupplung, Hülsenpuffer. Innerhalb Triebzug selbsttätige Mittelpufferkupplung Bauart Scharfenberg. Elektrische und pneumatische Leitungen werden mitgekuppelt.
Druckluftanlage: Luftverdichter, Hauptluftbehälter, Hauptluftbehälterleitung. Magnetschienenbremse (vorbereitet). Sandstreueinrichtung.
Bremse: Mehrlösige Scheibenbremse Bauart KE, elektronische Gleitschutzeinrichtung, automatische Lastabbremsung. Spindelhandbremse.

Fahrgastraum

Gestaltung: Dem Bezirks- und Nahverkehr angepaßt.
VT 614: Führerstand; Gepäckraum; Großraum 2. Klasse mit vier Abteilen; Einstiegraum; Großraum 2. Klasse mit dreieinhalb Abteilen; zwei Abteile 1. Klasse; Einstiegraum.
VM 914: Großraum 2. Klasse mit drei Abteilen; Einstiegraum; Großraum 2. Klasse mit fünf Abteilen; Einstiegraum; Großraum 2. Klasse mit drei Abteilen.
VT 614: Einstiegraum; zwei Abteile 1. Klasse; Großraum 2. Klasse mit dreieinhalb Abteilen; Einstiegraum; Großraum 2. Klasse mit vier Abteilen; Gepäckraum; Führerstand.
Einstieg: In Wagenmitte im Triebwagen eine und im Mittelwagen zwei zweiflüglige Schwenkschiebetüren, im Triebwagen außerdem am Kurzkuppelende eine einflüglige Schwenkschiebetür. Lichte Türweite 1 540 mm bzw. 958 mm. Elektropneumatisch und von Hand bedienbar. Zugang über Trittstufen.
1. Klasse: Geschlossene Abteile mit Seitengang. Sitzplatzanordnung 0 + 3; Abteiltiefe 2 000 mm, Sitzplatzbreite 633 mm, Gangbreite 786 mm. Polstersitze.
2. Klasse: Großräume mit drei, dreieinhalb bzw. fünf Abteilen und Mittelgang. Sitzplatzanordnung 2 + 2; Abteiltiefe 1 670 mm, Sitzplatzbreite 543 mm, Gangbreite 510 mm. Polstersitzbänke.
Gepäckraum: 3 228 mm, ab 614 055 2 938 mm lang. Beidseitig doppelflüglige Drehtür, lichte Türweite 1 000 mm.
Heizung: Warmwasserheizung, automatisch geregelt. Ölheizkessel, in VT außerdem Wärmetauscher Motorkühlwasser.
Beleuchtung: Leuchtstofflampen.
Sondereinrichtung: Lautsprecheranlage.

Maschinenanlage

Anordnung: Maschinenanlage unterflur. Dieselmotor über Pendel und Gummischeiben schwingungsdämpfend am Untergestell aufgehängt.
Motor: Unterflurdieselmotor Typ MAN D 3650 HM 12 U, 12 Zylinder, liegend, vier Takte. Wasserkühlung. Elektrischer Anlasser. Leerlaufbelastungseinrichtung.
Leistungsübertragung: Gelenkwelle mit drehelastischer Kupplung; Strömungsgetriebe (Voith

614 001 bis 614 084

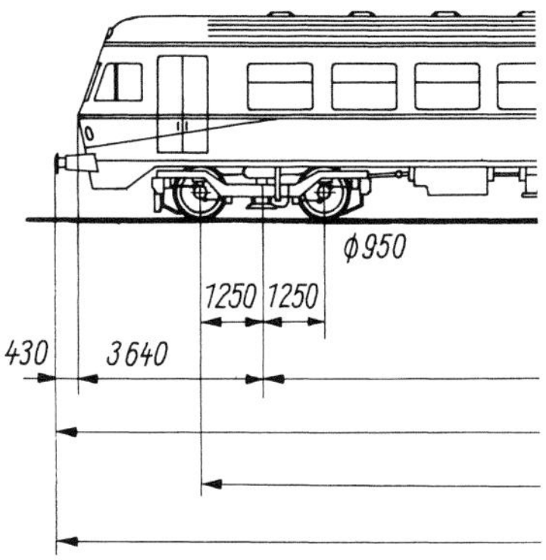

T 420 r, zwei Wandler, Wendegetriebe eingebaut); Gelenkwelle; Radsatztrieb innerer Radsatz; Gelenkwelle; Radsatztrieb äußerer Radsatz.
Steuerung: Vielfachsteuerung =24 V, maximal drei vierteilige Triebzüge von einem Führerstand aus steuerbar.
Hilfseinrichtungen: Hilfsstromnetz 24 V und 110 V, jeweils von Drehstromgenerator 7,7 kW erzeugt, über Gelenkwelle von Dieselmotor angetrieben. 24-V-Anlage für Steuerung, Überwachungseinrichtungen und Türsteuerung. 110-V-Anlage für Beleuchtung, Heizung, Gleitschutzeinrichtung. Sicherheitsfahrschaltung. Induktive Zugbeeinflussung. Zugbahnfunk.

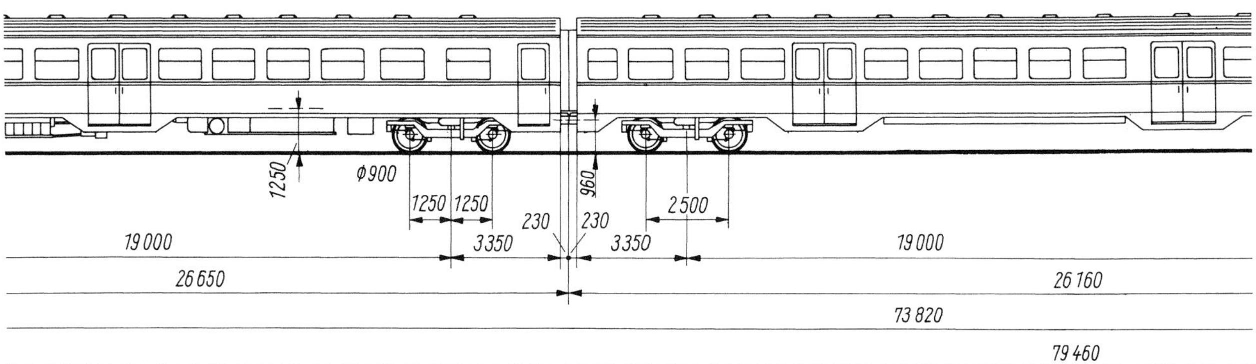

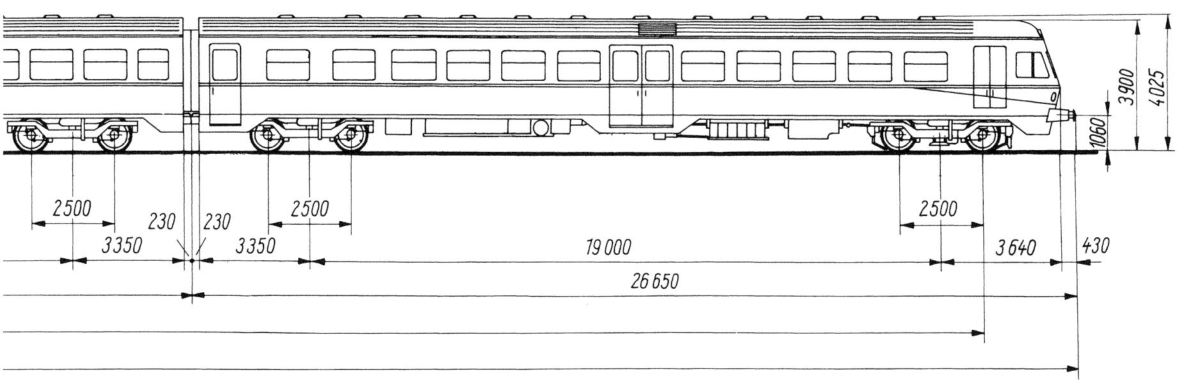

624/634

VT 23.5, VT 24.5 und VT 24.6 DB/DR 624/924 und 634/934

B'2'+2'2'+2'B'

ab 1961

Techn. Daten: Seite 340

Die Triebzüge der Baureihe 624 sind insbesondere für den schnellen Vorortverkehr mittlerer Leistung auf Hauptstrecken bestimmt, können aber auch auf Nebenstrekken eingesetzt werden. Sie lösen entsprechende Vorkriegsbauarten ab.
Die Probetriebzüge wurden in zwei Baureihen (VT 23.5 und VT 24.5) ab 1960 in Betrieb genommen; sie bewährten sich bis auf kleinere Anfangsmängel gut. Beide Baureihen waren zunächst zwar als zweiteilige Triebzüge konzipiert, konnten aber infolge leistungsfähiger Dieselmotoren dreiteilig ausgeliefert werden. Die Gestaltung der Fahrgasträume ist auf den zweiteiligen Triebzug abgestimmt; der Mittelwagen sollte nur zeitweilig eingefügt werden. Obwohl die starke Antriebslage das Fahren als ständige Drei-Wagen-Einheit erlaubte, wurde an der Grundrißgestaltung nichts mehr geändert, so daß sich die 1.-Klasse-Abteile in den Triebwagen befinden.
Die Serie wurde ab 1964 ausgeliefert. Die Grundeinheit ist dreiteilig und besteht aus zwei Trieb- und einem Mittelwagen; es ist aber auch eine Zugbildung mit zwei oder vier Wagen möglich. Bei Nachlieferungen erhielten auch einige Mittelwagen zwei Abteile 1. Klasse.
Die Leistungsübertragung erfolgt bei einem Teil der Triebwagen hydraulisch und bei einem Teil hydromechanisch.
Der erste Triebzug der Baureihe 624 fuhr im Mai 1965 im Berufs- und Nahverkehr von Trier. Die Versuchsfahrten ergaben, daß die im Mittelwagen eingebaute gleisbogenabhängige Steuerung der Luftfederung eine spürbare Fahrzeitverkürzung bewirken kann. Daraufhin erhielt der Triebzug 624 651 / 924 422 / 624 652 als Versuchszug vollständig luftgefederte Drehgestelle, die gleisbogenabhängig gesteuert werden. Der Versuch verlief positiv, so daß in den Jahren 1969 bis 1974 insgesamt 26 Triebwagen umgerüstet wurden. Diese Triebzüge bilden die Baureihe 634/934. Sie haben eine Höchstgeschwindigkeit von 140 km/h. Die gleisbogenabhängige Wagenkastensteuerung wurde inzwischen stillgelegt.
Der Einsatz der Fahrzeuge erfolgt heute meist nicht mehr baureihenrein. Es verkehren Serien- mit Vorserienfahrzeugen wie auch mit Trieb- und Mittelwagen der Baureihe 634/934. Es werden auch vierteilige Triebzüge gebildet.
Die Triebzüge der Baureihe 624/924 waren in den Bw Frankfurt (Main), Braunschweig, Osnabrück Rbf, Nürnberg Hbf und Trier beheimatet. Jetzt sind sie alle im Bw Osnabrück stationiert.
Die Triebzüge der Baureihe 634/934 waren in den den Bw Braunschweig, Osnabrück, Nürnberg Hbf und Trier beheimatet. Jetzt sind sie in Bw Braunschweig und Osnabrück stationiert.
Am 29. Januar 1990 verließ der Triebzug 634 613 / 924 419 / 624 671 das AW Kassel als erster Triebzug in modernisierter Form mit City-Bahn-Ausführung. Der Umbau weiterer Triebzüge wird fortgeführt; dabei wurden die Mittelwagen 934 561 bis 934 565 in reine 2.-Klasse-Wagen umgebaut und in 934 541 ff. umgezeichnet.

Triebzug der Baureihe 634 in Dortmund Hbf
Foto: R. Zschech

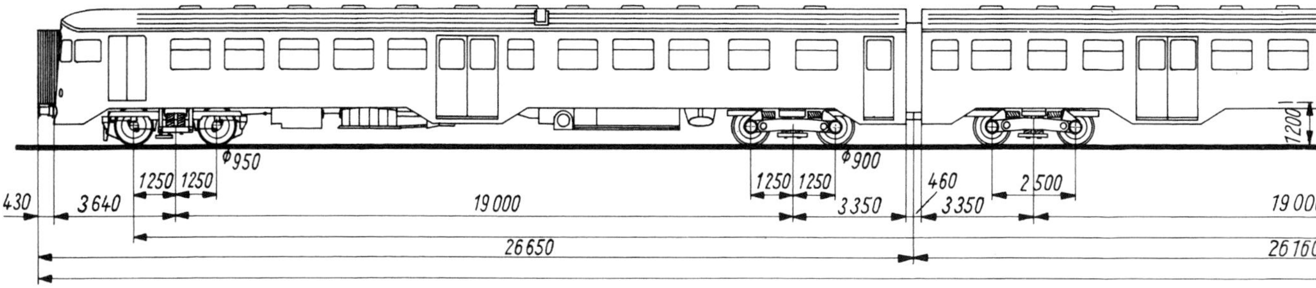

Fahrzeugteil

Laufwerk: Triebdrehgestellrahmen H-förmiger Kastenhohlträger in verwindungssteifer Leichtbau-Schweißkonstruktion. Radsatzlenker. Wälzradsatzlager. Radsatzfederung Gummischeiben. Wiegenfederung Schraubenfedern und Gummihohlfedern, Stoßdämpfer. Bei Baureihe 634 Kastenfederung Luftfedern mit gleisbogenabhängiger Steuerung.

Laufdrehgestelle in Triebwagen 624 Bauart München-Kassel. Rahmen H-förmige Schweißkonstruktion in Leichtbauweise. Doppelgewellte Radscheiben. Wälzradsatzlager. Radsatzfederung Schraubenfedern. Wiegenfederung Schraubenfedern und Gummizusatzfedern, Stoßdämpfer.

Laufdrehgestelle in Triebwagen 634 und in Mittelwagen Sonderkonstruktion. Radsatzlenker. Doppelgewellte Radscheiben. Wälzradsatzlager. Radsatzfederung Gummischeiben. Kastenfederung Luftfedern mit gleisbogenabhängiger Steuerung. Stoßdämpfer.

624 601 bis 624 680
Foto: MAN-Werkfoto

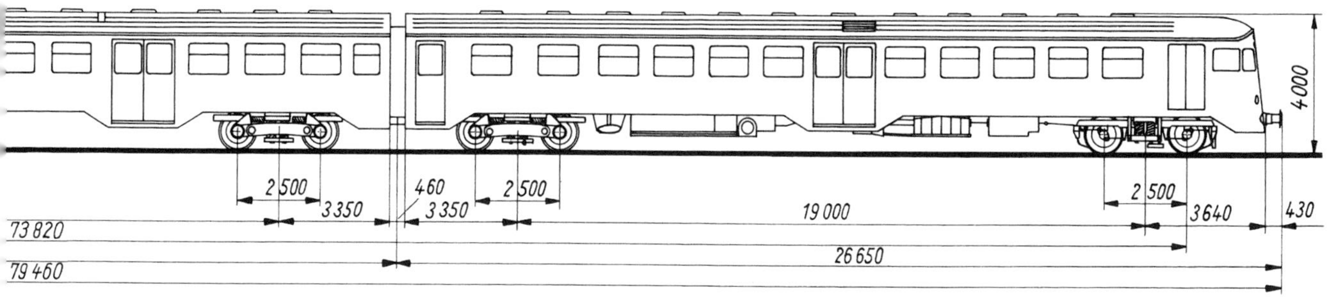

Wagenkasten: Schweißkonstruktion in Schalenbauweise. Seitenwände aus Leichtwalzprofilen und Stahlblech. Untergestell aus U-Profilträgern. Besondere Untergestellkonstruktion im Bereich der Einstiege. Fußbodenwellblech zum Tragen mit herangezogen. Stirnwand abgeschrägt. An Stirnenden verdeckte Übergangsbühnen (Drehtür mit Umkehrrahmen), in Grundstellung innerhalb Fahrzeugaußenhaut angeordnet (inzwischen meist ausgebaut). Innerhalb Triebzug durch Faltenbälge geschützte Übergänge.
Zug- und Stoßvorrichtung: Schraubenkupplung und Hülsenpuffer. Innerhalb Triebzug selbsttätige Mittelpufferkupplung Bauart Scharfenberg.
Druckluftanlage: Luftverdichter, Hauptluftbehälter, Hauptluftbehälterleitung. Sandstreueinrichtung. Spurkranzschmierung.
Bremse: Mehrlösige Scheibenbremse Bauart KE, automatische Lastabbremsung. Gleitschutzregler. Spindelhandbremse.

Fahrgastraum

Gestaltung: Dem Vorortverkehr angepaßt.

Vorausbauart VT 23.5
Triebwagen 624 505 bis 624 508: Führerraum; Gepäckraum; Großraum 2. Klasse mit zwei Abteilen; Einstiegraum; Großraum 2. Klasse mit fünf Abteilen; Einstiegraum; zwei Abteile 1. Klasse.
Mittelwagen 924 505 und 924 506: Großraum 2. Klasse mit drei Abteilen; Einstiegraum; Großraum 2. Klasse mit fünf Abteilen; Einstiegraum; Großraum 2. Klasse mit drei Abteilen.
Triebwagen 624 505 bis 624 508: Zwei Abteile 1. Klasse; Einstiegraum; Großraum 2. Klasse mit fünf Abteilen; Einstiegraum; Großraum 2. Klasse mit zwei Abteilen; Gepäckraum; Führerraum.

Vorausbauart VT 24.5
Triebwagen 624 501 bis 624 504: Führerraum; Gepäckraum (eineinhalb Abteile mit Mittelgang einbaubar); Großraum 2. Klasse mit vier Abteilen; Einstiegraum; Großraum 2. Klasse mit dreieinhalb Abteilen; zwei Abteile 1. Klasse; Einstiegraum.
Mittelwagen 924 501 und 924 502: Großraum 2. Klasse mit drei Abteilen; Einstiegraum; Großraum 2. Klasse mit fünf Abteilen; Einstiegraum; Großraum 2. Klasse mit drei Abteilen.

624 601 bis 624 680

Triebwagen 624 501 bis 624 504: Einstiegraum; zwei Abteile 1. Klasse; Großraum 2. Klasse mit dreieinhalb Abteilen; Einstiegraum; Großraum 2. Klasse mit vier Abteilen; Gepäckraum (eineinhalb Abteile mit Mittelgang einbaubar); Führerraum.

Serienausführung VT 24.6
Triebwagen 624 601 bis 624 680 und 634 603 bis 634 666: Führerstand; Gepäckraum; Großraum 2. Klasse mit vier Abteilen; Einstiegraum; Großraum 2. Klasse mit dreieinhalb Abteilen; zwei Abteile 1. Klasse; Einstiegraum.
Mittelwagen 924 401 bis 924 440 und 934 422 bis 934 450: Großraum 2. Klasse mit drei Abteilen; Einstiegraum; Großraum 2. Klasse mit fünf Abteilen; Einstiegraum; Großraum 2. Klasse mit drei Abteilen.
Mittelwagen 934 506 und 934 561 bis 934 565: Großraum 2. Klasse mit drei Abteilen; Einstiegraum; Großraum 2. Klasse mit fünf Abteilen; Einstiegraum, zwei Abteile 1. Klasse.
Triebwagen 624 601 bis 624 680 und 634 603 bis 634 666: Einstiegraum; zwei Abteile 1. Klasse, Groß-

raum 2. Klasse mit dreieinhalb Abteilen; Einstiegraum; Großraum 2. Klasse mit vier Abteilen; Gepäckraum; Führerstand.
Einstieg: Ein- und zweiflüglige Schwenkschiebetüren, elektropneumatisch fernbetätigt schließbar, Öffnen mit Drucklufthilfe. Zugang über Trittstufen.
1. Klasse: Geschlossene Abteile mit Seitengang. Sitzplatzanordnung 0 + 3; Abteiltiefe 2 000 mm, Sitzplatzbreite 645 mm, Gangbreite 747 mm. Polstersitze.
2. Klasse: Großräume mit drei, dreieinhalb, vier und fünf Abteilen und Mittelgang. Sitzplatzanordnung 2 + 2; Abteiltiefe 1 670 mm, Sitzplatzbreite 550 mm, Gangbreite 504 mm. Polstersitzbänke.
Gepäckraum: 3 230 mm lang. Beidseitig doppelflüglige Drehtür, nach innen öffnend, fensterlos, lichte Türweite 1 000 mm. Einbau von zwölf Sitzplätzen möglich.
Heizung: Warmwasserheizung. Ölfeuerung, in VT mit Kühlwasserkreislauf verbunden. Thermostate.
Beleuchtung: Leuchtstofflampen, 100 Hz 220 V, von Turbowechselrichter gespeist. Notbeleuchtung Glühlampen =110 V, aus Batterie gespeist.
Umbau: Zwei Mittelwagen 924.4 in Gesellschaftswagen 924 200 und 924 201 umgebaut. Großraum 2. Klasse mit drei Abteilen; Einstiegraum; Tanzraum; Tonstudio; Aufenthaltsraum mit Bewirtschaftung; Abstellraum. Tanzraum 8 350 mm lang. Aufenthaltsraum 7 110 mm lang.

Mittelwagen 934 561 bis 934 565 in reine 2.-Klasse-Wagen umgebaut (neue Betriebsnummern 934 451 ff.). Großraum 2. Klasse mit drei Abteilen; Einstiegraum; Großraum 2. Klasse mit fünf Abteilen; Einstiegraum; zwei Abteile 2. Klasse.

Umbau

Ausführung als CityBahn-Fahrzeug. Einmannbesetzung. Gepäckabteile entfallen. Einstiegräume als Mehrzweckräume mit Klappsitzen. Aborte modernisiert, nur noch in Mittelwagen. Großraumabteile mit stoffbezogenen Sitzen, Längsgepäckträger. Führerstände durch Glaswände von Fahrgastraum getrennt.

Maschinenanlage

Anordnung: Maschinenanlage einschließlich Nebeneinrichtungen unterflur. Dieselmotor über Pendel und Gummischeiben schwingungsdämpfend am Untergestell aufgehängt.
Motor: Unterflurdieselmotor, Typ MAN D 3650 HM 1 U, 12 Zylinder, Boxer, vier Takte. Wasserkühlung. Elektrischer Anlasser.
Leistungsübertragung: Gelenkwelle mit drehelastischer Kupplung; Getriebe EMG S 350 bzw. Sa 432, Strömungswandler mit nachgeschalteter mechanischer Gangstufe (drei Wandlergänge und ein mechanischer Direktgang), Gänge selbsttätig geschaltet über Lamellenkupplungen mit Öldruck. Wendegetriebe eingebaut; Gelenkwelle; Radsatztrieb innerer Radsatz; Gelenkwelle; Radsatztrieb äußerer Radsatz.
Oder: Gelenkwelle mit drehelastischer Kupplung; Getriebe Voith T 420 r (zwei Wandler). Wendegetriebe eingebaut; Gelenkwelle; Radsatztrieb innerer Radsatz; Gelenkwelle; Radsatztrieb äußerer Radsatz.
Steuerung: Vielfachsteuerung = 24 V, drei Triebzüge von einem Führerstand fernbedienbar, alle Maschinenanlagen selbsttätig überwacht. Dieselmotor mit elektrischem Füllungsversteller in acht Stufen.
Hilfseinrichtungen: Drehstromgenerator mit Gleichrichtern für Hilfsbetriebsnetz =110 V. Generator für =24 V. Batterie. Unterflurkühler für Motorkühlwasser, hydrostatisch angetrieben. Weg- und zeitabhängige Sicherheitsfahrschaltung. Induktive Zugbeeinflussung. Zugbahnfunk.

627.0
627.1

DB/DR 627.0/627.1

2'B'

ab 1974

Techn. Daten: Seite 341

Für die Ablösung der Schienenbusse der Baureihen 795 und 798 auf den Nebenbahnen ließ die DB zwei neue Baureihen entwickeln: den Einzelwagen der Baureihe 627 und den zweiteiligen Triebzug der Baureihe 628. Der Ersatz der Schienenbusse war notwendig geworden, weil einerseits der vieljährige Einsatz stark am Erhaltungszustand der Triebwagen gezehrt hatte und andererseits die fehlende Laufruhe den steigenden Ansprüchen nicht mehr genügte. Hier sollten insbesondere luftgefederte Drehgestelle Abhilfe schaffen.

Die geforderte Leistung konnte durch Seriendieselmotoren von Straßenfahrzeugen erfüllt werden, so daß eine Neuentwicklung nicht erforderlich war. Es wurden zwei Typen erprobt.

Der Triebwagen hat eine Höchstgeschwindigkeit von 120 km/h, so daß auch ein Einsatz auf Hauptstrecken möglich ist. Auf einer Steigung von 5 ‰ kann noch eine Geschwindigkeit von 100 km/h gehalten werden. Der Triebwagen ist für Einmannbedienung eingerichtet, d. h., der Triebfahrzeugführer kontrolliert und verkauft auch die Fahrausweise. Deshalb wurden die Einstiege an die Wagenenden gelegt. Durch aufleuchtende Hinweisschilder wird zum Einsteigen durch die vordere Tür und zum Aussteigen durch die hintere Tür aufgefordert.

Zuerst wurden acht Triebwagen bestellt, von denen die ersten im Jahre 1974 ausgeliefert und erprobt wurden. Die Erprobung wurde gemeinsam mit der Baureihe 628 in den Bw Kempten (Allgäu) und Braunschweig durchgeführt. Ende 1980 waren dann alle Triebwagen im Bw Kempten stationiert. Später wurden die Triebwagen der Baureihe 627.0 (außer 627 007) auf der Kinzigtalbahn (Freudenstadt–Hausach) eingesetzt und deshalb dem Bw Tübingen zugeordnet.

Von 1984 bis 1987 wurden die Triebwagen auf die Regel-Schraubenkupplung umgebaut, wobei auch die Steuerung der Türen und der Bremsprobeanzeige auf die Serienausführung umgerüstet wurde.

627 002
Foto: MaN Werkfoto

Triebwagen der Baureihe 627.0 nach Umbau auf Hülsenpuffer und Schraubenkupplung
Foto: R. Zschech

Die Serienfertigung umfaßte nur fünf Triebwagen, die in den Jahren 1981 und 1982 ausgeliefert wurden. Es wurden erstmalig pneumatisch ausklappbare Rückspiegel für die Selbstabfertigung eingebaut. Die Triebwagen 627.1 sind alle im Bw Kempten beheimatet. Ein Weiterbau ist nicht vorgesehen, da aus wirtschaftlichen Gründen die Baureihe 628.2/928.2 mit der Zugbildung VT + VS zur Serienfertigung gelangt.

Fahrzeugteil

Laufwerk: Drehgestelle Schweißkonstruktion in Leichtbauweise, verwindungsweicher Rahmen. Drehzapfenlos. Radsatzlenker. Wälzradsatzlager. Radsatzfederung Gummiblockfedern. Kastenfederung Luftfedern, lastabhängig gesteuert. Radsätze mit Radreifen (bei 627.0 Vollradscheiben).

Wagenkasten: Stahlleichtbau, vollständig geschweißt, selbsttragend, aus leichten Stahlwalzprofilen und profilförmig abgekanteten Stahlblechen. Korrosionsgefährdete Blechteile aus Halbedelstahl oder Edelstahl. Seitenwandbleche unterhalb Fenster gesickt (nur bei 627.0). Dach gesickt. An Einstiegen besondere Konstruktion für weit ins Wageninnere reichende Trittstufen.

Stirnenden abgeschrägt. Keine Übergangsmöglichkeit.

Zug- und Stoßvorrichtung: Bei 627.0 selbsttätige Mittelpufferkupplung Bauart Scharfenberg. Elektrische und pneumatische Leitungen werden mitgekuppelt. Ab 1984 Umbau auf Schraubenkupplung und Hülsenpuffer.

Bei 627.1 Schraubenkupplung und Hülsenpuffer.

Druckluftanlage: Luftverdichter, Hauptluftbehälter, Hauptluftbehälterleitung. Sandstreueinrichtung. Spurkranzschmierung (nur 627.1).

Bremse: Mehrlösige Scheibenbremse Bauart KE, selbstregelndes Führerbremsventil. Automatische Lastabbremsung. Gleitschutz elektronisch (627.0) bzw. mechanisch (627.1). Magnetschienenbremse. Spindelhandbremse (627.0) bzw. Federspeicherbremse (627.1).

Fahrgastraum 627.0

Gestaltung: Dem Nebenbahnverkehr angepaßt.

Führerstand und Einstiegraum mit Traglastenraum; Gepäckabteil;

Großraum 2. Klasse mit acht Abteilen; Einstiegraum und Führerstand.
Einstieg: An Wagenende einflüglige Schwenkschiebetür, lichte Türweite 768 mm. Zugang über innenliegende Trittstufen. Nach Entriegelung von Hand mit Druckluft zu öffnen, elektropneumatisch schließbar.
2. Klasse: Großraum mit acht Abteilen und Mittelgang. Sitzplatzanordnung 2 + 2; Abteiltiefe 1 670 mm, Sitzplatzbreite 543 mm, Gangbreite 560 mm. Polstersitze.
Traglastenraum: Mit Einstiegraum und Führerstand 1 vereinigt.
Gepäckabteil: 2 897 mm lang, rd. 1/3 der Wagenbreite breit. Einflüglige Schiebetür zum Traglastenraum.
Heizung: Warmwasserheizung, Ölheizgerät. Führerstand Warmluftheizung, Wärmetauscher. Bei Motor mit Wasserkühlung Heizkreislauf mit Motorkühlwasserkreis verbunden.
Beleuchtung: Leuchtstofflampen, Mittelband. Notbeleuchtung Glühlampen =110 V.
Sondereinrichtung: Lautsprecheranlage.

Fahrgastraum 627.1

Gestaltung: Dem Nebenbahnverkehr angepaßt.
Führerstand und Einstiegraum mit Traglasten- bzw. Gepäckraum; Großraum 2. Klasse mit 16 Sitzreihen; Einstiegraum und Führerstand.
Einstieg: An Wagenende einflüglige Schwenkschiebetür, lichte Türweite 850 mm. Zugang über innenliegende Trittstufen. Zentrales Öffnen und Schließen je Wagenseite.
2. Klasse: Großraum mit 16 Sitzreihen und Mittelgang, teilweise bilden Sitzbänke Abteile. Sitzplatzanordnung 2 + 2; Abteiltiefe 1 807 mm. Sitzreihenabstand 818 mm. Polstersitze. Längsgepäckablagen. Für Aufstellung Rollstuhl vier Sitze in Abteil neben hinterem Einstiegraum hochklappbar.
Gepäckraum: Mit Einstiegraum und Führerstand 1 vereinigt. Auch als Traglastenraum nutzbar. Sechs Klappsitze. Zusammenklappbare Fahrradständer.
Heizung: Warmwasserheizung. Ölheizgerät. Mit Quarzuhr programmierbare Vorheizautomatik. Lüftung durch sechs elektrisch angetriebene Dachlüfter.

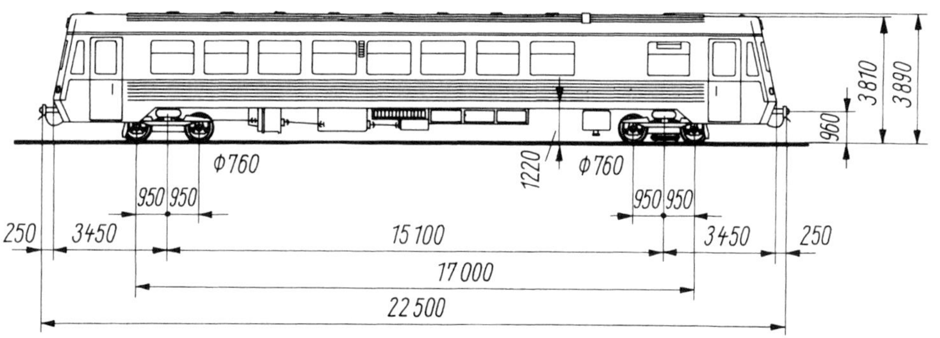

627 001 bis 627 008 (vor Umbau)

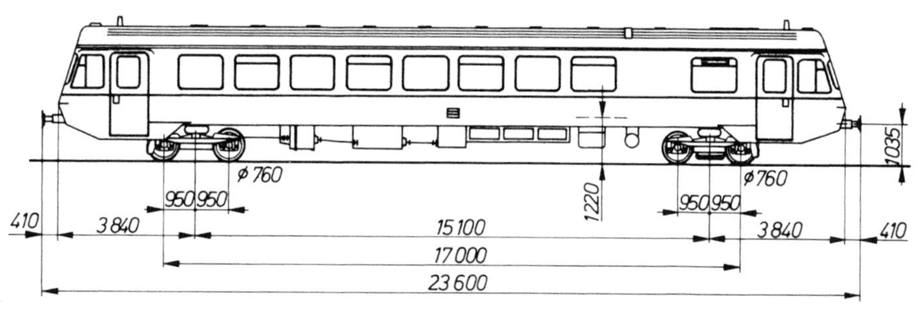

627 101 bis 627 105

Beleuchtung: Leuchtstofflampen.
Sondereinrichtung: Lautsprecheranlage.

Maschinenanlage:

Anordnung: Antriebsanlage unterflur, elastisch am Untergestell aufgehängt.
Motor: Dieselmotor, 12 Zylinder, V-förmig 90°, 4 Takte, Nenndrehzahl 2 400 min^{-1}; bei 627 001 bis 627 005 KHD BF 12 L 413 (Nennleistung 287 kW, Hubvolumen 19,14 l, Aufladung, Luftkühlung), bei 627 006 bis 627 008 sowie 627.1 Daimler OM 404 (Nennleistung 294 kW, Hubvolumen 20.9 l, Wasserkühlung).
Leistungsübertragung: Gelenkwelle; Strömungsgetriebe (Voith 320 r, zwei Wandler, bzw. Voith 320 br, mit hydrodynamischer Bremse); Gelenkwelle; Radsatztrieb innerer Radsatz; Gelenkwelle; Radsatztrieb äußerer Radsatz.
Steuerung: Vielfachsteuerung =110 V, sechs Triebwagen von einem Führerstand steuerbar. Zusammenarbeit mit Baureihe 628 möglich.
Hilfseinrichtungen: Unterflurkühlanlage mit hydrostatischem Antrieb (bei Motoren mit Wasserkühlung für Motorkühlwasser und Schmier- und Getriebeöl, bei Motoren mit Luftkühlung nur für Getriebeöl). Batterie =110 V, 2 x 204 Ah, gepuffert mit Lichtanlaßmaschine. Sicherheitsfahrschaltung. Induktive Zugbeeinflussung. Zugbahnfunk.

628.0/628.1/ 628.2/628.4

DB/DR 628/928

2'B'+B'2'
2'B'+2'2'

ab 1974

Techn. Daten: Seite 343

Trotz der Schrumpfung des Nebenbahnnetzes wird die DB auch künftig noch einen umfangreichen Personenverkehr auf den Nebenstrekken zu erwarten haben. Die Schienenbusse der Baureihen 795 und 798 aus den Jahren 1952 bis 1955 hatten wesentlich dazu beigetragen, die Zugförderung auf Nebenbahnen wirtschaftlich zu gestalten.
Als Ersatz für diese Baureihen wurde von der Waggonfabrik Uerdingen in Zusammenarbeit mit der DR ein zweiteiliger Triebzug entwikkelt, der aus zwei Triebwagen besteht. Die Triebwagen sind nahezu gleich aufgebaut, jedoch ist in einem Triebwagen ein Gepäckraum angeordnet. Zur Verbesserung der Laufgüte erhielten die Fahrzeuge zweiachsige Drehgestelle.
Der Triebzug hat eine Höchstgeschwindigkeit von 120 km/h, so daß auch ein Einsatz auf Hauptstrecken möglich ist. Auf einer Steigung von 5 ‰ kann noch eine Geschwindigkeit von 100 km/h gehalten werden. Die geforderte installierte Leistung konnte durch seriengefertigte Dieselmotoren für Straßenfahrzeuge realisiert werden. Es wurden drei Typen erprobt.
Zuerst wurden zwölf Triebzüge bestellt, von denen elf im Jahre 1974 und einer im Jahre 1975 ausgeliefert wurden. Die Erprobung erfolgte mit der Baureihe 627.0 in den Bw Kempten (Allgäu) und Braunschweig. Gegen Ende 1980 waren alle Triebzüge im Bw Kempten be-

Triebzug 628 002 + 628 012 nach Umbau auf Hülsenpuffer und Schraubenkupplung
Foto: R. Zschech

628 016
Foto: Waggonfabrik Uerdingen

heimatet. Im folgenden Erprobungsabschnitt begannen die Vorarbeiten für die Baureihe 628.1/928.1 (VT + VS), indem bei vier Triebzügen aus einem Triebwagen (628 006, 628 007, 628 016 und 628 017) der Motor ausgebaut wurde, dieser Wagen (anfangs ohne Umnummerung, später rückwirkend zum 28. Februar 1991 in 928.0 umgezeichnet) als Steuerwagen verwendet wurde und der andere Triebwagen (628 021 bis 628 024) einen stärkeren Motor (Typ OM 424 A mit 357 kW) erhielt. Die Erprobung über drei Jahre war erfolgreich, wenn auch gelegentlich Schwierigkeiten bei einem vollbesetzten Triebzug auf nassen Schienen auftraten. Die Motoren, deren Nennleistung im Laufe der Erprobung auf 375 kW erhöht werden konnte, haben sich gut bewährt. Ab 1984 wurden alle Triebzüge an den Stirnenden mit Schraubenkupplung und Hülsenpuffern ausgerüstet. Die restlichen Vorserien-Triebzüge werden auch noch in die VT-VS-Ausführung umgebaut, wobei sie für Einmannbetrieb und mit einem 1.-Klasse-Abteil eingerichtet werden. Für den Weiterbau wurde die Konzeption der Antriebsanlage gegenüber der Vorausbauart geändert, indem durch einen neuentwikkelten leistungsstärkeren Dieselmotor mit einer Nennleistung von 375 kW nur noch eine Antriebsanlage notwendig wurde, so daß die Zugbildung VT + VS ausgeführt werden konnte. Dadurch war eine weitere Verbesserung der Wirtschaftlichkeit gegeben. In den Jahren 1981 und 1982 wurden die drei Prototriebzüge (Baureihe 628.1/928.1) geliefert. Sie erhielten pneumatisch ausklappbare Rückspiegel für die Selbstabfertigung und offene Führerräume mit einer Einrichtung für den Fahrkartenverkauf. Auch diese Triebzüge gehören zum Bw Kempten (Allgäu).

Obwohl die Prototriebzüge der VT-VS-Version sich gut bewährt haben und auch die Reisenden sehr ansprechen, waren doch noch einige Verbesserungen in der technischen Ausführung notwendig, so z. B. die Erhöhung der Reibungsmasse, eine Verbesserung des Schleuderschutzes und die Vergrößerung des Kraftstoffvorrates. Aber auch die Erhöhung der Antriebsleistung war anzustreben, da bei größeren Steigungen die Motorleistung bei der VT-VS-Ausführung nicht ausreichte. Außerdem mußte die Fahrgastraumgestaltung verbessert werden: der Einbau der 1.

Wagenklasse, eine Erhöhung des Anteiles der Sitzplatzanordnung als Abteile und die Verbesserung der Heizung und Lüftung. Dies führte zur Baureihe 628.2/928.2, die ab Dezember 1986 in einer größeren Stückzahl (150 Einheiten) zur Verbesserung des Schienen-Personen-Nah-Verkehrs (SPNV) beschafft wurden. Der Einsatz erfolgte in den Bw Karlsruhe, Kempten, Kiel und Limburg. Diese Triebzüge sind für den Einmannbetrieb vorbereitet, weshalb der Einbau von Fahrausweisverkaufsautomaten und Fahrausweisentwertern beabsichtigt ist.

Die Triebzüge haben sich sehr gut bewährt und sind vielerorts anzutreffen.

Eine Weiterentwicklung ist die Baureihe 628.4/928.4, von der bisher insgesamt 189 Triebzüge bestellt wurden, die in drei Lieferlosen gefertigt werden sollen. Die Auslieferung begann im November 1992. An dem Bau sind Duewag, Uerdingen, LHB Salzgitter und AEG Hennigsdorf beteiligt. Diese Bauserie ist leistungsstärker (1 x 485 kW und Höchstgeschwindigkeit 120/140km/h) als die vorherigen Baulose (1 x 375 kW bzw. 1 x 411 kW) und wird in einigen Gebieten der DB diese ablösen. Vier Triebzüge (628/928 405 bis 628/928 408) erhielten im März/April 1993 die „Eisenbahnen und Verkehrsbetriebe Elbe-Weser GmbH, Zeven" (EVB) zur Ablösung der von der DB übernommenen Schienenbusse auf der Strecke Stade–Bremervörde–Bremerhaven.

Sie bekamen bei der EVB die Betriebsnummern VT 150 bis VT 153.

Fünf Triebzüge sollen 1994/1995 in der VT-VT-Version, also mit zwei Antriebsanlagen, geliefert werden.

Fahrzeugteil

Laufwerk: Drehgestelle Schweißkonstruktion in Leichtbauweise, verwindungsweicher H-förmiger Rahmen. Drehzapfenlos. Radsatzlenker. Wälzradsatzlager. Radsatzfederung Gummiblockfedern. Kastenfederung Luftfedern, lastabhängig gesteuert. Elastische Notabstützung bei entlüfteter Feder. Querfederung Gummipuffer mit hydraulischen Dämpfern.

Wagenkasten: Selbsttragende, geschweißte Stahlleichtbauweise unter Verwendung leichter Walzprofile und gekanteter Bleche (ab 628.4 Bleche aus Edelstahl). Seitenwandblech unterhalb Fenster gesickt (nur 628.0). Dach gesickt. Wagenkastenstirnwand mit Rammvorbau, ab Baureihe 628.4 Unterfahrschutz. An Einstiegen besondere Konstruktion für weit in Wageninneres reichende Trittstufen. Vergrößerte Einstiege am Kurzkuppelende der Baureihe 628.4 ergaben verlängerten Wagenkasten. Stirnenden abgeschrägt. An Stirnenden keine Übergangsmöglichkeit. Innerhalb Triebzug durch Gummiwülste (628.1) bzw. Faltenbalg (ab 628.2) geschützter Übergang.

Zug- und Stoßvorrichtung: Bei 628.0 am Triebzugende und innerhalb Triebzug selbsttätige Mittelpufferkupplung Bauart Scharfenberg. Elektrische und pneumatische Leitungen werden mitgekuppelt. Kupplung kann elektropneumatisch entkuppelt werden. Ab 1984 an Triebzugenden auf Schraubenkupplung und Hülsenpuffer umgebaut.

Ab 628.1 an Triebzugende Schraubenkupplung und Hülsenpuffer. Innerhalb Triebzug selbsttätige Mittelpufferkupplung Bauart Scharfenberg. bzw. Kurzkupplung (bei 628.4).

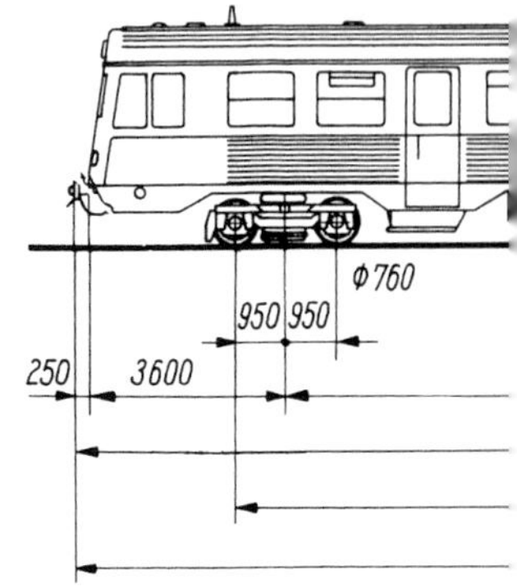

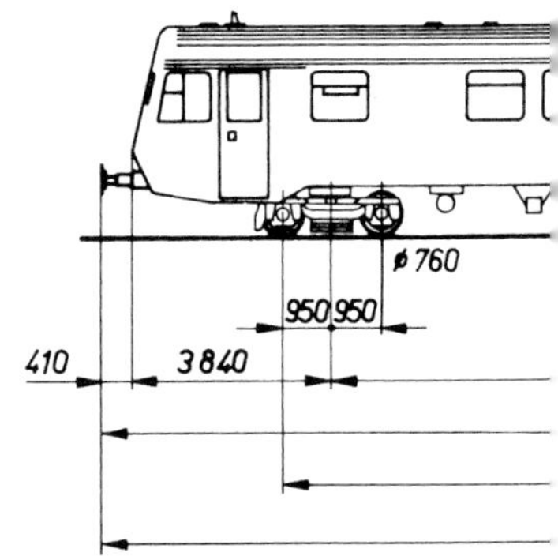

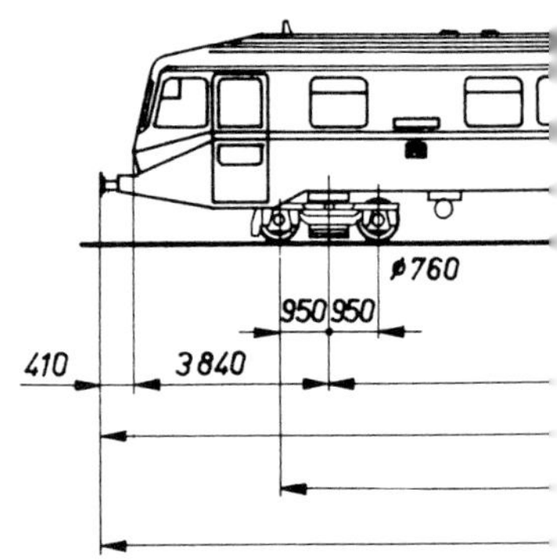

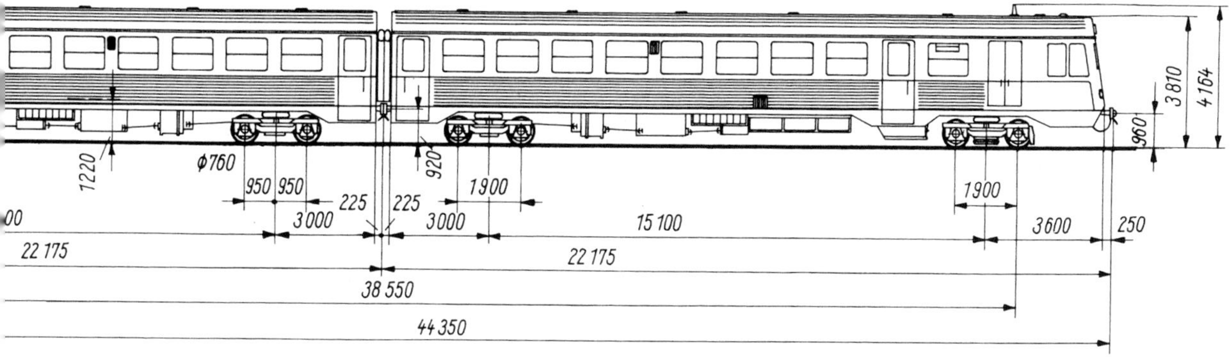

628 001 bis 628 024 (vor Umbau)

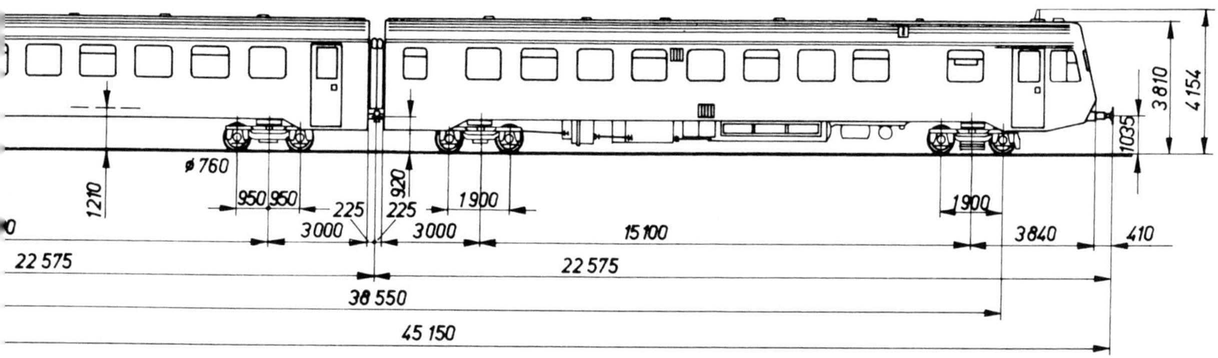

628 101 bis 628 103

628.2/928.2

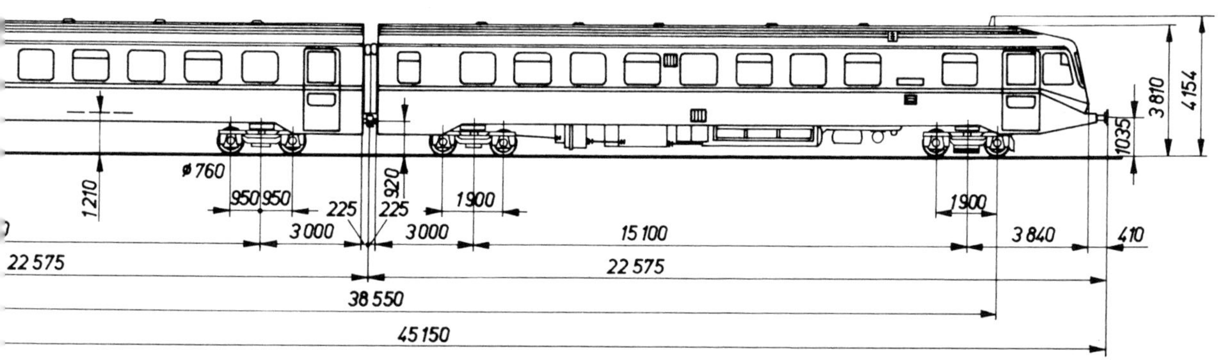

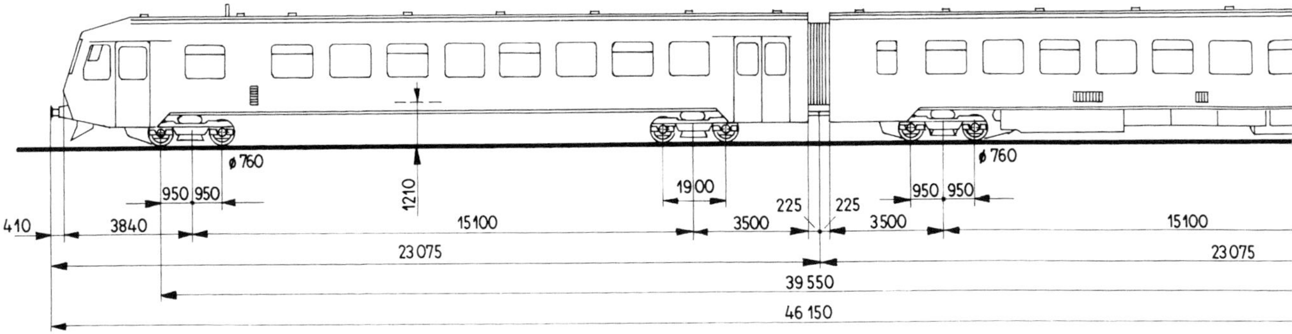

Druckluftanlage: Luftverdichter, Hauptluftbehälter, Hauptluftbehälterleitung. Elektropneumatische Sandstreueinrichtung. Spurkranzschmierung (ab 628.1).
Bremse: Mehrlösige Scheibenbremse Bauart KE, selbstregelndes Führerbremsventil. Automatische Lastabbremsung. Gleitschutz elektronisch (628.0), mechanisch (628.1) bzw. von Mikroprozessor gesteuert (ab 628.2). Magnetschienenbremse, Spindelhandbremse (628.0) bzw. Federspeicherfeststellbremse (ab 628.1).

Fahrgastraum 628.0

Gestaltung: Dem Nebenbahnverkehr angepaßt.
628 001 bis 628 010, 628 021 und 628 022: Führerstand; Gepäckraum; Einstiegraum; Großraum 2. Klasse mit siebeneinhalb Abteilen; Einstiegraum.
628 011 bis 628 020, 628 023 und 628 024: Einstiegraum; Großraum 2. Klasse mit siebeneinhalb Abtei-

Triebzug der Baureihe 628.4/928.4

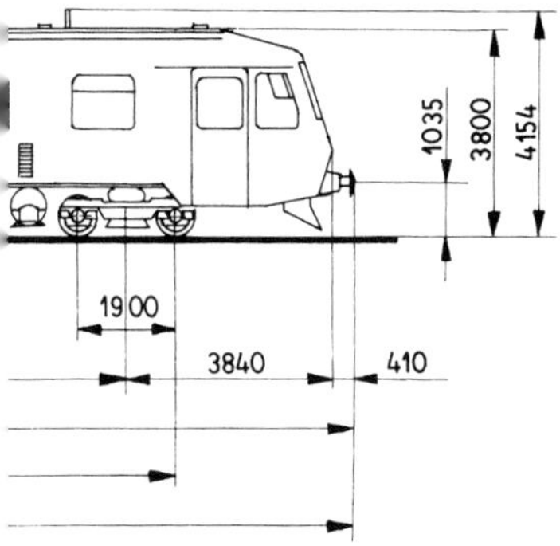

len; Einstiegraum; Großraum 2. Klasse mit zwei Abteilen; Führerstand.
Einstieg: An Wagenenden, einflüglige Schwenkschiebetür, lichte Türweite 768 mm. Zugang über innenliegende Trittstufen. Tür nach Entriegelung von Hand mit Druckluft zu öffnen, elektropneumatisch schließbar (vom Führerstand oder jedem Einstieg).
2. Klasse: Großräume mit zwei bzw. siebeneinhalb Abteilen und Mittelgang. Sitzplatzanordnung 2 + 2; Abteiltiefe 1 670 mm, Sitzplatzbreite 543 mm, Gangbreite 650 mm. Polstersitze.
Gepäckraum: 3 340 mm lang. Beidseitig doppelflüglige Drehtür, nach innen öffnend, lichte Türweite 1 004 mm.
Heizung: Warmwasserheizung, Ölheizgerät. Bei Motor mit Wasserkühlung Heizkreislauf mit Motorkühlwasserkreis über Wärmetauscher verbunden.
Belüftung durch elektromotorisch angetriebene Dachlüfter.
Beleuchtung: Leuchtstofflampen, Mittenband. Transistorvorschaltgerät erzeugt 220 V 20 kHz für Lampe, gespeist mit =110 V. Notbeleuchtung Glühlampen =110 V.
Sondereinrichtung: Lautsprecheranlage

Triebzug 628 101/928 101 auf Probefahrt im Herbst 1981 in Krefeld Hbf
Foto: Werkfoto DUEWAG AG

Fahrgastraum 628.1/928.1

Gestaltung: Dem Nah- und Nebenbahnverkehr angepaßt.
628.1: Führerstand, Einstiegraum und Gepäckraum; Großraum 2. Klasse mit 16 Sitzreihen; Einstiegraum.
928.1: Einstiegraum; Großraum 2. Klasse mit 16 Sitzreihen; Gepäckraum, Einstiegraum und Führerstand.
Einstieg: An Wagenenden, am Kurzkuppelende gegenseitig versetzt, einflüglige Schwenkschiebetür, elektropneumatisch betätigt, lichte Türweite 850 mm. Zugang über innenliegende Trittstufen. Zentrales Öffnen und Schließen je Wagenseite.
2. Klasse: Großräume mit 16 Sitzreihen und Mittelgang, davon drei als Abteile angeordnet. Sitzplatzanordnung 2 + 2; Abteiltiefe 1 807 mm, Sitzreihenabstand 818 mm, Gangbreite 576 mm. Polstersitze. Erste Sitzreihe auf einer Gangseite hochklappbar für Rollstuhlaufstellung.
Gepäckraum: Acht (628.1) bzw. zehn (928.1) Klappsitze. Auch als Traglastenraum nutzbar. Zusammenklappbare Fahrradständer.
Heizung: Warmwasserheizung, Ölheizgerät. In Triebwagen Wärmetauscher mit Motorkühlwasser. Mit Quarzuhr programmierte Vorheizautomatik. Belüftung durch elektromotorisch angetriebene Dachlüfter, später auf statische Dachlüfter umgebaut.
Beleuchtung: Leuchtstofflampen, Mittenband. Notbeleuchtung Glühlampen =110 V.
Sondereinrichtung: Lautsprecheranlage.

Fahrgastraum 628.2/928.2

Gestaltung: Dem Nah- und Nebenbahnverkehr angepaßt.
628.2: Führerstand; Einstiegraum und Mehrzweckraum; Großraum 2. Klasse mit 16 Sitzreihen; Einstiegraum; Toilette.
928.2: Einstiegraum; Großraum 2. Klasse mit 12 Sitzreihen; Großraum 1. Klasse mit eineinhalb Abteilen; Mehrzweckraum und Einstiegraum; Führerstand.
Einstieg: An Wagenenden, am Kurzkupplungsende gegenseitig versetzt, einflüglige Schwenkschiebetür, elektropneumatisch betätigt, lichte Türweite 850 mm. Zugang über innenliegende Trittstufen. Zentrales Öffnen und Schließen je Wagenseite.
1. Klasse: Großraum mit eineinhalb Abteilen und Mittelgang. Sitzplatzanordnung 2 + 2 und 1 + 1. Großraum 3 355 mm lang. Sitzplatzbreite 515 mm, Gangbreite 586 mm. Polstersitze. Neben Einplatzsitzen je eine Kofferbox.
2. Klasse: Großräume mit 12 bzw. 16 Sitzreihen und Mittelgang, davon sieben als Abteile angeordnet. Sitzplatzanordnung 2 + 2; Abteiltiefe 1 800 mm, Sitzreihenabstand 825 mm. Sitzplatzbreite 535 mm, Gangbreite 598 mm. Polstersitze. Sitze an Eingang hochklappbar für Rollstuhlaufstellung.
Mehrzweckraum: Als Gepäckraum oder Traglastenraum nutzbar. Acht (628.2) bzw. zehn (928.2) Klappsitze.
Heizung: Warmwasserheizung, Ölheizgerät, Wärmetauscher mit Mo-

Triebzug 628 211/928 211 auf Probefahrt im Hbf Krefeld am 25. Juni 1987
Foto: Werkfoto DUEWAG AG

torkühlwasser. Für Triebzug eine Heizanlage. Regelung über Mikrorechner. Druckbelüftung der Fahrgasträume. Führerraum separate Heizung und Belüftung.
Beleuchtung: Leuchtstofflampen, in Längsgepäckablage integriert (1. Klasse) und Mittenband (2. Klasse). In 1. Klasse außerdem Deckenstrahler mit Kompaktleuchtstofflampen für jeden Sitzplatz. Notbeleuchtung.
Sondereinrichtung: Lautsprecheranlage. Fahrkartenverkaufseinrichtung in Arbeitsplatz des Triebfahrzeugführers integriert. Entwerter im Einstiegsbereich.

Fahrgastraum 628.4/928.4

Gestaltung: Dem Nah- und Nebenbahnverkehr angepaßt.
628.4: Führerstand; Einstiegraum und Mehrzweckraum; Großraum 2. Klasse mit 16 Sitzreihen; Einstiegraum.
928.4: Einstiegraum; Großraum 2. Klasse mit 12 Sitzreihen; Großraum 1. Klasse mit eineinhalb Abteilen; Mehrzweckraum und Einstiegraum; Führerstand.
Einstieg: An Wagenenden; am Kurzkupplungsende gegenseitig versetzt. An Wagenende einflügige, an Wagenkurzkupplungsende doppelflügige Schwenkschiebetür, lichte Türweite 850 mm bzw. 1 280 mm, elektropneumatisch betätigt. Zugang über innenliegende Trittstufen. Zentrale Öffnungsfreigabe und Schließen je Wagenseite.
1. Klasse: Großraum mit eineinhalb Abteilen und Mittelgang. Sitzplatzanordnung 2 + 2 Gangbreite 562 mm. Polstersitze.
2. Klasse: Großräume mit 12 bzw. 16 Sitzreihen und Mittelgang, davon sieben als Abteile angeordnet. Sitzplatzanordnung 2 + 2. Abteiltiefe 1 800 mm, Sitzreihenabstand 825 mm, Sitzplatzbreite 535 mm, Gangbreite 586 mm. Generell Polstersitze.
Je zwei Sitze am Kurzkupplungsende hochklappbar für Rollstuhlaufstellung.
Mehrzweckraum: Gepäck- oder Traglastenraum. Zehn Klappsitze. Einstellmöglichkeit für Fahrräder.
Heizung: Warmwasserheizung. Ölheizgerät, Wärmetauscher mit Motorkühlwasser. Für Triebzug eine Heizanlage. Regelung über Mikrorechner. Druckbelüftung der Fahrgasträume. Führerraum separate Heizung und Belüftung.
Beleuchtung: Leuchtstofflampen, in Längsgepäckablage integriert (1. Klasse) bzw. als Mittenband (2. Klasse). In 1. Klasse außerdem Deckenstrahler mit Kompaktleuchtstofflampen für jeden Sitzplatz. Notbeleuchtung.
Sondereinrichtung: Lautsprecheranlage. Fahrkartenverkaufseinrichtung in Arbeitsplatz des Triebfahrzeugführers integriert. Einbau Fahrkartenverkaufsautomaten vorgesehen. Fahrgastinformationsanlage.

Maschinenanlage

Anordnung: Bei 628.0 jeder Triebwagen in sich geschlossene Maschinenanlage. Antriebsanlage unterflur, elastisch am Untergestell aufgehängt.
Motor:
Bei 628.0: Dieselmotor, 4 Takte, Nenndrehzahl 2 100 min^{-1}, wahlweise:
Daimler OM 404 (12 Zylinder, V-förmig 90°, Nennleistung 202 kW, Hubvolumen 20,9 l, Wasserkühlung),
KHD BF 12 L 413 (12 Zylinder, V-förmig 90°, Nennleistung 206 kW, Hubvolumen 19,14 l, Luftkühlung) oder
MAN D 3256 BTXUE (6 Zylinder, in Reihe liegend, Nennleistung 210 kW, Hubvolumen 12,316 l, Aufladung, Wasserkühlung).
Bei 628.1: Dieselmotor Typ OM 424 A, 12 Zylinder, 4 Takte, Nennleistung 375 kW. Aufladung. Wasserkühlung.
Bei 628.2: Dieselmotor Typ OM 444 A, 12 Zylinder, 4 Takte, Nennleistung 410 kW. Abgasturboaufladung. Wasserkühlung.
Bei 628.4: Dieselmotor Typ MTU 12 V 183 TD 12, 12 Zylinder, 4 Takte, Nennleistung 485 kW. Abgasturboaufladung mit Ladeluftkühlung. Wasserkühlung.
Leistungsübertragung: Elastische Kupplung und Gelenkwelle; Strömungsgetriebe mit eingebautem Wendegetriebe (Voith T 320 r (628.0 und 628.1) oder T 320 rz (628.2), zwei Wandler bzw. Voith T 320 br, mit hydrodynamischer Bremse bzw. T 311 r (628.4)); Gelenkwelle; Radsatztrieb innerer Radsatz; Gelenkwelle; Radsatztrieb äußerer Radsatz. Radsatztriebe Typ GM 170 E/269 mit einfachem Kegeltrieb und Typ GM 170 FHA/310 D mit Kegeltrieb mit Stirnradvorgelege.

Steuerung: Dieselmotor über elektronischen Drehzahlversteller in sieben Stufen regelbar. Vielfachsteuerung =110 V, drei Triebzüge von einem Führerstand steuerbar. Zusammenarbeit mit 627 möglich.
Hilfseinrichtungen: Unterflurkühlanlage mit hydrostatischem Antrieb (bei Motoren mit Wasserkühlung für Motorkühlwasser und Schmier- und Getriebeöl, bei Motoren mit Luftkühlung nur für Getriebeöl). Batterie =110 V, 204 Ah (bei 628.2 165 Ah), gepuffert mit Lichtanlaßmaschine. Fremdeinspeisung 220 V 50 Hz über Gleichrichtergerät 110 V 10 A bzw. 16 A. Sicherheitsfahrschaltung. Induktive Zugbeeinflussung. Zugbahnfunk.

701/702

DB/DR 701/702

Bo 1 A
ab 1954
Techn. Daten: Seite 345

Zur Instandhaltung sowie zur Störungsbeseitigung an Fahrleitungsanlagen werden Spezialfahrzeuge benötigt. Die DB beschaffte von 1954 bis 1977 derartige Fahrzeuge, die von den Schienenbussen abgeleitet wurden, um eine wirtschaftliche Fertigung und Instandhaltung gewährleisten zu können. Als Vor-

701 001 bis 701 162 und 702 042 bis 702 164

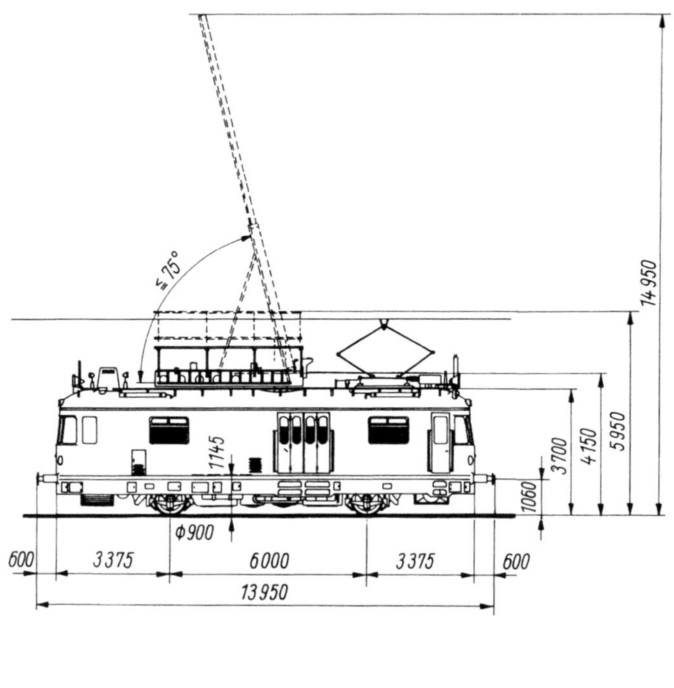

702 056 im Bf Seebrugg der Dreiseenbahn
Foto: B. v. Mitzlaff

bild dienten die Triebwagen VT 98 901 bis VT 98 903, das sind die Prototriebwagen der Baureihe VT 98.9, die durch Einbau einer zweiten Maschinenanlage aus der Baureihe VT 95.9 hervorgegangen sind. Deshalb enthalten diese Triebwagen konstruktive Einzelheiten sowohl vom VT 95.9 als auch vom VT 98.9.

Die Triebwagen wurden bei der Waggonfabrik Donauwörth in Zusammenarbeit mit dem Bundesbahn-Zentralamt München entwikkelt. Am Bau der Serienfahrzeuge war auch die Firma Rathgeber beteiligt.

Die zuerst beschafften Triebwagen haben zwei Maschinenanlagen. Diese 142 Triebwagen bilden seit 1967 die Baureihe 701 (701 001 bis 701 041, 701 043 bis 701 048, 701 051 bis 701 055, 701 057 bis 701 114, 701 116 bis 701 122, 701 126 bis 701 128, 701 130, 701 139 bis 701 147 und 701 151 bis 701 162). Ab 1961 kamen vier Triebwagen mit nur einem Motor hinzu (ab 1968 702 001 bis 702 004). Diese Triebwagen wurden im Jahre 1972, außer dem schon vorher ausgemusterten 702 001, in die zweimotorige Ausführung umgebaut und in die Baureihe 701 eingegliedert.

Ab Oktober 1973 wurden insgesamt 23 Fahrzeuge der Baureihe 701 mit einer hydrodynamischen Bremse als Steilstreckenausrüstung versehen und unter Beibehaltung der Ordnungsnummer in Zweitbelegung als Baureihe 702 bezeichnet (702 042, 702 049, 702 050, 702 056, 702 115, 702 123 bis 702 125, 702 129, 702 131 bis 702 138, 702 148 bis 702 150 und 702 163 bis 702 165).

Alle Triebwagen sind im gesamten elektrifizierten Streckennetz der DB eingesetzt.

Der Triebwagen 701 071 übernahm ab 1984 die Aufgaben des Tunneluntersuchungswagens 711 011, der am 1. März 1983 z-gestellt wurde, bis zur Anlieferung eines im

Triebzugwagen 701 066 im Einsatz im Raum Nürnberg
Foto: R. Zschech

Bau befindlichen Neubaufahrzeuges.
Die Überalterung der Fahrzeuge führt inzwischen zu hohen schadensbedingten Standzeiten. Auch werden die Fahrzeuge den heutigen Anforderungen an die Instandhaltung von Oberleitungsanlagen nicht voll gerecht.

Fahrzeugteil

Laufwerk: Schweißkonstruktion aus U-Profilen und Blechen, besonders diagonalsteif. Radsätze Leichtscheibenräder. Wälzradsatzlager. Radsatzfederung Blattfeder, wirken als Radsatzlenker. Kastenfederung schrägliegende Schraubenfedern, Stoßdämpfer.
Wagenkasten: Kräftige Untergestellkonstruktion aus durchgehenden, außenliegenden Längsträgern. Querträger, auf dem sich Turm der Arbeitsbühne abstützt, aus Blechen geschweißt. Selbsttragende verwindungssteife Leichtbaukonstruktion aus abgekanteten Stahlblechprofilen. Kombinierte Schweiß- und Nietkonstruktion. Keine Übergangsmöglichkeit.
Zug- und Stoßvorrichtung: Schraubenkupplung leichter Bauart, Hülsenpuffer.
Druckluftanlage: Luftverdichter, Hauptluftbehälter, Sandstreueinrichtung.
Bremse: Westinghouse-Autobremse. Übergangseinrichtung zur Druckluftbremse (teilweise). Spindelhandbremse. Zusatzbremse, von Arbeitsbühne bedienbar, Hydrodynamische Bremse für Triebwagen 702 als Steilstreckenausrüstung.

Innenraum

Gestaltung: Dem Dienstverkehr angepaßt. Führerstand; Beobachtungsdom und Werkstattraum; Führerstand.
Einstieg: Vierflüglige Doppelfalttür, lichte Türweite 1 580 mm. Zugang über Trittstufen.
Werkstattraum: 10 110 mm lang. Regale; Schränke; Tisch; Stahlrohrgerüste zum Aufhängen von Flaschenzügen, Fahrleitungsdrähten und -seilen; Halterungen für Erdungsstangen und Leitern. Enthält auch Beobachtungsdom oberhalb Podest im Werkstattraum; über gesicherten Dachausstieg hier Zugang zur Arbeitsbühne.
Arbeitsbühne: 4 550 mm lang, 1 500 mm breit, hydraulisch bzw. pneumatisch heb- und schwenkbar. Hubhöhe maximal 1 000 mm, Schwenkmöglichkeit nach jeder Seite 90° (bei elektrischem Antrieb) bzw. 100° (bei mechanischem Antrieb). Umklappbare Brüstung, umgeben von Gitterrosten, ausziehbare Leiter (maximale Ausziehlänge 10 000 mm). Dachstromabnehmer zum Erden sowie Messen der Höhen- und Seitenlage der Fahrleitung.
Heizung: Warmluftheizung, Motorkühlwasser und Ölheizgerät.

Beleuchtung: Glühlampen =12 V.
Sondereinrichtung: Lautsprecheranlage. Suchscheinwerfer auf Dach, von Beobachtungsdom bedienbar.

Maschinenanlage

Anordnung 701: Zwei getrennte Maschinenanlagen, unterflur im Fahrgestell befestigt. Kühlanlage und Kraftstoffbehälter im Fahrgestell. Bauteile nach unten ausbaubar.
Anordnung 702^I: Eine Maschinenanlage, unterflur im Fahrgestell befestigt, Kühlanlage und Kraftstoffbehälter im Fahrgestell. Bauteile nach unten ausbaubar.
Anordnung 702^II: Zwei getrennte Maschinenanlagen, unterflur im Fahrgestell befestigt. Kühlanlage und Kraftstoffbehälter in Fahrgestell. Bauteile nach unten ausbaubar.
Motor: Unterflurdieselmotor, 6 Zylinder, liegend, 4 Takte, Wasserkühlung. Elektrischer Anlasser; wahlweise.
Büssing U 9 A (Nennleistung 111 kW, Nenndrehzahl 1 800 min^{-1}, Hubvolumen 8,725 l, Aufladung); Büssing U 10 (Nennleistung 111 kW, Hubvolumen 9,846 l).
Leistungsübertragung: Strömungskupplung; Gelenkwelle; Zahnradgetriebe 6 E 75 S (sechs Gänge, über elektromagnetische Kupplungen geschaltet); Gelenkwelle; Radsatzwendegetriebe. Bei Baureihe 702^II hydrodynamische Bremse.
Steuerung: Elektropneumatische Füllungsregelung des Dieselmotors. Besonderer Drehzahlfüllungsregler ermöglicht kleinste Dauerfahrgeschwindigkeit von 5 km/h.
Hilfseinrichtungen: Kühler für Motorkühlwasser unterflur. Zwei Luftverdichter (dienen auch zum Antrieb der Werkzeuge). Batterie. Fremdeinspeisung 220 V 50 Hz für Ladung der Batterie. Sicherheitsfahrschaltung.

704

DB/DR 704

B'B'

ab 1977

Techn. Daten: Seite 345

Für die Instandhaltung und die Abnahme von Oberleitungen der elektrifizierten Strecken der DB waren neue Fahrleitungs-Untersuchungswagen erforderlich. Sie wurden von MBB in Zusammenarbeit mit der DB auf der Grundlage der Verbrennungstriebwagen der Baureihe 627 entwickelt. Die Triebwa-

Triebwagen 704 002 bei der Oberleitungsinstandhaltung
Foto: Mantel, Film- und Bildstelle der DB

gen berücksichtigen die neuen technischen und betrieblichen Forderungen des Einsatzgebietes, insbesondere die größeren Gleisabstände auf den Neubaustrecken. Von den Verbrennungstriebwagen der Baureihen 627 bzw. 628 wurden die wesentlichen Hauptbauteile (Maschinenanlage, Kühlanlage, Leistungsübertragungsanlage, elektrische Ausrüstung) abgeleitet.
Ab Ende 1977 wurden fünf Prototyptriebwagen ausgeliefert, die den Bw Hamburg, Braunschweig, Osnabrück und Karlsruhe zugeteilt sind. Mit Inbetriebnahme der Neubaustrecken wurden einige Triebwagen umgesetzt, so daß sie jetzt in den Bw Fulda, Göttingen, Osnabrück, Karlsruhe und Würzburg beheimatet sind. Eingesetzt werden die Triebwagen durch die elektrotechnischen Dienststellen für die Instandhaltung der Oberleitung.

Fahrzeugteil: Von Baureihe 627 abgeleitet.
Innenraumgestaltung: Werkstattraum 36 m², Aufenthaltsraum 10 m² mit Elektroherd und Kühlschrank, abgetrennte Waschgelegenheit. Zwischen beiden Seitentüren verschiebbare Kranbahn, 3 kN Hubkraft, Warmwasserheizung.
Ausfahrbare Arbeitsbühne, 5 700 mm lang, 1 600 mm breit, 2 000 mm hochfahrbar, nach beiden Seiten um 90° (hydraulisch) bzw. 100° (von Hand) ausschwenkbar. Ausziehbare Leiter (12 000 mm) über Arbeitsbühne.
Maschinenanlage: Von Baureihen 627 bzw. 628 abgeleitet. Zwei Unterflur-Dieselmotoren Typ KHD BF 12 L413, 12 Zylinder, Luftkühlung. Arbeitsgeschwindigkeit dauernd 5 bis 10 km/h möglich. Elektroaggregat 8 kVA, 220/380 V für Elektrowerkzeuge und -geräte.

705

DB/DR 705

B'2'
ab 1992
Techn. Daten: Seite 345

Im Jahre 1992 beschaffte die DB von der Deutschen Plasser Baumaschinen GmbH einen vierachsigen Triebwagen für die Instandhaltung von Tunneln. Der Triebwagen 705 001 ist seit 2. November 1992 dem Bw Karlsruhe 1 zugeteilt.
Der Triebwagen hat eine Arbeitsbühne, die um 450° schwenkbar ist. Ihre Hubhöhe beträgt 10,6 m.
Für die Streckenfahrt dient ein Dieselmotor mit einer Leistung von 367 kW, der über ein hydrodynamisches Getriebe auf die Treibachsen wirkt.
Für die Arbeitsfahrt ist ein Dieselmotor mit einer Leistung von 48 kW eingebaut, der über einen hydrostatischen Zusatzantrieb eine geringe Geschwindigkeit (0,5 bis 10 km/h) ermöglicht.

712

DB/DR 712

2'Bo'
ab 1965
Techn. Daten: Seite 346

712 001
Für die Instandhaltung der Tunnel ist das Ausmessen des Profils der Tunnel eine wichtige Aufgabe. Die DB beschaffte dafür im Jahre 1965 einen Tunnel-Meßwagen (712 001), der aus dem Triebwagen VT 38 003 (ex VT 137 159, letzter Normalspur-Altbautriebwagen der DB) des Baujahres 1936 umgebaut wurde. Der Triebwagen war dem Bw Karlsruhe zugeteilt und wurde 1993 ausgemustert.

Fahrzeugteil: Wie Triebwagen Baureihe VT 38.0.
Innenraumgestaltung: Dem speziellen Einsatzzweck angepaßt.
Maschinenanlage: Wie Triebwagen Baureihe VT 38.0.

712 002
Als Ersatz für den Triebwagen 712 001 wurde am 20. Januar 1993 der Triebwagen 712 002 in Dienst gestellt, der das Tunnelprofil mit einem rotierenden Laserstrahl ausmißt. Der Triebwagen ist ebenfalls dem Bw Karlsruhe zugeteilt.

Foto siehe Seite 180

Triebwagen 712 001 mit ausgefahrener Meß-einrichtung
Foto: Engels, Film- und Bildstelle der DB

719/720

DB/DR 719/720

B'2'+2'2'+2'B'
ab 1974
Techn. Daten: Seite 346

Im Jahre 1976 erhielt das BZA Minden einen neuen dreiteiligen Schienenprüfzug, der den der Baureihe 721/722 ablöste. Der Triebzug ist in der Lage, täglich 200 bis 250 km Gleis mit Ultraschall auf verborgene Werkstoffehler in den Schienen zu prüfen. Die Meßgeschwindigkeit konnte von 30 km/h auf 50 km/h gesteigert werden. Der Schienenprüfzug wurde im wesentlichen aus dem Verbrennungstriebzug der Baureihe 614/914 abgeleitet. Der Meßwagen ist der Mittelwagen 720 001.
Der Triebzug wurde zuerst vom Bw Löhne, später vom Bw Braunschweig unterhalten.

Fahrzeugteil: Von Baureihe 614 abgeleitet. In Wagenmitte des Meßwagens Prüfkopfträgerwagen, enthält Prüfköpfe zur gleichzeitigen Prüfung beider Schienen mit Ultraschall aus mehreren Richtungen. Auf Schienen gleitende Prüfköpfe mit Wasser gekühlt. Prüfgeschwindigkeit maximal 50 km/h, gestattet Ortung von Reflexionsstellen ab 2 bis 5 mm Größe. Ortungsgenauigkeit in Schienenlängsrichtung ± 100 mm. Bei Überführungsfahrten (bis 140 km/h) Prüfkopfträger-

wagen hydraulisch angehoben und verriegelt.
Innenraumgestaltung: Wagen 719 001 enthält Führerstand, Waschraum, fünf Schlafabteile und Raum für Diesel-Elektroaggregat.
Wagen 720 001 enthält Meßraum mit Registrierstand, Dunkelkammer und Filmvorratskammer.
Wagen 719 501 enthält Führerstand, Aufenthaltsraum, Küche, Waschraum, zwei Schlafabteile sowie Arbeits- und Schlafraum für Meßzugleiter.
Maschinenanlage: Wie Baureihe 614.

721/722

Bo + 2

1957 bis 1976

Techn. Daten: Seite 346

Zur Prüfung der Schienen stellte die DB im Jahre 1957 einen Schienenprüfzug, der aus einem Trieb- und einem Meßwagen (Steuerwagen) bestand, in Dienst. Er wurde dem BZA Minden zugeteilt. Dieser Prüfzug entstand durch einen sehr aufwendigen Umbau aus Fahrzeugen der Baureihe 798 (VT 98 9552) und 998 (VS). Lange Zeit war dieser Prüfzug das einzige Fahrzeug dieser Art in Europa. Mit einer Prüfgeschwindigkeit von 30 km/h konnten pro Arbeitstag 150 km Gleis mit Ultraschall untersucht werden. Der Triebzug wurde auch bei ausländischen Bahnverwaltungen eingesetzt. Die ersten Betriebsnummern waren Han 5087 (VT) und Han 5088 (VS). Der Prüfzug wurde im Juli 1976 ausgemustert.

Fahrzeugteil: Wie Baureihe 798 und 998.
Innenraumgestaltung: Wagen 721 001 enthält Führerstand, Unterkunft für Zugbesatzung und Stromerzeugungsanlage.
Wagen 722 001 Meßwagen.
Maschinenanlage: Wie Baureihe 798.

Foto siehe Seite 182

719 001/720 001/719 502, Schienenprüfzug
Foto: Messerschmitt-Bölkow-Blohm

723

(A 1) 2′

1970 bis 1979

Techn. Daten: Seite 347

Für den Einsatz als Zugbahnfunk-Meßwagen baute die DB im Jahre 1970 zwei Triebwagen der Baureihe 660 (Baujahr 1939) um (723 002 aus 660 506, ex VT 137 354, und 723 003 aus 660 531, ex VT 137 396).
Der Triebwagen 723 002 wurde im Mai 1977 ausgemustert.
Der Triebwagen 723 003 wurde wegen eines Motorschadens ab 1977 nur noch als antriebsloser Meßwagen eingesetzt und im Januar 1979 abgestellt. Nach seiner Ausmusterung im Mai 1979 wurde er an die Hammer Eisenbahnfreunde verkauft.

Fahrzeugteil: Wie Baureihe 660.
Innenraumgestaltung: Dem speziellen Einsatzzweck angepaßt.
Maschinenanlage: Wie Baureihe 660.

721 001/722 001, Schienenprüfzug
Foto: Sammlung J. Deppmeyer

724

DB/DR 724

A 1

ab 1963

Techn. Daten: Seite 347

Die drei Meßtriebwagen der DB für die Prüfung der Streckeneinrichtung der induktiven Zugbeeinflussung wurden in den Jahren 1963 und 1969 aus den Triebwagen VT 95 906, 795 471 und 795 144 umgebaut. Mit den Meßwagen werden die Gleismagnete links und rechts vom Gleis bei einer Meßfahrt bei Haltstellung aller Signale geprüft.
Der Triebwagen 724 001 hatte an-

fangs die Betriebsnummer Wt 6205. Die Triebwagen waren zu Beginn dem Bw Limburg, später dem Bw Wuppertal zugeordnet. Der Triebwagen 724 001 wurde im Januar 1986 ausgemustert, da der neue Triebwagen 728 001[II] angeliefert wurde. Die Triebwagen werden von der Signalwerkstätte Wuppertal eingesetzt. Sie sind seit 1. Januar 1992 dem Bw Köln 2 zugeteilt.

Fahrzeugteil: wie Baureihe 795.
Innenraumgestaltung: Dem speziellen Verwendungszweck angepaßt.
Maschinenanlage: Wie Baureihe 795.

725/726

DB/DR 725/726

Bo + 2

ab 1974

Techn. Daten: Seite 347

In den Jahren 1974 und 1975 beschaffte die DB fünf Gleismeßzüge, um insbesondere nach Abschluß von Oberbauarbeiten die Parameter der Gleisgeometrie (Längshöhe, Verwindung, Spurweite, Überhöhung, Pfeilhöhe) sofort mit elektronischen Meßgeräten aufzeichnen zu können. Die maximale Meßgeschwindigkeit beträgt 80 km/h. Die Triebwagen (Baureihe 725) wurden aus Triebwagen der Baureihe 798 (798 804, 798 676, 798 779, 798 674 und 798 799) umgebaut.
Die Meßwagen (Baureihe 726) wurden in Anlehnung an den Triebwagen der Baureihe 701 neu gebaut, da eine geringe Durchbiegung und Verwindung des Wagenkastens gefordert wurden.
Die Gleismeßzüge sind den Gleisbauhöfen Augsburg, Hanau, Hannover, Nürnberg und Opladen zugeteilt. Die Instandhaltung erfolgt von den Bw Darmstadt, Braunschweig, Wuppertal (ab 1. Januar 1992 Bw Köln 2), Augsburg und Nürnberg.

Fahrzeugteil: Triebwagen 725 wie Baureihe 798, Meßwagen 726 von Baureihe 701 abgeleitet.
Innenraumgestaltung: Triebwagen 725 Führerstand, Aufenthaltsraum mit Kochnische, zwei Abteile mit zwei Schlafstellen, Diesel-Drehstromaggregat.
Meßwagen 726 Meßraum und Führerstand. An Wänden Schränke, Schalttafeln und Werkbank. Meßeinrichtung in beiden Hauptradsätzen des Wagens, in drei Meßradsätzen (Bissel-Gestell) und Rouletts (Meßtastscheiben).
Maschinenanlage: Wie Baureihe 798.

727

DB/DR 727

A 1
ab 1974
Techn. Daten: Seite 347

Der Meßtriebwagen 727 001 für Linienzugbeeinflussung der DB entstand im Jahre 1974 durch Umbau aus dem Triebwagen 795 113 (Baujahr 1954); die Indienststellung erfolgte im August 1974. Der Triebwagen ist dem Bw München Hbf zugeteilt.

Fahrzeugteil: Wie Baureihe 795.
Innenraumgestaltung: Dem speziellen Einsatzzweck angepaßt.
Maschinenanlage: Wie Baureihe 795.

728

A 1
1977 bis 1980
Techn. Daten: Seite 347

Die Mannschafts- und Gerätetriebwagen 728 001 und 728 002 für die Kabelverlegung wurden zunächst bei Elektrifizierungsarbeiten der Strecke Rheine–Emden eingesetzt. Sie entstanden im Jahre 1977 durch Umbau aus den Verbrennungstriebwagen 795 447 und 795 448. Die Triebwagen waren im Bw Osnabrück beheimatet und wurden bereits im Jahre 1980 ausgemustert.

Fahrzeugteil: Wie Baureihe 795.
Innenraumgestaltung: Dem speziellen Einsatzzweck angepaßt.
Maschinenanlage: Wie Baureihe 795.

728II

DB/DR 728

Bo
ab 1985
Techn. Daten: Seite 347

Als Ersatz für die Baureihe 724 wurde der Triebwagen 728 001II als Meßtriebwagen für die Streckeneinrichtung der induktiven Zugbeeinflussung von der DB beschafft. Er entstand im Jahre 1984 durch Umbau des Triebwagens 798 813. Die Indienststellung erfolgte erst 1985. Der Triebwagen war anfangs im Bw Wuppertal und ist seit 1. Januar 1992 im Bw Köln 2 beheimatet.

Fahrzeugteil: Wie Baureihe 798.
Innenraumgestaltung: Dem speziellen Einsatzzweck angepaßt.
Maschinenanlage: Wie Baureihe 798.

740

DB/DR 740

Bo
ab 1990
Techn. Daten: Seite 347

Als Bahndienstfahrzeug für die Instandhaltung der Signal- und Fernsprecheinrichtungen auf den Schnellfahrstrecken (Neubaustrekken) beschloß die DB die Reaktivierung ohne weitere bauliche Änderung von ausgemusterten zweimotorigen Schienenbussen.

Das erste Fahrzeug 740 001 wurde im Juli 1990 dem Bw Fulda zugeteilt. Es entstand aus dem Schienenbus 798 827 durch Umbau im AW Kassel.

Als nächste Fahrzeuge entstanden die Triebwagen 740 002 (ex 798 705), der im Mai 1991 dem Bw Kassel 1 zugeteilt wurde, 740 003 (ex 798 574), (August 1991 Bw Stuttgart 1), 740 004 (ex 798 735) (Februar 1992 Bw Fulda), 740 005 (ex 798 623) (Juni 1992 Bw Mannheim 1) sowie 740 006 (ex 798 622) (Dezember 1992 Bw Göttingen).

Der Einsatz erfolgt durch die Nachrichtenmeisterei.

Fahrzeugteil und Maschinenanlage sind nahezu unverändert. Die Innenraumgestaltung wurde dem neuen Verwendungszweck angepaßt.

Triebwagen 740 001 in Fulda
Foto: R. Zschech

790

2'A2'
1953 bis 1967
Techn. Daten: Seite 348

Die Baureihennummer 790 war für die Schiene-Straße-Omnibusse der DB vorgesehen, von denen in den Jahren 1953 bis 1955 15 Stück geliefert wurden. Als leichtes Fahrzeug für kleinere Verkehrsaufkommen sollte mit diesem Bustyp ein gemischter Schienen- und Straßenverkehr im Regelzugdienst und Aus-

Schiene-Straße-Omnibus in Bochum-Dahlhausen
Foto: S. Simon

flugsverkehr ermöglicht werden. Der gemischte Schiene-Straße-Verkehr war zum damaligen Zeitpunkt als zweckmäßig angesehen worden, weil das Straßennetz zwar sehr umfangreich, aber noch nicht gut ausgebaut war und die Vorteile des schnellen Schienenverkehrs mit geringem Fahrwiderstand mitgenutzt werden sollten. Der Schiene-Straße-Bus war ein Straßenfahrzeug, das durch Schienenleitgestelle schienenfahrfähig gemacht wurde, indem die beiden Schienenleitgestelle die Führung im Gleis übernahmen, die Vorderräder völlig ausgehoben waren und die Hinterräder mit reduzierter Radfahrmasse auf der Schiene auch für den Antrieb sorgten.

Der Einsatz von handelsüblichen Kraftfahrzeugen auf Schienen ist nicht neu; er begann bereits im Jahre 1905. Bei der DB fanden die ersten Versuche im Jahre 1951 statt. Bewährt hatte sich der Einsatz zweiachsiger Leitdrehgestelle, auch Spurwagen genannt, die vorn und hinten unter den Omnibus geschoben wurden. Dies geschieht bei mit Reisenden besetztem Omnibus. Die Laufeigenschaften waren sehr gut, so daß eine Höchstgeschwindigkeit von 120 km/h zugelassen werden konnte.

Im Sommerfahrplan 1953 wurden erstmalig drei Zwischentyp-Fahrzeuge von NFW und sieben Leitdrehgestell-Garnituren von WMD auf der schwierigen Strecke im Bayerischen Wald zwischen Cham und Passau (143 km) planmäßig eingesetzt, wobei von Cham bis Kötzting Schienenverkehr (22 km), weiter nach Bodenmais Straßenverkehr (26 km), weiter nach Grafenau Schienenverkehr (46 km) mit Fahrtrichtungswechsel in Zwiesel in Ermangelung einer Drehscheibe über Straßenfahrstellung und zuletzt bis Passau Straßenverkehr (48 km) durchgeführt wurden. Die Fahrzeit für die Gesamtstrecke betrug rd. 5,5 Stunden. Der Wechsel Straße–Schiene erforderte 4 min und der Wechsel Schiene–Straße 2 min. Nachteilig war, daß die Fahrzeuge reine Einrichtungsfahrzeuge waren. Im Winter traten Schwierigkeiten auf, weil der Bus bei feuchten und vereisten Schienen durchrutschte. Die Sandstreuer zeigten bei den Gummireifen nicht den erwarteten Erfolg. Ferner traten Zusatzarbeiten bei der Anwendung von Schneeketten im Straßenbetrieb auf, weil sie vor dem Schienenverkehr entfernt werden mußten, so daß dann im Winter meist nur auf der Straße gefahren wurde. Alle Fahrzeuge waren beim Bw Passau beheimatet.

Zur Serienausführung kam der Omnibus-Typ NWF-SD-130 R, dessen erstes Fahrzeug im März 1953 auf

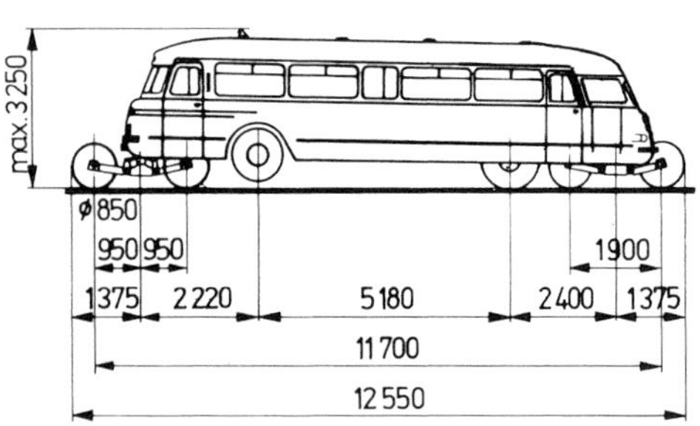

Schiene-Straße-Omnibus (im Schienenverkehr)

der Internationalen Automobilausstellung gezeigt wurde. Insgesamt gab die DB 50 Busse in Auftrag, aber als Höchstwert wurden 1955 nur 15 Busse im Schiene-Straße-Verkehr genutzt. In diesem Jahr wurden 335 351 Lauf-km erreicht. Insgesamt wurden folgende Linien im Schiene-Straße-Verkehr gefahren:

- Cham–Passau, 142,7 km, Schienenanteil 68,5 km, 1953 bis 1957,
- Augsburg–Füssen, 109,6 km, Schienenanteil 36,4 km, 1954 bis 1958,
- Bernkastel–Remagen, 138,5 km, Schienenanteil 78,9 km, 1954 bis 1955,
- Koblenz–Engers–Betzdorf, 86,5 km, Schienenanteil 55,8 km, 1954 bis 1967,
- Waldshut–Immendingen, 60,0 km, Schienenanteil 48,8 km Sommer 1955.

Ab 1956/57 ging der Einsatz der Busse auf der Schiene merklich zurück, da im großen Umfang der Betriebseinsatz nicht befriedigte und insbesondere der weiträumige Ausbau des Straßennetzes zur Minderung der Einsatzaufgaben führte. Vom Mai 1958 bis 1967 waren nur noch drei Busse (Kennzeichen DB 29-1 bis DB 29-3) im Plandienst zwischen Koblenz und Betzdorf im Einsatz. Auf dieser Strecke wurde damit in 25 Fahrplanabschnitten der Schiene-Straßen-Verkehr durchgeführt. Die Busse wurden bis 1967 ausgemustert.

Der Omnibus DB 29 003 und die beiden Leitdrehgestelle 1913 und 1919 bleiben der Nachwelt erhalten. Nach der Zugehörigkeit zum Verkehrsmuseum Nürnberg gehört er ab 1976 zum Eisenbahnmuseum Bochum-Dahlhausen. Er ist betriebsfähig.

Eine Weiterentwicklung sollten Busse mit ständig angebauten Schienenrädern sein. NFW schlug im April 1953 der DB diese Entwicklung vor, woraufhin zwei Busse Versuchsfahrten machten, die jedoch negativ ausfielen. Wegen der genannten Gründe wurde dann die Gesamtentwicklung für Personentransportfahrzeuge nicht weiter verfolgt, aber bei Arbeitsgeräten wurden neue Lösungen eingeführt.

Fahrzeugteil

Laufwerk: Zweiachsige Leitdrehgestelle, kräftiger Querträger mit Drehzapfenlager und vier Stützpunkten, Räder einzeln beidseitig aufgehängt, schrägliegende Radhalter, in Mitte Drehgestell elastisch gelagerter Zapfen greift in Pfannen vorn und hinten unter Omnibus. Federung Gummischubelemente.

Antriebsräder sind gummibereifte Räder der Hinterachse des Omnibusses, einfachbereift, Spurweite 1 500 mm, Sonderprofil mit breiter Lauffläche, eingesetzt im Schienen- und Straßenverkehr.

Wagenkasten: Schalenbauweise, selbsttragender rahmenloser Wagenkasten in Leichtbau. Schweißkonstruktion aus gezogenen und gepreßten Stahl- und Leichtmetallprofilen. Stromlinienförmig. Querträger mit Kugelpfannen und seitliche Gleitplatten für Leitdrehgestelle. Außerdem in Längsachse Stützen mit Pfannen zur Aufnahme der Kippkräfte bei Beschleunigungen und Verzögerungen. Kastengerippe wegen größerer Stützweite bei Schienenbetrieb verstärkt, auch Einbau von zwei Türen auf linker Wagenseite.

Zug- und Stoßvorrichtung: Zugvorrichtung nicht vorhanden. Stoßvorrichtung kleine Schienenbuspuffer.

Druckluftanlage: Luftverdichter. Hauptluftleitung. Pneumatische Sandstreueinrichtung an vorderem Leitdrehgestell.

Bremse: Westinghouse-Auto-Bremse als Scheibenbremse auf Radreifen-Stirnflächen der Räder der Leitdrehgestelle, über Anhängerbremsleitung auf Leitdrehgestelle übertragen. Außerdem Motorbremsbetrieb möglich. Notbremseinrichtung bei Schienenbetrieb. Handbremse wirkt auf Druckluftbremse der Leitdrehgestelle. Umschaltung der Bremsanlage von Straßen- auf Schienenbetrieb mit Verriegelung der Lenkung.

Sondereinrichtung: Schwenkbare hydraulische Hubeinrichtung zum Unterfahren der Leitdrehgestelle. Elektrisch angetriebene Kolbenpumpe, Arbeitsdruck 25 MPa.

Fahrgastraum

Gestaltung: Konzeption wie Straßenomnibus, durch Türen auch auf linker Fahrzeugseite für Bahnsteige auf beiden Seiten geeignet. Großraum 2. Klasse mit Fahrersitz, Einstiegraum, Sitzreihen und Einstiegraum.

Einstieg: Einflüglige Drehtür an Fahrzeugenden auf beiden Fahrzeugseiten. Klappbare Trittstufen, druckluftbetätigt.

2. Klasse: Großraum mit elf Sitzreihen und Mittelgang. Sitzplatzanordnung 2 + 2; Sitzplatzbreite 475 mm, Gangbreite 360 mm.

Gepäckablage: Hinter letzter Sitzreihe und unterhalb Wagenkasten (Volumen ca. 3 m^3).

Heizung: Warmluftheizung, Ölheizkessel.

Beleuchtung: Glühlampen, =12 V.

Maschinenanlage

Anordnung: Maschinenanlage im Heck innerhalb Wagenkasten, von Fahrgastraum abgetrennt.
Motor: Dieselmotor Klöckner-Humboldt-Deutz Typ F 6 L 514, 6 Zylinder in Reihe, 4 Takte, Luftkühlung. Elektrischer Anlasser.
Leistungsübertragung: Kupplung; mechanisches Getriebe (fünf Vorwärts-, zwei Rückwärtsgänge); Gelenkwelle; Radsatztrieb. Zusätzlicher Rückwärtsgang zum schnellen Rangieren auf Schiene, 40 km/h.
Steuerung: Kupplung, Getriebe und Motorregulierung über Gestänge.
Hilfseinrichtungen: Sicherheitsfahrschaltung. Beleuchtungs- und Signaleinrichtung für Schienen- und Straßenbetrieb, umschaltbar. Zwei Batterien, =12 V, 180 Ah; beim Anlassen des Dieselmotors in Reihe geschaltet. Fremdladung möglich. Typhon für Schienenbetrieb. Kontrollgerät für Reifendruck.

795

VT 95.9

A 1

1950 bis 1983

Techn. Daten: Seite 348

Da der Personenverkehr mit leichten Dieseltriebwagen, den Schienenbussen, auf Nebenbahnen wirtschaftlich erschien, entstand zu Beginn der fünfziger Jahre nach den im Jahre 1949 bestellten zehn Triebwagen der Vorausbauart (dazu noch ein fast gleicher Triebwagen für die Bahnen des damals noch selbständigen Saarlandes, VT 95 911) die Serienausführung der Baureihe VT 95.9 (spätere Bezeichnung 795).
Der Triebwagen VT 95 912 war das Versuchsfahrzeug, bei dem der Radsatzstand auf 6 000 mm erhöht wurde (nach EBO beträgt der maximale Radsatzstand für starre Einzelradsätze 4 500 mm). Dieser Radsatzstand wurde dann für alle Serienfahrzeuge vorgeschrieben, wobei die Zahl der Sitzplätze noch vergrößert wurde.
Bis 1958 wurden 584 Trieb- und 570 Beiwagen beschafft. Bei den Serientriebwagen wurden folgende Lieferungen unterschieden:
Serie 1, 1952/1953, Uerdingen, VT 95 9113 bis VT 95 9172 (anfangs als VT 95 913 bis VT 95 972 bezeichnet),
Serie 2, 1952/1953, Uerdingen, VT 95 9173 bis VT 95 9269 (aus den 100 Triebwagen dieser Serie wurden drei Triebwagen als Prototypen für die zweimotorige Baureihe VT 98 [VT 98 901 bis VT 98 903] herausgenommen),
Serie A, 1953/1954, Uerdingen, VT 95 9270 bis VT 95 9369,
Serie B, 1954, MAN, VT 95 9370 bis VT 95 9469,
Serie K 1, 1954, Uerdingen, VT 95 9470 bis VT 95 9569 und
Serie C, 1955, MAN, VT 95 9570 bis VT 95 9669.
Dazu kamen 15 Triebwagen für die Eisenbahnen des Saarlandes (Li-

VT 95 913
Foto: Waggonfabrik Uerdingen

zenzbau Lüttgens), die bei der DB folgende Betriebsnummern erhielten:

VT 95 9901 bis VT 95 9905, Baujahr 1956,
VT 95 9906, Baujahr 1957 und
VT 95 9907 bis VT 95 9915, Baujahr 1958.

Der Beiwagen VB 142 901 war ein Ultraleichtanhänger, erbaut von Uerdingen im Jahre 1955, ausgemustert im April 1966.

Trotz der Bezeichnung „Schienenomnibus" wich die Gestaltung des Fahrzeugteils erheblich von dem der Straßenomnibusse ab. Einmal war es die größere Wagenbreite, zum anderen der Einbau von zwei Führerständen und anderer eisenbahntypischer Bauelemente, die den Schienenbus vom Kraftomnibus unterschieden.

Im Regelfall durfte der Schienenbus nur einen Beiwagen führen. Außerdem durfte aus bremstechnischen und sicherheitstechnischen Gründen der Triebwagenzug vier Wagen nicht überschreiten.

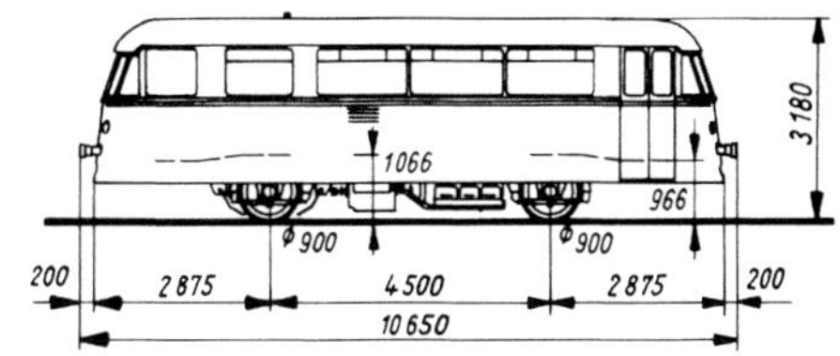

Vorausbauart (VT 95 901 bis 910)

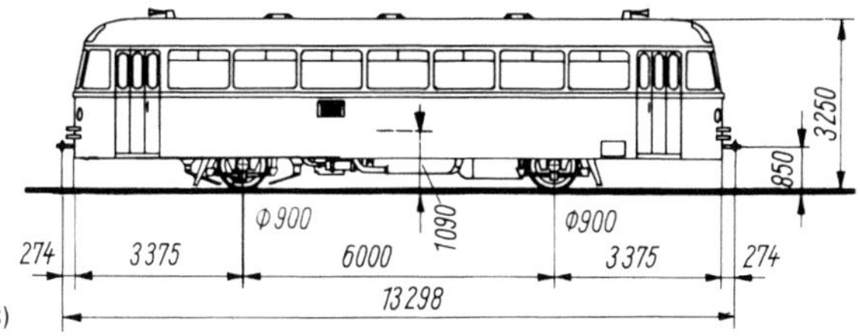

Serienausführung (ab 795 1113)

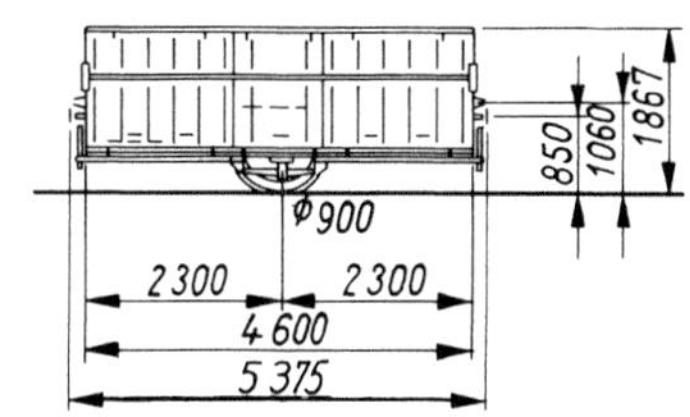

VB 141 200 bis VB 141 256

Eine Besonderheit dieser Baureihe waren die einachsigen Fahrrad- und Gepäckanhänger mit den Betriebsnummern VB 141 200 bis VB 141 256. Probleme gab es mit der Umstellung bei Fahrtrichtungswechsel. Die Ausmusterung erfolgte im wesentlichen in den Jahren 1961 und 1962, und Ende 1964 waren nur noch drei Wagen im Einsatz. Bei der Umzeichnung am 1. Januar 1968 waren noch zwei Beiwagen im Bw Passau beheimatet, die auf der Strecke Passau–Wegscheid eingesetzt und am 1. Januar 1969 ausgemustert wurden.

Die Triebwagen bewährten sich sehr gut; sie verkehrten im gesamten Netz der DB, zum Teil als Eilzüge, und fanden auch bei ausländischen Bahnverwaltungen sowie deutschen Privatbahnen Eingang. Während des langen Betriebseinsatzes erfuhren die Fahrzeuge zahlreiche kleinere Änderungen, z. B. Motoraustausch, Veränderung der Sitzplatzzahl.

Die Triebwagen 795 477 und 795 478 waren lange Zeit als ständig zusammenfahrender Zugverband im Bw Lübeck im Einsatz, wobei beide Triebwagen über eine besondere Schaltung von einem Führerstand aus gesteuert wurden. Sie waren im Einmannbetrieb auf der Strecke Travemünde Hafen–Niendorf bis 1974 eingesetzt.

Von 1961 bis 1966 wurden die Triebwagen der Vorausbauart ausgemustert (als letzter Triebwagen VT 95 911 Bw Landau am 22. November 1966) und 1963 ein Triebwagen in den Bahndienstwagen Wt 6205 umgebaut, während der VT 95 907 bereits 1958 an die Flughafengesellschaft Düsseldorf-Lohausen verkauft worden war (wurde dort aber nicht eingesetzt). Einige Triebwagen der Serienausführung wurden zu Bahndienstwagen der DB umgebaut.

Ende 1974 waren noch 405 Trieb- und 416 Beiwagen im Einsatzbestand der DB. Bis Mitte 1980 schied diese Baureihe aus dem Betriebsdienst der DB aus. Nur der Triebwagen 795 445 des Bw Köln-Nippes wurde noch als Personalzug eingesetzt, aber am 27. Oktober 1983 ebenfalls ausgemustert. Der Triebwagen 759 240 gehört als Museumsfahrzeug der DB zum Verkehrsmuseum Nürnberg und ist

mit dem Beiwagen VB 142 019 dem Bw Mannheim zugeteilt. Der Triebwagen 795 465 ist im Bestand des Museums für Verkehr und Technik Berlin, und der Triebwagen 795 626 befindet sich mit dem Beiwagen VB 142 524 im Museum Bochum-Dahlhausen der Deutschen Gesellschaft für Eisenbahngeschichte.
Zahlreiche Triebwagen der Serienausführung wurden ins In- und Ausland verkauft, so z. B.
795 122 mit dem Beiwagen 995 367 an die Eisenbahnfreunde Hamm für den Einsatz auf der Strecke Hamm–Lippberg,
795 256 mit zwei Beiwagen als VT 21 bei der Arbeitsgemeinschaft Historische Eisenbahn Bad Salzdetfurth,
795 286 über die Hammer Eisenbahnfreunde an die Localbahn Aischgrund, Adelsdorf,
795 396 an die Berliner Eisenbahnfreunde e. V.,
795 398 an die Köln-Bonner Eisenbahn AG mit Umbau zu einem Oberleitungsrevisionstriebwagen,
795 414 an die Eisenbahnfreunde Opladen für den Einsatz auf der Museumsbahn Linde–Lindlar,
795 445 und 795 627 sowie der Beiwagen 995 497 an den Eisenbahn-Amateur-Klub Jülich e. V.
Außerdem ging eine größere Anzahl von Trieb- und Beiwagen an die Staatsbahnen von Uruguay (16 VT und 12 VB) und die Graz-Köflacher Bahn in Österreich (4 VT und 4 VB).
Diese Baureihe wurde durch die Baureihen 627 und 628 ersetzt.

Fahrzeugteil

Laufwerk: Schweißkonstruktion aus U-Profilen und Blechen, besonders diagonalsteif. Wälzradsatzlager. Radsatzfederung Blattfedern (dienen zugleich als Radsatzlenker). Kastenfederung Schraubenfedern, Stoßdämpfer (VT 795 569 Luftfedern).
Wagenkasten: Selbsttragende Schweißkonstruktion in Leichtbauweise aus abgekanteten Stahlblechprofilen. Außenbleche aus Leichtmetall (AlMg5), auf Kastenkonstruktion aufgenietet (Nieten durch Zierprofil und Regenrinne verdeckt). Bei 795 176 gesickte Seitenwände. Teilweise Fenster in Metallrahmen. Dach und Wellblechfußboden zum Tragen herangezogen. Stirnenden abgerundet. Keine Übergangsmöglichkeit.
Zug- und Stoßvorrichtung: Selbsttätige Mittelpufferkupplung Bauart Scharfenberg leicht. Luftleitungen mit Hand verbunden. Schutzstoßbügel für Puffer der Regelbauart.
Druckluftanlage: Luftverdichter, Hauptluftbehälter. Läutewerk. Sandstreueinrichtung. Spurkranzschmierung.
Bremse: Mehrlösige Scheibenbremse Bauart Westinghouse-Autobremse, bei einigen Triebwagen einlösige Scheibenbremse Bauart Knorr-Autobremse. In beiden Bremsbauarten Autoanhänger-Steuerventil. Hebelhandbremse. Magnetschienenbremse (ab 795 270, später in allen VT).
Abweichungen der Vorausbauart: Kürzerer Wagenkasten, fester Radsatzstand 4 500 mm, Wagenkasten über Gummipuffer pendelnd am Fahrgestell aufgehängt, leichte Anhängerkupplung mit Kuppeleisen, Scheibenbremse Bauart Knorr-Autobremse. Magnetschienenbremse (bei VT 95 908 und VT 95 910, später in allen VT).

Fahrgastraum

Gestaltung: Dem Nebenbahnverkehr angepaßt. Wagenkasten durchgehender Fahrgastraum, Einstiegräume und Führerstände nicht abgeteilt.
Einstieg: Dreiflüglige Falttüren, handbetätigt, lichte Türweite 780 mm, Zugang über Trittstufen. Bei einigen Triebwagen für Einmannbetrieb versuchsweise pneumatische Türbetätigung.
2. Klasse: Großraum mit zwölf Sitzreihen und Mittelgang. Sitzplatzanordnung 2 + 3; Sitzabstand 760 mm, Sitzplatzbreite 430 mm bzw. 473 mm, Gangbreite 506 mm. Wendesitze, gepolsterte Sitzbänke.
Heizung: Warmluftheizung, Motorkühlwasser und Ölheizgerät.
Beleuchtung: Glühlampen =12 V.
Abweichungen der Vorausbauart: Je Wagenseite nur eine Einstiegtür, zweiflüglige Drehtür, Einrichtungssitze, Sitzabstand 720 mm. Bei VT 95 911 je Wagenseite zwei Einstiegtüren und feste Rückenlehnen.

Maschinenanlage

Anordnung: Maschinenanlage sowie Kühlanlage und Kraftstoffbehälter unterflur im Fahrgestell befestigt.
Motor: Anfangs Unterflur-Dieselmotor Büssing U 9, sechs Zylinder, liegend, 4 Takte, Hubraum 8,725 l, Wasserkühlung, elektrischer Anlasser, Nennleistung 96 kW und Typ U 9 A (Nennleistung 111 kW, Hubraum 8,725 l, Aufladung, Wasserkühlung). Ab 1965 nur Typ U 10 (Nennleistung 111 kW, Hubraum 9,846 l, Wasserkühlung) eingebaut, gleichzeitig in allen bisherigen

Triebwagen Typ U 10 als Ersatz für Typen U 9 und U 9 A.
Leistungsübertragung: Strömungskupplung; Zahnradgetriebe ZF 6 E 755 (sechs Gänge, Gänge über elektromagnetische Kupplungen geschaltet); Gelenkwelle; Radsatzwendegetriebe, pneumatisch geschaltet.
Steuerung: Einfachsteuerung. Kleinsteuerung (29polige Steckdose) in Teil der Triebwagen (z. B. 795 273 und 795 274, 795 370 bis 795 384, 795 660 bis 795 669), anderer Teil später umgebaut (zuerst 795 385 bis 795 469, 795 570 bis 795 659). Von besetztem Führerstand Füllungsverstellung der Dieselmotoren, Schalten der Getriebegänge, Abstellen der Motoren, Magnetschienenbremse, Anzeige Motordrehzahl und Lage der Radsatzwendegetriebe. Anlassen der Motoren und Schalten des Radsatzwendegetriebes nur im jeweiligen Triebwagen möglich. Die Steuerspannung beträgt =24 V.
Hilfseinrichtungen: Kühler für Dieselmotorwasser unterflur. Batterie =12 V, 122 Ah. Sicherheitsfahrschaltung. Induktive Zugbeeinflussung (nachträglich eingebaut).
Abweichungen der Vorausbauart: Dieselmotor Typ Büssing U 9, Trockeneinscheibenlamellenkupplung, Kühlanlage am Wagenkasten befestigt.

Beiwagen 995 007 bis 995 581
(VB 142 001 bis VB 142 581)
Techn. Daten: Seite 354

Fahrzeugteil: Analog Triebwagen, jedoch Radsatzstand 4 500 mm.
Fahrgastraum VB 142 001 bis VB 142 006: Analog Triebwagen, enthalten 34 Sitzplätze 2. Klasse und sechs Klappsitze im Gepäckraum. Einstiege auf jeder Wagenseite an beiden Wagenenden. Warmwasserheizung mit Koksofen.
Fahrgastraum 995 007 bis 995 109 sowie 995 120 bis 995 581: Analog Triebwagen, enthalten 40 Sitzplätze 2. Klasse und Gepäckraum 6,5 m^2. Luftheizung mit Ölheizgerät.
Fahrgastraum 995 110 bis 995 119: Analog Triebwagen, enthalten 9 Sitzplätze 2. Klasse und 21 Klappsitze in Gepäckraum mit Bedarfspostabteil und Traglastenraum. Luftheizung mit Ölheizgerät.

Beiwagen 941 210 und 941 247
(VB 141 200 bis VB 141 256)
Techn. Daten: Seite 354

Fahrzeugteil: Einachsanhänger für Gepäckförderung (Fahrräder und Skier). Geschweißte Leichtstahlbauweise. Leichte Scharfenberg-Kupplung. Keine Bremseinrichtung. Abstützung im Stillstand durch Stütze auf eine Schiene (von Fahrzeug aus gesehen auf rechte Schiene). Be- und Entladung seitwärts, zwei breite und eine schmale Klappe je Wagenseite. Eigenmasse 2 t. Nutzmasse 1,2 t.
Innenraum: Räume für fünf Fahrräder, für Gepäckstücke, für große Gepäckstücke und drei Fahrräder.

Beiwagen VB 142 901
Techn. Daten: Seite 355

Fahrzeugteil: Wagenkasten 12 000 mm lang, Radsatzstand 6 000 mm, Leermasse 6,25 t. Seitenwand gesickt. Oberlichtfenster.
Fahrgastraum: 41 Sitzplätze 2. Klasse, 12 Klappsitze in Gepäckraum und 4 Sitzplätze 2. Klasse in Vorraum.

796

DB/DR 796

Bo

ab 1988

Techn. Daten: Seite 351

Obwohl die lange Einsatzzeit der zweimotorigen Schienenbusse der Baureihe 798 schon ihre Spuren an den Fahrzeugen hinterlassen hat, kann auf diese Fahrzeuge trotz der modernen Nachfolgetriebzüge der Baureihe 628/928 noch nicht verzichtet werden. Ein Umbau von 47 Triebwagen (798) und 23 Beiwagen (998.0) sowie 43 Steuerwagen (998.6) mit letzten Hauptuntersuchungen in den Jahren 1982 bis 1987 durch das AW Bremen (anfangs auch AW Kassel) auf Einmannbedienung sollte den Betriebseinsatz rationalisieren und noch einige Jahre ermöglichen. Zwar waren auch schon bei den Schienenbussen vorher Versuche mit Einmannbetrieb erfolgreich durchgeführt worden, aber zu einem größeren Umbau sollte es erst jetzt kommen. Die ersten Fahrzeuge wurden noch mit der alten Ordnungsnummer ausgeliefert, aber zur eindeutigen Unterscheidung wurde doch beschlossen, die umgebauten Fahrzeuge ab 1. Januar 1989 mit der Baureihennummer 796 (und 996.0 für die Beiwagen und 996.6 für die Steuerwagen) bei Beibehaltung der alten Ordnungsnummer zu kennzeich-

Triebwagen der Baureihe 796 in Hof (Saale) Hbf
Foto: R. Zschech

nen. Der Triebwagen 798 666 blieb jedoch in der Baureihe 798, da er schon vor mehreren Jahren als Einzelgänger auf Einmannbetrieb umgebaut worden war.
Der Umbau war bis zum 30. Juni 1989 abgeschlossen. Dabei erhielten alle Fahrzeuge eine Neulackierung.
Die Triebwagen wurden den Bw Gießen, Hamburg 4, Heidelberg, Hof, Kassel 1, Siegen und Tübingen zugeteilt. Im Jahre 1989 betrug die durchschnittliche Einsatzzeit je Fahrzeug-Betriebstag bei den Triebwagen 8,54 Stunden.
Inzwischen werden die ersten Triebwagen ausgemustert.
Mit der Übernahme bisheriger Leistungen der DB durch die EVB (Eisenbahnen und Verkehrsbetriebe Elbe-Weser GmbH) wurden die Triebwagen 796 646, 796 767, 796 796 und 796 826 sowie die Steuerwagen 996 717, 996 777, 996 784 und 996 785 am 26. September 1992 von der DB an die EVB abgegeben.
Fahrzeugteil: unverändert gegenüber Baureihe 798.
Fahrgastraum: wie Baureihe 798, aber Einstiegtüren erhalten Warntongeber, der ca. 6 s nach Betätigen des Schließknopfes ertönt, Türen schließen langsamer. Druckknöpfe für Haltanforderung und Türöffnung im Wageninneren. Führerstände beidseitig Außenspiegel. Fahrkartenverkauf bei Triebwagenführer möglich.
Maschinenanlage: unverändert gegenüber Baureihe 798.
Steuerwagen 996.6 und Beiwagen 996.0: Türschließautomatik analog zu Triebwagen. Trennwand zwischen Sitz- und Gepäckabteil in Höhe der Sitzlehnen zur besseren Sicht für Triebfahrzeugführer durchbrochen.

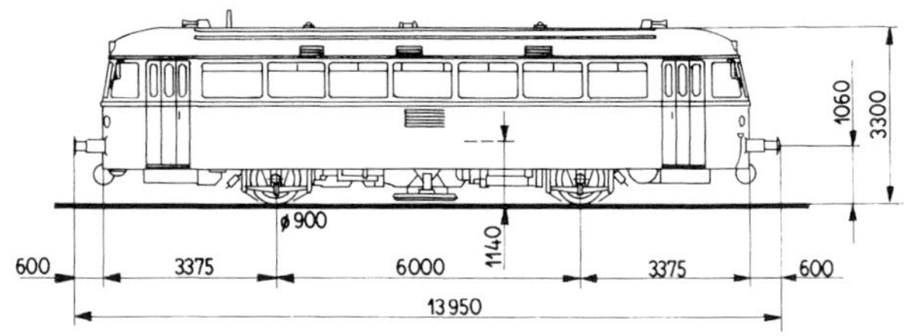

Triebwagen 796

797

VT 97.9
DB/DR 797

Bo
ab 1959
Techn. Daten: Seite 351

Die DB nahm 1961 und 1962 sechs neue Zahnrad-Dieseltriebwagen in Betrieb, die die überalterten Zahnrad-Dampflokomotiven der Baureihe 97 aus dem Jahr 1928 ersetzen sollten. Die Triebwagen verkehrten ab 27. Mai 1962 auf der eingleisigen Zahnstangenstrecke Honau–Lichtenstein (2,2 km, Neigung 100 ‰, steilste Zahnstangenstrecke der deutschen Länderbahnen, Zahnstangenbauart Riggenbach-Klose) und den sich anschließenden Nebenstrecken Reutlingen–Honau und Lichtenstein–Schelklingen–Ulm, auf denen ein starker Berufsverkehr, aber ein noch stärkerer Ausflugsverkehr in den Sommer- und in den Wintermonaten herrschen.

Die Höchstgeschwindigkeit der Triebwagen betrug auf Reibungsstrecken 90 km/h, auf Zahnstangenstrecken bei der Bergfahrt 14,4 km/h, bei der Talfahrt 19,3 km/h. Auf der Zahnstangenstrecke mußte der Führerstand 1 stets auf der Talseite sein, da die Klinken-Band-Klotz-Bremse nur in einer Richtung wirkte.

Entwicklung und Bau der Triebwagen erfolgten durch die Waggonfabrik Uerdingen, während die Schweizer Lokomotiv- und Maschinenfabrik Winterthur (SLM) die Entwicklung und Konstruktion der veränderten Ausrüstungsteile (Leistungsübertragung, Zahnradantrieb, Klinken-Band-Klotz-Bremse) übernahm. Der Triebwagen war gegenüber dem zweimotorigen Schienenbus der DB (Baureihe 798) nur wenig verändert. Der Radsatzstand mußte auf 5 950 mm geändert werden, da ein Gleichtakt von Zahnstangenlänge, Zahnteilung und Radsatzstand vermieden werden sollte.

Die sechs Steuerwagen waren bereits 1959 gefertigt und 1960 eingesetzt worden (mit Triebwagen der Baureihe VT 98.9).

Im Jahre 1965 kamen zwei weitere Triebwagen für den Zahnstangenabschnitt Obernzell–Wegscheid der Nebenbahn Passau–Wegscheid hinzu. Der Triebwagen VT 97 901 war Anfang Januar 1964 zum Bw Passau umgesetzt worden. Für den Güterverkehr wurde als Vorstellwagen für die Bergfahrt im Jahre 1964 ein Beiwagen der Baureihe 995 (VB

Zahnrad-Schienenbus VT 97 904 im Jahre 1962 in Honau (Württ) vor der Abfahrt nach Kleinengstingen
Foto: W. Messerschmidt

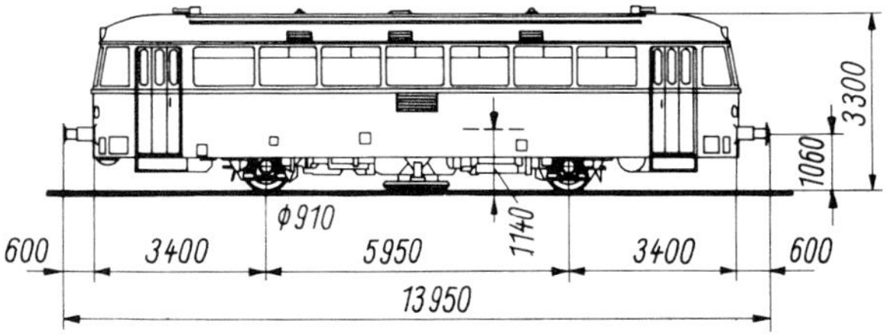

797 901 bis 797 908

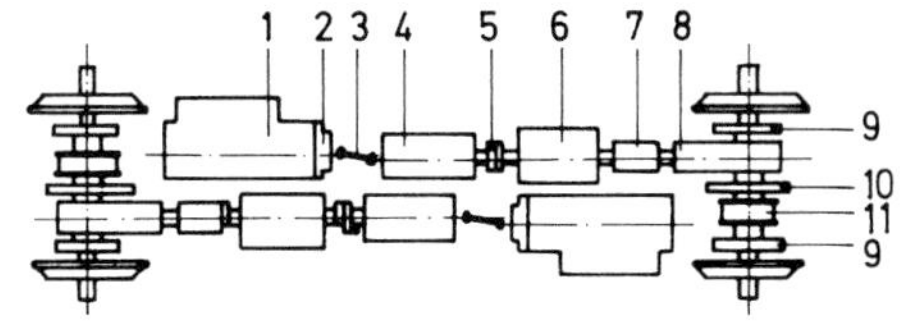

Prinzip der Antriebsanlage Baureihe 797
1 Dieselmotor
2 Hydraulische Kupplung
3 Gelenkwelle
4 Elektroschaltgetriebe
5 Elastische Kupplung
6 Nachschaltgetriebe
7 Elastische Gelenkwelle
8 Radsatztrieb
9 Bremsscheibe
10 Triebzahnrad
11 Klinken-Band-Klotz-Bremse

142 554) umgebaut. Vom Stirnfenster aus beobachtet der Zugbegleiter die Strecke und gibt bei Bedarf Signale. Durch Öffnen des Notventils kann der Zug angehalten werden.
Die Triebwagen für die Strecke Honau–Lichtenstein waren im Bw Tübingen stationiert.
Die Trieb- und Steuerwagen haben sich gut bewährt. Nach einem Halt im Zahnstangenabschnitt muß mit dem 2. Gang angefahren und die restliche Steigung mit 6,5 km/h durchfahren werden. Ein Schalten der Gänge ist hierbei unzulässig.
Nach Einstellung des Betriebes auf den Zahnstangenstrecken ist in den Jahren 1970 bis 1973 der Zahnradantrieb ausgebaut worden. Die Triebwagen waren dann als Baureihe 797.5 auf anderen Strecken eingesetzt. Während der Beiwagen schon im November 1970 ausgemustert wurde, begann ab 1985 die Ausmusterung der Trieb- und Steuerwagen. Zuletzt waren noch die Triebwagen 797 502, 797 503 und 797 505 im Einsatz.
Der Triebwagen VT 97 501 ist jetzt im Bestand der Freunde der Zahnradbahn Honau–Lichtenstein (ZHL), Pfullingen.

Fahrzeugteil

Laufwerk: Schweißkonstruktion aus U-Profilen und Blechen, besonders diagonalsteif. Achsen der Treibradsätze verstärkt und aus besserer Stahlsorte (25 Cr Mo4), doppeltgewellte Leichtradscheiben. Wälzradsatzlager. Radsatzfederung Gummimetallfedern. Kastenfederung Luftfedern, lastabhängig gesteuert. Längs- und Querlenker und Stoßdämpfer parallelgeschaltet. Notführung.
Wagenkasten: Selbsttragende Schweißkonstruktion in Leichtbauweise aus abgekanteten Stahlblechprofilen. Stirnenden abgerundet. Keine Übergangsmöglichkeit.
Zug- und Stoßvorrichtung: Schraubenkupplung leichter Bauart, Hülsenpuffer.
Druckluftanlage: Luftverdichter, Hauptluftbehälter, Hauptluftbehälterleitung. Läutewerk. Sandstreueinrichtung. Spurkranzschmierung. Zahnrad- und Zahnstangenschmierung.
Bremse: Mehrlösige Scheibenbremse Bauart KE (Betriebsbremse). Zweistufig, da für Reibungs- und Zahnstangenstrecke unterschiedliche Bremskraft. Klinken-Band-Klotz-Bremse (Anhaltebremse), wird ausgelöst, wenn Höchstgeschwindigkeit bei Talfahrt auf der Zahnstangenstrecke um 30 % überschritten wird. Motorbremse für beide Dieselmotoren (Betriebsbremse). Spindelhandbremse. Magnetschienenbremse.
Umbau 1969/1973: Zahnrad- und Zahnstangenschmierung, Klinken-Band-Klotz-Bremse und Magnetschienenbremse ausgebaut.

Fahrgastraum

Gestaltung: Dem Nebenbahnverkehr angepaßt. Wagenkasten durchgehender Fahrgastraum, Einstiegräume und Führerstände nicht abgeteilt.
Einstieg: Dreiflüglige Falttüren, lichte Türweite 780 mm. Zugang über Trittstufen.
2. Klasse: Großraum mit zwölf Sitzreihen und Mittelgang. Sitzplatzanordnung 2 + 3; Sitzabstand 760 mm, Sitzplatzbreite 430 mm bzw. 473 mm, Gangbreite 506 mm. Wendesitze, gepolsterte Sitzbänke.
Heizung: Warmluftheizung, ge-

speist von Motorkühlwasser und Ölheizgerät.
Beleuchtung: Glühlampen =12 V.

Maschinenanlage

Anordnung: Zwei getrennte Maschinenanlagen, unterflur im Fahrgestell befestigt. Kühlanlage und Kraftstoffbehälter ebenfalls im Fahrgestell.
Motor: Unterflurdieselmotor Typ Büssing U 10, 6 Zylinder, liegend, 4 Takte. Waserkühlung. Elektrischer Anlasser.
Leistungsübertragung: Strömungskupplung; Gelenkwelle; Zahnradgetriebe (sechs Gänge, Gänge über elektromagnetische Kupplungen geschaltet, 1. Gang gesperrt); elastische Kupplung; Nachschaltgetriebe (dient Wendeschaltung und Umschaltung Adhäsions-/Zahnstangenbetrieb); elastische Gelenkwelle; Radsatztrieb; Treibradsätze (Zahnräder sind auf Achsen der Treibradsätze befestigt, laufen auf Reibungsstrecke leer mit). Triebzahnraddurchmesser 764 mm.
Steuerung: Elektrische und elektropneumatische Einfachsteuerung von VT und VS.
Hilfseinrichtungen: Kühler für Dieselmotorwasser unterflur. Batterien =12 V und =24 V. Zeitabhängige Sicherheitsfahrschaltung. Induktive Zugbeeinflussung (später eingebaut). Zugbahnfunk (später eingebaut).
Umbau 1969/1973: Triebzahnkränze für Zahnstangenbetrieb ausgebaut.

Steuerwagen 997 601 bis 997 606 (VS 97 001 bis VS 97 006, DB/DR 997.6)
Techn. Daten: Seite 352

Fahrzeugteil: Analog Steuerwagen 998. Handbremse auf beide Radsätze.
Fahrgastraum: Analog Triebwagen, enthält 40 Sitzplätze 2. Klasse und Gepäckraum mit elf Klappsitzen. Luftheizung mit Ölheizgerät.

Beiwagen 997 001 (VB 97 001)
Techn. Daten: Seite 356

Fahrzeugteil: Analog Beiwagen 995, jedoch Schraubenkupplung leichter Bauart, Hülsenpuffer, KE-Bremse.
Fahrgastraum: Sitzbänke entfernt, nur für Güterverkehr nutzbar.

Triebwagen der Baureihe 798
Foto: Bundesbahn-Werbeamt Frankfurt (Main)

798

VT 98.9
DB/DR 798

Bo
ab 1953
Techn. Daten: Seite 351

Die Schienenbusse der Baureihe VT 95.9, seit 1952 auf den Nebenbahnen der DB eingesetzt, zeigten gute Betriebsergebnisse. Bei den stark wechselnden Betriebs- und Verkehrsaufgaben auf Nebenbahnen ergab es sich jedoch, daß ein leistungsstärkerer Triebwagen vorteilhafter wäre, der auch die Mitnahme einzelner Güterwagen ermöglichte. Letzteres war mit den Schienenbussen VT 95.9 wegen der leichten Scharfenberg-Kupp-

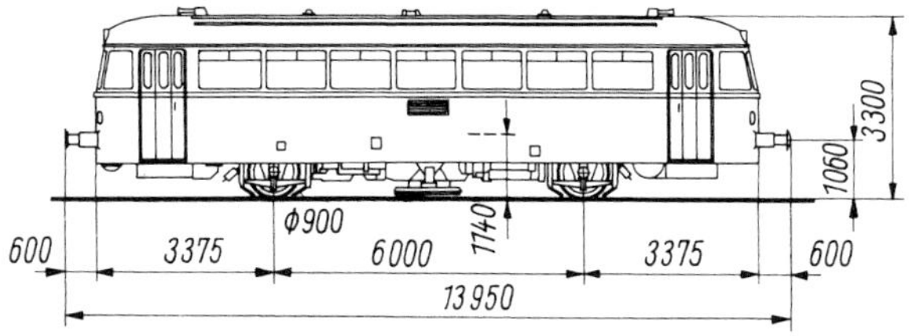

798 501 bis 798 829

lung und wegen der Sonderbremsbauart nicht möglich.
Die Baureihe VT 98.9 hat deshalb folgende wesentliche Änderungen gegenüber der Baureihe VT 95.9: Regelschraubenkupplung, Regelbremsbauart, verdoppelte Leistung, Vielfachsteuerung mit einem weiteren Triebwagen, Betrieb vom Steuerwagen möglich, vergrößerter Beiwagen.
Die Vielfachsteuerung, als Kleinsteuerung bezeichnet, ermöglicht die Versorgung von zwei Anhängern (VS, VB) und die Steuerung eines weiteren Triebwagens. Die Zugbildung ist auf sechs Wagen begrenzt, ferner wird bei Neigungen über 15 ‰ die Höchstgeschwindigkeit auf 70 km/h und über 25 ‰ auf 40 km/h beschränkt. Zwischen zwei Triebwagen müssen sich jedoch mindestens zwei Bei- oder Steuerwagen befinden. Die größte Anhängemasse für einen Triebwagen beträgt in Neigungen bis zu 5 ‰ 100 t.
Die Konstruktion des Triebwagens erfolgte durch die Waggonfabrik Uerdingen. An der Lieferung waren auch andere Firmen beteiligt.
Nach dem Bau von drei Probetriebwagen (VT 98 901 bis VT 98 903, mit zwei Maschinenanlagen versehene VT 95.9) im Jahre 1953 folgte ab 1955 die Serienausführung in mehreren Lieferungen. Insgesamt wurden als Serienfahrzeuge 329 Trieb-, 313 Steuer- und 320 Beiwagen geliefert. Die VS 98 046 bis VS 98 048 entstanden 1958 durch Umbau der VB 98 100 bis VB 98 102. Die Betriebsnummern VS 98 049, VS 98 050 sowie VS 98 085 bis VS 98 090 blieben unbesetzt (vorgesehene Fahrzeuge VS 98 085 bis VS 98 090 wurden VS 97 001 bis VS 97 006). Ende 1974 waren noch 325 Trieb- und 625 Steuer- und Beiwagen im Bestand der DB.
Die Probetriebwagen waren dazu gedacht, stärkere Fahrzeuge gegenüber der Baureihe VT 95.9 auf steilen Strecken zu erproben. Sie waren stets im Bw Passau beheimatet. Die Triebwagen 798 531 bis 798 553 sowie 798 571 bis 798 600 haben Steilstreckenausrüstung.
Die Triebwagen waren neben ihrem Dienst auf Nebenbahnen auch auf Hauptbahnen zur Auflockerung des Verkehrs und für Sonderfahrten zu finden. Sie waren das billigste Massenverkehrsmittel der DB in den fünfziger und sechziger Jahren. Die Fahrzeuge haben sich sehr gut bewährt. Im Laufe der Betriebszeit wurden kleinere Veränderungen vorgenommen, z. B. Reduzierung der Sitzplatzzahl im Jahre 1963 durch Wegfall der Sitzplätze neben dem Führerpult.
Von den drei Prototyptriebwagen wurde im Jahre 1976 der letzte Wagen ausgemustert. Die Trieb-, Steuer- und Beiwagen der Serienausführung werden seit 1980 verstärkt ausgemustert und durch die Baureihe 628.2/928.2 ersetzt. Einige Fahrzeuge wurden an in- und ausländische Eisenbahnen (z. B. 12 VT und 16 VS/VB an die Staatsbahn Uruguay, 25 VT und 40 VS/VB an die Türkischen Staatsbahnen sowie 3 VT und 3 VS/VB an die Steiermärkischen Landesbahnen) verkauft bzw. zu anderen Einsatzzwecken umgebaut.
Der Triebwagen 798 666 ist für Einmannbetrieb geeignet.
Im Jahre 1987 wurden für die „Chiemgau-Bahn" Prien–Aschau als Modellfall zur Wiederbelebung des Schienenverkehrs zwei Triebwagen (798 652 und 798 653) und ein Steuerwagen (998 096) im AW Kassel auf Einmannbetrieb umgebaut, in der Fahrgastraumgestaltung modernisiert und äußerlich mit türkis/kieselgrauer Farbgebung des neuen Farbkonzepts der DB für den Regionalverkehr attraktiver gestaltet. In vereinfachter Weise wurden in den Jahren 1988 und 1989 47 Trieb-, 23 Bei- und 43 Steuerwagen auf Einmannbetrieb umgebaut und dabei in die Baureihe 796/996 umgezeichnet.

Fahrzeugteil

Laufwerk: Schweißkonstruktion aus U-Profilen und Blechen, besonders diagonalsteif. Wälzradsatzlager. Radsatzfederung Blattfedern. Kastenfederung schrägliegende Schraubenfedern, Stoßdämpfer. Triebwagen 789 635, 798 637 bis 798 640 und ab 798 651 zwischen Wagenkasten und Fahrgestell vier Luftfedern, lastabhängig gesteuert, zu Dreipunktlagerung zusammengefaßt. Längs- und Querlenker, Stoßdämpfer. Vier elastische Notführungen für entlüftete Federn.
Wagenkasten: Selbsttragende verwindungssteife Konstruktion in

Leichtbauweise aus abgekanteten Stahlblechprofilen. Kombinierte Schweiß- und Nietkonstruktion. Außenbeblechung Aluminiumblech. Keine Übergangsmöglichkeit. Stirnenden abgerundet.
Zug- und Stoßvorrichtung: Schraubenkupplung leichter Bauart, Hülsenpuffer.
Druckluftanlage: Luftverdichter, Hauptluftbehälter, Hauptluftbehälterleitung. Sandstreueinrichtung. Spurkranzschmierung. Läutewerk.
Bremse: Mehrlösige Scheibenbremse Bauart KE. Magnetschienenbremse. Ratschenhandbremse. Bei Triebwagen für Steilstrecken Motorbremse.

Fahrgastraum

Gestaltung: Dem Nebenbahnverkehr angepaßt. Wagenkasten durchgehender Fahrgastraum. Einstiegräume und Führerstände nicht abgeteilt.
Einstiege: An Wagenenden, dreiflüglige Falttür, lichte Türweite 885 mm. Zugang über Trittstufen.
2. Klasse: Großraum mit zwölf Sitzbänken und Mittelgang, Wendesitze. Sitzplatzanordnung 2 + 3; Sitzbankabstand 760 mm, Sitzplatzbreite 430 mm bzw. 475 mm, Gangbreite 506 mm. Gepolsterte Sitzbänke.
Heizung: Warmluftheizung, Motorkühlwasser und Ölheizgerät.
Beleuchtung: Glühlampen =12 V.

Maschinenanlage

Anordnung: Zwei getrennte Maschinenanlagen, unterflur im Fahrgestell befestigt. Kühlanlage und Kraftstoffbehälter im Fahrgestell. Bauteile nach unten ausbaubar.
Motor: Unterflurdieselmotor, 6 Zylinder, liegend, 4 Takte, Wasserkühlung, elektrischer Anlasser; wahlweise:
Büssing U 9 A (Nennleistung 111 kW, Hubvolumen 8,725 , Aufladung);
Büssing U 10 (Nennleistung 111 kW, Hubvolumen 9,846 l).
Leistungsübertragung: Strömungskupplung; Gelenkwelle; Zahnradgetriebe 6 E 75 S (sechs Gänge über elektromagnetische Kupplungen geschaltet); Gelenkwelle; Radsatzwendegetriebe GM 160 (bzw. GM 160 St für Steilstreckenbetrieb).
Steuerung: Vielfachsteuerung =24 V, zwei Triebwagen von einem Führerstand steuerbar. Elektropneumatische Füllungsregelung der Dieselmotoren. Anlassen der Dieselmotoren nur in jeweiligem Triebwagen möglich.
Hilfseinrichtungen: Kühler für Motorkühlwasser unterflur. Batterie. Sicherheitsfahrschaltung. Induktive Zugbeeinflussung (später eingebaut). Zugbahnfunk (später eingebaut).

Steuerwagen 998 601 bis 998 921
(VS 98 001 bis VS 98 321,
DB/DR 998.6)
Techn. Daten: Seite 352

Fahrzeugteil: Analog Triebwagen. Wagenkastenfederung Schraubenfedern (998 601 bis 998 630) bzw. Luftfedern (998 631 bis 998 921).
Fahrgastraum: Analog Triebwagen, enthält 40 Sitzplätze 2. Klasse und Gepäckraum mit elf Klappsitzen. Im Gepäckraum vierflüglige Falttüren. Luftheizung mit Ölheizgerät.

Beiwagen 998 001 bis 320
(VB 98 001 bis VB 98 220 und
VB 98 2221 bis VB 98 2320,
DB/DR 998.0)
Techn. Daten: Seite 356

Fahrzeugteil: Analog Triebwagen. Wagenkastenfederung Schraubenfedern (998 001 bis 998 109 sowie 998 111 bis 998 220) bzw. Luftfedern (998 110 und 998 221 bis 998 320).
Fahrgastraum 998 001 bis 998 109 sowie 998 111 bis 998 220: Analog Triebwagen, enthält Großraum 2. Klasse mit acht Sitzreihen als Wendesitze und Gepäckraum mit zwölf Klappsitzen. Luftheizung mit Ölheizgerät.
Fahrgastraum 998 110 sowie 998 221 bis 998 320: Analog Triebwagen, enthält Großraum 2. Klasse mit zwölf Sitzreihen. Wendesitze. Luftheizung mit Ölheizgerät.

610

2′ (A 1) + (1 A) (A 1)

ab 1992

Techn. Daten: Seite 338

Zum Sommerfahrplan 1992 wurden die ersten zehn Triebzüge der Baureihe 610 mit aktiver gleisbogenabhängiger Wagenkastensteuerung als moderne Triebfahrzeuge für die RegionalSchnellBahnen auf der Pegnitztalbahn (Nürnberg Hbf–Bayreuth Hbf im 1-Std-Takt, Nürnberg Hbf–Hof im 2-Std-Takt, dabei von Nürnberg Hbf bis Pegnitz vereinigt, im Berufsverkehr zum Teil Mehrfachtraktion von vier Triebzügen) planmäßig eingesetzt und brachten dabei eine erhöhte Reisegeschwindigkeit sowie einen verbesserten Fahrkomfort. Die Triebzüge haben eine Höchstgeschwindigkeit von 160 km/h. Die gleisbogenabhängige Wagenkastensteuerung gestattet ein um 30 % schnelleres Befahren der Gleisbögen als herkömmliche Züge, so daß z. B. auf der Strecke Nürnberg–Hof eine Fahrzeugverkürzung von 20 % erreichbar ist. Somit kann die wesentliche Verkürzung der Reisezeit im ICE/IC-Netz bis in die Region wirksam gehalten werden, da mit der Baureihe 610 eine Reisegeschwindigkeit von über 100 km/h erzielt wird. Die Triebzüge sind im Bw Nürnberg 1 beheimatet.

Die gleisbogenabhängige Wagenkastensteuerung an sich ist nicht neu und wurde in ausländischen Fahrzeugen in verschiedenen Bauformen erprobt, zum Teil mit unbefriedigenden Ergebnissen. Auch bei der DB haben die Triebzüge der Baureihe 634 eine passive gleisbogenabhängige Wagenkastensteuerung in Verbindung mit Luftfederung, die aber erst im oberen Geschwindkeitsbereich eine Neigung einleitet. Die Steuerung ist jetzt nicht mehr in Betrieb.

Die Serienreife des „Pendolino" der Italienischen Staatsbahnen (Baureihe ETR 450) und die guten Ergebnisse des Versuchseinsatzes auf Strecken der DB führten zur Entscheidung, durch die BD Nürnberg die Verbesserung des Verkehrs auf der Strecke Nürnberg–Bayreuth (im Vergleich zu einer Streckenelektrifizierung) untersuchen zu lassen. Die Entscheidung fiel zugunsten des „Pendolino"-Dieseltriebzuges aus, und im November 1988 wurden die ersten zehn Triebzüge bestellt. Eine weitere Bestellung von zehn Triebzügen folgte im Jahre 1990.

Am 23. Mai 1993 nahmen dann weitere zehn Triebzüge den Verkehr auf den Strecken Nürnberg Hbf–Weiden sowie Nürnberg Hbf–Schwandorf–Furth im Wald auf. Auch hier wird eine Reisegeschwindigkeit von über 100 km/h erreicht.

Entwicklung, Konstruktion und Fertigung erfolgten von zwei Firmenkonsortien, wobei MAN (jetzt AMS) und Duewag für den wagenbaulichen Teil und Siemens mit AEG und ABB für den elektrotechnischen Teil zuständig sind. Die Drehgestelle und die gleisbogenabhängige Wagenkastensteuerung liefert Fiat Ferroviaria (Italien).

Der Triebzug ist zweiteilig und besteht aus zwei Triebwagen (610.0 und 610.5), die in ihrer Antriebsanlage eine Einheit bilden. Erstmalig setzt die DB bei Verbrennungstriebwagen die elektrische Leistungsübertragung ein, da Drehstromfahrmotoren mit Energieversorgung über Pulswechselrichter sehr vor-

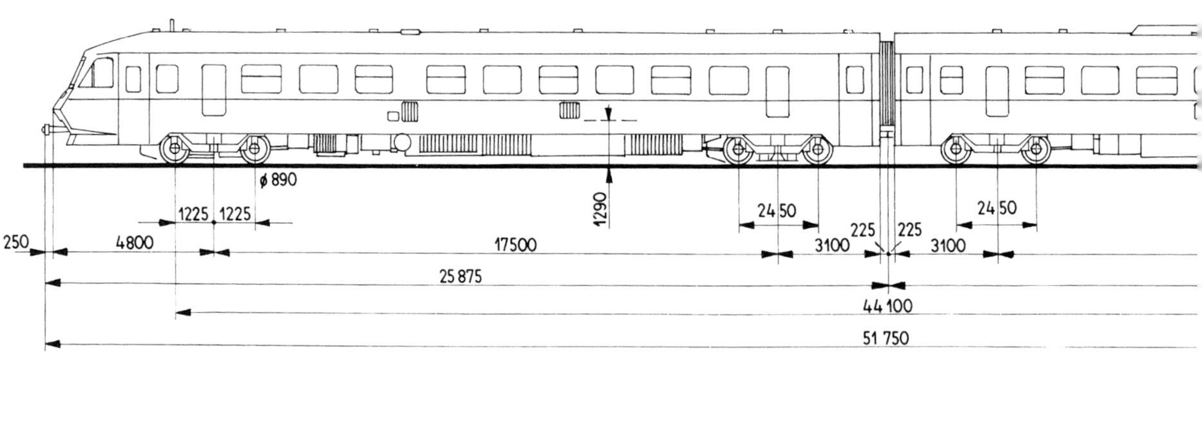

Triebzug 610 im Werksgelände
Foto: Werkfoto MAN

teilhaft sind. Wegen der gleisbogenabhängigen Steuerung forderte Fiat, in jedem Wagen jeweils nur die inneren Radsätze anzutreiben und eine maximale Radsatzfahrmasse von ca. 13 t einzuhalten; daraus ergaben sich der Einsatz von drei Fahrmotoren und damit die ungewöhnliche Radsatzanordnung 2′ (A 1) + (1 A) (A 1). Die gleisbogenabhängige Steuerung ist auf eine vorgegebene Massenaufteilung ausgelegt. Da beim Einsatz als Regional-SchnellBahn auch mit der Nutzung der Stehplätze zu rechnen ist, ist eine Gewichtserfassung notwendig, die bei Nutzung von mehr als 40 Stehplätzen je Triebzug die zulässige Höchstgeschwindigkeit auf 130 km/h reduziert.

Das mit der deutschen Einheit veränderte Verkehrsaufkommen im ersten Einsatzgebiet erfordert ein höheres Platzangebot, so daß das Einfügen eines Mittelwagens mit Antriebsanlage erwogen wird. Die Realisierung könnte jedoch erst in einigen Jahren spruchreif werden.

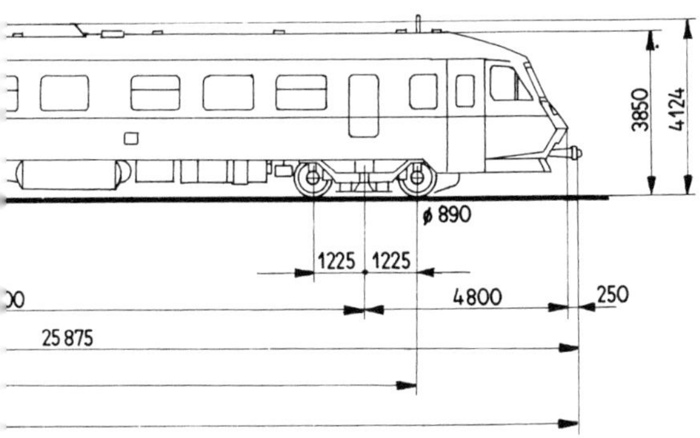

Triebzug 610.0/610.5

Fahrzeugteil

Laufwerk: Drehgestelle Schweißkonstruktion in Leichtbauweise, zweiteiliger offener, verwindungsweicher H-Rahmen. Beide Querträger diagonal jeweils auf einer Seite starr und auf gegenüberliegender Seite gelenkig mit Längsträger verbunden. Radsatzfederung Schraubenfedern. Wagenkastenfederung Schraubenfedern. Zusätzliche pneumatische aktive Querfederung.

Wagenkasten: Geschweißte, selbsttragende Leichtbaukonstruktion unter vorrangiger Verwendung von Aluminium-Großstrangpreßprofilen in Integralbauweise. Wagenkastenseitenwand geknickt. Wagenkastenstirnwand mit Rammschutz. Über Drehgestellen große Luken für Zugänglichkeit zu gleisbogenabhängiger Wagenkastensteuerung. An Einstiegen besondere Rahmenkonstruktion für weit in Wageninneres reichende Trittstufen. Stirnenden abgeschrägt. An Stirnenden keine Übergangsmöglichkeit. Innerhalb Triebzug durch Faltenbalg geschützter Übergang.
Hydraulikzylinder für gleisbogenabhängige Wagenkastensteuerung stützen sich auf Drehgestellwiege ab. Wagenkasten wird um maximal 8° zur Kurveninnenseite geneigt. Drehpunkt des Wagenkastens ca. 550 mm über Fußbodenoberkante (in Schwerpunkt des sitzenden Reisenden). Steuerung wertet Fahrgeschwindigkeit und Gleisüberhöhung aus; im vorderen Drehgestell Kreiselgerät sowie Beschleunigungsmesser.
Zug- und Stoßvorrichtung: An Triebzugende selbsttätige Mittelpufferkupplung Bauart Scharfenberg, elektrische und pneumatische Leitungen werden mitgekuppelt. Innerhalb Triebzug verschraubte Kurzkupplung mit Hydraulikfeder.
Druckluftanlage: Luftverdichter. Hauptluftbehälter. Hauptluftbehälterleitung. Elektropneumatische Sandstreueinrichtung.
Bremse: Mehrlösige Scheibenbremse Bauart KE. Elektronischer Gleitschutz. Automatische Lastabbremsung. Magnetschienenbremse. Federspeicherbremse. Außerdem elektrische Widerstandsbremse.

Drehgestelle mit gleisbogenabhängiger Wagenkastensteuerung für die Baureihe 610
Foto: Werkfoto MAN

Fahrgastraum

Gestaltung: Dem Regional-SchnellBahn-Standard angepaßt. Mehrzweck- und Gepäckraum nicht vorgesehen. Toilette mit geschlossenem System.
610.0: Führerstand; Einstiegraum; Großraum 2. Klasse mit sechs Sitzreihen; Großraum 2. Klasse mit zwölf Sitzreihen; Einstiegraum.
610.5: Einstiegraum; Großraum 2. Klasse mit zwölf Sitzreihen; Großraum 1. Klasse mit vier Sitzreihen; Einstiegraum; Führerstand.
Einstieg: An Wagenenden einflüglige Schwenkschiebetür, lichte Türweite 700 mm bzw. 850 mm. Zugang über innenliegende Trittstufen. Türsteuerung zentrales Schließen und Öffnungsfreigabe für jede Wagenseite.
1. Klasse: Großraum mit einem Abteil und zwei Sitzreihen und Mittelgang. Sitzplatzanordnung 2 + 2. Abteiltiefe 2 100 mm, Sitzreihenab-

Zugänglichkeit der gleisbogenabhängigen Wagenkastensteuerung für Wartungsarbeiten in der Baureihe 610
Foto: Werkfoto MAN

stand 1 100 mm, Gangbreite 540 mm. Polstersitze. Bei Abteilanordnung Tische.
2. Klasse: Großräume mit sechs und zwölf Sitzreihen, zum Teil in Abteilanordnung, und Mittelgang. Sitzplatzanordnung 2 + 2. Abteiltiefe 1 806 mm, Sitzreihenabstand 853 mm, Gangbreite 558 mm bzw. 620 mm. Polstersitze. Bei Abteilanordnung Tische. Neben mittlerem Einstiegraum Sitze klappbar für Rollstuhlaufstellung.
Heizung: Warmwasserheizung (Motorwasserabwärme und elektrische Zusatzheizung), Druckbelüftung.
Beleuchtung: Indirekte Beleuchtung durch Leuchtstofflampen oberhalb Gepäckablage. Deckenstrahler mit Halogen-Glühlampen (1. Klasse) und Kompaktleuchtstofflampen (2. Klasse).
Zusatzeinrichtung: In Großräumen Zugzielanzeiger. Lautsprecheranlage.

Maschinenanlage

Anordnung: Jeder Triebwagen ein Dieselmotor, aber übrige Ausrüstung als Einheit auf beide Triebwagen aufgeteilt. Für Triebzug ein Traktionswechselrichter. Antriebsanlage unterflur, elastisch am Untergestell aufgehängt.
Motor: Dieselmotor Typ MTU 12 V 183 TD 12, 12 Zylinder, V-Form, 4 Takte. Aufladung. Wasserkühlung.
Leistungsübertragung: Hauptgenerator (eigenbelüfteter Drehstromsynchrongenerator Typ 1 FC 6352-6, Dauerleistung je 460 kVA bei 2 100 min^{-1}) – ungesteuerte Gleichrichter – Hauptsammelleitung (Gleichspannungszwischenkreis) – GTO-Pulswechselrichter (ölgekühlt) – Drehstromfahrmotor (Typ BaZu 5369/4 sp, Dauerleistung je 2 340 kW bei 1 492 min^{-1}, fremdbelüftet) – Gelenkwelle – Radsatzgetriebe.
Steuerung: Fahrmotoren mit variabler Spannung und variabler Frequenz gespeist. Fahrzeugsteuerung in Mikrocomputertechnik. Jeder Wagen zentrales Steuergerät, beide Fahrzeuggeräte über Fahrzeug-BUS verbunden. Antriebssteuergerät in Wagen 610.0. Außerdem noch Zug-BUS für Mehrfachtraktion. Vielfachsteuerung (=24 V) bis zu vier Triebzügen.
Bremse: Elektrische Widerstandsbremse. Bremswiderstände auf Dach, ohne Fremdbelüftung.
Hilfseinrichtungen: Drehstrombordnetz 3 x 400 V, 50 Hz, 76 kVA und 230 V, 50 Hz, 9 kVA, über Hilfsbetriebeumrichter aus Gleichstromzwischenkreis. Aus Drehstrombordnetz in jedem Wagen Hydraulikpumpe und zwei Hochdruckspeicher für Neigesystem. Pumpen für Heizwasser und Motoröl, Unterflurkühlanlage. Antriebsmotoren für Lüfter und Luftverdichter. Batterien =24 V für Anlasser und Bordnetz (je 165 Ah). Fremdeinspeisung 400 V, 50 Hz und 1 000 V, 16 $^2/_3$ Hz bzw. 1 000 V 50 Hz.
Zeitabhängige Sicherheitsfahrschaltung. Induktive Zugbeeinflussung (durch punktförmiges Zugbeeinflussungssystem 100 ergänzt). Zugbahnfunk.

Hauptkenndaten

Baureihennummer DB/DR ab 1992		–	–	–	–
Betriebsnummer DR	1970 bis 1991	–	–	–	–
DB	1968 bis 1991	–	–	–	–
	ab 1930	–	DT 1 bis DT 8	DT 9	DT 10 und DT 11
	bis1930	–	1000 bis 1007	DW 15	DW 16 und DW 17
Radsatzanordnung		–	A 1	A 1	A 1
Gattungszeichen bis 1956		–	CidT	CidT	CidT
Hersteller mechanischer Teil		–	ME	ME	ME
Hersteller Dampfkessel		–	ME	ME	ME
Höchstgeschwindigkeit		km/h	50	50	50
Spurweite		mm	1 435	1 435	1 435
Größte Anfahrzugkraft		kN	17,4		17,4
Indizierte Leistung		kW	59	59	59
Dienstmasse		t	24,5	23,0	23,0
Größte Radsatzfahrmasse		t	14,5	13,7	13,7
Länge über Puffer/Kupplung		mm	11 612	11 436	11 436
Drehzapfenabstand		mm	–	–	–
Triebdrehgestellradsatzstand		mm	–	–	–
Laufdrehgestellradsatzstand		mm	–	–	–
Treibraddurchmesser		mm	1 000	1 000	1 000
Laufraddurchmesser		mm	1 000	1 000	1 000
Kesselüberdruck		10^5 Pa	16	16	16
Kesselrostfläche		m^2	0,712	0,712	0,712
Kesselheizfläche		m^2	32,28	25,30	25,30
Zylinderzahl		–	2	2	2
Kolbendurchmesser		mm	220	220	220
Kolbenhub		mm	300	300	300
Brennstoffvorrat		t	0,8	0,6	0,6
Wasservorrat		m^3	2,0	1,5	1,5
Sitzplätze 2. Klasse		–	–	–	–
Sitzplätze 3. Klasse		–	40	40 + 4	40
Spez. Metereigenmasse		t/m	2,11	2,01	2,01
Spez. Antriebsleistung		kW/t	2,41	2,57	2,57
Spez. Sitzplatzmasse		kg	613	523	575
Indienststellung		–	1914/1915	1906	1909
Verbleib		–	A	A	A

1) 50 km/h rückwärts

2) Umbau Raw Tempelhof

–	–	–	–	–	–
–	–	–	–	–	–
–	–	–	–	–	–
DT 12	DT 13	DT 14	DT 15	DT 16	DT 51 bis DT 53
DW 6	DW 8/9	DW 7	–	–	–
A 1	A 1	A 1	A 1	A 1	Bo'2'
CidT	CidT	CidT	CdT	CdT	BC4idT
ME	ME	ME	Weg	Goth[2]	Weg
ME	ME	ME	Bor	Bor	Hen, Bor
60[1]	60[1]	60[1]	65	65	90
1 435	1 435	1 435	1 435	1 435	1 435
	17,4		13,5		30,0
	59		74	74	222
17,3	19,4	18,0	14,5	14,5	43,5
12,9	13,9	12,9	9,8	9,8	
10 966	11 436	10 966	12 260	12 260	22 530
–	–	–	–	–	14 700
–	–	–	–	–	3 600
–	–	–	–	–	3 000
1 000	1 000	1 000	900	900	900
1 000	1 000	1 000	900	900	900
16	16	16	100	100	90/130
0,71	0,71	0,71	–	–	–
28,27	25,35	25,35	8,6	8,6	40
2	2	2			2/2
200	220	200	76/133	76/133	100/175
300	300	300	127	127	150
0,45	0,62	0,45	0,3	0,3	
1,5	1,5	1,5	0,4	0,4	
–	–	–	–	–	8
40	39	40	42	42	62
1,58	1,70	1,64	1,18	1,18	1,93
	3,04		5,11	5,11	5,10
433	497	450	345	345	621
1908 U	1905	1908 U	1932	1933 U	1932
A	A	A	U	U	A

Baureihennummer DB/DR ab 1992	–	–	–	–
Betriebsnummer DR 1970 bis 1991	–	–	–	–
DB 1968 bis 1991	–	–	–	–
ab 1930	–	DT 54 bis DT 56	DT 54 bis DT 56	DT 57 und DT 58
bis 1930	–	–	–	–
Radsatzanordnung	–	Bo'2'	Bo'2'	Bo'2'
Gattungszeichen bis 1956	–	BCPw4idT	BCPw4idT	BCPw4idT
Hersteller mechanischer Teil	–	Weg	Weg	Weg
Hersteller Dampfkessel	–	Bor	Hen	Hen
Höchstgeschwindigkeit	km/h	90	110	110
Spurweite	mm	1 435	1 435	1 435
Größte Anfahrzugkraft	kN	36,1		36,1
Indizierte Leistung	kW	222	222	222
Dienstmasse	t	43,0	43,0	43,0
Größte Radsatzfahrmasse	t			
Länge über Puffer/Kupplung	mm	22 530	22 530	22 530
Drehzapfenabstand	mm	14 700	14 700	14 700
Triebdrehgestellradsatzstand	mm	3 600	3 600	3 800
Laufdrehgestellradsatzstand	mm	3 000	3 000	3 000
Treibraddurchmesser	mm	900	900	900
Laufraddurchmesser	mm	900	900	900
Kesselüberdruck	10^5 Pa	120		120
Kesselrostfläche	m^2			
Kesselheizfläche	m^2			
Zylinderzahl	–	2/2	2/2	2/2
Kolbendurchmesser	mm	95/165	95/165	95/165
Kolbenhub	mm	150	150	150
Brennstoffvorrat	t			
Wasservorrat	m^3			
Sitzplätze 2. Klasse	–	16	16	16
Sitzplätze 3. Klasse	–	44	44	44
Spez. Metereigenmasse	t/m	1,19	1,91	1,91
Spez. Antriebsleistung	kW/t	5,16	5,16	5,16
Spez. Sitzplatzmasse	kg	716	716	716
Indienststellung	–	1934	1937 U	1935
Verbleib	–	U	A	A

[1] Güter-Dampftriebwagen (Bahndienstfahrzeug)

–	–	–
–	–	–
–	–	–
DT 59	DT 63 + VS 145 373	705 027
–	–	–
2'Bo'	Bo'2' + 2'2'	B 1
BCPw4itrdT	BCPw4üdT + C4üvS	–[1]
Wis	LHB	
Bor	Hen	
110	110	40
1 435	1 435	1 435
	32,5	
222	222	
56,5	55,1 + 33,1	
18,3		27,2
22 180	42 660	9 350
14 340	14 500/13 300	–
3 800	3 600	–
3 800	3 000	–
900	1 000	1 000
900	1 000	1 000
120	120	12
	–	1,049
	19,0	30,141
2/2	2/2	2
	95/165	255
	150	350
		1,0
		3,0
6	12	–
42	88	–
2,44	2,07	2,91
4,11	2,52	
1 080	882	–
1937	1938 U	U
U	A	1933/34 A

Baureihennummer DB/DR ab 1992	–	–	–	–
Betriebsnummer DR 1970 bis 1991	–	–	–	–
DB 1968 bis 1991	–	–	–	–
DB ab 1947	–	–	–	–
ab 1932	–	–	–	–
bis1932	–	701 und 702	701 und 702	703 und 704
Radsatzanordnung	–	A 1	A 1	A 1
Gattungszeichen bis 1956	–	CvT	BCvT	CvT
DR ab 1967	–	–	–	–
DB ab 1957	–	–	–	–
Hersteller mechanischer Teil	–	VWW	VWW	VWW
Hersteller Verbrennungsmotor	–	NAG	NAG	NAG
Hersteller elektrischer Teil/Getriebe	–	NAG	NAG	NAG
Höchstgeschwindigkeit	km/h	50	50	50
Spurweite	mm	1 435	1 435	1 435
Installierte Leistung	kW	56	56	56
Traktionsleistung	kW			
Dienstmasse	t	19,2	19,2	21,0
Größte Radsatzfahrmasse	t	12,0	12,0	12,0
Länge über Puffer/Kupplung	mm	12 900	12 900	12 900
Drehzapfenabstand	mm	–	–	–
Triebdrehgestellradsatzstand	mm	–	–	–
Laufdrehgestellradsatzstand	mm	–	–	–
Treibraddurchmesser	mm	850	850	850
Laufraddurchmesser	mm	850	850	850
Leistungsübertragungsart	–	vmech	vmech	vmech
Leistungsübertragungssystem	–	4 G Z	4 G Z	4 G Z
Motorleistung	kW	56	56	56
Nenndrehzahl	min^{-1}	950	950	950
Hubvolumen	l	14,6	14,6	14,6
Verdichtung	–	4,8	4,8	4,8
Kühlung	–			
Aufladung	–	–	–	–
Steuerung	–	–	–	–
Sitzplätze 2. Klasse	–	–	6	–
Sitzplätze 3. Klasse	–	50	35	50
Sitzplätze 4. Klasse	–	–	–	–
Spez. Metereigenmasse	t/m	1,49	1,49	1,63
Spez. Antriebsleistung	kW/t	2,92	2,92	2,67
Spez. Sitzplatzmasse	kg	384	468	420
Indienststellung	–	1926	1932 U	1926
Verbleib	–	1934 U	1957 A	1934 U

–	–	–	–	–	–
–	–	–	–	–	–
–	–	–	–	–	–
–	–	–	VT 86 900	–	VT 86 901 und 902
–	–	–	–	–	–
703 und 704	705 bis 708	705	705	706 bis 708	706 und 708
A 1	A 1	A 1	1 A	1 A	1 A
CvT	CDvT	BCvT	CvT	CvT	CvT
–	–	–	–	–	–
–	–	–	–	–	–
VWW	Werd	Werd	Werd	Werd	Werd
NAG	Daim	Daim	Büs	Daim	Büs
NAG	Werd	Werd	TAG	Werd	TAG
50	60	60	60	60	60
1 435	1 435	1 435	1 435	1 435	1 435
56	74	74	74	74	74
			66		66
20,0	20,0	19,7	21,0	19,8	21,0
12,0	11,4	11,4	10,8	11,4	10,8
12 900	12 800	12 800	12 800	12 800	12 800
–	–	–	–	–	–
–	–	–	–	–	–
–	–	–	–	–	–
850	1 000	1 000	950	1 000	950
850	1 000	1 000	950	1 000	950
vmech	vmech	vmech	vmech	vmech	vmech
4 G Z	4 G Z	4 G Z	4 G Z	4 G Z	4 G Z
56	74	74	74	74	74
950	1 200	1 200	1 200	1 200	1 200
14,6	18,06	18,06		18,06	
4,8	5,0	5,0		5,0	
–	–	–	–	–	–
–	–	–	–	–	–
–	–	9	–	–	–
38	16	30	46	46	46
–	30	–	–	–	–
1,55	1,56	1,54	1,64	1,55	1,64
2,80	3,70	3,76	3,52	3,74	3,52
526	435	505	457	430	457
1932 U	1927	1928 U	1937 U	1928 U	1932 U
1945 A	1928 U	1937 U	1954 A	1932 U	1954 A

Baureihennummer DB/DR ab 1992	–	–	–	–
Betriebsnummer DR 1970 bis 1991	–	–	–	–
DB 1968 bis 1991	–	–	–	–
DB ab 1947	–	–	–	–
ab 1932	–	–	–	–
bis1932	–	709 bis 712	709 bis 712	713/714 und 715/716
Radsatzanordnung	–	A 1	A 1	A 1 + 1 A
Gattungszeichen bis 1956	–	CDvT	CvT	C/DüvT
DR ab 1967	–	–	–	–
DB ab 1957	–	–	–	–
Hersteller mechanischer Teil	–	Goth	Goth	Weg
Hersteller Verbrennungsmotor	–	NAG	NAG	NAG
Hersteller elektrischer Teil/Getriebe	–	Goth, NAG	Goth, NAG	NAG
Höchstgeschwindigkeit	km/h	60	60	60
Spurweite	mm	1 435	1 435	1 435
Installierte Leistung	kW	56	56	111
Traktionsleistung	kW			
Dienstmasse	t	21,8	21,8	37,4
Größte Radsatzfahrmasse	t	13,8	13,8	12,3
Länge über Puffer/Kupplung	mm	13 600	13 600	25 050
Drehzapfenabstand	mm	–	–	–
Triebdrehgestellradsatzstand	mm	–	–	–
Laufdrehgestellradsatzstand	mm	–	–	–
Treibraddurchmesser	mm	1 000	1 000	850
Laufraddurchmesser	mm	1 000	1 000	850
Leistungsübertragungsart	–	vmech	vmech	vmech
Leistungsübertragungssystem	–	4 G Z	4 G Z	4 G Z
Motorleistung	kW	56	56	56
Nenndrehzahl	min^{-1}	950	950	950
Hubvolumen	l	12,2	12,2	12,2
Verdichtung	–	4,8	4,8	4,8
Kühlung	–			
Aufladung	–	–	–	–
Steuerung	–	–	–	–
Sitzplätze 2. Klasse	–	–	–	–
Sitzplätze 3. Klasse	–	29	44	50
Sitzplätze 4. Klasse	–	15	–	42
Spez. Metereigenmasse	t/m	1,60	1,60	1,49
Spez. Antriebsleistung	kW/t	2,57	2,57	2,97
Spez. Sitzplatzmasse	kg	495	495	407
Indienststellung	–	1926	1928 U	1925
Verbleib	–	1928 U	1947 A, U	1929 U

[1] 1941 im Bestand DRG

–	–	–	–	–	–
–	–	–	–	–	–
–	–	–	–	–	–
VT 87 900 a/b	–	–	–	VT 85 900	–
–	–	–	–	–	–
713/714	715/716	717	749	750	751 und 752
A 1 + 1 A	A 1 + 1 A	A 1	(1 A) (A 1)	(1 A) (A 1)	(1 A) (A 1)
C/BCüvT	BC/CütrvT	CvT	CPw4vT	BCPw4vT	CPost4vT
–	–	–	–	–	–
–	–	–	–	–	–
Weg	Weg	Goth	DWK	DWK	DWK
NAG	NAG	NAG	Büs	DWK	DWK
NAG	NAG	Goth	DWK	TAG	DWK
60	60	60	40/60	60	60
1 435	1 435	1 435	1 435	1 435	1 435
111	111		81	111	111
37,4	37,2		16,0	31,0	36,3
12,3	12,3				17,0
25 050	25 050		14 000	18 400	18 400
–	–		7 650	12 000	11 500
–	–		1 400	2 500	2 500
–	–		–	–	–
850	850		850	850	850
850	850		850	850	850
vmech	vmech		vmech	vmech	vmech
4 G Z	4 G Z		4 G Z		4 G Z
56	56		81	111	111
950	950		1 200		1 000
12,2	12,2		11,8		19,1
4,8	4,8		5,0		4,6
			W		W
–	–		–		–
–	–		–		–
16	8		–	8	–
65	78		37	63	70
–	–		–	–	–
1,49	1,48			1,68	1,97
2,97	2,98			3,58	3,06
462	433			437	518
1930 U	1929 U	1928	1922[1]	1926[1]	1925
1950 A	1957 A, U	1932 A	1945/46 A	1950 A	1927 U

Baureihennummer DB/DR ab 1992	–	–	–	–
Betriebsnummer DR 1970 bis 1991	–	–	–	–
DB 1968 bis 1991	–	–	–	–
DB ab 1947	–	–	–	VT 85 901 und 902
ab 1932	–	–	751 und 752	751 und 752
bis1932	–	751 und 752	751 und 752	–
Radsatzanordnung	–	(1 A) (A 1)	(1 A) (A 1)	(1 A) (A 1)
Gattungszeichen bis 1956	–	CD4vT	BCPwPost4vT	BCPost4vT
DR ab 1967	–	–	–	–
DB ab 1957	–	–	–	–
Hersteller mechanischer Teil	–	DWK	DWK	DWK
Hersteller Verbrennungsmotor	–	DWK	DWK	DWK
Hersteller elektrischer Teil/Getriebe	–	DWK	DWK	DWK
Höchstgeschwindigkeit	km/h	60	60	60
Spurweite	mm	1 435	1 435	1 435
Installierte Leistung	kW	111	111	111
Traktionsleistung	kW			
Dienstmasse	t	36,3	36,3	36,3
Größte Radsatzfahrmasse	t	17,0	17,0	17,0
Länge über Puffer/Kupplung	mm	18 400	18 400	18 400
Drehzapfenabstand	mm	11 500	11 500	11 500
Triebdrehgestellradsatzstand	mm	2 500	2 500	2 500
Laufdrehgestellradsatzstand	mm	–	–	–
Treibraddurchmesser	mm	850	850	850
Laufraddurchmesser	mm	850	850	850
Leistungsübertragungsart	–	vmech	vmech	vmech
Leistungsübertragungssystem	–	4 G Z	4 G Z	4 G Z
Motorleistung	kW	111	111	111
Nenndrehzahl	min^{-1}	1 000	1 000	1 000
Hubvolumen	l	19,1	19,1	19,1
Verdichtung	–	4,6	4,6	4,6
Kühlung	–	W	W	W
Aufladung	–	–	–	–
Steuerung	–	–	–	–
Sitzplätze 2. Klasse	–	–	30[1)]	6
Sitzplätze 3. Klasse	–	30	40	55
Sitzplätze 4. Klasse	–	40	–	
Spez. Metereigenmasse	t/m	1,97	1,97	1,97
Spez. Antriebsleistung	kW/t	3,06	3,06	3,06
Spez. Sitzplatzmasse	kg	518	518	595
Indienststellung	–	1927 U	1929 U	1935 U
Verbleib	–	1929 U	1935 U	1950 A

1) Notpolster

–	–	–	–	–	–
–	–	–	–	–	–
–	–	–	–	–	–
–	–	–	VT 85 903	–	VT 85 904
–	753	753	753	754	754
753 und 754	753	–	–	754	–
(1 A) (A 1)	(1 A) (A 1)	(1 A) (A 1)	(1 A) (A 1)	(1 A) (A 1)	(1 A) (A 1)
CD4vT	BCPwPost4vT	BCPwPost4vT	CPost4vT	BCPw4vT	BCPw4vT
–	–	–	–	–	–
–	–	–	–	–	–
DWK	DWK	DWK	DWK	DWK	DWK
DWK	DWK	DWK	DWK	DWK	DWK
DWK	DWK	DWK	DWK	DWK	DWK
60	60	60	60	60	60
1 435	1 435	1 435	1 435	1 435	1 435
111	111	111	111	111	111
			101		
34,0	34,0	34,0	38,2	32,5	32,5
17,0	17,0	17,0	9,5	9,9	9,9
18 400	18 400	18 400	18 400	18 400	18 400
11 500	11 500	11 500	11 500	11 500	11 500
2 500	2 500	2 500	2 500	2 500	2 500
–	–	–	–	–	–
850	850	850	850	850	850
850	850	850	850	850	850
vmech	vmech	vmech	vmech	vmech	vmech
4 G Z	4 G Z	4 G Z	4 G Z	4 G Z	4 G Z
111	111	111	111	111	111
1 000	1 000	1 000	1 000	1 000	1 000
19,1	19,1	19,1	19,1	19,1	19,1
4,6	4,6	4,6	4,6	4,6	4,6
W	W	W	W	W	W
–	–	–	–	–	–
–	–	–	–	–	–
–	12	6	–	12	6
27	57	57	65	54	54
40	–	–	–	–	–
1,85	1,85	1,85	2,08	1,77	1,77
3,26	3,26	3,26	2,91	3,42	3,42
507	493	540	588	492	542
1925	1931 U	U	U	1932 U	U
1931/32 U	U	U	1952 A, M	U	1950 A

Baureihennummer DB/DR ab 1992	–	–	–	–
Betriebsnummer DR 1970 bis 1991	–	–	–	–
DB 1968 bis 1991	–	–	–	–
DB ab 1947	–	–	–	–
ab 1932	–	–	756	–
bis1932	–	755 und 756	756	757 bis 760
Radsatzanordnung	–	(1 A) (A 1)	(1 A) (A 1)	(A 1) (1 A)
Gattungszeichen bis 1956	–	CD4vT	BC4vT	CD4vT
DR ab 1967	–	–	–	–
DB ab 1957	–	–	–	–
Hersteller mechanischer Teil	–	AEG, LHB	LHB	Wumag
Hersteller Verbrennungsmotor	–	NAG	NAG	Büs
Hersteller elektrischer Teil/Getriebe	–	NAG	NAG	ZF
Höchstgeschwindigkeit	km/h	60	60	72
Spurweite	mm	1 435	1 435	1 435
Installierte Leistung	kW	111	111	132
Traktionsleistung	kW			
Dienstmasse	t	30,4	30,8	40,9
Größte Radsatzfahrmasse	t	9,4	9,4	12,1
Länge über Puffer/Kupplung	mm	17 020	17 020	21 000
Drehzapfenabstand	mm	10 700	10 700	13 000
Triebdrehgestellradsatzstand	mm	1 900	1 900	3 900
Laufdrehgestellradsatzstand	mm	–	–	–
Treibraddurchmesser	mm	950	950	1 000
Laufraddurchmesser	mm	950	950	1 000
Leistungsübertragungsart	–	vmech	vmech	vmech
Leistungsübertragungssystem	–	4 G Z	4 G Z	5 G Z
Motorleistung	kW	56	56	66
Nenndrehzahl	min^{-1}	950	950	1 000
Hubvolumen	l	12,2	12,2	
Verdichtung	–	4,8	4,8	
Kühlung	–	W	W	W
Aufladung	–	–	–	–
Steuerung	–	–	–	–
Sitzplätze 2. Klasse	–	–	8	–
Sitzplätze 3. Klasse	–	26	46	16
Sitzplätze 4. Klasse	–	40	–	47
Spez. Metereigenmasse	t/m	1,79	1,81	1,95
Spez. Antriebsleistung	kW/t	3,65	3,60	3,23
Spez. Sitzplatzmasse	kg	461	550	649
Indienststellung	–	1926	1930 U	1927
Verbleib	–	1930 U, 1931 A	1946 A	1930 U

[1] ohne Betriebseinsatz auch VT 66 900

–	–	–	–	–	–
–	–	–	–	–	–
–	–	–	–	–	–
–	VT 66 901 und 903[1]	VT 66 902	–	–	VT 66 904
757 bis 760	757 bis 760	759	–	761	761
757 bis 760	–	–	761	761	–
(A 1) (1 A)	(A 1) (1 A)	(A 1) (1 A)	(A 1) (1 A)	(A 1) (1 A)	(A 1) (1 A)
BC4vT	C4vT	C4vT	CD4vT	BC4vT	C4vT
–	–	–	–	–	–
–	–	–	–	–	–
Wumag	Wumag	Wumag	Wumag	Wumag	Wumag
Büs	Büs	Daim	Büs	Büs	Büs
ZF	Myl	Myl	ZF	ZF	Myl
72	85	85	72	72	85
1 435	1 435	1 435	1 435	1 435	1 435
140	162	154	132	140	162
	147				147
41,5	43,5	45,0	40,9	41,5	42,6
12,1	12,5	12,75	12,1	12,8	13,1
21 000	21 000	21 000	21 024	21 024	21 024
13 000	13 000	13 000	13 000	13 000	13 000
3 900	3 900	3 900	3 900	3 900	3 900
–	–	–	–	–	–
1 000	1 000	1 000	1 000	1 000	900
1 000	1 000	1 000	1 000	1 000	900
vmech	vmech	dmech	vmech	vmech	vmech
5 G Z	4 G Z	4 G Z	5 G Z	5 G Z	4 G Z
70	81	77	66	70	81
1 000	1 200	1 200	1 000	1 000	1 200
	11,8				11,8
	5,6				5,6
W	W	W	W	W	W
–	–	–	–	–	–
–	–	–	–	–	–
13	–	–	–	12	–
43	74	74	39	60	79
–	–	–	38	–	–
1,97	2,07	2,14	1,95	1,97	2,03
3,37	3,72	3,42	3,23	3,37	3,80
741	588	608	531	576	539
1930 U	1940 U	1949 U	1927	1930 U	1941 U
1940 U	1953 A, U	1956 A	1930 U	1941 U	1952 U

Baureihennummer DB/DR ab 1992	–	–	–	–
Betriebsnummer DR 1970 bis 1991	–	–	–	–
DB 1968 bis 1991	–	–	–	–
DB ab 1947	–	VT 66 904	–	–
ab 1932	–	–	–	762
bis1932	–	–	762	762
Radsatzanordnung	–	(A 1) (1 A)	(A 1) (1 A)	(A 1) (1 A)
Gattungszeichen bis 1956	–	C4vT	BC4vT	C4vT
DR ab 1967	–	–	–	–
DB ab 1957	–	–	–	–
Hersteller mechanischer Teil	–	Wumag	Wumag	Wumag
Hersteller Verbrennungsmotor	–	Deu	Büs	Büs
Hersteller elektrischer Teil/Getriebe	–	Myl, ZF	ZF	ZF
Höchstgeschwindigkeit	km/h	85	72	85
Spurweite	mm	1 435	2 435	1 435
Installierte Leistung	kW	154	132/140	162
Traktionsleistung	kW			
Dienstmasse	t	42,6	41,5	42,6
Größte Radsatzfahrmasse	t	13,1	12,8	13,1
Länge über Puffer/Kupplung	mm	21 024	21 024	21 024
Drehzapfenabstand	mm	13 000	13 000	13 000
Triebdrehgestellradsatzstand	mm	3 900	3 900	3 900
Laufdrehgestellradsatzstand	mm	–	–	–
Treibraddurchmesser	mm	900	1 000	1 000
Laufraddurchmesser	mm	900	1 000	1 000
Leistungsübertragungsart	–	dmech	vmech	vmech
Leistungsübertragungssystem	–	4 G Z	5 G Z	5 G Z
Motorleistung	kW	77	66/70	81
Nenndrehzahl	min^{-1}	1 200	1 000	1 200
Hubvolumen	l			11,8
Verdichtung	–			5,6
Kühlung	–	W	W	W
Aufladung	–	–	–	–
Steuerung	–	–	–	–
Sitzplätze 2. Klasse	–	–	16	–
Sitzplätze 3. Klasse	–	79	48	74
Sitzplätze 4. Klasse	–	–	–	–
Spez. Metereigenmasse	t/m	2,03	1,97	2,03
Spez. Antriebsleistung	kW/t	3,62	3,18/3,37	3,80
Spez. Sitzplatzmasse	kg	539	648	576
Indienststellung	–	1952 U	1929	1941 U
Verbleib	–	1955 A, M	1941 U	1949 U

[1] anfangs 14 560 mm
[2] anfangs CCdvT

–	–	–	–	–	–
–	–	–	–	–	–
–	–	–	–	–	–
VT 66 905	–	VT 66 906 und 907	VT 85 905	–	–
762	763 bis 765	763 bis 765	766	–	801 bis 804
762	763 bis 765	–	766	801 bis 804	801 bis 804
(A 1) (1 A)	(1 A) (A 1)	(1 A) (A 1)	(1 A) (A 1)	A 1	A 1
C4vT	BC4vT	BC4vT	BC4vT	CDvT	CvT[2]
–	–	–	–	–	–
–	–	–	–	–	–
Wumag	Des	Des	DWK	Weg	Weg
Daim	Büs	Büs	DWK	MAN	MAN
Myl	Myl	Myl	DWK	Myl	Myl
85	70	80/85	60	70	70/75
1 435	1 435	1 435	1 435	1 435	1 435
154	162	162	111	56	56
	147	147			
45,0	47,0	48,5	21,8	21,2	21,2
12,75	11,6	13,2	7,1	14,2	14,2
21 024	21 420	21 420	14 600[1]	12 696	12 696
13 000	13 600	13 600	8 500	–	–
3 900	2 900	2 900	1 700	–	–
–	–	–	–	–	–
900	1 000	850	900	1 000	1 000
900	1 000	850	900	1 000	1 000
dmech	vmech	vmech	vmech	vmech	vmech
4 G Z	5 G Z	4 G Z	4 G Z	4 G Z	4 G Z
77	81	81	111	56	56
1 200	1 200	1 200	1 000	1 100	1 100
	11,8	11,8	19,1	11,2	11,2
	5,6	5,6	4,6	19	19
W	W	W	W	W	W
–	–	–	–	–	–
–	–	–	–	–	–
–	10	10	16	–	–
74	62	62	34	16	46
–	–	–	–	30	–
2,14	2,20	2,26	1,49	1,67	1,67
3,42	3,45	3,34	5,08	2,64	2,64
608	653	675	436	461	461
1949 U	1932 U	1940 U	1932	1927	1928 U
1959 A	1941 U	1953 A, M	1951 A	1928 U	1934 U

Baureihennummer DB/DR ab 1992	–	–	–	–
Betriebsnummer DR 1970 bis 1991	–	–	–	–
DB 1968 bis 1991	–	–	–	–
DB ab 1947	–	–	VT 70 900 und 901	–
ab 1932	–	801, 802, 804	801, 802	803
bis 1932	–	–	–	–
Radsatzanordnung	–	A 1	A 1	A 1
Gattungszeichen bis 1956	–	CvT	CvT	CvT
DR ab 1967	–	–	–	–
DB ab 1957	–	–	–	–
Hersteller mechanischer Teil	–	Weg	Weg	Weg
Hersteller Verbrennungsmotor	–	MAN	MAN	MAN
Hersteller elektrischer Teil/Getriebe	–	Myl	Myl	Tri
Höchstgeschwindigkeit	km/h	85	75	70
Spurweite	mm	1 435	1 435	1 435
Installierte Leistung	kW	111	111	111
Traktionsleistung	kW		99	
Dienstmasse	t	23,9	23,9	23,9
Größte Radsatzfahrmasse	t	10,5	12,1	
Länge über Puffer/Kupplung	mm	12 800	12 800	12 800
Drehzapfenabstand	mm	–	–	–
Triebdrehgestellradsatzstand	mm	–	–	–
Laufdrehgestellradsatzstand	mm	–	–	–
Treibraddurchmesser	mm	1 000	1 000	1 000
Laufraddurchmesser	mm	1 000	1 000	1 000
Leistungsübertragungsart	–	dmech	dmech	dhydr
Leistungsübertragungssystem	–	4 GZ	4 GZ	W/K
Motorleistung	kW	111	111	111
Nenndrehzahl	min^{-1}	1 500	1 500	1 500
Hubvolumen	l	19,1	19,1	19,1
Verdichtung	–	13,0	13,0	13,0
Kühlung	–	W	W	W
Aufladung	–	–	–	–
Steuerung	–	–	–	–
Sitzplätze 2. Klasse	–	–	–	–
Sitzplätze 3. Klasse	–	46	44	46
Sitzplätze 4. Klasse	–			
Spez. Metereigenmasse	t/m	1,87	1,89	1,87
Spez. Antriebsleistung	kW/t	4,65	4,65	4,65
Spez. Sitzplatzmasse	kg	519	543	543
Indienststellung	–	1934 U	U	1934 U
Verbleib	–	U, A	1953 A	1938 U

–	–	–	–	–	–
–	–	–	–	–	–
–	–	–	–	–	–
–	–	–	–	–	–
803	–	–	807 bis 811	–	812/813
–	805 und 806	807 bis 811	807 bis 811	812/813 bis 818/819	812/813
A 1	A 1	Bo	Bo	A 1 + 1 A	A 1 + 1 A
CvT	DvT	BCvT	BCvT	C/DüvT	BC/CüvT
–	–	–	–	–	–
–	–	–	–	–	–
Weg	ME	Weg	Weg	Weg	Weg
MAN	MAN	MAN	MAN	MAN	MAN
Myl		ZF	ZF	ZF	Myl
85	60	70	70	70	70
1 435	1 435	1 435	1 435	1 435	1 435
111	56	110	110	110	221
23,9	23,5	33,7	33,7	39,9	47,0
		19,3	19,3		12,5
12 800	12 800	12 996	13 100	24 946	24 946
–	–	–	–	–	–
–	–	–	–	–	–
–	–	–	–	–	–
1 000	1 000	1 00	1 000	1 000	1 000
1 000	1 000	–	–	1 000	1 000
dmech	dhydr	dmech	dmech	dmech	dmech
4 G Z		5 G Z	5 G Z	5 G Z	4 G Z
111	56	55	55	55	111
1 500	1 100	1 100	1 100	1 100	1 500
19,1	11,2	11,2	11,2	11,2	19,1
13,0	19,0	19,0	19,0	19,0	13,0
W	W	W	W	W	W
–	–	–	–	–	–
–	–	–	–	V	V
–	–	12	9	–	8
46	–	31	31	50	75
–	42	–	–	42	–
1,87	1,84	2,59	2,57	1,60	1,88
4,65	2,38	3,26	3,26	2,76	4,70
543	560	784	843	434	566
1938 U	1927	1929	1929/30 U	1928	1929/34 U
A	1930/32 U	1930 U	A, U	1929 U	1946 A

Baureihennummer DB/DR ab 1992	–	–	–	–
Betriebsnummer DR 1970 bis 1991	–	–	–	–
DB 1968 bis 1991	–	–	–	–
DB ab 1947	–	–	VT 72 900	VT 72 900
ab 1932	–	814/815	814/815	–
bis 1932	–	814/815	–	–
Radsatzanordnung	–	A 1 + 1 A	A 1 + 1 A	A 1 + 1 A
Gattungszeichen bis 1956	–	BC/Cü4vT	Cü/BCtrvT	C/CtrvT
DR ab 1967	–	–	–	–
DB ab 1957	–	–	–	–
Hersteller mechanischer Teil	–	Weg	Weg	Weg
Hersteller Verbrennungsmotor	–	MAN	MAN	MAN
Hersteller elektrischer Teil/Getriebe	–	Myl	Myl	Myl
Höchstgeschwindigkeit	km/h	70	85	85
Spurweite	mm	1 435	1 435	1 435
Installierte Leistung	kW	221	221	221
Traktionsleistung	kW		199	199
Dienstmasse	t	47,0	47,0	47,0
Größte Radsatzfahrmasse	t	12,5	12,5	12,5
Länge über Puffer/Kupplung	mm	24 946	24 946	24 946
Drehzapfenabstand	mm	–	–	–
Triebdrehgestellradsatzstand	mm	–	–	–
Laufdrehgestellradsatzstand	mm	–	–	–
Treibraddurchmesser	mm	1 000	1 000	1 000
Laufraddurchmesser	mm	1 000	1 000	1 000
Leistungsübertragungsart	–	dmech	dmech	dmech
Leistungsübertragungssystem	–	4 G Z	4 G Z	4 G Z
Motorleistung	kW	111	111	111
Nenndrehzahl	min^{-1}	1 500	1 500	1 500
Hubvolumen	l	19,1	19,1	
Verdichtung	–	13,0	13,0	
Kühlung	–	W	W	
Aufladung	–	–	–	–
Steuerung	–	V	V	V
Sitzplätze 2. Klasse	–	16	12	–
Sitzplätze 3. Klasse	–	65	68	80
Sitzplätze 4. Klasse	–	–	–	–
Spez. Metereigenmasse	t/m	1,88	1,88	1,88
Spez. Antriebsleistung	kW/t	4,70	4,70	4,70
Spez. Sitzplatzmasse	kg	580	588	588
Indienststellung	–	1929/34 U	U	U
Verbleib	–	U	U	1956 A

[1] 1939 in Bestand DRG

–	–	–	–	–	–
–	–	–	–	–	–
–	–	–	–	–	–
–	–	–	–	–	–
818/819	820	821	822	833	834
816/817 und 818/819	–	–	–	–	–
A 1 + 1 A	A 1	Bo	Bo	A 1	A 1
BC/CüvT	CvT	BCvT	CvT	CvT	CvT
–	–	–	–	–	–
–	–	–	–	–	–
Weg	Goth	Wumag	Uerd	Des	Des
MAN	Vom			DWK	DWK
Myl	Voith			DWK	DWK
70	80	83	83		
1 435	1 435	1 435	1 435	1 435	1 435
221	132	170	170	100	100
47,0	25,6	19,2	19,2		
12,5					
24 946	13 600	13 260	13 560		
–	–	–	–	–	–
–	–	–	–	–	–
–	–	–	–	–	–
1 000	1 000	900	900		
1 000	1 000	–	–		
dmech	dhydr			dmech	dmech
4 G Z	4 G W/W/K/K				
111	132	85	85	100	100
1 500	1 500				
19,1	20,6				
13,0	14,5				
W	W				
–	–				
V	–				
12	–	–	–	–	–
75	50	56	53		
–	–	–	–	–	–
1,88	1,88	1,45	1,42		
4,70	5,16	8,84	8,84		
540	512	343	362		
1929/34 U	1937 U	1936	1936	1935[1)]	1936[1)]
1946 A	1941 A	A	A	1941 A	1941 A

Baureihennummer DB/DR ab 1992	–	–	–	–
Betriebsnummer DR 1970 bis 1991	–	–	–	–
DB 1968 bis 1991	–	–	–	–
DB ab 1947	–	–	–	–
ab 1932	–	835	–	851
bis1932	–	–	851	851
Radsatzanordnung	–	A 1	B'2'	B'2'
Gattungszeichen bis 1956	–	CvT	D4vT	C4vT
DR ab 1967	–	–	–	–
DB ab 1957	–	–	–	–
Hersteller mechanischer Teil	–	Des	Wis	Wis
Hersteller Verbrennungsmotor	–	Deutz	May	May
Hersteller elektrischer Teil/Getriebe	–	DWK	May	May
Höchstgeschwindigkeit	km/h		60	60
Spurweite	mm	1 435	1 435	1 435
Installierte Leistung	kW	133	111	111
Traktionsleistung	kW			
Dienstmasse	t		36,9	36,9
Größte Radsatzfahrmasse	t		12,5	12,5
Länge über Puffer/Kupplung	mm		19 360	19 360
Drehzapfenabstand	mm	–	11 440	11 440
Triebdrehgestellradsatzstand	mm	–	3 700	3 700
Laufdrehgestellradsatzstand	mm	–	3 700	3 700
Treibraddurchmesser	mm		1 000	1 000
Laufraddurchmesser	mm		1 000	1 000
Leistungsübertragungsart	–	dmech	dmech	dmech
Leistungsübertragungssystem	–		4 G Z	4 G Z
Motorleistung	kW	133	111	111
Nenndrehzahl	min^{-1}		1 300	1 300
Hubvolumen	l		16,7	16,7
Verdichtung	–		14,5	14,5
Kühlung	–		W	W
Aufladung	–		–	–
Steuerung	–		–	–
Sitzplätze 2. Klasse	–	–	–	–
Sitzplätze 3. Klasse	–		–	58
Sitzplätze 4. Klasse	–	–	58	–
Spez. Metereigenmasse	t/m		1,91	1,91
Spez. Antriebsleistung	kW/t		3,01	3,01
Spez. Sitzplatzmasse	kg		636	636
Indienststellung	–	1937[1)]	1925	1928 U
Verbleib	–	1941 A	1928 U	1931 U

[1)] 1939 in Bestand DRG

[2)] Notpolster

–	–	–	–	–	–
–	–	–	–	–	–
–	–	–	–	–	–
–	–	–	–	–	–
851	852	852	–	853 und 854	853 und 854
–	852	–	853 und 854	853 und 854	–
B'2'	B'2'	B'2'	B'2'	B'2'	B'2'
BCPw4vT	BC4vT	BC4vT	CD4vT	BC4vT	BC4vT
–	–	–	–	–	–
–	–	–	–	–	–
Wis	Wis	Wis	Wis	Wis	Wis
May	May	May	May	May	May
May	May	May	May	May	May
65	60	65	60	65	65
1 435	1 435	1 435	1 435	1 435	1 435
129	111	129	111	129	129
36,9	38,3	36,0	40,2	40,2	40,5
12,5	12,5	12,5	12,5	12,5	12,5
19 360	20 900	20 900	21 040	21 040	21 040
11 400	13 300	13 300	13 300	13 300	13 300
3 700	3 500	3 500	3 500	3 500	3 500
3 700	3 500	3 500	3 500	3 500	3 500
1 000	1 000	1 000	1 000	1 000	1 000
1 000	1 000	1 000	1 000	1 000	900
dmech	dmech	dmech	dmech	dmech	dmech
4 G Z	4 G Z	4 G Z	4 G Z	4 G Z	4 G Z
129	111	129	111	129	129
1 400	1 300	1 400	1 300	1 400	1 400
16,7	16,7	16,7	16,7	16,7	16,7
14,5	14,5	14,5	14,5	14,5	14,5
W	W	W	W	W	W
–	–	–	–	–	–
–	–	–	–	–	–
6	10	15	–	31[2)]	6
49	79	73	31	40	57
–	–	–	40	–	–
1,91	1,72	1,72	1,91	1,91	1,92
3,50	3,08	3,58	2,76	3,21	3,18
670	430	408	566	566	643
1931/35 U	1926	1932/33 U	1926	1928 U	1935 U
1944 A	1932 U	1944 A	1928 U	1935 U	1945 A

Baureihennummer DB/DR ab 1992	–	–	–	–
Betriebsnummer DR 1970 bis 1991	–	–	–	–
DB 1968 bis 1991	–	–	–	–
DB ab 1947	–	–	–	–
ab 1932	–	–	–	855 und 856
bis 1932	–	855 und 856	855 und 856	855 und 856
Radsatzanordnung	–	B'2'	B'2'	B'2'
Gattungszeichen bis 1956	–	CD4vT	BC4vT	BC4vT
DR ab 1967	–	–	–	–
DB ab 1957	–	–	–	–
Hersteller mechanischer Teil	–	Wis	Wis	Wis
Hersteller Verbrennungsmotor	–	May	May	May
Hersteller elektrischer Teil/Getriebe	–	May	May	May
Höchstgeschwindigkeit	km/h	60	60	65
Spurweite	mm	1 435	1 435	1 435
Installierte Leistung	kW	111	111	129
Traktionsleistung	kW			
Dienstmasse	t	41,0	41,0	41,0
Größte Radsatzfahrmasse	t	12,5	12,5	12,5
Länge über Puffer/Kupplung	mm	21 040	21 040	21 040
Drehzapfenabstand	mm	13 300	13 300	13 300
Triebdrehgestellradsatzstand	mm	3 500	3 500	3 500
Laufdrehgestellradsatzstand	mm	3 500	3 500	3 500
Treibraddurchmesser	mm	1 000	1 000	1 000
Laufraddurchmesser	mm	1 000	900	900
Leistungsübertragungsart	–	dmech	dmech	dmech
Leistungsübertragungssystem	–	4 G Z	4 G Z	4 G Z
Motorleistung	kW	111	111	129
Nenndrehzahl	min^{-1}	1 400	1 400	1 400
Hubvolumen	l	16,7	16,7	16,7
Verdichtung	–	14,5	14,5	14,5
Kühlung	–	W	W	W
Aufladung	–	–	–	–
Steuerung	–	–	–	–
Sitzplätze 2. Klasse	–	–	8	8
Sitzplätze 3. Klasse	–	16	47	52
Sitzplätze 4. Klasse	–	53	–	–
Spez. Metereigenmasse	t/m	1,95	1,95	1,95
Spez. Antriebsleistung	kW/t	2,71	2,71	3,14
Spez. Sitzplatzmasse	kg	594	745	683
Indienststellung	–	1926/27	1928 U	U
Verbleib	–	1928 U	U	1960 A

–	–	–	–	–	–
–	–	–	–	–	–
–	–	–	–	–	–
–	–	VT 65 903	VT 62 904	–	–
–	–	857 bis 859	–	–	860 und 861
VT 857	VT 858 und 859	857 bis 859	–	860 und 861	860 und 861
B'2'	B'2'	B'2'	B'2'	B'2'	B'2'
CD4vT	CD4vT	C4vT	C4vT	CD4vT	BC4vT
–	–	–	–	–	–
–	–	–	–	–	–
Wis	Wis	Wis	Wis	Wis	Wis
May	May	May	May	May	May
May	May	May	May	May	May
65	65	65	80	60	60
1 435	1 435	1 435	1 435	1 435	1 435
111	111	111	155	111	111
			142		
40,3	40,3	40,3	42,0	40,5	40,5
12,5	12,5	12,5	12,0	12,5	12,5
21 040	21 040	21 040	21 040	21 040	21 040
13 300	13 300	13 300	13 300	13 300	13 300
3 500	3 500	3 500	3 500	3 500	3 500
3 500	3 500	3 500	3 500	3 500	3 500
1 000	1 000	1 000	1 000	1 000	1 000
1 000	1 000	1 000	900	1 000	900
dmech	dmech	dmech	dmech	dmech	dmech
4 G Z	4 G Z	4 G Z	4 G Z	4 G Z	4 G Z
111	111	111	155	111	111
1 400	1 400	1 400	1 400	1 400	1 400
16,7	16,7	16,7		16,7	16,7
14,5	14,5	14,5	11,85	14,5	14,5
W	W	W	W	W	W
–	–	–	–	–	–
–	–	–	–	–	–
–	–	–	–	–	12
31	27	71	71	27	55
40	38	–	–	40	–
1,92	1,92	1,92	1,99	1,92	1,92
2,75	2,75	2,75	3,69	2,74	2,74
566	620	566	592	604	605
1927	1927	U	U	1926/27	1929 U
U	U	A, U	1957 A	U	1944 A

Baureihennummer DB/DR ab 1992	–	–	–	–
Betriebsnummer DR 1970 bis 1991	–	–	–	–
DB 1968 bis 1991	–	–	–	–
DB ab 1947	–	–	–	–
ab 1932	–	–	865	–
bis1932	–	862 bis 864	865	866 und 867
Radsatzanordnung	–	(1 A) (A 1)	Bo'2'	B'2'
Gattungszeichen bis 1956	–	C4vT	C4ivT	C4vT
DR ab 1967	–	–	–	–
DB ab 1957	–	–	–	–
Hersteller mechanischer Teil	–	Des	MAN	Wis
Hersteller Verbrennungsmotor	–	Kört	MAN	May
Hersteller elektrischer Teil/Getriebe	–		MAN	May
Höchstgeschwindigkeit	km/h	70/85	60	60
Spurweite	mm	1 435	1 435	1 435
Installierte Leistung	kW	132	111	111
Traktionsleistung	kW			
Dienstmasse	t	47,0	44,3	43,1
Größte Radsatzfahrmasse	t	11,6	12,5	12,5
Länge über Puffer/Kupplung	mm	21 420	19 941	21 040
Drehzapfenabstand	mm	13 600	13 170	13 300
Triebdrehgestellradsatzstand	mm	2 900	3 500	3 500
Laufdrehgestellradsatzstand	mm	–	2 500	3 500
Treibraddurchmesser	mm	850	1 000	1 000
Laufraddurchmesser	mm	850	1 000	1 000
Leistungsübertragungsart	–	dmech	dmech	dmech
Leistungsübertragungssystem	–	5 G Z	4 G Z	4 G Z
Motorleistung	kW	66	56	111
Nenndrehzahl	min^{-1}	1 200	1 100	1 400
Hubvolumen	l	11,8	11,2	16,7
Verdichtung	–	5,6		14,5
Kühlung	–	W		W
Aufladung	–	–	–	–
Steuerung	–	–	–	–
Sitzplätze 2. Klasse	–	–	–	–
Sitzplätze 3. Klasse	–	82	84	71
Spez. Metereigenmasse	t/m	2,20	2,22	2,05
Spez. Antriebsleistung	kW/t	2,81	2,50	2,58
Spez. Sitzplatzmasse	kg	573	528	607
Indienststellung	–	1928	1928 U	1928
Verbleib	–	1931 U	1933 A	U

[1] Notpolster

–	–	–	–	–	–
–	–	–	–	–	–
–	–	–	–	–	–
–	–	–	–	–	–
866 und 867	–	868	868	–	869
866 und 867	868	868	–	869	869
B'2'	B'2'	B'2'	B'2'	B'2'	B'2'
BC4vT	C4vT	BC4vT	BC4vT	C4vT	BC4vT
–	–	–	–	–	–
–	–	–	–	–	–
Wis	Wis	Wis	Wis	Wis	Wis
May	May	May	May	May	May
May	May	May	May	May	May
65	60	60	60	65	65
1 435	1435	1 435	1 435	1 435	1 435
129	111	111	111	111	129
39,0	41,0	41,0	41,0	39,8	39,8
12,5	12,2	12,2	12,5	12,5	12,5
21 040	21 040	21 040	21 040	21 040	21 040
13 300	13 300	13 300	13 300	13 300	13 300
3 500	3 500	3 500	3 500	3 500	3 500
3 500	3 500	3 500	3 500	3 500	3 500
1 000	1 000	1 000	1 000	1 000	1 000
1 000	1 000	1 000	1 000	1 000	1 000
dmech	dmech	dmech	dmech	dmech	dmech
4 G Z	4 G Z	4 G Z	4 G Z	4 G Z	4 G Z
129	111	111	111	111	129
1 400	1 300	1 300	1 400	1 400	1 400
16,7			16,7	16,7	16,7
14,5			14,5	14,5	14,5
W	W	W	W	W	W
–	–	–	–	–	–
–	–	–	–	–	–
16	–	12	12	–	12[1)]
37	71	55	55	71	62
1,85	1,95	1,95	1,95	1,89	1,89
3,31	2,71	2,71	2,71	2,79	3,24
736	577	612	612	561	538
1929 U	1928	1929 U	1933 U	1928	1929 U
1944 A	U	U	1944 A	U	1944 A

Baureihennummer DB/DR ab 1992	–	–	–	–
Betriebsnummer DR 1970 bis 1991	–	–	–	–
DB 1968 bis 1991	–	–	–	–
DB ab 1947	–	–	–	–
ab 1932	–	870 und 871	870 und 871	872 bis 874
bis1932	–	870 und 871	870 und 871	–
Radsatzanordnung	–	B'2'	B'2'	2'Bo'
Gattungszeichen bis 1956	–	C4vT	BC4vT	BC4vT
DR ab 1967	–	–	–	–
DB ab 1957	–	–	–	–
Hersteller mechanischer Teil	–	Wis	Wis	Wis
Hersteller Verbrennungsmotor	–	May	May	May
Hersteller elektrischer Teil/Getriebe	–	May	May	MSW
Höchstgeschwindigkeit	km/h	60	60	90
Spurweite	mm	1 435	1 435	1 435
Installierte Leistung	kW	111	111	302
Traktionsleistung	kW			
Dienstmasse	t	41,0	40,0	50,2
Größte Radsatzfahrmasse	t	12,7	12,5	15,2
Länge über Puffer/Kupplung	mm	21 040	21 040	22 130
Drehzapfenabstand	mm	13 300	13 300	14 270
Triebdrehgestellradsatzstand	mm	3 500	3 500	2 600
Laufdrehgestellradsatzstand	mm	3 500	3 500	4 100
Treibraddurchmesser	mm	1 000	1 000	1 000
Laufraddurchmesser	mm	1 000	1 000	850
Leistungsübertragungsart	–	dmech	dmech	del
Leistungsübertragungssystem	–	4 G Z	4 G Z	MSW
Motorleistung	kW	111	111	302
Nenndrehzahl	min^{-1}	1 300	1 400	1 400
Hubvolumen	l		16,7	42,4
Verdichtung	–		14,5	15,0
Kühlung	–		W	W
Aufladung	–		–	–
Steuerung	–	–	–	V
Sitzplätze 2. Klasse	–	–	12	16
Sitzplätze 3./Speiseraum	–	71	62	56
Spez. Metereigenmasse	t/m	1,95	1,90	2,27
Spez. Antriebsleistung	kW/t	2,71	2,77	6,02
Spez. Sitzplatzmasse	kg	577	514	698
Indienststellung	–	1928	U	1933
Verbleib	–	U	A	1934 U

–	–	–	–	–	–
–	–	–	–	–	–
–	–	–	–	–	–
–	–	–	VT 04 000	VT 04 000	–
872 bis 874	872	877	877	–	10 001 bis 10 003
–	–	–	–	–	10 001 bis 10 003
2'Bo'	2'Bo'	2'Bo'2'	2'Bo'2'	2'Bo'2'	B'2'
BCPw4ivT	BCPw4ivT	B6üvT	BC6üvT	BPw6ükvT	L4vT
–	–	–	–	–	–
–	–	–	–	AD6yk	–
Wis	Wis	Wumag	Wumag	Wumag	Wis
May	Deu	May	May	May	May
AEG, MSW	AEG, MSW	SSW	SSW	SSW, AEG	May
100	100	150	160	160	60
1 435	1 435	1 435	1 435	1 435	1 435
302	331	604	604	604	111
		522	522	574	
50,2	52,8	77,4	88,0	93,8	38,8
		15,3	16,3	16,4	
22 130	22 130	41 920	41 920	42 420	21 040
14 270	14 270	16 900	16 900	16 900	13 300
2 600	2 600	3 500	3 500	3 500	3 500
4 100	4 100	3 500	3 500	3 500	3 500
1 000	1 000	1 000	1 000	1 000	1 000
850	850	900	900	900	1 000
del	del	del	del	del	dmech
RZM	RZM	Gebus	Gebus	RZM	4 GZ
302	331	302	302	302	111
1 400	1 450	1 400	1 400	1 400	1 300
42,6		42,4	42,4	42,4	
14,0		15,0	15,0	15,0	
W	W	W	W	W	W
–	–	–	–	–	–
V	V	–	–	V	–
16	16	98	67	65	–
56	56	–/4	26	–	–
2,27	2,39	1,85	2,10	2,21	1,84
6,02	6,27	7,80	6,86	6,44	2,86
698	733	790/759	9,46	1 444	–
1935 U	1939 U	1932	1949 U	1952 U	1930
A, U	U	U	U	A, Mu	1932 U

Baureihennummer DB/DR ab 1992	–	–	–	–
Betriebsnummer DR 1970 bis 1991	–	–	–	–
DB 1968 bis 1991	–	–	–	–
DB ab 1947	–	–	VT 69 900 bis 902	VT 69 900 bis 902
ab 1932	–	10 001 bis 10 003	10 001 bis 10 003	–
bis1932	–	10 001 bis 10 003	–	–
Radsatzanordnung	–	B'2'	B'2'	B'2'
Gattungszeichen bis 1956	–	L4vT	L4vT	GG Trieb
DR ab 1967	–	–	–	–
DB ab 1957	–	–	–	–
Hersteller mechanischer Teil	–	Wis	Wis	Wis
Hersteller Verbrennungsmotor	–	May	May	May
Hersteller elektrischer Teil/Getriebe	–	May	May	May
Höchstgeschwindigkeit	km/h	65	65/80	80
Spurweite	mm	1 435	1 435	1 435
Installierte Leistung	kW	121	129	155
Traktionsleistung	kW			
Dienstmasse	t	39,0	40,0	40,0
Größte Radsatzfahrmasse	t	13,5	11,5	11,5
Länge über Puffer/Kupplung	mm	21 040	21 040	21 040
Drehzapfenabstand	mm	13 300	13 300	13 300
Triebdrehgestellradsatzstand	mm	3 500	3 500	3 500
Laufdrehgestellradsatzstand	mm	3 500	3 500	3 500
Treibraddurchmesser	mm	1 000	1 000	1 000
Laufraddurchmesser	mm	1 000	1 000	1 000
Leistungsübertragungsart	–	dmech	dmech	dmech
Leistungsübertragungssystem	–	4 G Z	4 G Z	4 G Z
Motorleistung	kW	121	129	155
Nenndrehzahl	min^{-1}	1 380	1 400	1 400
Hubvolumen	l		16,7	21,3
Verdichtung	–		14,5	11,85
Kühlung	–	W	W	W
Aufladung	–	–	–	–
Steuerung	–	–	–	–
Sitzplätze 2. Klasse	–	–	–	–
Sitzplätze 3. Klasse	–	–	–	–
Spez. Metereigenmasse	t/m	1,90	1,90	1,90
Spez. Antriebsleistung	kW/t	3,10	3,23	3,88
Spez. Sitzplatzmasse	kg	–	–	–
Indienststellung	–	1932 U	U	1952/54 U
Verbleib	–	U	U	1962 A

–	–	–	–	–	–
–	–	–	–	–	–
–	–	–	–	–	–
–	VT 20 500	VT 20 500	VT 20 501	VT 78 900	VT 78 901 und 902
10 004 und 10 005	10 004	–	10 005	VT 133 000 bis 002	VT 133 001 und 002
–	–	–	–	717[II] bis 719	–
B'2'	B'2'	B'2'	B'2'	A 1	A 1
G4vT	GVT	GVT	GVT	CvT	CvT
–	–	–	–	–	–
–	–	–	–	–	–
Nie	Nie	Nie	Nie	LHB	LHB
May	May	May	May	Vom	Vom
May	May	Voith	Voith	TAG	TAG
110	110	110	110	65	65
1 435	1 435	1 435	1 435	1 435	1 435
331	442/478	442/478	442/478	88	88
					81
50,5	54,3	54,3	54,3	14,2	15,0
	16,0	16,0	16,0	9,6	7,8
22 000	22 000	22 000	22 000	12 200	12 200
13 900	13 900	13 900	13 900	–	–
3 600	3 600	3 600	3 600	–	–
3 600	3 600	3 600	3 600	–	–
900	930	930	930	900	900
930	930	930	930	900	900
dhydr	dhydr	dhydr	dhydr	vmech	vmech
4 G AW	4 G AW	W/W	W/W	4 G Z	4 G Z
331	442/478	442/478	442/478	88	88
1 400	1 400	1 400	1 400	1 200	1 500
48,24	48,24	48,24	48,24	12,8	
16,0	14,1	14,1	14,1	5,75	
W	W	W	W		
ja	ja	ja	ja	–	–
V	V	V	V	–	–
–	–	–	–	–	–
–	–	–	–	46	44
2,30	2,47	2,47	2,47	1,16	1,23
6,55	8,13/8,80	8,13/8,80	8,13/8,80	6,20	5,87
–	–	–	–	309	341
1942	1942/43 U	1953 U	1942/43 U	1932	U
U	U	1956 A	1956 A	A, U, M	1953 A

Baureihennummer DB/DR ab 1992	–	–	–	–
Betriebsnummer DR 1970 bis 1991	–	–	–	–
DB 1968 bis 1991	–	–	–	–
DB ab 1947	–	VT 79 902	–	VT 89 900
ab 1932	–	VT 133 003 bis 005	VT 133 006 bis 008	VT 133 009 und 010
bis 1932	–	720 bis 722	–	–
Radsatzanordnung	–	A 1	A 1[3]	Bo[2]
Gattungszeichen bis 1956	–	CvT	CtrvT	CvT
DR ab 1967	–	–	–	–
DB ab 1957	–	–	–	–
Hersteller mechanischer Teil	–	Wumag	Hen, Baut	Wis
Hersteller Verbrennungsmotor	–	May	Hen	Ford
Hersteller elektrischer Teil/Getriebe	–	Myl	ZF	Ford
Höchstgeschwindigkeit	km/h	65	60[1]	56[4]
Spurweite	mm	1 435	1 435	1 435
Installierte Leistung	kW	74	74	59
Traktionsleistung	kW	66		
Dienstmasse	t	13,3	11,9	6,1
Größte Radsatzfahrmasse	t	9,5	8,3	5,0
Länge über Puffer/Kupplung	mm	12 095	11 460	10 100
Drehzapfenabstand	mm	–	–	–
Triebdrehgestellradsatzstand	mm	–	–	–
Laufdrehgestellradsatzstand	mm	–	–	–
Treibraddurchmesser	mm	900	965	700
Laufraddurchmesser	mm	900	–	–
Leistungsübertragungsart	–	vmech	vmech	vmech
Leistungsübertragungssystem	–	4 G Z	3 G Z	4 G Z
Motorleistung	kW	74	74	29
Nenndrehzahl	min^{-1}	1 900	1 600	2 200
Hubvolumen	l	7,0	10,9	3,3
Verdichtung	–	5,7		4,1
Kühlung	–	W	W	W
Aufladung	–	–	–	–
Steuerung	–	–	–	–
Sitzplätze 2. Klasse	–	–	–	–
Sitzplätze 3. Klasse	–	36	34	24
Spez. Metereigenmasse	t/m	1,10	1,04	0,60
Spez. Antriebsleistung	kW/t	5,56	6,21	9,67
Spez. Sitzplatzmasse	kg	369	350	254
Indienststellung	–	1932	1933	1933[5]
Verbleib	–	1953 A, U, M	1941 U	1951 A

[1] später auf 40 km/h herabgesetz
[2] in jeder Fahrtrichtung A 1
[3] mit Radsatzanordnung B angeliefert, vor Indienststellung auf A 1 umgebaut
[4] später auf 45 km/h herabgesetzt
[5] 1935 in Bestand DRG
[6] Angabe nach Schrägstrich bei Einrichtung eines Güterabteiles mit Ladefläche 6,21 m^2 und Lademasse 1 250 kg

–	–	–	–	–	–
–	–	–	–	–	–
–	–	–	–	–	–
–	–	VT 75 000	–	VT 75 900 bis 903	–
VT 133 011 und 012	VT 135 000 und 001	VT 135 000 und 001	VT 135 002 bis 011	VT 135 002 bis 004, 009	VT 135 012 bis 021
–	805^{II} und 806^{II}	–	–	–	–
Bo[2]	A 1	A 1	A 1	A 1	A 1
CvT/GCvT[6]	CvT	CvT	CvT	CvT	CPwvT
–	–	–	–	–	–
–	–	–	–	B	–
Wis	VWW	VWW	Baut	Baut	MAN
Ford	Daim	Daim	Daim	Deu	MAN
Ford	SSW	SSW	TAG	TAG	BBC
56[4]	65	65	70	70	70
1 435	1 435	1 435	1 435	1 435	1 435
59	88	99	88	96	111
				92	101
7,2	15,5	15,5	14,7	17,7	17,4
5,0	10,2	10,2	10,5	10,6	10,7
10 100	12 200	12 200	12200	12 200	12 095
–	–	–	–	–	–
–	–	–	–	–	–
–	–	–	–	–	–
700	900	900	900	900	900
–	900	900	900	900	900
vmech	del	del	dmech	dmech	del
4 G Z	Gebus	Gebus	4 G Z	4 G Z	BBC
29	88	99	88	96	111
2 200	1 700		1 700	1 600	1 500
3,3	11,6		11,6		19,1
4,1	18,0		18,0	20,0	13,0
W	W	W	W	W	W
–	–	–	–	–	–
–	–	–	–	–	E
–	–	–	–	–	–
24/16[6]	35	35	40	42	35
0,71	1,27	1,27	1,20	1,45	1,44
8,20	5,68	6,39	5,99	5,59	6,38
300/450[6]	442	442	368	421	497
1934[5]	1932	U	1933	U	1933/34
1941 U	U	A, U	A, U	1960 A	U

Baureihennummer DB/DR ab 1992	–	–	–	–
Betriebsnummer DR 1970 bis 1991	–	–	–	–
DB 1968 bis 1991	–	–	–	–
DB ab 1947	–	VT 70 000 bis 004	VT 75 904 und 905[2]	VT 75 914 und 915
ab 1932	–	VT 135 013[1]	VT 135 022 bis 031	–
bis 1932	–	–	–	–
Radsatzanordnung	–	A 1	A 1	A 1
Gattungszeichen bis 1956	–	CPwvT	CvT	CvT
DR ab 1967	–	–	–	–
DB ab 1957	–	BPw	B	B
Hersteller mechanischer Teil	–	MAN	Baut	Baut
Hersteller Verbrennungsmotor	–	MAN	Daim	Deu
Hersteller elektrischer Teil/Getriebe	–	BBC	TAG	TAG
Höchstgeschwindigkeit	km/h	75	70	70
Spurweite	mm	1 435	1 435	1 435
Installierte Leistung	kW	111	99	88
Traktionsleistung	kW	101	92	
Dienstmasse	t	18,2	14,9	14,9
Größte Radsatzfahrmasse	t	10,7	10,6	10,6
Länge über Puffer/Kupplung	mm	12 095	12 200	12 200
Drehzapfenabstand	mm	–	–	–
Triebdrehgestellradsatzstand	mm	–	–	–
Laufdrehgestellradsatzstand	mm	–	–	–
Treibraddurchmesser	mm	900	900	900
Laufraddurchmesser	mm	900	900	900
Leistungsübertragungsart	–	del	dmech	dmech
Leistungsübertragungssystem	–	BBC	4 G Z	4 G Z
Motorleistung	kW	111	99	88
Nenndrehzahl	min^{-1}	1 500	1 700	1 400
Hubvolumen	l	19,1	12,6	
Verdichtung	–	13,0	17,0	
Kühlung	–	W	W	W
Aufladung	–	–	–	–
Steuerung	–	E	–	–
Sitzplätze 2. Klasse	–	–	–	–
Sitzplätze 3. Klasse	–	34	40	40
Spez. Metereigenmasse	t/m	1,50	1,22	1,22
Spez. Antriebsleistung	kW/t	6,10	6,64	5,92
Spez. Sitzplatzmasse	kg	535	372	372
Indienststellung	–	U	1933/34	U
Verbleib	–	1957 A, U	1954 A, U	1960 A

[1] sowie VT 135 016, 018, 019, 021
[2] sowie VT 75 913 bis 915
[3] anfangs 12 200 mm

–	–	–	–	–	–
186 001 und 002	186 003	–	–	–	–
–	–	–	–	–	–
VT 70 911	VT 70 981	–	–	VT 73 500	VT 70 501
VT 135 032 bis 039	VT 135 040 bis 045	VT 135 046 und 047	VT 135 048 bis 050	VT 135 048 bis 050	–
–	–	–	–	–	–
A 1	A 1	A 1	A 1	A 1	A 1
CvT	CvT	CvT	CvT	CvT	CvT
Baao	Baao	–	–	–	–
B	B	–	–	–	B
MAN	MAN	Weg	MAN	MAN	MAN
MAN	MAN	MAN	MAN	MAN	MAN
Myl	TAG	Tri, TAG	Voith	Voith	Voith
75	75	75/85	75	75	75
1 435	1 435	1 435	1 435	1 435	1 435
111	111	111	111	148	111
101	101		99		
16,1	16,6	17,4	16,5	16,8	19,3
11,3	11,3	10,8	11,3		
12 095	12 095	12 290[3)]	12 095	12 095	12 095
–	–	–	–	–	–
–	–	–	–	–	–
–	–	–	–	–	–
900	900	900	900	900	900
900	900	900	900	900	900
dmech	dmech	dhydr	dhydr	dhydr	dhydr
4 G Z	4 G Z	3 G W/K/K	2 G W/K	2 G W/K	2 G W/K
111	111	111	111	148	111
1 500	1 500	1 500	1 500	1 500	1 500
19,1	19,1	19,1	19,1		19,1
16,0	16,0	16,0	16,0		16,0
W	W	W	W	W	W
–	–	–	–	ja	–
–	–	–	–	–	–
–	–	–	–	–	–
35	35	36	35	35	35
1,33	1,37	1,42	1,36	1,39	1,60
6,89	6,69	6,38	6,73	8,75	5,75
460	474	483	471	480	551
1935	1935	1937	1935	1936 U	1950 U
1975 A, U	1974 A	1944 A	1936 U	1946 A, U	1957 A

Baureihennummer DB/DR ab 1992	–	–	–	786 257
Betriebsnummer DR 1970 bis 1991	–	–	–	186 257
DB 1968 bis 1991	–	–	–	–
DB ab 1947	–	VT 75 906 bis 912	VT 75 906, 909 bis 912	–
ab 1932	–	VT 135 051 bis 059	–	VT 135 054
bis 1932	–	–	–	–
Radsatzanordnung	–	A 1	A 1	A 1
Gattungszeichen bis 1956	–	CvT	CvT	CvT
DR ab 1967	–	–	–	Baao
DB ab 1957	–	–	B	–
Hersteller mechanischer Teil	–	Baut	Baut	Baut
Hersteller Verbrennungsmotor	–	Daim	Deu	Joh
Hersteller elektrischer Teil/Getriebe	–	TAG	TAG	DWK
Höchstgeschwindigkeit	km/h	70/75	70	75
Spurweite	mm	1 435	1 435	1 435
Installierte Leistung	kW	99	96	81
Traktionsleistung	kW			
Dienstmasse	t	15,4	17,7	15,4
Größte Radsatzfahrmasse	t	9,8	10,6	9,0
Länge über Puffer/Kupplung	mm	12 200	12 200	12 200
Drehzapfenabstand	mm	–	–	–
Triebdrehgestellradsatzstand	mm	–	–	–
Laufdrehgestellradsatzstand	mm	–	–	–
Treibraddurchmesser	mm	900	900	900
Laufraddurchmesser	mm	900	900	900
Leistungsübertragungsart	–	dmech	dmech	dmech
Leistungsübertragungssystem	–	4 G Z	4 G Z	4 G Z
Motorleistung	kW	99	96	81
Nenndrehzahl	min^{-1}	1 700	1 600	1 700
Hubvolumen	l	12,55		9,1
Verdichtung	–	18,0		
Kühlung	–	W	W	W
Aufladung	–	–	–	–
Steuerung	–	–	–	–
Sitzplätze 2. Klasse	–	–	–	–
Sitzplätze 3. Klasse	–	40	36	45
Spez. Metereigenmasse	t/m	1,26	1,45	1,26
Spez. Antriebsleistung	kW/t	6,43	5,42	5,26
Spez. Sitzplatzmasse	kg	385	492	342
Indienststellung	–	1935	1955 U	U
Verbleib	–	1954 A, U	1962 A, U	M

–	–	–	–	–	–
–	–	186 004 und 005	–	–	–
–	–	–	–	–	–
–	–	–	VT 70 970 und 971	VT 70 918 bis 923	VT 70 990
VT 135 060	VT 135 060	VT 135 061 bis 064	VT 135 065 und 066	VT 135 067 bis 075	VT 135 076
–	–	–	–	–	–
A 1	A 1	1 A	1 A	1 A	1 A
CvT	CvT	CPwvT	CPwvT	CPwvT	CPwvT
–	–	BDaao	–	–	–
–	–	–	BPw	BPw	BPw
Baut	Baut	MAN	MAN	Baut	Baut
DWK	DWK	MAN	MAN	MAN	MAN
DWK	AEG	Myl	Myl	Myl	DWK
75	75	75	75	75	75
1 435	1 435	1 435	1 435	1 435	1 435
132	132	111	111	111	111
			99	101	101
15,7	21,0	16,4	12,3	16,4	17,0
10,5		10,5	8,0	10,8	10,8
12 200	12 200	12 280	12 475	12 280	12 280
–	–	–	–	–	–
–	–	–	–	–	–
–	–	–	–	–	–
900	900	900	900	900	900
900	900	900	900	900	900
dmech	dhydr	dmech	dmech	dmech	dmech
4 G Z		4 G Z	4 G Z	4 G Z	4 G Z
132	132	111	111	111	111
1 500	1 500	1 500	1 500	1 500	1 500
18,6	18,6	19,1	19,1	19,1	19,1
12,25	12,25	16,0	16,0	16,0	16,0
W	W	W	W	W	W
–	–	–	–	–	–
–	–	–	–	–	–
–	–	–	–	–	–
35	39	36	36	36	36
1,29	1,72	1,34	0,99	1,34	1,38
8,40	6,28	6,77	9,02	6,77	6,53
448	538	456	342	456	472
1935	1936 U	1936/37	1937	1937/38	1938
1936 U	1942 A	1977 A	1960 A	1960 A, M	1960 A

Baureihennummer DB/DR ab 1992	–	–	–	–
Betriebsnummer DR 1970 bis 1991	–	–	186 006 und 007, 186 258 (und 259)	–
DB 1968 bis 1991	–	–	–	–
DB ab 1947	–	–	VT 70 924 bis 932, 937 bis 949 und 951	–
ab 1932	–	VT 135 077 bis 080[1]	VT 135 083 bis 132	VT 137 000 bis 002
bis 1932	–	–	–	862[II] bis 864[II]
Radsatzanordnung	–	Bo	1 A	B'2'
Gattungszeichen bis 1956	–	CvT	CPwvT	BC4vT
DR ab 1967	–	–	BDaao	–
DB ab 1957	–	–	BPw	–
Hersteller mechanischer Teil	–	Wis	MAN, Rath, ME, Baut	Wumag
Hersteller Verbrennungsmotor	–	Deu	MAN	May
Hersteller elektrischer Teil/Getriebe	–	Myl	Myl	May
Höchstgeschwindigkeit	km/h	60	75	80
Spurweite	mm	1 435	1 435	1 435
Installierte Leistung	kW	74	111	122
Traktionsleistung	kW		101	
Dienstmasse	t	10,1	16,8	28,7
Größte Radsatzfahrmasse	t	7,0	10,8	10,0
Länge über Puffer/Kupplung	mm	11 700	12 280	20 590
Drehzapfenabstand	mm	–	–	12 770
Triebdrehgestellradsatzstand	mm	–	–	3 800
Laufdrehgestellradsatzstand	mm	–	–	3 000
Treibraddurchmesser	mm	700	900	1 000
Laufraddurchmesser	mm	–	900	900
Leistungsübertragungsart	–	dmech	dmech	dmech
Leistungsübertragungssystem	–	4 G Z	4 G Z	4 G Z
Motorleistung	kW	37	111	122
Nenndrehzahl	min^{-1}	2 000	1 500	1 300
Hubvolumen	l	4,95	19,1	
Verdichtung	–	18,0	16,0	
Kühlung	–		W	W
Aufladung	–	–	–	–
Steuerung	–	–	–	–
Sitzplätze 2. Klasse	–	–	–	8
Sitzplätze 3. Klasse	–	40	36	55
Spez. Metereigenmasse	t/m	0,86	1,37	1,39
Spez. Antriebsleistung	kW/t	7,3	6,61	4,25
Spez. Sitzplatzmasse	kg	252	467	456
Indienststellung	–	1934[2]	1937/38	1932
Verbleib	–	1950 A	1977 A, M	U

1) anfangs SAAR 73 bis 76

2) 1935 in Bestand DRG

–	–	–	–	–	–
–	–	–	–	–	–
–	–	–	–	–	–
–	–	–	VT 65 917	VT 62 906	VT 65 916
VT 137 003 und 004	VT 137 000 bis 004	VT 137 005 und 006	VT 137 007 bis 009	VT 137 008	VT 137 010 bis 024
875 und 876	–	–	–	–	–
B'2'	B'2'	B'2'	B'2'	B'2'	B'2'
BC4vT	BC4vT	C4vT	BCPw4vT	BCPw4vT	BCPw4vT
–	–	–	–	–	–
–	–	–	–	ABPw4	–
Wis	Wumag, Wis	Wumag	Wumag	Wumag	LHB
May	May	May	May	May	May
May	May	May	May	May	May
80	80	80	80	80	80
1 435	1 435	1 435	1 435	1 435	1 435
122	129	129	129	155	129
				143	
28,4	28,5	28,4	28,8	32,0	29,5
10,0	10,0	10,0	10,0	9,5	10,0
20 590	20 590	20 590	20 590	20 590	20 590
12 770	12 770	12 770	12 770	12 770	12 770
3 800	3 800	3 800	3 800	3 800	3 800
3 000	3 000	3 000	3 000	3 000	3 000
1 000	1 000	1 000	1 000	1 000	1 000
900	900	900	900	900	900
dmech	dmech	dmech	dmech	dmech	dmech
4 G Z	4 G Z	4 G Z	4 G Z	4 G Z	4 G Z
122	129	129	129	155	129
1 300	1 400	1 400	1 400	1 400	1 400
	16,6	16,6	16,6	21,3	16,6
	14,5	14,5	14,5	11,85	14,5
W	W	W	W	W	W
–	–	–	–	–	–
–	–	–	–	–	–
8	8	–	8	8	8
55	55	66	55	55	55
1,38	1,38	1,38	1,40	1,55	1,43
4,30	4,52	4,55	4,48	4,85	4,37
451	452	431	457	508	468
1932	U	1933	1933	1948/50 U	1933
U	1950 A	1961 A	1961 A, U	1957 A	A, U

Baureihennummer DB/DR ab 1992	–	–	–	–
Betriebsnummer DR 1970 bis 1991	–	–	–	–
DB 1968 bis 1991	–	–	–	–
DB ab 1947	–	VT 62 905	VT 50 000 bis 002	VT 50 001 und 002
ab 1932	–	VT 137 021	VT 137 025 bis 027	–
bis 1932	–	–	–	–
Radsatzanordnung	–	B'2'	2'Bo'	2'Bo'
Gattungszeichen bis 1956	–	BCPw4vT	BCPw4vT	BCPw4vT
DR ab 1967	–	–	–	–
DB ab 1957	–	ABPw4	–	ABPw4
Hersteller mechanischer Teil	–	LHB	LHW	LHW
Hersteller Verbrennungsmotor	–	May	MWM	MWM
Hersteller elektrischer Teil/Getriebe	–	May	AEG	AEG
Höchstgeschwindigkeit	km/h	80	90	90
Spurweite	mm	1 435	1 435	1 435
Installierte Leistung	kW	155	221	202
Traktionsleistung	kW	143	202	
Dienstmasse	t	32,0	42,2	46,0
Größte Radsatzfahrmasse	t	9,5	13,2	13,2
Länge über Puffer/Kupplung	mm	20 590	22 035	22 035
Drehzapfenabstand	mm	12 770	14 800	14 800
Triebdrehgestellradsatzstand	mm	3 800	3 000	3 000
Laufdrehgestellradsatzstand	mm	3 000	3 250	3 250
Treibraddurchmesser	mm	1 000	900	900
Laufraddurchmesser	mm	900	900	900
Leistungsübertragungsart	–	dmech	del	del
Leistungsübertragungssystem	–	4 G Z	AEG-Lemp	AEG-Lemp
Motorleistung	kW	155	221	202
Nenndrehzahl	min^{-1}	1 400	1 100	
Hubvolumen	l	21,3	47,2	
Verdichtung	–	11,85	15,0	
Kühlung	–	W	W	W
Aufladung	–	–	–	–
Steuerung	–	–	V	V
Sitzplätze 2. Klasse	–	8	14	14
Sitzplätze 3. Klasse	–	55	51	51
Spez. Metereigenmasse	t/m	1,55	1,91	2,09
Spez. Antriebsleistung	kW/t	4,85	5,23	4,39
Spez. Sitzplatzmasse	kg	508	649	708
Indienststellung	–	U	1934	U
Verbleib	–	1957 A	U	1957 A

[1] Funkmeßtriebwagen

–	–	–	–	–	723 101
–	185 001, 002 und 253	–	–	185 003 bis 007	188 101
–	–	–	–	–	–
–	–	–	VT 51 000 und 001	VT 33 106	–
VT 137 028 bis 030	VT 137 031 bis 035	VT 137 036 bis 054	VT 137 055 bis 057	VT 137 058 bis 067	VT 137 700
–	–	–	–	–	–
2′Bo′	2′Bo′	B′2′	2′Bo′	2′Bo′	2′Bo′
BC4ivT	BC4ivT	BCPw4ivT	BCPw4ivT	BCPw4ivT	–
–	ABio	–	–	ABDio	–
–	–	–	–	–	–[1]
Wis	MAN	Wumag, Des	LHW	Wis	Wis
May	May	May	Daim	May	May
BBC	BBC	May	AEG	SSW	SSW
110	100	80	90	110	110
1 435	1 435	1 435	1 435	1 435	1 435
302	302	155	221	302	302
234	234			240	
40,8	42,6	30,7	40,9	41,8	
	11,8		10,0	12,0	
21 873	21 873	20 590	22 035	21 873	21 873
14 270	14 270	12 770	14 540	14 270	14 270
3 000	3 000	3 800	3 000	3 000	3 000
3 500	3 500	3 000	3 500	3 500	3 500
900	900	1 000	900	1 000	1 000
900	900	900	900	1 000	1 000
del	del	dmech	del	del	del
BBC	BBC	4 G Z	RZM	RZM	RZM
302	302	155	221	302	302
1 400	1 400	1 400	1 500	1 400	1 400
42,6	42,6	21,2	30,5	42,6	42,6
14,0	14,0	11,85	17,0	14,0	14,0
W	W	W	W	W	W
–	–	–	–	–	–
E	V	–	E	E	–
16	16	16	14	16	–
55	45	45	55	55	–
1,87	1,95	1,49	1,86	1,91	
7,40	7,08	5,05	5,40	7,22	
575	698	503	593	589	
1934	1934	1934	1934/35	1934	1958 U
1969 A	1974 A	1956 A	1951 A, U	1977 A, U	

Baureihennummer DB/DR ab 1992	–	–	–	–
Betriebsnummer DR 1970 bis 1991	–	–	185 008	–
DB 1968 bis 1991	–	–	–	–
DB ab 1947	–	VT 33 106	–	VT 33 202 und 203
ab 1932	–	–	VT 137 068 bis 071	VT 137 072 und 073
bis1932	–	–	–	–
Radsatzanordnung	–	2'Bo'	2'Bo'	2'Bo'
Gattungszeichen bis 1956	–	BCPw4ivT	BCPw4ivT	BCPw4ivT
DR ab 1967	–	–	ABDio	–
DB ab 1957	–	ABD4i	–	ABD4i
Hersteller mechanischer Teil	–	Wis	MAN	MAN
Hersteller Verbrennungsmotor	–	May	May	May
Hersteller elektrischer Teil/Getriebe	–	SSW	AEG	BBC
Höchstgeschwindigkeit	km/h	110	100	100
Spurweite	mm	1 435	1 435	1 435
Installierte Leistung	kW	302	302	302
Traktionsleistung	kW	279		234
Dienstmasse	t	43,0	42,9	43,0
Größte Radsatzfahrmasse	t	12,0	13,0	12,0
Länge über Puffer/Kupplung	mm	21 873	21 873	21 873
Drehzapfenabstand	mm	14 270	14 270	14 270
Triebdrehgestellradsatzstand	mm	3 000	3 000	3 000
Laufdrehgestellradsatzstand	mm	3 500	3 500	3 500
Treibraddurchmesser	mm	900	900	900
Laufraddurchmesser	mm	900	900	900
Leistungsübertragungsart	–	del	del	del
Leistungsübertragungssystem	–	RZM	RZM	BBC
Motorleistung	kW	302	302	302
Nenndrehzahl	min^{-1}	1 400	1 400	1 400
Hubvolumen	l	42,6	42,6	42,6
Verdichtung	–	14,0	14,0	14,0
Kühlung	–	W	W	W
Aufladung	–	–	–	–
Steuerung	–	V	E	V
Sitzplätze 2. Klasse	–	16	16	16
Sitzplätze 3. Klasse	–	55	50	50
Spez. Metereigenmasse	t/m	1,97	1,96	1,97
Spez. Antriebsleistung	kW/t	7,02	7,04	7,02
Spez. Sitzplatzmasse	kg	606	650	652
Indienststellung	–	1953 U	1934	1934
Verbleib	–	1964 A	1976 A	1965 A

–	–	–	–	–	–
–	–	–	–	–	–
–	–	–	–	–	–
–	–	VT 39 000	VT 32 002	–	–
VT 137 074	VT 137 074	–	–	VT 137 075 bis 079	VT 137 080 bis 086
–	–	–	–	–	–
2'Bo'	2'Bo'	2'Bo'	2'Bo'	2'Bo'	2'Bo'
BCPw4ivT	BCPw4ivT	Salon4ivT	BCPw4ivT	BCPw4ivT	BCPw4ivT
–	–	–	–	–	–
–	–	–	ABD4i	–	–
MAN	MAN	MAN	MAN	Wis	Düwag
MAN	Deu	MAN	Daim	May	May
BBC	BBC	BBC	Wasseg	AEG, SSW	BBC
100	100	100	110	110	100/110
1 435	1 435	1 435	1 435	1435	1 435
309	265	309	294	302	302
			274	240	234
44,3	44,3	44,3	45,7	42,0	42,5
			12,3	12,0	12,0
21 873	21 873	21 873	21 873	21 873	21 873
14 270	14 270	14 270	14 270	14 270	14 270
3 000	3 000	3 000	3 000	3 000	3 000
3 500	3 500	3 500	3 500	3 500	3 500
900	900	900	900	900	900
900	900	900	900	900	900
del	del	del	del	del	del
BBC	BBC	BBC	RZM	RZM	BBC
309	265	309	294	302	302
1 400		1 400	1 400	1 400	1 400
52,2		52,2		42,6	42,6
13,4		13,4		14,0	14,0
W	W	W	W	W	W
–	–	–	–	–	–
V	V	V	V	V	V
16	16	–	16	16	16
45	45	–	45	55	45
2,03	2,03	2,03	2,09	1,92	1,94
6,98	5,98	6,98	6,46	7,19	7,11
727	727	–	748	592	697
1934	1939 U	1948 U	1952 U	1935	1935
1939 U	1945 U	1950 U	1964 A	1947 A	U

Baureihennummer DB/DR ab 1992	–	–	–	–
Betriebsnummer DR 1970 bis 1991	–	–	–	–
DB 1968 bis 1991	–	–	–	–
DB ab 1947	–	VT 33 204, 207, 208	VT 33 205	–
ab 1932	–	VT 137 080 bis 086	–	VT 137 087
bis 1932	–	–	–	–
Radsatzanordnung	–	2'Bo'	2'Bo'	2'Bo'
Gattungszeichen bis 1956	–	BCPw4ivT	BCPw4ivT	BCPw4ivT
DR ab 1967	–	–	–	–
DB ab 1957	–	ABD4i	ABD4i	–
Hersteller mechanischer Teil	–	Düwag	Düwag	Düwag
Hersteller Verbrennungsmotor	–	May	May	May
Hersteller elektrischer Teil/Getriebe	–	BBC	BBC	AEG
Höchstgeschwindigkeit	km/h	100	100	110
Spurweite	mm	1 435	1 435	1 435
Installierte Leistung	kW	302	302	302
Traktionsleistung	kW	279	279	240
Dienstmasse	t	45,5	45,5	42,5
Größte Radsatzfahrmasse	t	13,0	13,0	12,0
Länge über Puffer/Kupplung	mm	21 873	21 873	21 873
Drehzapfenabstand	mm	14 270	14 270	14 270
Triebdrehgestellradsatzstand	mm	3 000	3 000	3 000
Laufdrehgestellradsatzstand	mm	3 500	3 500	3 500
Treibraddurchmesser	mm	900	900	900
Laufraddurchmesser	mm	900	900	900
Leistungsübertragungsart	–	del	del	del
Leistungsübertragungssystem	–	BBC	BBC	RZM
Motorleistung	kW	302	302	302
Nenndrehzahl	min^{-1}	1 400	1 400	1 400
Hubvolumen	l	42,6	42,6	42,6
Verdichtung	–	14,0	14,0	14,0
Kühlung	–	W	W	W
Aufladung	–	–	–	–
Steuerung	–	V	V	V
Sitzplätze 2. Klasse	–	16	15	16
Sitzplätze 3. Klasse	–	38	37	45
Spez. Metereigenmasse	t/m	2,08	2,08	1,94
Spez. Antriebsleistung	kW/t	6,64	6,64	7,11
Spez. Sitzplatzmasse	kg	843	875	697
Indienststellung	–	U	U	1934
Verbleib	–	1968 A	1966 A	A

–	–	–	–	–	685 254
185 009 und 010	–	–	185 011	–	185 254 und 255
–	–	–	–	–	–
–	VT 33 211	VT 33 212	–	VT 33 213	VT 32 000 und 001
VT 137 088 bis 093	VT 137 089	VT 137 090	VT 137 094 bis 096	VT 137 094	VT 137 097 bis 100
–	–	–	–	–	–
2'Bo'	2'Bo'	2'Bo'	2'Bo'	2'Bo'	2'Bo'
BCPw4ivT	Salon4vT	BCPw4ivT	BCPw4ivT	BCPw4ivT	BCPw4ivT
ABDio	–	–	ABDio	–	ABDio
–	–	ABD4i	–	–	ABD4i
Tal	Tal	Tal	VWW	VWW	VWW, Düwag
May	May	May	May	May	MAN
SSW	SSW	SSW	AEG	Wasseg	Wasseg
110	110	110	110	110	110
1 435	1 435	1 435	1 435	1 435	1 435
302	302	302	302	302	309
240	279	279	240	279	
42,5	48,0	48,0	47,4	48,0	48,1
12,0	12,0	12,0	11,25	13,5	13,5
21 873	21 873	21 873	21 873	21 873	21 873
14 270	14 270	14 270	14 270	14 270	14 270
3 000	3 000	3 000	3 000	3 000	3 000
3 500	3 500	3 500	3 500	3 500	3 500
900	900	900	900	900	900
900	900	900	900	900	900
del	del	del	del	del	del
RZM	RZM	RZM	RZM	RZM	RZM
302	302	302	302	302	309
1 400	1 400	1 400	1 400	1 400	1 400
42,6	42,6	42,6	42,6	42,6	52,2
14,0	14,0	14,0	14,0	14,0	13,4
W	W	W	W	W	W
–	–	–	–	–	–
V	v	V	V	V	V
16	–	16	16	16	16
45	–	38	40	30	40
1,94	2,19	2,19	2,17	2,19	2,20
7,11	6,29	6,29	6,37	6,29	6,42
697	–	889	846	1 043	859
1934/35	U	U	1935	U	1935
1977 A, U	1957 A	1956 A	1974 A, U	1965 A	1977 A, U, M

Baureihennummer DB/DR ab 1992	–	–	–	–
Betriebsnummer DR 1970 bis 1991	–	–	185 012[1] und 013	–
DB 1968 bis 1991	–	–	–	–
DB ab 1947	–	VT 25 501 und 502	VT 32 005 bis 010	VT 25 503
ab 1932	–	–	VT 137 101 bis 109	–
bis1932	–	–	–	–
Radsatzanordnung	–	B'2'	2'Bo'	B'2'
Gattungszeichen bis 1956	–	BCPw4ivT	BCPw4ivT	BCPw4ivT
DR ab 1967	–	–	ABDio	–
DB ab 1957	–	ABD4i	–	ABD4i
Hersteller mechanischer Teil	–	VWW	Düwag	Düwag
Hersteller Verbrennungsmotor	–	May	MAN	May
Hersteller elektrischer Teil/Getriebe	–	Voith, AEG	Wasseg	Voith, AEG
Höchstgeschwindigkeit	km/h	110	110	110
Spurweite	mm	1 435	1 435	1 435
Installierte Leistung	kW	442	309	442
Traktionsleistung	kW	412	283	412
Dienstmasse	t	46,0	48,3	46,0
Größte Radsatzfahrmasse	t	14,0	14,0	14,0
Länge über Puffer/Kupplung	mm	21 873	21 873	21 873
Drehzapfenabstand	mm	14 270	14 270	14 270
Triebdrehgestellradsatzstand	mm	3 500	3 000	3 500
Laufdrehgestellradsatzstand	mm	3 000	3 500	3 000
Treibraddurchmesser	mm	900	900	900
Laufraddurchmesser	mm	900	900	900
Leistungsübertragungsart	–	dhydr	del	dhydr
Leistungsübertragungssystem	–	2 G W/W	RZM	2 G W/W
Motorleistung	kW	442	309	442
Nenndrehzahl	min^{-1}	1 400	1 400	1 400
Hubvolumen	l	48,3	52,2	48,3
Verdichtung	–	13,5	13,4	13,5
Kühlung	–	W	W	W
Aufladung	–	ja	–	ja
Steuerung	–	V	V	V
Sitzplätze 2. Klasse	–	16	16	16
Sitzplätze 3. Klasse	–	40	40	40
Spez. Metereigenmasse	t/m	2,10	2,21	2,10
Spez. Antriebsleistung	kW/t	9,61	6,40	9,61
Spez. Sitzplatzmasse	kg	822	863	822
Indienststellung	–	1951 U	1934/35	1951 U
Verbleib	–	1966 A	1974 A, (U)	1966 A

[1]) später 185 257

–	–	–	–	–	–
–	–	–	–	–	–
–	–	–	–	–	–
VT 32 005, 007, 010	VT 32 011	VT 32 011	VT 51 103	–	VT 51 101 und 102
–	VT 137 110	–	VT 137 111 bis 115	VT 137 112	VT 137 113 bis 114
–	–	–	–	–	–
2'Bo'	2'Bo'	2'Bo'	2'Bo'	2'Bo'	2'Bo'
BCPw4ivT	BCPw4ivT	BCPw4ivT	BCPw4ivT	CPw4ivT	Salon 4ivT
–	–	–	–	–	–
ABD4i	–	ABD4i	BCD4i	–	Salon 4i
Düwag	Düwag	Düwag	LHW	LHW	LHW
Daim	MAN	Daim	Daim	May	Daim
Wasseg	Wasseg	Wasseg	AEG	AEG	AEG
110	110	110	90	90	90
1 435	1 435	1 435	1 435	1 435	1 435
294	309	294	221	155	221
274	283	274	202		
49,0	48,3	49,0	41,3	41,4	42,0
14,0	14,0	14,0	11,0		
21 873	21 873	21 873	22 035	22 035	22 035
14 270	14 270	14 270	14 540	14 540	14 540
3 000	3 000	3 000	3 000	3 000	3 000
3 500	3 500	3 500	3 500	3 500	3 500
900	900	900	900	900	900
900	900	900	900	900	900
del	del	del	del	del	del
RZM	RZM	RZM	RZM	RZM	RZM
294	309	294	221	155	221
1 400	1 400	1 400	1 500	1 400	1 500
	52,2		30,5	16,7	30,5
	18,0		17,0	14,5	12,0
W	W	W	W	W	W
–	–	–	–	–	–
V	V	V	E	V	V
16	16	16	14	–	–
40	40	40	55	64	–
2,24	2,21	2,24	1,87	1,88	1,91
6,02	6,40	6,02	5,35	3,75	5,26
875	863	875	599	647	–
1953 U	1935	1953 U	1935	U	1949/51 U
1964 A	U	1964 A	1956 A, U	1968 A	1957 A

Baureihennummer DB/DR ab 1992	–	–	–	–
Betriebsnummer DR 1970 bis 1991	–	–	–	–
DB 1968 bis 1991	–	–	–	–
DB ab 1947	–	VT 51 104	VT 51 104	VT 50 100 bis 103
ab 1932	–	VT 137 116	–	VT 137 117 bis 120
bis1932	–	–	–	–
Radsatzanordnung	–	2'Bo'	2'Bo'	2'B'
Gattungszeichen bis 1956	–	BCPw4ivT	Salon 4ivT	BCPw4ivT
DR ab 1967	–	–	–	–
DB ab 1957	–	–	Salon 4i	–
Hersteller mechanischer Teil	–	LHW	LHW	LHW
Hersteller Verbrennungsmotor	–	Daim	Daim	MWM
Hersteller elektrischer Teil/Getriebe	–	AEG	AEG	AEG
Höchstgeschwindigkeit	km/h	90	90	90
Spurweite	mm	1 435	1 435	1 435
Installierte Leistung	kW	221	221	221
Traktionsleistung	kW			202
Dienstmasse	t	43,2	42,0	44,7
Größte Radsatzfahrmasse	t	10,0		13,0
Länge über Puffer/Kupplung	mm	22 035	22 035	22 035
Drehzapfenabstand	mm	14 800	14 800	14 800
Triebdrehgestellradsatzstand	mm	3 000	3 000	3 000
Laufdrehgestellradsatzstand	mm	3 250	3 250	3 250
Treibraddurchmesser	mm	900	900	900
Laufraddurchmesser	mm	900	900	900
Leistungsübertragungsart	–	del	del	del
Leistungsübertragungssystem	–	RZM	RZM	RZM
Motorleistung	kW	221	221	221
Nenndrehzahl	min^{-1}	1 500	1 500	1 100
Hubvolumen	l	30,5	30,5	47,2
Verdichtung	–	17,0	17,0	15,0
Kühlung	–	W	W	W
Aufladung	–	–	–	–
Steuerung	–	E	E	E
Sitzplätze 2. Klasse	–	14	–	14
Sitzplätze 3. Klasse	–	52	–	52
Spez. Metereigenmasse	t/m	1,96	1,91	2,03
Spez. Antriebsleistung	kW/t	5,12	5,26	4,94
Spez. Sitzplatzmasse	kg	654	–	677
Indienststellung	–	1935	1950 U	1936/37
Verbleib	–	U	1954 A, M	1956 A, U, M

–	–	–	–	–	–
–	–	–	–	–	–
–	–	–	–	–	–
–	VT 62 902	–	–	VT 63 901 bis 903	VT 63 904 bis 909
VT 137 121 bis 127	VT 137 127	VT 137 128 bis 134	VT 137 135	VT 137 136 bis 140	VT 137 141 bis 148
–	–	–	–	–	–
B'2'	B'2'	B'2'	B'2'	B'2'	B'2'
BCPw4vT	BCPw4vT	BCPw4vT	BCPw4vT	BCPw4itrvT	BCPw4itrvT
–	–	–	–	–	–
–	ABD4	–	–	ABD4itr	ABD4itr
Des	Des	Tal	Dan	Des	Lin, Tal
May	May	May	May	Man	MAN
May	May	May	May	TAG	TAG
80	80	80	80	80	80
1 435	1 435	1 435	1 435	1 435	1 435
155	155	155	155	155	155
143	143	143	143	144	141
31,1	30,7	30,9	31,7	33,4	33,4
	8,1			10,2	10,4
20 590	20 590	20 590	20 590	21 873	21 873
12 770	12 770	12 770	12 770	14 270	14 270
3 800	3 800	3 800	3 800	3 800	3 800
3 000	3 000	3 000	3 000	3 000	3 000
1 000	1 000	1 000	1 000	900	900
900	900	900	900	900	900
dmech	dmech	dmech	dmech	dmech	dmech
4 G Z	4 G Z	4 G Z	4 G Z	4 G Z	4 G Z
155	155	155	155	155	155
1 400	1 400	1 400	1 400	1 400	1 400
21,2	21,2	21,2	21,2	25,9	25,9
11,85	11,85	11,85	11,85	13,5	13,5
W	W	W	W	W	W
–	–	–	–	–	–
–	–	–	–	E	E
16	16	16	16	16	16
40	35	41	40	47	51
1,51	1,49	1,50	1,54	1,53	1,53
4,98	5,05	5,02	4,89	4,64	4,64
555	602	542	566	530	499
1953	U	1935	1935	1935	1935/36
A, U	1958 A	1946 A	1945 A	1964 A, U, M	1956 A, U

Baureihennummer DB/DR ab 1992	–	–	–	–
Betriebsnummer DR 1970 bis 1991	–	–	–	–
DB 1968 bis 1991	–	–	–	–
DB ab 1947	–	VT 63 905 bis 907	VT 63 908	VT 63 909
ab 1932	–	–	–	–
bis1932	–	–	–	–
Radsatzanordnung	–	B′2′	B′2′	B′2′
Gattungszeichen bis 1956	–	BCPw4vT	BCPw4vT	BCPw4vT
DR ab 1967	–	–	–	–
DB ab 1957	–	ABD4	ABD4	–
Hersteller mechanischer Teil	–	Lin, Tal	Lin, Tal	Lin, Tal
Hersteller Verbrennungsmotor	–	May	May	MAN
Hersteller elektrischer Teil/Getriebe	–	TAG	TAG	TAG
Höchstgeschwindigkeit	km/h	80	80	80
Spurweite	mm	1 435	1 435	1 435
Installierte Leistung	kW	166	166	155
Traktionsleistung	kW	151		
Dienstmasse	t	37,0	37,0	33,4
Größte Radsatzfahrmasse	t	10,8	10,8	
Länge über Puffer/Kupplung	mm	21 873	21 873	21 873
Drehzapfenabstand	mm	14 270	14 270	14 270
Triebdrehgestellradsatzstand	mm	3 800	3 800	3 800
Laufdrehgestellradsatzstand	mm	3 000	3 000	3 000
Treibraddurchmesser	mm	900	900	900
Laufraddurchmesser	mm	900	900	900
Leistungsübertragungsart	–	dmech	dmech	dmech
Leistungsübertragungssystem	–	4 G Z	4 G Z	4 G Z
Motorleistung	kW	166	166	155
Nenndrehzahl	min^{-1}	1 400	1 400	1 400
Hubvolumen	l			25,9
Verdichtung	–			13,5
Kühlung	–	W	W	W
Aufladung	–	–	–	–
Steuerung	–	E	E	E
Sitzplätze 2. Klasse	–	16	16	16
Sitzplätze 3. Klasse/Speiseraum	–	42	51	42
Spez. Metereigenmasse	t/m	1,69	1,69	1,53
Spez. Antriebsleistung	kW/t	4,49	4,49	4,64
Spez. Sitzplatzmasse	kg	638	552	576
Indienststellung	–	1951 U	1951 U	1951 U
Verbleib	–	1962 A	1960 A	1954 U

–	–	–	–	–	–
–	183 001	–	–	–	–
–	–	–	–	–	–
VT 63 909	VT 04 101 und 102	–	–	–	VT 38 001 bis 003
–	SVT 137 149 bis 152	SVT 137 153 und 154	SVT 137 153 und 154	SVT 137 155	VT 137 156 bis 159
–	–	–	–	–	–
B'2'	2'Bo'2'	B'2'2'B'	B'2'2'B'	(1 A) 2'2' (A 1)	2'Bo'
BCPw4vT	BPw6ükvT	BCPwPost8ükvT	BCPwPostWR8ükvT	BPwPost8ükvT	BCPw4ivT
–	ADr	–	–	–	–
ABD4	AD6ük	–	–	–	ABD4i
Lin, Tal	Wumag	LHW	LHW	VWW	MAN
May	May	May	May	May	MAN
TAG	AEG, SSW	Voith, TAG	Voith, TAG	AEG, Krupp	BBC
80	160	160	160	160	100
1 435	1 435	1 435	1 435	1 435	1 435
166	604	883	883	883	441
	559				
37,0	91,3	120,2	124,0	115,2	49,1
10,8	16,7			16,4	14,0
21 873	44 756	60 150	60 150	70 080	21 880
14 270	18 075	16 875/17 800	16 875/17 800	18 870/18 660	14 270
3 800	3 500	4 230	4 230	3 000	3 000
3 000	3 500	3 500	3 500	3 000	3 500
900	1 000	900	900	940	1 000
900	900	900	900	940	900
dmech	del	dhydr	dhydr	dhydr	del
4 G Z	RZM	2 G W/W	2 G W/W	2 G W/W	BBC
166	302	442	442	442	441
1 400	1 400	1 400	1 400	1 400	1 400
	42,6	48,24	48,24	48,24	52,0
	14,0	13,5	13,5	13,5	18,0
W	W	W	W	W	W
–	–	ja	ja	ja	ja
E	V	V	V	–	V
16	77	30	30	100	16
42	–/4	109	70/29	–	40
1,53	2,04	2,00	2,06	1,64	2,24
4,49	6,62	7,35	7,12	7,66	8,39
638	1 186 (1 127)	865	1 240 (962)	1 152	877
1954 U	1935/36	1936	U	1938	1936
1962 A, U	1974 A	U	1969 A	1958 A	1955 A, U

Baureihennummer DB/DR ab 1992	–	–	–	–
Betriebsnummer DR 1970 bis 1991	–	–	–	–
DB 1968 bis 1991	–	–	–	–
DB ab 1947	–	VT 38 002 und 003	VT 32 500 bis 501	VT 33 501 und 502
ab 1932	–	–	VT 137 160 bis 161	–
bis 1932	–	–	–	–
Radsatzanordnung	–	2'Bo'	Bo'2'	B'2'
Gattungszeichen bis 1956	–	–	BCPw4ivT	BCPw4ivT
DR ab 1967	–	–	–	–
DB ab 1957	–	ABD4i	–	ABD4i
Hersteller mechanischer Teil	–	MAN	VWW, TAG	VWW
Hersteller Verbrennungsmotor	–	May	MAN	May
Hersteller elektrischer Teil/Getriebe	–	BBC	Voith	Voith, DWK
Höchstgeschwindigkeit	km/h	100	110	110¹)
Spurweite	mm	1 435	1 435	1 435
Installierte Leistung	kW	442	309	302
Traktionsleistung	kW			281
Dienstmasse	t	49,0	46,4	46,3
Größte Radsatzfahrmasse	t	14,0	14,0	14,7
Länge über Puffer/Kupplung	mm	21 880	21 873	21 873
Drehzapfenabstand	mm	14 270	14 270	14 270
Triebdrehgestellradsatzstand	mm	3 000	4 000	4 000
Laufdrehgestellradsatzstand	mm	3 500	3 000	3 000
Treibraddurchmesser	mm	1 000	900	900
Laufraddurchmesser	mm	900	900	900
Leistungsübertragungsart	–	del	dhydr	dhydr
Leistungsübertragungssystem	–	BBC	2 G W/W	2 G W/K
Motorleistung	kW	442	309	302
Nenndrehzahl	min^{-1}	1 400	1 400	1 400
Hubvolumen	l		52,2	42,6
Verdichtung	–		13,4	14,0
Kühlung	–	W	W	W
Aufladung	–	ja	–	–
Steuerung	–	V	E	V
Sitzplätze 2. Klasse	–	16	16	16
Sitzplätze 3. Klasse	–	40	40	40
Spez. Metereigenmasse	t/m	2,24	2,12	2,12
Spez. Antriebsleistung	kW/t	9,02	6,66	6,52
Spez. Sitzplatzmasse	kg	875	829	828
Indienststellung	–	1954 U	1937	1948/50 U
Verbleib	–	1962 A, U	U	1963 A

¹) anfangs 90 km/h

–	–	–	–	–	–
–	–	185 014	–	185 015	–
–	–	–	–	–	–
–	–	VT 33 218 bis 222	VT 33 215	VT 30 001	VT 30 001
VT 137 162 und 163	VT 137 163	VT 137 164 bis 187	–	VT 137 188 bis 190	–
–	–	–	–	–	–
B'2'	B'2'	2'Bo'	2'Bo'	2'Bo'	2'Bio'
BCPw4ivT	BCPw4ivT	BCPw4ivT	BCPw4ivT	BCPw4ivT	BCPw4ivT
–	–	ABDio	–	ABDio	–
–	–	ABD4i	ABD4i	–	ABD4i
Tal, DWK	Tal, DWK	Wis, Tal, VWW +		VWW	VWW
MAN	May	May	May	Daim	
Voith	Voith	BBC, Wasseg	Wasseg	BBC	SSW
80	80	90	110	90	110
1 435	1 435	1 435	1 435	1 435	1 435
206	155	302	302	331	302
		240	279	309	279
38,6	38,6	46,3	48,0	45,1	48,3
		11,25	13,5	14,0	14,0
21 873	21 873	21 873	21 873	21 873	21 873
14 270	14 270	14 270	14 270	14 270	14 270
4 000	4 000	3 000	3 000	3 000	3 000
3 000	3 000	3 500	3 500	3 500	3 500
900	900	900	900	900	900
900	900	900	900	900	900
dhydr	dhydr	del	del	del	del
2 G W/W	2 G W/W	RZM	RZM	RZM	RZM
206	155	302	302	331	302
1 400	1 400	1 400	1 400	1 400	1 400
25,92	24,2	42,6	42,6	50,1	42,6
13,5		14,0	14,0	17,0	14,0
W		W	W	W	W
ja		–	–	–	–
E		V	V	V	V
16	16	16	16	16	15
41	41	40	30	40	40
1,77	1,77	2,12	2,19	2,06	2,21
5,33	4,01	6,52	6,29	7,34	6,25
678	678	827	1 043	805	878
1937	1938 U	1936	U	1936	1953/54 U
1944 A, U	U	1974 A, (U)	1967 A	A, U	1965 A

Baureihennummer DB/DR ab 1992	–	–	–	–
Betriebsnummer DR 1970 bis 1991	–	185 016 bis 019	185 020 und 021	185 022
DB 1968 bis 1991	–	–	–	–
DB ab 1947	–	VT 33 224 bis 231	VT 32 012 bis 014	VT 32 015 bis 019
ab 1932	–	VT 137 191 bis 209	VT 137 210 bis 217	VT 137 218 bis 223
bis1932	–	–	–	–
Radsatzanordnung	–	2'B'	2'Bo'	2'Bo'
Gattungszeichen bis 1956	–	BCPw4ivT	BCPw4ivT	BCPw4ivT
DR ab 1967	–	ABDio	ABDio	ABDio
DB ab 1957	–	ABD4i	–	–
Hersteller mechanischer Teil	–	VWW	MAN, VWW	MAN, VWW
Hersteller Verbrennungsmotor	–	May	MAN	MAN
Hersteller elektrischer Teil/Getriebe	–	BBC, Wasseg	Wasseg	AEG
Höchstgeschwindigkeit	km/h	90	90	110
Spurweite	mm	1 435	1 435	1 435
Installierte Leistung	kW	302	309	309
Traktionsleistung	kW	279	283	283
Dienstmasse	t	46,4	46,9	46,9
Größte Radsatzfahrmasse	t	13,5	14,0	14,0
Länge über Puffer/Kupplung	mm	21 873	21 873	21 873
Drehzapfenabstand	mm	14 270	14 270	14 270
Triebdrehgestellradsatzstand	mm	3 000	3 000	3 000
Laufdrehgestellradsatzstand	mm	3 500	3 500	3 500
Treibraddurchmesser	mm	900	900	900
Laufraddurchmesser	mm	900	900	900
Leistungsübertragungsart	–	del	del	del
Leistungsübertragungssystem	–	RZM	RZM	RZM
Motorleistung	kW	302	309	309
Nenndrehzahl	min^{-1}	1 400	1 400	1 400
Hubvolumen	l	42,6	52,2	52,2
Verdichtung	–	14,0	13,4	13,4
Kühlung	–	W	W	W
Aufladung	–	–	–	–
Steuerung	–	V	V	V
Sitzplätze 2. Klasse	–	16	16	16
Sitzplätze 3. Klasse/Speiseraum	–	40	40	40
Spez. Metereigenmasse	t/m	2,12	2,14	2,14
Spez. Antriebsleistung	kW/t	6,51	6,59	6,59
Spez. Sitzplatzmasse	kg	829	838	838
Indienststellung	–	1935/36	1935/36	1935/36
Verbleib	–	1977 A	1974 A, (U)	A

–	–	–	(688)	–	–
–	–	–	183 002, 003 und 252	–	–
–	–	–	–	–	–
VT 32 012 und 016	VT 25 504 bis 506	VT 33 232	VT 04 105 bis 107	VT 04 501	–
–	–	–	SVT 137 224 bis 232	–	SVT 137 233 und 234
–	–	–	–	–	–
2'Bo'	B'2'	2'Bo'	2'Bo'2'	B'2'B'	2'Bo'Bo'2'
BCPw4ivT	BCPw4ivT	BCPw4ivT	BPw6ükvT	BPw6ükvT	BCPwPost8ükvT
–	–	–	ADr	–	–
ABD4i	ABD4i	ABD4i	–	AD6y	–
MAN, VVW	MAN, VWW	MAN, VWW	Wumag	Wumag	LHW
Daim	MAN	May	May	May	May
Wasseg	Voith	Wasseg	AEG, SSW	Voith	AEG, SSW
110	110	110	160	160	160
1 435	1 435	1 435	1 435	1 435	1 435
294	442	302	604	604	883
274	412		559	559	
49,0	46,0	48,0	91,6	95,1	131,3
14,0	14,0	12,8	16,8	16,3	
21 873	21 873	21 873	44 756	44 756	60 150
14 270	14 270	14 270	18 075	18 075	16 875/17 800
3 000	3 500	3 000	3 500	3 500	3 500
3 500	3 000	3 500	3 500	3 500	4 000
900	900	900	1 000	900	1 000
900	900	900	900	1 000	900
del	dhydr	del	del	dhydr	del
RZM	2 G W/W	RZM	RZM	2 G W/W	RZM
294	442	302	302	302	442
1 400	1 400	1 400	1 400	1 400	1 400
	48,3	42,6	42,6	42,6	48,24
	13,5	14,0	14,0	14,0	13,5
W	W	W	W	W	W
–	ja	–	–	–	ja
V	V	V	V	V	V
16	16	16	77	76	30
40	40	40	–/4	–/4	109
2,24	2,10	2,20	2,05	2,12	2,18
6,00	9,60	6,29	6,59	6,35	6,73
875	822	851	1 190 (1 131)	1 250 (1 189)	945
1953 U	1951 U	U	1935/36	1951 U	1935
1964 A	1966 A	A	A, (U), (M)	1958 A	U

Baureihennummer DB/DR ab 1992	–	(688)	–	–
Betriebsnummer DR 1970 bis 1991	–	183 251	–	–
DB 1968 bis 1991	–	–	–	–
DB ab 1947	–	–	–	–
ab 1932	–	SVT 137 233 und 234	SVT 137 234	VT 137 235
bis1932	–	–	–	–
Radsatzanordnung	–	2'Bo'Bo'2'	2'Bo'2'Bo'2'	B'2'
Gattungszeichen bis 1956	–	BCPwPostWR8ükvT	BCPwPostWR10üvT	BCPw4itrvT
DR ab 1967	–	ABDPostür	–	–
DB ab 1957	–	–	–	–
Hersteller mechanischer Teil	–	LHW	LHW	Des
Hersteller Verbrennungsmotor	–	May	May	MAN
Hersteller elektrischer Teil/Getriebe	–	AEG, SSW	AEG, SSW	DWK, TAG
Höchstgeschwindigkeit	km/h	160	160	90
Spurweite	mm	1 435	1 435	1 435
Installierte Leistung	kW	883	883	206
Traktionsleistung	kW			
Dienstmasse	t	133,0		37,5
Größte Radsatzfahrmasse	t			11,5
Länge über Puffer/Kupplung	mm	60 150	77 950	21 873
Drehzapfenabstand	mm	16 875/17 800	16 875/17 800	14 270
Triebdrehgestellradsatzstand	mm	3 500	3 500	3 800
Laufdrehgestellradsatzstand	mm	4 000	4 000	3 000
Treibraddurchmesser	mm	1 000	1 000	900
Laufraddurchmesser	mm	900	900	900
Leistungsübertragungsart	–	del	del	dmech
Leistungsübertragungssystem	–	RZM	RZM	4 G Z
Motorleistung	kW	442	442	206
Nenndrehzahl	min^{-1}	1 400	1 400	1 400
Hubvolumen	l	48,3	48,3	26,1
Verdichtung	–	13,5	13,5	13,5
Kühlung	–	W	W	W
Aufladung	–	ja	ja	ja
Steuerung	–	V	V	–
Sitzplätze 2. Klasse	–	30	30	16
Sitzplätze 3. Klasse/Speiseraum	–	70/29	140/29	41
Spez. Metereigenmasse	t/m	2,22		1,71
Spez. Antriebsleistung	kW/t	6,64		5,50
Spez. Sitzplatzmasse	kg	1 330 (1 030)		657
Indienststellung	–	U	U	1938
Verbleib	–	U, A, (M)	U	1938 U

–	–	–	–	–	–
–	–	–	–	–	–
–	–	–	–	–	–
VT 63 910	VT 63 910	–	–	–	VT 90 500
VT 137 235	–	VT 137 236	VT 137 237	VT 137 238	VT 137 240
–	–	–	–	–	–
B'2'	B'2'	B'2'		? + 2'2'	(A 1) (1 A)
BCPw4itrvT	BCPw4itrvT	BCPw4itrvT	BCPw4itrvT	Pw3ivT + BC4ivS	C4vT
–	–	–	–	–	–
–	ABD4itr	–	–	–	–
Des	Des	Des		Des, Bres	Fu
MAN	May	Daim			DWK
TAG, DWK	TAG	Myl			Voith
90	90	90			120
1 435	1 435	1 435	1 435	1 435	1 435
154	184	221		111	265
	169				235
37,5	37,0	36,2		49,9	44,0
11,5	12,0	11,8			11,1
21 873	21 873	21 873	20 970	25 600	22 240
14 270	14 270	14 270	11 700	8 000	14 500
3 800	3 800	3 800	2 150	–	3 000
3 000	3 000	3 000	–	2 500	–
900	900	900	950		900
900	900	900			900
dmech	dmech	dmech			dhydr
4 G Z	4 G Z	5 G Z			3 G W/K/K
154	184	221		111	132
1 400	1 400	1 500			1 500
26,1		30,5			18,6
16,4		17,0			12,25
W		W			W
ja		–			–
–	E	–			E
16	16	16	7	2	–
41	41	41	54	55	60
1,71	169	1,66		1,95	1,98
4,11	4,97	6,10		2,22	6,03
657	649	635		877	734
1938 U	1951 U	1937	1925	1930/34 U	1936
1951 U	1961 A	A	A	A	U

Baureihennummer DB/DR ab 1992	–	–	–	–
Betriebsnummer DR 1970 bis 1991	–	–	–	–
DB 1968 bis 1991	–	–	–	–
DB ab 1947	–	VT 90 500	VT 36 500 bis 511	VT 36 501
ab 1932	–	–	VT 137 241 bis 270	–
bis1932	–	–	–	–
Radsatzanordnung	–	(A 1) (1 A)	Bo'2'	Bo'2'
Gattungszeichen bis 1956	–	C4vT	BCPw4itrvT	BCPw4itrvT
DR ab 1967	–	–	–	–
DB ab 1957	–	B4	AB4itr	AB4itr
Hersteller mechanischer Teil	–	Fu	Des, Düwag	Des, Düwag
Hersteller Verbrennungsmotor	–	Büs	MAN	MAN
Hersteller elektrischer Teil/Getriebe	–	Voith	Voith	Voith
Höchstgeschwindigkeit	km/h	120	90/100	100
Spurweite	mm	1 435	1 435	1 435
Installierte Leistung	kW	265	265	265
Traktionsleistung	kW	235	246	246
Dienstmasse	t	44,0	36,6	36,6
Größte Radsatzfahrmasse	t	11,1	13,5	13,5
Länge über Puffer/Kupplung	mm	22 240	22 350	22 350
Drehzapfenabstand	mm	14 500	14 420	14 420
Triebdrehgestellradsatzstand	mm	3 000	3 600	3 600
Laufdrehgestellradsatzstand	mm	–	3 000	3 000
Treibraddurchmesser	mm	900	900	900
Laufraddurchmesser	mm	900	900	900
Leistungsübertragungsart	–	dhydr	dhydr	dhydr
Leistungsübertragungssystem	–	3 G W/K/K	3 G W/K/K	3 G W/K/K
Motorleistung	kW	132	265	265
Nenndrehzahl	min^{-1}	1 500	870	870
Hubvolumen	l		68,4	68,4
Verdichtung	–		16,7	16,7
Kühlung	–		W	W
Aufladung	–	–	–	–
Steuerung	–	E	V	V
Sitzplätze 2. Klasse	–	–	8	8
Sitzplätze 3. Klasse/Speiseraum	–	60	43	28
Spez. Metereigenmasse	t/m	1,98	1,64	1,64
Spez. Antriebsleistung	kW/t	6,03	7,24	7,24
Spez. Sitzplatzmasse	kg	734	718	1 017
Indienststellung	–	1953/54 U	1937/38	U
Verbleib	–	1960 A	1967 A, (U)	1964 A

–	–	–	–	–	–
–	–	–	–	–	–
–	–	–	–	–	–
VT 36 506	VT 36 509	VT 46 500 und 501	–	VT 06 102 bis 104	VT 06 501
–	–	VT 137 271 und 272	SVT 137 273 bis 278	–	–
–	–	–	–	–	–
Bo'2'	Bo'2'	Bo'2'	2'Bo' + 2'2' + Bo'2'	2'Bo' + 2'2' + Bo'2'	B'2' + 2'2' + 2'B'
BCPw4itrvT	BCPw4itrvT	BCPw4ivT	BPwWR12ükvT	BPwWR12ükvT	BPwWR12üklvT
–	–	–	–	–	–
AB4itr	ABD4itr	ABDi	–	WRD4ü + A4ü + A4ü	WRD4ü + A4ü + A4ü
Dümag	Düwag	VWW	LHW	LHW	LHW
MAN	MAN	May	May	May	May
Voith	Voith	Voith	AEG, SSW	AEG, SSW	Voith
100	100	90	160	160	160
1 435	1 435	1 435	1 435	1 435	1 435
265	265	302	883	883	883
246	246	281		838	838
37,5	37,5	43,3	170,4	167,0	159,2
13,5	13,5	13,5	18,7	17,6	18,6
22 350	22 350	21 873	70 205	70 205	70 205
14 420	14 420	14 270	16 120/16 135	16 120/16 135	16 120/16 135
3 600	3 600	3 500	3 000	3 000	4 000
3 000	3 000	3 000	4 000/3 000	4 000/3 000	3 000
900	900	900	930	930	930
900	900	900	930	930	930
dhydr	dhydr	dhydr	del	del	dhydr
3 G W/K/K	3 G W/K/K	3 G W/W/W	RZM	RZM	2 G W/W
265	265	302	442	442	442
870	870	1 400	1 400	1 400	1 400
68,4	68,4	48,3	48,3	48,3	48,3
16,7	16,7	14,0	13,5	13,5	13,5
W	W	W	W	W	W
–	–	–	ja	ja	ja
V	V	V	V	V	V
6	6	16	102	96	96
52	45	40	–/30	–/30	–/30
1,68	1,68	1,98	2,43	2,38	2,56
7,07	7,07	6,96	5,18	5,29	5,54
647	735	775	1 671 (1 291)	1 740 (1 325)	1 660 (1 223)
U	U	1936/37	1938	U	1951 U
1964 A	1966 A	1959 A	A, U	A	1958 A

Baureihennummer DB/DR ab 1992	–	–	–	–
Betriebsnummer DR 1970 bis 1991	–	182 001 bis 004 und 182 501 und 503	–	–
DB 1968 bis 1991	–	–	–	–
DB ab 1947	–	–	–	–
ab 1932	–	SVT 137 273 und 278	VT 137 283 bis 285	VT 137 286 und 287
bis 1932	–	–	–	–
Radsatzanordnung	–	2′Bo′ + 2′2′ + 2′2′ + Bo′2′	B′2′2′B′	B′2′2′B′
Gattungszeichen bis 1956	–	BCPwWR16ükvT	BCPw8iütrvT	BCPw8iütrvT
DR ab 1967	–	ABDür	–	–
DB ab 1957	–	–	–	–
Hersteller mechanischer Teil	–	LHW	VWW	VWW
Hersteller Verbrennungsmotor	–	ČKD	May	Daim
Hersteller elektrischer Teil/Getriebe	–	AEG, SSW	Voith	Voith
Höchstgeschwindigkeit	km/h	160	120	120
Spurweite	mm	1 435	1 435	1 435
Installierte Leistung	kW	1 030	604	662
Traktionsleistung	kW			
Dienstmasse	t	204,1	103,6	103,6
Größte Radsatzfahrmasse	t	17,6	15,19	15,19
Länge über Puffer/Kupplung	mm	92 805	53 400	53 400
Drehzapfenabstand	mm	16 120/16 135	14 600/15 400	14 600/15 400
Triebdrehgestellradsatzstand	mm	3 000	3 600	3 600
Laufdrehgestellradsatzstand	mm	4 000/3 000	3 600	3 600
Treibraddurchmesser	mm	930	930	930
Laufraddurchmesser	mm	930	930	930
Leistungsübertragungsart	–	del	dhydr	dhydr
Leistungsübertragungssystem	–	RZM	2 G W/W	2 G W/W
Motorleistung	kW	515	302	331
Nenndrehzahl	min^{-1}	1 400	1 400	1 400
Hubvolumen	l	52,62	48,3	50,1
Verdichtung	–	13,4	14,0	17,0
Kühlung	–	W	W	W
Aufladung	–	ja	–	–
Steuerung	–	V	V	V
Sitzplätze 2. Klasse	–	48	30	30
Sitzplätze 3. Klasse/Speiseraum	–	144/30	108	108
Spez. Metereigenmasse	t/m	2,20	1,94	1,94
Spez. Antriebsleistung	kW/t	5,05	5,82	6,39
Spez. Sitzplatzmasse	kg	1 062 (918)	750	750
Indienststellung	–	1965 U	1939	1939
Verbleib	–	1990 A	1969 A	1969 A

–	–	–	–	–	–
184 001 bis 005	–	–	–	–	–
–	–	–	–	–	–
–	VT 50 200 bis 204	–	–	–	–
VT 137 288 bis 295	VT 137 296 bis 300	VT 137 322	VT 137 323	VT 137 324	VT 137 325
–	–	–	–	–	–
2'Bo'2'	2'Bo'	B'2'	B'2'	B'2'	B'2'
BCPw6ütrvT	BCPw4ivT	KC4mvT	KCPw4mvT	KC4mvT	KCPw4mvT
ABDtr	–	–	–	–	–
–	–	–	–	–	–
Wumag	LHW	Baut, Maf	Baut, Maf	Baut, Maf	Baut,Maf
May	MWM	Vom	Vom	Vom	Vom
SSW	AEG	Voith	Voith	Voith	Voith
120	90	60	60	60	60
1 435	1 435	750	750	750	750
604	221	132	132	132	132
	202				
99,0	46,0	21,0	21,0	21,0	21,0
17,4	13,0				
44 186	22 035	14 860	14 860	24 860	14 860
17 690	14 800	9 000	9 000	9 000	9 000
3 500	3 000	1 300	1 300	1 300	1 300
3 500	3 500	1 300	1 300	1 300	1 300
1 000	900	750	750	750	750
930	900	750	750	750	750
del	del	dhydr	dhydr	dhydr	dhydr
RZM	RZM	3 G W/K/K	3 G W/K/K	3 G W/K/K	3 G W/K/K
302	221	132	132	132	132
1 400	1 100	1 500	1 500	1 500	1 500
48,24	47,2	20,6	20,6	20,6	20,6
15,5	15,0	14,5	14,5	14,5	14,5
W	W	W	W	W	W
–	–	–	–	–	–
V	E	V	V	V	v
18	14	–	–	–	–
96	52	34	28	34	28
2,24	2,09	1,41	1,41	1,41	1,41
6,10	4,80	6,28	6,28	6,28	6,28
869	697	617	750	617	750
1938	1937	1938	1938	1938	1938
1982 A	1955 A, U	1964 A, Mu	1945 A	1945 A	1945 A

Baureihennummer DB/DR ab 1992	–	–	–	–
Betriebsnummer DR 1970 bis 1991	–	–	–	(185 023)
DB 1968 bis 1991	–	–	645 104/404	–
DB ab 1947	–	–	VT 45 504	–
ab 1932	–	VT 137 326 bis 331	–	VT 137 347 bis 366
bis1932	–	–	–	–
Radsatzanordnung	–	(A 1) 2′ + 2′ (1 A)	(A 1) 2′ + 2′ (1 A)	(A 1) 2′
Gattungszeichen bis 1956	–	BCPw8iütrvT	BCPw8iütrvT	BCPw4itrvT
DR ab 1967	–	–	–	–
DB ab 1957	–	–	BDPost4ytr + AB4ys	–
Hersteller mechanischer Teil	–	Wumag	Wumag	VWW, Baut
Hersteller Verbrennungsmotor	–	Daim, MAN +	Daim +	May
Hersteller elektrischer Teil/Getriebe	–	Voith, AEG	Voith, AEG	Voith
Höchstgeschwindigkeit	km/h	90	90	80
Spurweite	mm	1 435	1 435	1 435
Installierte Leistung	kW	404	486	166
Traktionsleistung	kW			151
Dienstmasse	t	78,6	80,0	37,4
Größte Radsatzfahrmasse	t	10,5	10,5	12,0
Länge über Puffer/Kupplung	mm	40 690	40 690	22 080
Drehzapfenabstand	mm	13 500	13 500	14 140
Triebdrehgestellradsatzstand	mm	3 200	3 200	3 600
Laufdrehgestellradsatzstand	mm	3 000	3 000	3 000
Treibraddurchmesser	mm	900	900	900
Laufraddurchmesser	mm	900	900	900
Leistungsübertragungsart	–	dhydr	dhydr	dhydr
Leistungsübertragungssystem	–	2 G W/K	2 G W/K; 2 G W/W	2 G W/W
Motorleistung	kW	202	243	166
Nenndrehzahl	min^{-1}	1 500	1 580	1 450
Hubvolumen	l	30,3/30,6/30,3/27,9	20,16	24,15
Verdichtung	–	17,4/17,0/19,0/14,7		15,0
Kühlung	–	W	W	W
Aufladung	–	–	–	–
Steuerung	–	V	V	V
Sitzplätze 2. Klasse	–	18	18	6
Sitzplätze 3. Klasse	–	98	98	43
Spez. Metereigenmasse	t/m	1,93	1,97	1,69
Spez. Antriebsleistung	kW/t	5,14	6,08	4,44
Spez. Sitzplatzmasse	kg	678	698	733
Indienststellung	–	1940	U	1939/40
Verbleib	–	1969 A, (U)	1969 A	1970 A, (U)

–	–	–	–	–	–
–	–	–	–	–	–
660 500 bis 516	–	–	645 102/402	645 103/403	–
VT 60 500 bis 516	–	–	VT 45 502	VT 45 503	–
–	VT 137 367 bis 369	VT 137 370 bis 376	–	–	VT 137 377 bis 396
–	–	–	–	–	–
(A 1) 2′	(A 1) 2′ + 2′ (1 A)	(A 1) 2′ + 2′ (1 A)	(A 1) 2′ + 2′ (1 A)	(A 1) 2′ + 2′ (1 A)	(A 1) 2′
BCPw4itrvT	BCPw8iütrvT	BCPw8iütrvT	BCPw8iütrvT	BCPw8iütrvT	BCPw4itrvT
–	–	–	–	–	–
ABD4itr	–	–	BDPost4ytr + AB4ys	BDPost4ytr + AB4ys	ABD4itr
VWW, Baut	Wumag	Wumag	Wumag	Wumag	Düwag
MWM	Daim	Daim, MAN +	Daim	Daim, MAN +	May
Voith	Voith, AEG	Voith, AEG	Voith, AEG	Voith, AEG	Voith
80	90	90	90	90	80
1 435	1 435	1 435	1 435	1 435	1 435
243	404	404	486	406	166
				375	151
37,5	78,0	78,0	80,0	77,0	37,0
11,5	10,5	10,5	11,0	10,5	12,0
22 080	40 690	40 640	40 690	40 640	22 080
14 140	13 500	13 500	13 500	13 500	14 140
3 600	3 200	3 200	3 200	3 200	3 600
3 000	3 000	3 000	3 000	3 000	3 000
900	900	900	900	900	900
900	900	900	900	900	900
dhydr	dhydr	dhydr	dhydr	dhydr	dhydr
2 G W/W	2 G W/K	2 G W/K	2 G W/K; 2 G W/W	2 G W/K; 2 G W/W	2 G W/W
243	202	202	243	203	166
1 450	1 500	1 500	1 580	1 500	1 450
22,16	30,6	30,3 30,6 30,3	20,16	27,9	24,15
	17,0	17,4 17,0 19,0		14,7	15,0
W	W	W	W	W	W
–	–	–	–	–	–
V	V	V	V	V	V
18	18	18	18	18	6
31	98	98	98	98	43
1,70	1,92	1,92	1,97	1,89	1,68
6,48	5,18	5,18	6,06	5,27	4,49
765	672	672	698	664	725
U	1940	1940/41	U	U	1939/40
1972 A	1969 A, (U)	1969 A, (U)	1969 A	1969 A	A, (U)

Baureihennummer DB/DR ab 1992	–	–	–	–
Betriebsnummer DR 1970 bis 1991	–	–	–	–
DB 1968 bis 1991	–	660 521 bis 531	660 531	660 532
DB ab 1947	–	VT 60 517 bis 531	VT 60 531	VT 60 532
ab 1932	–	–	–	–
bis1932	–	–	–	–
Radsatzanordnung	–	(A 1) 2′	(A 1) 2′	(A 1) 2′
Gattungszeichen bis 1956	–	BCPw4itrvT	BCPw4itrvT	BCPw4itrvT
DR ab 1967	–	–	–	–
DB ab 1957	–	ABD4itr	ABD4itr	ABD4itr
Hersteller mechanischer Teil	–	Düwag	Düwag	Düwag
Hersteller Verbrennungsmotor	–	MWM	May	May
Hersteller elektrischer Teil/Getriebe	–	Voith	Voith	Voith
Höchstgeschwindigkeit	km/h	80	80	80
Spurweite	mm	1 435	1 435	1 435
Installierte Leistung	kW	243	166	166
Traktionsleistung	kW			151
Dienstmasse	t	37,0	37,3	37,3
Größte Radsatzfahrmasse	t	12,0	12,0	12,0
Länge über Puffer/Kupplung	mm	22 080	22 080	22 080
Drehzapfenabstand	mm	14 140	14 140	14 140
Triebdrehgestellradsatzstand	mm	3 600	3 600	3 600
Laufdrehgestellradsatzstand	mm	3 000	3 000	3 000
Treibraddurchmesser	mm	900	900	900
Laufraddurchmesser	mm	900	900	900
Leistungsübertragungsart	–	dhydr	dhydr	dhydr
Leistungsübertragungssystem	–	2 G W/W	2 G W/W	2 G W/W
Motorleistung	kW	243	166	166
Nenndrehzahl	min^{-1}		1 450	1 450
Hubvolumen	l		24,15	24,15
Verdichtung	–			
Kühlung	–	W	W	W
Aufladung	–	–	–	–
Steuerung	–	V	V	V
Sitzplätze 2. Klasse	–	6	18	6
Sitzplätze 3. Klasse/Speiseraum	–	43	22	43
Spez. Metereigenmasse	t/m	1,68	1,69	1,69
Spez. Antriebsleistung	kW/t	6,57	4,44	4,44
Spez. Sitzplatzmasse	kg	725	933	731
Indienststellung	–	U	U	U
Verbleib	–	1971 A, (U), M	1979 A	1969 A

–	–	–	–	–	–
–	–	–	–	182 007, 008, 507, 511	–
–	–	–	–	–	–
–	VT 36 513 bis 520	VT 90 501	VT 90 501	–	VT 06 106 bis 111
VT 137 442 bis 461	–	VT 137 462 und 463	–	SVT 137 851 bis 858	–
–	–	–	–	–	–
Bo'2'	Bo'2'	(A 1) (1 A)	(A1) (1 A)	2'Bo' + 2'2' + Bo'2'	2'Bo' + 2'2' + Bo'2'
BCPw4itrvT	BCPw4itrvT	C4vT	C4vT	BPwWR12ükvT	BPwWR12ükvT
–	–	–	–	DRü + Aü + Aü	–
–	ABD4itr	–	B4	–	WRD4ü + A4ü + A4ü
Des	Des	Fu	Fu	LHW	LHW
MAN	MAN	DWK	Büs	May	May
Voith	Voith	Voith	Voith	AEG, SSW	AEG, SSW
100	100	120	120	160	160
1 435	1 435	1 435	1 435	1 435	1 435
265	265	265	265	883	883
	243	235	235		838
40,0	41,0	43,8	44,0	170,4	167,0
12,2	14,0	11,1	11,1	18,7	17,6
22 350	22 350	22 390	22 390	70 205	70 205
14 420	14 420	14 500	14 500	16 120/16 135	16 120/16 135
3 600	3 600	3 000	3 000	3 000	3 000
3 000	3 000	–	–	4 000/3 000	4 000/3 000
900	900	900	900	930	930
900	900	900	900	930	930
dhydr	dhydr	dhydr	dhydr	del	del
3 G W/K/K	3 G W/K/K	3 G W/K/K	3 G W/K/K	RZM	RZM
265	265	132	132	442	442
850	850	1 500	1 500	1 400	1 400
68,4	68,4	18,6		48,3	48,3
16,7	16,7	12,25		13,5	13,5
W	W	W	W	W	W
–	–	–	–	ja	ja
V	V	–	–	V	V
6	6	–	–	102	96
43	30	60	60	–/30	–/30
1,79	1,83	1,96	1,97	2,43	2,28
6,62	6,46	6,05	6,03	5,18	5,50
816	1 139	730	733	1 671 (1 291)	1 740 (1 325)
1940/41	U	1939	1953/54 U	1938	U
1968 A, (U)	1966 A	U	1962 A	1980 A, U	1963 A, U

Baureihennummer DB/DR ab 1992	–	–	–	–
Betriebsnummer DR 1970 bis 1991	–	–	–	182 009, 010, 505 und 509
DB 1968 bis 1991	–	–	–	–
DB ab 1947	–	VT 06 106	–	–
ab 1932	–	–	SVT 137 852, 853 und 856	SVT 137 852, 853 und 856
bis 1932	–	–	–	–
Radsatzanordnung	–	2'Bo' + 2'2' + 2'2' + Bo'2'	2'Bo' + 2'2' + 2'2' + Bo'2'	2'Bo' + 2'2' + Bo'2'
Gattungszeichen bis 1956	–	BPwWR16ükvT	BCPwWR16ükvT	BCPwWR12ükvT
DR ab 1967	–	–	–	DRü + Aü + Aü
DB ab 1957	–	WRD4ü + A4ü + A4ü + A4ü	–	–
Hersteller mechanischer Teil	–	LHW	LHW	LHW
Hersteller Verbrennungsmotor	–	May	ČKD	ČKD
Hersteller elektrischer Teil/Getriebe	–	AEG, SSW	AEG, SSW	AEG, SSW
Höchstgeschwindigkeit	km/h	160	160	160
Spurweite	mm	1 435	1 435	1 435
Installierte Leistung	kW	883	1 030	1 030
Traktionsleistung	kW	838		
Dienstmasse	t	200,5	204,1	160,3
Größte Radsatzfahrmasse	t	17,6	17,6	13,5
Länge über Puffer/Kupplung	mm	92 805	92 805	70 205
Drehzapfenabstand	mm	16 120/16 135	16 120/16 135	16 120/16 135
Triebdrehgestellradsatzstand	mm	3 000	3 000	3 000
Laufdrehgestellradsatzstand	mm	4 000/3 000	4 000/3 000	4 000/3 000
Treibraddurchmesser	mm	930	930	930
Laufraddurchmesser	mm	930	930	930
Leistungsübertragungsart	–	del	del	del
Leistungsübertragungssystem	–	RZM	RZM	RZM
Motorleistung	kW	442	515	515
Nenndrehzahl	min^{-1}	1 400	1 400	1 400
Hubvolumen	l	48,3	52,62	52,62
Verdichtung	–	13,5	13,4	13,4
Kühlung	–	W	W	W
Aufladung	–	ja	ja	ja
Steuerung	–	V	V	V
Sitzplätze 2. Klasse	–	144	48	48
Sitzplätze 3. Klasse/Speiseraum	–	–/30	144/30	72/30
Spez. Metereigenmasse	t/m	2,16	2,20	2,28
Spez. Antriebsleistung	kW/t	4,40	5,05	6,43
Spez. Sitzplatzmasse	kg	1 392 (1 152)	1 062 (918)	1 336 (1 069)
Indienststellung	–	U	1965 U	U
Verbleib	–	U	A, U	1982 A, M

[1] zusätzlich Einzelmaschinenwagen SVT 137 903a

–	–	–	
–	–	–	
–	–	–	
VT 06 502	–	–	
–	SVT 137 858	SVT 137 901 und 902[2)]	
–	–	–	
B'2'+2'2'+2'B'	B'2'+2'2'+2'2'+2'B'	2'Bo'+2'2'+2'2'+Bo'2'	
BPwWR12üklvT	BCPwWR16ükvT	MPwPost4üvT + B4üv + B4üv + BWR4üvS	
–	–	–	
WRD4ü + A4ü + A4ü	–	–	
LHW	LHW	MAN	
May	ČKD	MAN	
Voith	Voith	BBC	
160	160	160	
1 435	1 435	1 435	
883	957	1 086	
838		1 000	
159,2	203,1	212,7	
18,6	18,0	18,0	
70 205	92 805	87 450	
16 120/16 135	16 120/16 135	10 200/16 780/15 865	
4 000	4 000	3 000	
3 000	3 000	3 000	
930	930	1 000	
930	930	1 000/930	
dhydr	dhydr	del	
2 G W/W	2 G W/W	RZM	
442	479	1 000	88/110
1 400	1 400	700	1 200/1 500
48,3	52,62	214,0	19,1
13,5	13,4	19,1	13,0
W	W	W	W
ja	ja	ja	–
V	V	V	
96	48	126	
–/30	144/30	–/29	
2,27	2,19	2,43	
5,53	4,72	5,11	
1 658 (1 262)	1 057 (913)	1 688 (1 372)	
1951 U	1965 U	1938	
U	A	U	

Baureihennummer DB/DR ab 1992	–	–	–	–
Betriebsnummer DR 1970 bis 1991	–	–	–	–
ab 1932	–	VS 144 001 bis 004	VS 144 001	VS 144 005
bis1932	–	–	–	–
Radsatzanordnung	–	2	2	2
Gattungszeichen bis 1956	–	CvS	CvS	CvS
DR ab 1967	–	–	–	–
DB ab 1957	–	B	–	–
Hersteller mechanischer Teil	–	MAN	MAN	
Höchstgeschwindigkeit	km/h			
Spurweite	mm	1 435	1 435	1 435
Dienstmasse	t	10,5	10,5	
Größte Radsatzfahrmasse	t	7,3	7,3	
Länge über Puffer/Kupplung	mm	12 200	12 200	
Drehzapfenabstand	mm	–	–	–
Laufdrehgestellradsatzstand	mm	–	–	–
Laufraddurchmesser	mm			
Sitzplätze 2. Klasse	–	–	–	–
Sitzplätze 3. Klasse	–	48	44	
Spez. Metereigenmasse	t/m	0,86	0,86	
Spez. Sitzplatzmasse	kg	219	239	
Indienststellung	–	1936	U	1935[1])
Verbleib	–	A, U	A	1941 A

[1]) 1939 in Bestand der DRG

–	–	–	–	–	–
–	–	–	–	195 601 bis 604 und und 609	195 605 bis 607
VS 144 006	VS 145 001 und 002	VS 145 003	VS 145 004 bis 008	VS 145 009 bis 033	VS 145 022 bis 029
–	–	–	–	–	–
2	2′2′	2′2′	2′2′	2′2′	2′2′
CvS	BC4ivS	C4ivS	BC4ivS	C4ivS	BC4ivS
–	–	–	–	–	–
–	–	–	AB4i	B4i	–
			Wumag	Wumag, Uerd	Wumag, Uerd
1 435	1 435	1 435	1 435	1 435	1 435
			22,0	21,0	20,0
			6,0	5,3	6,3
			20 110	18 960	18 960
–			12 470	10 970	10 970
–			3 000	3 000	3 000
				900	900
–	23	–	16	–	12
	48	81	52	80	60
			1,09	1,11	1,05
			324	263	278
1936[1])	1932 U	1932 U	1932	1932	1936 U
1941 A	A, U	A, U	A	(U), (A)	(A)

Baureihennummer DB/DR ab 1992	–	–	–	–
Betriebsnummer DR 1970 bis 1991	–	195 610 und 611	–	–
ab 1932	–	VS 145 034 bis 047	VS 145 042	VS 145 043
bis1932	–	–	–	–
Radsatzanordnung	–	2'2'	2'2'	2'2'
Gattungszeichen bis 1956	–	BC4ivS	BC4ivS	BC4ivS
DR ab 1967	–	–	–	–
DB ab 1957	–	AB4i	AB4i	AB4i
Hersteller mechanischer Teil	–	Baut, LHB		
Höchstgeschwindigkeit	km/h			
Spurweite	mm	1 435	1 435	1 435
Dienstmasse	t	21,5	20,8	20,5
Größte Radsatzfahrmasse	t	5,6	5,4	5,5
Länge über Puffer/Kupplung	mm	20 110	20 110	20 110
Drehzapfenabstand	mm	12 470	12 470	12 470
Laufdrehgestellradsatzstand	mm	3 000	3 000	3 000
Laufraddurchmesser	mm	900	900	900
Sitzplätze 2. Klasse	–	16	16	16
Sitzplätze 3. Klasse	–	52	42	42
Spez. Metereigenmasse	t/m	1,07	1,03	1,02
Spez. Sitzplatzmasse	kg	316	359	353
Indienststellung	–	1934	U	U
Verbleib	–	(A), U	A	A

–	–	–	–	–	–
195 612 bis 615 und 632	–	195 616	195 617 bis 624 und 633 und 634	–	–
VS 145 048 bis 087	VS 145 088 und 089	VS 145 090 bis 094	VS 145 096 bis 150	VS 145 096	VS 145 098
–	–	–	–	–	–
2'2'	2'2'	2'2'	2'2'	2'2'	2'2'
BC4ivS	BC4ivS	BC4ivS	BC4ivS	C4ivS	BC4ivS
–	–	–	–	–	–
AB4i	–	–	AB4i	B4i	AB4i
Baut, Uerd, LHB	Wumag	Baut, Uerd	Baut, Uerd, Wumag		
			110	110	110
1 435	1 435	1 435	1 435	1 435	1 435
21,5	20,0	20,0	26,5	26,5	26,5
5,5	7,0	7,1	7,0	7,0	7,0
18 960	18 960	18 960	21 803	21 803	21 803
10 970	10 970	10 970	14 270	14 270	14 270
3 000	3 000	3 000	3 000	3 000	3 000
900	900	900	900	900	900
16	16	16	16	–	12
59	59	59	60	50	48
1,13	1,05	1,05	1,22	1,22	1,22
287	267	267	349	5,30	442
1934	1934	1934	1935	U	U
(A)	A	(A), M	A, U	A	A

Baureihennummer DB/DR ab 1992	–	–	–	–
Betriebsnummer DR 1970 bis 1991	–	–	195 635	–
ab 1932	–	VS 145 113	VS 145 151 bis 153	VS 145 154 bis 183
bis 1932	–	–	–	–
Radsatzanordnung	–	2'2'	2'2'	2'2'
Gattungszeichen bis 1956	–	BC4ivS	BC4ivS	BCPost4ivS
DR ab 1967	–	–	–	–
DB ab 1957	–	AB4i	–	ABPost4i
Hersteller mechanischer Teil	–		Lin	Lin
Höchstgeschwindigkeit	km/h	110		
Spurweite	mm	1 435	1 435	1 435
Dienstmasse	t	26,5	20,5	21,0
Größte Radsatzfahrmasse	t	7,0		5,2
Länge über Puffer/Kupplung	mm	21 803	18 960	22 320
Drehzapfenabstand	mm	14 270	10 970	14 420
Laufdrehgestellradsatzstand	mm	3 000	3 000	3 000
Laufraddurchmesser	mm	900	950	900
Sitzplätze 2. Klasse	–	16	16	16
Sitzplätze 3. Klasse	–	45	59	59
Spez. Metereigenmasse	t/m	1,22	1,08	0,94
Spez. Sitzplatzmasse	kg	434	274	280
Indienststellung	–	U	1934	
Verbleib	–	A	(A)	A

–	–	–	–	–	–
195 625, 626 und 636	195 627 und 637	–	–	–	–
VS 145 184 bis 193	VS 145 194 bis 203	VS 145 204 bis 213	VS 145 214 bis 220	VS 145 221 bis 223	VS 145 224 bis 228
–	–	–	–	–	–
2'2'	2'2'	2'2'	2'2'	2'2'	2'2'
BC4ivS	BCPost4ivS	CPost4ivS	BC4ivS	CPost4ivS	BCPost4ivS
–	–	–	–	–	–
–	ABPost4i	BPost4i	AB4i	–	ABPost4i
Baut	Baut	Lin	Baut	Lin	Baut
	80				
1 435	1 435	1 435	1 435	1 435	1 435
23,0	23,7	21,6	25,8	23,0	23,3
7,3	7,8	6,0	8,1	6,0	6,0
19 760	19 760	21 940	21 873	21 940	22 320
12 820	12 820	14 160	14 270	14 160	14 420
3 000	3 000	3 000	3 000	3 000	3 000
900	900	900	900	900	
6	6	–	15	–	12
60	49	76	60	76	55
1,16	1,20	0,98	1,18	1,05	1,04
348	431	284	344	303	348
1937	1939	1936	1936	1936	1935
(A)	(A)	A	A, U	A	A

Baureihennummer DB/DR ab 1992	–	–	–	–
Betriebsnummer DR 1970 bis 1991	–	–	–	–
ab 1932	–	VS 145 229 bis 234	VS 145 235 bis 243	VS 145 244 bis 321
bis1932	–	–	–	–
Radsatzanordnung	–	2'2'	2'2'	2'2'
Gattungszeichen bis 1956	–	CPost4ivS	BCPost4ivS	BCPost4ivS
DR ab 1967	–	–	–	–
DB ab 1957	–	BPost4i	ABPost4i	ABPost4i
Hersteller mechanischer Teil	–	Lin	Baut	Baut
Höchstgeschwindigkeit	km/h			
Spurweite	mm	1 435	1 435	1 435
Dienstmasse	t	23,0	24,0	24,0
Größte Radsatzfahrmasse	t	6,0	6,0	6,0
Länge über Puffer/Kupplung	mm	21 940	22 320	22 320
Drehzapfenabstand	mm	14 160	14 420	14 420
Laufdrehgestellradsatzstand	mm	3 000	3 000	3 000
Laufraddurchmesser	mm	900		
Sitzplätze 2. Klasse	–	–	12	12
Sitzplätze 3. Klasse	–	76	52	55
Spez. Metereigenmasse	t/m	1,05	1,08	1,08
Spez. Sitzplatzmasse	kg	303	375	358
Indienststellung	–	1936	1936	1935
Verbleib	–	A	A	A, U

–	–	–	–	–	–
–	–	–	–	–	–
VS 145 257	VS 145 322 bis 326	VS 145 327 bis 336	VS 145 337 bis 346	VS 145 347 bis 366	VS 145 351 und 356
–	–	–	–	–	–
2′2′	2′2′	2′2′	2′2′	2′2′	2′2′
CPost4ivS	CPost4ivS	BCPost4ivS	CPost4ivS	BCPost4ivS	BCPost4ivS
–	–	–	–	–	–
–	–	–	–	ABPost4i	ABPost4i
Baut	Lin	Baut	Lin	Lin	Lin
1 435	1 435	1 435	1 435	1 435	1 435
24,0	21,6	23,3	23,0	22,2	23,5
6,0	6,0	6,0	6,0	6,0	6,0
22 320	21 940	22 320	21 940	22 320	22 320
14 420	14 160	14 420	14 160	14 420	14 420
3 000	3 000	3 000	3 000	3 000	2 500
	900		900		
–	–	12	–	12	12
71	76	55	76	57	57
1,08	0,98	1,04	1,05	0,99	1,05
338	284	348	303	322	341
U	1936	1935	1936	1937	U
A	A	A	A	A, U	A

Baureihennummer DB/DR ab 1992	–	–	–	–
Betriebsnummer DR 1970 bis 1991	–	–	–	–
ab 1932	–	VS 145 367 bis 372	VS 145 370	VS 145 373[1]
bis 1932	–	–	–	–
Radsatzanordnung	–	2'2'	2'2'	2'2'
Gattungszeichen bis 1956	–	BCPost4ivS	CPost4ivS	C4ivS
DR ab 1967	–	–	–	–
DB ab 1957	–	ABPost4i	–	–
Hersteller mechanischer Teil	–	Baut	Baut	Wis
Höchstgeschwindigkeit	km/h			
Spurweite	mm	1 435	1 435	1 435
Dienstmasse	t	23,3	24,0	33,1
Größte Radsatzfahrmasse	t	6,0	6,0	
Länge über Puffer/Kupplung	mm	22 320	22 320	20 960
Drehzapfenabstand	mm	14 420	14 420	13 300
Laufdrehgestellradsatzstand	mm	3 000	3 000	3 000
Laufraddurchmesser	mm			
Sitzplätze 2. Klasse	–	12	–	–
Sitzplätze 3. Klasse	–	55	71	64
Spez. Metereigenmasse	t/m	1,04	1,08	1,58
Spez. Sitzplatzmasse	kg	348	338	517
Indienststellung	–	1935	U	1934
Verbleib	–	A, U	A	U

[1] gehört zu DT 63

–	–	–	–	–	–
–	197 638	–	–	–	–
VS 145 375	VS 145 378	VS 145 384 bis 403	VS 145 404 bis 473	VS 145 404II	VS 145 407II und 408II
–	–	–	–	–	–
2′2′	2′2′	2′2′	2′2′	2′2′	2′2′
C4ivS		CPost4ivS	BCPost4ivS	BC4ivS	BCPw4ivS
–		–	–	–	–
–	–	BPost4i	–	AB4i	–
Weg		Lin	Baut		LHW
					90
1 435	1 435	1 435	1 435	1 435	1 435
26,9		23,0	23,3	20,5	
8,9		6,0	6,0	5,5	
22 420		21 940	22 320	18 960	22 035
14 700		14 160	14 420	10 970	14 540
3 000		3 000	3 000	3 000	3 000/3 500
900		900			900
–		–	12	16	
92		76	55	59	
1,20		1,05	1,04	1,08	
292		303	348	273	
1933		1936	1935	U	1951 U
A	1975 A	A	A	A	1972 A

Baureihennummer DB/DR ab 1992	–	–	–	–
Betriebsnummer DR 1970 bis 1991	–	–	–	–
ab 1932	–	VS 145 409^{II}	VS 145 410^{II}	VS 145 411^{II}
bis1932	–	–	–	–
Radsatzanordnung	–	2′2′	2′2′	2′2′
Gattungszeichen bis 1956	–	BCPw4ivS	BCPw4ivS	BCPw4ivS
DR ab 1967	–	–	–	–
DB ab 1957	–	ABD4i	–	–
Hersteller mechanischer Teil	–	LHW	LHW	LHW
Höchstgeschwindigkeit	km/h	90	90	90
Spurweite	mm	1 435	1 435	1 435
Dienstmasse	t			
Größte Radsatzfahrmasse	t			
Länge über Puffer/Kupplung	mm	22 035	22 035	22 035
Drehzapfenabstand	mm	14 800	14 800	14 800
Laufdrehgestellradsatzstand	mm	3 000/3 250	3 000/3 250	3 000/3 500
Laufraddurchmesser	mm	900	900	900
Sitzplätze 2. Klasse	–			
Sitzplätze 3. Klasse	–			
Spez. Metereigenmasse	t/m			
Spez. Sitzplatzmasse	kg			
Indienststellung	–	1952 U	U	1952 U
Verbleib	–	1962 A	A	A

Baureihennummer DB/DR ab 1992	–	–	–	–
Betriebsnummer DR 1970 bis 1991	–	–	–	–
ab 1932	–	–	–	–
bis1932	–	901 und 902	903 und 904	905 und 906
Radsatzanordnung	–	2	2	2
Gattungszeichen bis 1956	–	BCv	Ctrv	CPwv
DR ab 1967	–	–	–	–
DB ab 1957	–	–	–	–
Hersteller mechanischer Teil	–	Uerd	Uerd	Uerd
Höchstgeschwindigkeit	km/h			
Spurweite	mm	1 435	1 435	1 435
Dienstmasse	t			
Größte Radsatzfahrmasse	t			
Länge über Puffer/Kupplung	mm	12 240	12 240	12 240
Drehzapfenabstand	mm	–	–	–
Laufdrehgestellradsatzstand	mm	–	–	–
Laufraddurchmesser	mm			
Sitzplätze 2. Klasse	–	15	–	–
Sitzplätze 3. Klasse	–	30	48	39
Spez. Metereigenmasse	t/m			
Spez. Sitzplatzmasse	kg			
Indienststellung	–	1931	1931	1931
Verbleib	–	A	A	A

Baureihennummer DB/DR ab 1992	–	–	–	–
Betriebsnummer DR 1970 bis 1991	–	–	–	190 801
ab 1932	–	–	–	VB 140 001
bis 1932	–	948	954 bis 956	–
Radsatzanordnung	–	2	2'2'	2
Gattungszeichen bis 1956	–	BCv	C4v	BCv
DR ab 1967	–	–	–	ABaao
DB ab 1957	–	–	–	–
Hersteller mechanischer Teil	–	Uerd	Wumag	
Höchstgeschwindigkeit	km/h			
Spurweite	mm	1 435	1 435	1 435
Dienstmasse	t			13,2
Größte Radsatzfahrmasse	t			
Länge über Puffer/Kupplung	mm	12 170	18 960	12 240
Drehzapfenabstand	mm	–	10 970	–
Laufdrehgestellradsatzstand	mm	–	3 000	–
Laufraddurchmesser	mm			900
Sitzplätze 2. Klasse	–	15	–	30
Sitzplätze 3. Klasse	–	30	82	16
Spez. Metereigenmasse	t/m			1,08
Spez. Sitzplatzmasse	kg			287
Indienststellung	–	1932	1931	
Verbleib	–	A	A	

[1] bei anderen Puffern auch 10 925 mm

–	–	–	–	–	–
–	190 823 und 824	–	–	–	–
VB 140 007 bis 009	VB 140 010 bis 031	VB 140 032 bis 047	VB 140 032 und 033	VB 140 034 und 036	VB 140 034
907 bis 909	910 bis 931	932 bis 947	–	–	–
2	2	2	2	2	2
Cv	Cv	Cv	Cv	BCPostv	Cv
–	Baao	–	–	–	–
B	–	B	–	–	B
Wumag	Uerd	MAN	MAN	MAN	MAN
1 435	1 435	1 435	1 435	1 435	1 435
9,1	12,6	10,0	10,2	10,1	10,4
7,0	8,4	7,0	7,0		7,1
10 945[1)]	12 150	12 095	12 095	12 095	12 095
–	–	–	–	–	–
–	–	–	–	–	–
	950				
–	–	–	–	8	–
44	54	47	44	30	43
0,83	1,04	0,83	0,84	0,84	0,86
207	233	213	232	266	242
1932	1932	1933	1936 U	1935 U	U
A		A, U	A	U	A

Baureihennummer DB/DR ab 1992	–	–	–	–
Betriebsnummer DR 1970 bis 1991	–	–	–	–
ab 1932	–	VB 140 035	VB 140 036	VB 140 037 bis 047[1])
bis1932	–	–	–	–
Radsatzanordnung	–	2	2	2
Gattungszeichen bis 1956	–	CPostv	CPostv	Cv
DR ab 1967	–	–	–	–
DB ab 1957	–	BPost	BPost	–
Hersteller mechanischer Teil	–	MAN	MAN	MAN
Höchstgeschwindigkeit	km/h			
Spurweite	mm	1 435	1 435	1 435
Dienstmasse	t	10,4	10,0	10,2
Größte Radsatzfahrmasse	t	7,1	6,8	7,0
Länge über Puffer/Kupplung	mm	12 095	12 095	12 095
Drehzapfenabstand	mm	–	–	–
Laufdrehgestellradsatzstand	mm	–	–	–
Laufraddurchmesser	mm			
Sitzplätze 2. Klasse	–	–	–	–
Sitzplätze 3. Klasse	–	39	40	44
Spez. Metereigenmasse	t/m	0,86	0,83	0,84
Spez. Sitzplatzmasse	kg	267	250	232
Indienststellung	–	1936 U	U	1936 U
Verbleib	–	A	A	A

[1]) außer VB 140 042

–	–	–	–	–	–
190 802	190 803 und 804 und 825 und 826	–	–	–	190 805
VB 140 048	VB 140 049 bis 096	VB 140 053 bis 057	VB 140 085 und 086	VB 140 097 bis 122	VB 140 097 und 098
–	–	–	–	–	–
2	2	2	2	2	2
Cv	Cv	CPwv	CPwv	Cv	CPostv
Baao	Baao	–	–	Baao	–
–	–	–	–	–	BPost

	OK	OK	OK	MAN, Tal	MAN
1 435	1 435	1 435	1 435	1 435	1 435
13,3	13,25	13,25	13,25	10,0	10,0
	9,1	9,1	9,1	6,8	6,8
12 100	12 240	12 240	12 240	12 095	12 095
–	–	–	–	–	–
–	–	–	–	–	–
	950	950	950	900	900
	–	–	–	–	–
	54	44	44	43	39
1,1	1,08	1,08	1,08	0,83	0,83
	246	301	301	233	256
	1933	1939 U	1939 U	1933	1936 U
	(U), A	A	A	(A), (U)	A

Baureihennummer DB/DR ab 1992	–	–	–	–
Betriebsnummer DR 1970 bis 1991	–	–	–	–
ab 1932	–	VB 140 099	VB 140 100	VB 140 101, 104 bis 107
bis1932	–	–	–	–
Radsatzanordnung	–	2	2	2
Gattungszeichen bis 1956	–	Cv	CPostv	Cv
DR ab 1967	–	–	–	–
DB ab 1957	–	B	BPost	B
Hersteller mechanischer Teil	–	MAN	MAN	MAN
Höchstgeschwindigkeit	km/h			
Spurweite	mm	1 435	1 435	1 435
Dienstmasse	t	10,5	10,0	10,5
Größte Radsatzfahrmasse	t	7,3	6,8	7,3
Länge über Puffer/Kupplung	mm	12 095	12 095	12 095
Drehzapfenabstand	mm	–	–	–
Laufdrehgestellradsatzstand	mm	–	–	–
Laufraddurchmesser	mm	900	900	900
Sitzplätze 2. Klasse	–	–	–	–
Sitzplätze 3. Klasse	–	44	39	44
Spez. Metereigenmasse	t/m	0,87	0,83	0,87
Spez. Sitzplatzmasse	kg	239	256	239
Indienststellung	–	U	1936 U	U
Verbleib	–	A	A	A

–	–	–	–	–	–
–	–	–	–	–	–
VB 140 108	VB 140 110 und 112	VB 140 114 und 115	VB 140 116	VB 140 117 bis 121	VB 140 123 bis 137
–	–	–	–	–	–
2	2	2	2	2	2
BCv	Cv	CPostv	Cv	CPostv	BCiv
–	–	–	–	–	–
–	B	BPost	–	BPost	–
MAN	MAN	MAN	MAN	MAN	Weg
1 435	1 435	1 435	1 435	1 435	1 435
9,7	10,5	10,0	9,0	10,0	14,8
	7,3	6,8		6,8	9,1
12 095	12 095	12 095	12 095	12 095	12 956
–	–	–	–	–	–
–	–	–	–	–	–
900	900	900	900	900	900
8	–	–	–	–	14
36	44	39	43	39	30
0,80	0,87	0,83	0,74	0,83	1,14
220	239	256	209	256	336
1935 U	U	1936 U	1936 U	1936 U	1934
A	A	A	A	A	A, U

Baureihennummer DB/DR ab 1992	–	–	–	–
Betriebsnummer DR 1970 bis 1991	–	190 806	190 807 bis 811 und 827 und 828	–
ab 1932	–	VB 140 129 und 130	VB 140 138 bis 229	VB 140 143 bis 145
bis1932	–	–	–	–
Radsatzanordnung	–	2	2	2
Gattungszeichen bis 1956	–	Civ	Civ	CPwiv
DR ab 1967	–	Baaio	Baaio	–
DB ab 1957	–	–	–	–
Hersteller mechanischer Teil	–	Weg	Weg +	Weg +
Höchstgeschwindigkeit	km/h			
Spurweite	mm	1 435	1 435	1 435
Dienstmasse	t	14,3	14,8	14,8
Größte Radsatzfahrmasse	t	9,0	9,3	9,3
Länge über Puffer/Kupplung	mm	12 956	12 956	12 956
Drehzapfenabstand	mm	–	–	–
Laufdrehgestellradsatzstand	mm	–	–	–
Laufraddurchmesser	mm	900	900	900
Sitzplätze 2. Klasse	–	–	–	–
Sitzplätze 3. Klasse	–	48	54	44
Spez. Metereigenmasse	t/m	1,11	1,14	1,14
Spez. Sitzplatzmasse	kg	298	274	336
Indienststellung	–	U	1934	1939 U
Verbleib	–	(A)	(U), (A)	A

–	–	–	–	–	–
190 829 und 847 und 848	–	190 812	190 813 bis 815	–	–
VB 140 230 bis 238	VB 140 230 bis 233	VB 140 239	VB 140 240 bis 249	VB 140 241 bis 243	VB 140 249
–	–	–	–	–	–
2	2	2	2	2	2
Cv	Cv	Cv	Cv	BCPostv	Cv
Baao	–	Baao	Baao	–	–
–	–	–	–	–	B
Tal	Tal	Tal	Tal	Tal	Tal
75	75		75	75	75
1 435	1 435	1 435	1 435	1 435	1 435
9,3	9,3	9,2	9,3	10,0	10,0
7,2			6,6		7,0
12 095	12 095	12 095	12 095	12 095	12 095
–	–	–	–	–	–
–	–	–	–	–	–
900	900	900	900	900	900
–	–	–	–	6	–
47	44	47	47	30	43
0,77	0,77	0,76	0,77	0,83	0,83
198	211	196	198	278	233
1934	1936 U	1934	1934	1935 U	U
(A), (U)	A		(U), (A)	A	A

Baureihennummer DB/DR ab 1992	–	–	–	–
Betriebsnummer DR 1970 bis 1991	–	190 817	190 816	190 818 bis 820
ab 1932	–	VB 140 250 bis 259	VB 140 250 und 251[1])	VB 140 260 bis 329
bis1932	–	–	–	–
Radsatzanordnung	–	2	2	2
Gattungszeichen bis 1956	–	CPostv	Cv	CPostv
DR ab 1967	–	BPostaao	–	BPostaao
DB ab 1957	–	BPost	B	BPost
Hersteller mechanischer Teil	–	Tal, Wis	Tal	Tal
Höchstgeschwindigkeit	km/h			
Spurweite	mm	1 435	1 435	1 435
Dienstmasse	t	9,1	10,0	9,3
Größte Radsatzfahrmasse	t		7,0	7,3
Länge über Puffer/Kupplung	mm	12 280	12 280	12 280
Drehzapfenabstand	mm	–	–	–
Laufdrehgestellradsatzstand	mm	–	–	–
Laufraddurchmesser	mm	900	900	900
Sitzplätze 2. Klasse	–	–	–	–
Sitzplätze 3. Klasse	–	39	42	37
Spez. Metereigenmasse	t/m	0,74	0,81	0,76
Spez. Sitzplatzmasse	kg	233	238	251
Indienststellung	–	1937	U	1936/37
Verbleib	–	(A), (U), M	A, M	(A), U, M

[1]) und VB 140 254

[2]) und VB 140 276 bis 278

[3]) und VB 140 300, VB 140 302, VB 140 304, VB 140 305, VB 104 308, VB 140 322 sowie VB 140 323

–	–	–	–	–	–
–	–	–	–	–	190 821
VB 140 272[2])	VB 140 286	VB 140 290[3])	VB 140 330	VB 140 331	VB 140 336
–	–	–	–	–	–
2	2	2	2	2	2
Cv	CPostv	Cv	Cv	Cv	Cv
–	–	–	–	–	Baao
B	BPost	B	–	–	–
Tal	Tal	Tal	Weg	Wumag	
1 435	1 435	1 435	1 435	1 435	1 435
10,5	10,5	10,5	11,5	8,1	10,4
7,2	7,2	7,2			6,9
12 280	12 280	12 280	12 260	10 400	12 360
–	–	–	–	–	–
–	–	–	–	–	–
900	900	900			900
–	–	–	–	–	–
44	35	44	43	43	44
0,86	0,86	0,86	0,94	0,78	0,84
239	300	239	268	188	242
U	U	U	1938 U	1936	1936
A	U	A	A	A	

Baureihennummer DB/DR ab 1992	–	–	–	–
Betriebsnummer DR 1970 bis 1991	–	–	190 822	–
ab 1932	–	VB 140 384	VB 140 394	VB 140 395
bis1932	–	–	–	–
Radsatzanordnung	–	2	2	2
Gattungszeichen bis 1956	–	Cv	Cv	Cv
DR ab 1967	–	–	Baao	–
DB ab 1957	–	–	–	B
Hersteller mechanischer Teil	–	Weg	Rhein	
Höchstgeschwindigkeit	km/h	65		65
Spurweite	mm	1 435	1 435	1 435
Dienstmasse	t		11,5	11,7
Größte Radsatzfahrmasse	t		8,3	8,0
Länge über Puffer/Kupplung	mm	12 260	12 260	12 200
Drehzapfenabstand	mm	–	–	–
Laufdrehgestellradsatzstand	mm	–	–	–
Laufraddurchmesser	mm	900	1 000	900
Sitzplätze 2. Klasse	–	–	–	–
Sitzplätze 3. Klasse	–		43	51
Spez. Metereigenmasse	t/m		0,94	0,96
Spez. Sitzplatzmasse	kg		268	229
Indienststellung	–	U	1940 U	1951 U
Verbleib	–	A		A

–	–	–	–	–	–
–	–	–	–	–	–
VB 140 396 und 397	VB 140 396	VB 140 399	VB 140 400 und 401	VB 140 402	VB 140 403
–	–	–	–	–	–
2	2	2	2	2	2
Civ	BCiv	Cv	Cv	Civ	Civ
–	–	–	–	–	–
Bi	ABi	B	B	Bi	Bi
		VWW	Wumag		
			65		
1 435	1 435	1 435	1 435	1 435	1 435
14,5	14,5	12,0	11,7	15,2	15,0
9,6	9,6	8,0	8,0	9,7	9,5
12 956	12 956	12 200	12 200	12 850	12 360
–	–	–	–	–	–
–	–	–	–	–	–
		900	900		
–	11	–	–	–	–
49	30	43	53	54	52
1,12	1,12	0,98	0,96	1,20	1,21
296	354	279	221	281	288
U	U	1950 U	1952 U	U	U
A, U	A	1960 A	A	A	A

Baureihennummer DB/DR ab 1992	–	–	–	–
Betriebsnummer DR 1970 bis 1991	–	–	190 850	190 851
ab 1932	–	VB 140 404 bis 406	VB 140 601	VB 140 602
bis 1932	–	–	–	–
Radsatzanordnung	–	2	2	2
Gattungszeichen bis 1956	–	Civ	–	Bv
DR ab 1967	–	–		B
DB ab 1957	–	–	–	–
Hersteller mechanischer Teil	–		MAN	Weg
Höchstgeschwindigkeit	km/h		75	85
Spurweite	mm	1 435	1 435	1 435
Dienstmasse	t			
Größte Radsatzfahrmasse	t			
Länge über Puffer/Kupplung	mm	12 095	12 095	12 800
Drehzapfenabstand	mm	–	–	–
Laufdrehgestellradsatzstand	mm	–	–	–
Laufraddurchmesser	mm	900	900	1 000
Sitzplätze 2. Klasse	–			–
Sitzplätze 3. Klasse	–			46
Spez. Metereigenmasse	t/m			
Spez. Sitzplatzmasse	kg			
Indienststellung	–	1956/57 U	U	U
Verbleib	–	A	A	A

[1]) später Bo

[2]) später Bio

–	–	–	–	–	947
190 854/855	191 801	191 802	–	197 801	197 802
VB 140 604/605	VB 141 001	VB 141 002	VB 147 002 bis 020	VB 147 004 bis 020	VB 147 022
–	–	–	–	–	–
2 + 2	2	2	2'2'	2'2'	2'2'
Büv + Büv	Cv	Civ	C4v	BC4v	BC4iv
B + B	Baao	Baaio	–	ABo[1])	ABio[2])
–	–	–	B4	–	–
Weg			Wumag	Wumag	Uerd
60			90	90	90
1 435	1 435	1 435	1 435	1 435	1 435
		11,0	18,0	19,0	19,9
		7,1	7,0	7,0	6,6
25 050	12 550	12 550	18 960	18 960	18 960
–	–	–	10 970	10 970	10 970
–	–	–	3 000	3 000	3 000
850	900	900	900	900	900
–	–	–	–	12	17
	45	41	80	60	68
		0,88	0,95	1,00	1,05
		268	225	264	234
1960/61 U			1932	1933 U	1932
A			(U)	(A)	

Baureihennummer DB/DR ab 1992	–	–	–	–
Betriebsnummer DR 1970 bis 1991	–	–	197 803 bis 805	197 807
ab 1932	–	VB 147 023 bis 043	VB 147 023 bis 043	VB 147 044 bis 075
bis 1932	–	–	–	–
Radsatzanordnung	–	2'2'	2'2'	2'2'
Gattungszeichen bis 1956	–	C4v	BC4v	BC4iv
DR ab 1967	–	–	ABo[2])	ABio
DB ab 1957	–	B4	–	AB4i
Hersteller mechanischer Teil	–	Wumag, Uerd	Wumag, Uerd	Wumag, LHB, +
Höchstgeschwindigkeit	km/h	90	90	90
Spurweite	mm	1 435	1 435	1 435
Dienstmasse	t	18,0	18,0	19,3
Größte Radsatzfahrmasse	t	6,7	6,7	6,8
Länge über Puffer/Kupplung	mm	18 960	18 960	18 960
Drehzapfenabstand	mm	10 970	10 970	10 970
Laufdrehgestellradsatzstand	mm	3 000	3 000	3 000
Laufraddurchmesser	mm	900	900	900
Sitzplätze 2. Klasse	–	–	12	16
Sitzplätze 3. Klasse	–	80	60	59
Spez. Metereigenmasse	t/m	0,95	0,95	1,02
Spez. Sitzplatzmasse	kg	225	250	257
Indienststellung	–	1932	1933 U	1934
Verbleib	–	U	(A)	(U), (A)

[1]) und VB 147 052 bis 055 sowie 057

[2]) später Bo

–	–	–	–	–	–
197 806, 808, 809 bis 812	–	–	–	197 820	197 821
VB 147 049, 050[1])	VB 147 056	VB 147 076	VB 147 077	VB 147 080	VB 147 081
–	–	–	–	–	–
2'2'	2'2'	2'2'	2'2'	2'2'	2'2'
C4iv	C4iv	C4v	C4iv	C4iv	C4iv
Bio	–	–	–	B	B
–	–	–	B4i	–	–
Wumag, LHB, +		Weg			DWK
90	90				50
1 435	1 435	1 435	1 435	1 435	1 435
19,6	20,5	13,4	21,2	21,0	
6,3	5,2		5,3	7,3	
18 960	18 960	18 760	18 960	18 960	13 500
10 970	10 970	10 970	10 970	10 950	8 550
3 000	3 000	2 000	3 000	3 000	1 550
900	900			850	750
–	–	–	–	–	–
79	75	80	79	74	44
1,03	1,08	0,71	1,12	1,11	
248	273	167	268	284	
U	U	1934	U	1951 U	U
A, M	A	U	A	(A)	A

Baureihennummer DB/DR ab 1992	–	–	–	–
Betriebsnummer DR 1970 bis 1991	–	197 823	–	–
ab 1932	–	VB 147 082	VB 147 083	VB 147 100
bis1932	–	–	–	–
Radsatzanordnung	–	2'2'	2'2'	2'2'
Gattungszeichen bis 1956	–	C4v	C4v	BCPw4v
DR ab 1967	–	Bo	B	–
DB ab 1957	–	–	–	ABD4
Hersteller mechanischer Teil	–	DWK	DWK	
Höchstgeschwindigkeit	km/h		50	
Spurweite	mm	1 435	1 435	1 435
Dienstmasse	t			30,2
Größte Radsatzfahrmasse	t			7,6
Länge über Puffer/Kupplung	mm	13 000	13 500	22 530
Drehzapfenabstand	mm	8 500	8 450	14 700
Laufdrehgestellradsatzstand	mm	1 650	1 550	3 800/3 000
Laufraddurchmesser	mm	850	800	
Sitzplätze 2. Klasse	–	–	–	16
Sitzplätze 3. Klasse	–	50	41	65
Spez. Metereigenmasse	t/m			1,34
Spez. Sitzplatzmasse	kg			373
Indienststellung	–	1057 U	U	U
Verbleib	–	1964 A	A	A

Baureihennummer DB/DR ab 1992	–	–	–
Betriebsnummer bis 1991	–	DT 59	DT 151
Radsatzanordnung	–	2'Bo'	A 1
Gattungszeichen bis 1956	–	BCPw4itrdT	CidT
1957 bis 1966	–	ABD4itr	–
ab 1967	–	–	–
Hersteller mechanischer Teil	–	Wis	ME
Hersteller Dampfkessel	–	Raw Des	ME
Höchstgeschwindigkeit	km/h	110	50
Spurweite	mm	1 435	1 435
Größte Anfahrzugkraft	kN		
Indizierte Leistung	kW	220	59
Dienstmasse	t		24,5
Größte Radsatzfahrmasse	t		14,5
Länge über Puffer/Kupplung	mm	22 180	11 612
Drehzapfenabstand	mm	14 340	–
Triebdrehgestellradsatzstand	mm	3 800	–
Laufdrehgestellradsatzstand	mm	3 800	–
Treibraddurchmesser	mm		1 000
Laufraddurchmesser	mm		1 000
Kesselüberdruck	10^5 Pa	130	16
Kesselrostfläche	m^2		0,712
Kesselheizfläche	m^2		32,28
Zylinderzahl	–		2
Kolbendurchmesser	mm		220
Kolbenhub	mm		300
Brennstoffvorrat	t		0,8
Wasservorrat	m^3		2,0
Sitzplätze 1. Klasse	–	6	–
Sitzplätze 2. Klasse	–	42	40
Spez. Metereigenmasse	t/m		2,11
Spez. Antriebsleistung	kW/t		2,41
Spez. Sitzplatzmasse	kg		613
Indienststellung	–	1956 U	1915[1])
Verbleib	–	1959 U	1956 A

[1]) 1949/52 in Bestand der DR

Baureihennummer DB/DR ab 1992	–	–	–	–
Betriebsnummer 1970 bis 1991	–	–	–	–
bis 1970	–	VT 133 501 und 502	VT 133 503	VT 133 504
Radsatzanordnung	–	1 A	1 A	1 A
Gattungszeichen bis 1956	–	CvT	CvT	CvT
1957 bis 1966	–	B	B	B
ab 1967	–	–	–	–
Hersteller mechanischer Teil	–	NAG	NAG	Uerd
Hersteller Verbrennungsmotor	–	NAG	NAG	Deu
Hersteller elektrischer Teil/Getriebe	–			SLM
Höchstgeschwindigkeit	km/h	40	40	40
Spurweite	mm	1 435	1 435	1 435
Installierte Leistung	kW	41	41	37
Traktionsleistung	kW			
Dienstmasse	t	10,5	13,7	9,7
Größte Radsatzfahrmasse	t			
Länge über Puffer/Kupplung	mm	10 350	10 570	12 550
Drehzapfenabstand	mm	–	–	–
Triebdrehgestellradsatzstand	mm	–	–	–
Laufdrehgestellradsatzstand	mm	–	–	–
Treibraddurchmesser	mm	800	800	800
Laufraddurchmesser	mm	800	800	800
Leistungsübertragungsart	–	vmech	vmech	dmech
Leistungsübertragungssystem	–			
Motorleistung	kW	41	41	37
Nenndrehzahl	min^{-1}			
Hubvolumen	l			
Verdichtung	–			
Kühlung	–			
Aufladung	–	–	–	–
Steuerung	–	–	–	–
Sitzplätze 1. Klasse	–	–	–	–
Sitzplätze 2. Klasse	–	18	24	55
Spez. Metereigenmasse	t/m	1,01	1,30	0,77
Spez. Antriebsleistung	kW/t	3,90	2,99	3,81
Spez. Sitzplatzmasse	kg	583	571	176
Indienststellung	–	1923[2])	1923[2])	1929[2])
Verbleib	–	U	1955 A	1963 A

[1]) in jeder Fahrtrichtung

[2]) 1949/52 in Bestand der DR

–	–	–	–	–	–
–	–	–	–	–	–
VT 133 505	VT 133 506 und 507	VT 133 508	VT 133 509 und 510	VT 133 511	VT 133 512
A 1[1])	A 1[1])	B	A 1[1])	1 A	1 A
CvT	CvT	CvT	CvT	CvT	CvT
B	B	B	B	B	B
Baao	Baao	–	Baao	–	–
Wis	Wis	Wumag	Wis	NAG	Wumag
Ford	Ford		Ford		
Ford	Ford		Ford		
45	45		45		
1 435	1 435	1 435	1 435	1 435	1 435
59	73	51	73		
6,1	6,1		6,1		
5,0	5,0		5,0		
10 100	10 100	9 900	10 100		
–	–	–	–	–	–
–	–	–	–	–	–
–	–	–	–	–	–
700	700		700		
–	–	–	–		
vmech	vmech	vmech	vmech	vmech	vmech
4 G Z	4 G Z		4 G Z		
29	37		37		
2 200	2 200		2 200		
3,3					
4,1					
–	–		–		
–	–		–		
–	–	–	–	–	–
24	24		24		
0,60	0,60		0,60		
9,67	11,97		11,97		
254	254		254		
1933[2])	1934[2])	1935[2])	1936/38[2])	1942[2])	U[2])
1956 A	1955 A	U	1967 A	A	A

Baureihennummer DB/DR ab 1992	–	–	–	–
Betriebsnummer 1970 bis 1991	–	–	–	–
bis 1970	–	VT 133 513 und 514	VT 133 515	VT 133 516
Radsatzanordnung	–	Bo	A1[1]	1A
Gattungszeichen bis 1956	–	CvT	CvT	CvT
1957 bis 1966	–	B	B	B
ab 1967	–	–	Baao	–
Hersteller mechanischer Teil	–	Wis	Wis	Des
Hersteller Verbrennungsmotor	–		Ford	
Hersteller elektrischer Teil/Getriebe	–		Ford	
Höchstgeschwindigkeit	km/h		45	
Spurweite	mm	1 435	1 435	1 435
Installierte Leistung	kW	66	59	
Traktionsleistung	kW			
Dienstmasse	t		6,1	
Größte Radsatzfahrmasse	t		5,0	
Länge über Puffer/Kupplung	mm	10 700	10 100	
Drehzapfenabstand	mm	–	–	–
Triebdrehgestellradsatzstand	mm	–	–	–
Laufdrehgestellradsatzstand	mm	–	–	–
Treibraddurchmesser	mm		700	
Laufraddurchmesser	mm	–	–	
Leistungsübertragungsart	–	vmech	vmech	vmech
Leistungsübertragungssystem	–		4 G Z	
Motorleistung	kW	33	29	
Nenndrehzahl	min^{-1}		2 200	
Hubvolumen	l		3,3	
Verdichtung	–		4,1:1	
Kühlung	–		–	
Aufladung	–	–	–	–
Steuerung	–	–	–	–
Sitzplätze 1. Klasse	–	–	–	–
Sitzplätze 2. Klasse	–		24	
Spez. Metereigenmasse	t/m		0,60	
Spez. Antriebsleistung	kW/t		9,67	
Spez. Sitzplatzmasse	kg		254	
Indienststellung	–	U[3]	1933[3]	U[3]
Verbleib	–	1967 A	A	A

[1]) in jeder Fahrtrichtung
[2]) Rahmenlänge
[3]) 1949/52 in Bestand der DR

–	–	(788)	–	–	–
–	–	187 001	187 002	–	(187 003 und 004)
VT 133 521	VT 133 522	VT 133 522	VT 133 523	VT 133 524 und 525	VT 133 524 und 525
1A	A1	A1	A1	A1[1]	A1[1]
CvT	CvT	–	CvT	CvT	–
KB	KB	KDienst	KB	KB	KB
KBaao	–	KDienstaao	KBaa	–	KBaao
Werd	Des	Des	Tal	Wis	Wis
Vom	Daim	IFA	Daim	Ford	IFA
	Myl	Myl	Myl	Ford	Ford
35	40	40	55	45	45
1 000	1 000	1 000	1 000	750	750
44	48	52	52	73	69
8,0	12,0	12,5	12,7	6,5	6,5
7 790[2]	8 700	8 700	10 600	10 250	10 250
–	–	–	–	–	–
–	–	–	–	–	–
–	–	–	–	–	–
900	700	700	700	700	700
900	700	700	700	700	700
dmech	dmech	dmech	dmech	vmech	dmech
G Z					
44	48	52	52	37	35
			1 750	2 200	2 200
–					
–	–	–	–	–	–
38	34	–	36	34	34
1,03	1,38	1,44	1,20	0,63	0,63
5,50	4,00	4,16	4,09	11,23	10,62
211	354	–	353	191	191
1929[3]	1933[3]	1959/65 U	1934[3]	1939[3]	1965 U
1961 A	1959 U	1978 A, M	1970 A	1965 U	1969 A

Baureihennummer DB/DR ab 1992	–	–	–	–
Betriebsnummer 1970 bis 1991	–	–	–	186 010
bis 1970	–	VT 135 500	VT 135 501 und 502	VT 135 501ᴵᴵ und 502ᴵᴵ
Radsatzanordnung	–	1 A	Bo	A 1
Gattungszeichen bis 1956	–		CvT	–
1957 bis 1966	–		B	B
ab 1967	–	–	–	Baa
Hersteller mechanischer Teil	–	Wumag	Wis	NAG
Hersteller Verbrennungsmotor	–			Joh
Hersteller elektrischer Teil/Getriebe	–			BBC
Höchstgeschwindigkeit	km/h			60
Spurweite	mm	1 435	1 435	1 435
Installierte Leistung	kW	73		49
Traktionsleistung	kW			
Dienstmasse	t			14,0
Größte Radsatzfahrmasse	t			
Länge über Puffer/Kupplung	mm	12 800	10 700	10 600
Drehzapfenabstand	mm	–	–	–
Triebdrehgestellradsatzstand	mm	–	–	–
Laufdrehgestellradsatzstand	mm	–	–	–
Treibraddurchmesser	mm			900
Laufraddurchmesser	mm		–	900
Leistungsübertragungsart	–	vmech	dmech	dmech
Leistungsübertragungssystem	–			
Motorleistung	kW			49
Nenndrehzahl	min^{-1}			
Hubvolumen	l			
Verdichtung	–			
Kühlung	–			
Aufladung	–			
Steuerung	–			
Sitzplätze 1. Klasse	–		–	–
Sitzplätze 2. Klasse	–			36
Spez. Metereigenmasse	t/m			1,32
Spez. Antriebsleistung	kW/t			3,50
Spez. Sitzplatzmasse	kg			389
Indienststellung	–	1940[1])	1933/34[1])	1957 U
Verbleib	–	A	U	A

[1]) 1949/52 in Bestand der DR

–	–	–	–	–	–
–	–	–	–	–	–
VT 135 503	VT 135 503	VT 135 511	VT 135 512	VT 135 513	VT 135 514
1 A	1 A	1 A	1 A	1 A	1 A
BCvT	CvT	CvT	CvT	CvT	CvT
–	B	B	B	B	B
–	Baao	–	–	–	Baao
Des	Des	Wumag	Wumag	Wumag	Des
NAG	Joh				Deu
NAG	NAG				Myl
50	75				60
1 435	1 435	1 435	1 435	1 435	1 435
55	66	73	66		92
18,3	20,3				15,9
14 350	14 350				11 616
–	–				–
–	–				–
–	–				–
940	940				900
940	940				900
vmech	dmech	dmech	dmech	dmech	dmech
55	66	73	66		92
60	–	–	–	–	–
	50				40
1,28	1,41				1,37
3,01	3,25				5,79
305	406				398
1924[1])	1955 U	1934[1])	1934[1])	1934[1])	1934[1])
1955 U	A	1955 A	1962 A	U	1968 A

Baureihennummer DB/DR ab 1992	–	–	–	–
Betriebsnummer 1970 bis 1991	–	–	186 011	186 012
bis 1970	–	VT 135 515 und 516	VT 135 517	VT 135 518
Radsatzanordnung	–	1 A	1 A	1 A
Gattungszeichen bis 1956	–	CvT	BCvT	CvT
1957 bis 1966	–	B	AB	B
ab 1967	–	Baao	ABaao	Baao
Hersteller mechanischer Teil	–	Tal	Wumag	Des
Hersteller Verbrennungsmotor	–	Deu		
Hersteller elektrischer Teil/Getriebe	–			
Höchstgeschwindigkeit	km/h			
Spurweite	mm	1 435	1 435	1 435
Installierte Leistung	kW	81	88	88
Traktionsleistung	kW			
Dienstmasse	t			
Größte Radsatzfahrmasse	t			
Länge über Puffer/Kupplung	mm			
Drehzapfenabstand	mm			
Triebdrehgestellradsatzstand	mm			
Laufdrehgestellradsatzstand	mm			
Treibraddurchmesser	mm			
Laufraddurchmesser	mm			
Leistungsübertragungsart	–	dmech	dmech	dmech
Leistungsübertragungssystem	–			
Motorleistung	kW	81	88	88
Nenndrehzahl	min^{-1}			
Hubvolumen	l			
Verdichtung	–			
Kühlung	–			
Aufladung	–			
Steuerung	–			
Sitzplätze 1. Klasse	–	–	–	–
Sitzplätze 2. Klasse	–			
Spez. Metereigenmasse	t/m			
Spez. Antriebsleistung	kW/t			
Spez. Sitzplatzmasse	kg			
Indienststellung	–	1935[1])	1935[1])	1935[1])
Verbleib	–	1969 A	1971 A	A

[1]) 1949/52 in Bestand der DR

–	–	–	–	–	–
186 013	186 014	186 015	186 016	186 017	186 018
VT 135 519	VT 135 520	VT 135 521	VT 135 522	VT 135 523	VT 135 524
1 A	1 A	1 A	A 1	1 A	1 A
BCvT	CvT	CvT	CvT	CvT	CvT
AB	B	B	B	B	B
ABaao	Baao	Baao	Baao	Baao	Baao
Wumag	Wumag	Wumag	Des	Des	Des
			Daim		
			Myl		
			50		
1 435	1 435	1 435	1 435	1 435	1 435
88	73	44	51	44	44
			11,0		
	12 800		11 950	11 950	11 660
	–		–	–	–
	–		–	–	–
	–		–	–	–
dmech	dmech	dmech	dmech	dmech	dmech
			4 G Z		
88	73	44	51	44	44
	–	–	–	–	–
			48		
1935[1]	1935[1]	1935[1]	1935[1]	1935[1]	1935[1]
1971 A	A	A	1971 A	1971 A	1971 A

Baureihennummer DB/DR ab 1992	–	–	–	–
Betriebsnummer 1970 bis 1991	–	186 019	–	–
bis 1970	–	VT 135 525	VT 135 526	VT 135 527 bis 529
Radsatzanordnung	–	1 A	1 A	1 A
Gattungszeichen bis 1956	–	CvT	CvT	CvT
1957 bis 1966	–	B	B	B
ab 1967	–	Baao	–	Baao
Hersteller mechanischer Teil	–	Wumag	Wis	Tal
Hersteller Verbrennungsmotor	–			
Hersteller elektrischer Teil/Getriebe	–	Myl		TAG
Höchstgeschwindigkeit	km/h	60		55
Spurweite	mm	1 435	1 435	1 435
Installierte Leistung	kW	51		92
Traktionsleistung	kW			
Dienstmasse	t	9,0		12,0
Größte Radsatzfahrmasse	t			
Länge über Puffer/Kupplung	mm	9 785		11 170
Drehzapfenabstand	mm	–		–
Triebdrehgestellradsatzstand	mm	–		–
Laufdrehgestellradsatzstand	mm	–		–
Treibraddurchmesser	mm	900		950
Laufraddurchmesser	mm	900		950
Leistungsübertragungsart	–	dmech	dmech	dmech
Leistungsübertragungssystem	–			
Motorleistung	kW	51		92
Nenndrehzahl	min^{-1}			
Hubvolumen	l			
Verdichtung	–			
Kühlung	–			
Aufladung	–			
Steuerung	–			
Sitzplätze 1. Klasse	–	–	–	–
Sitzplätze 2. Klasse	–	37		38
Spez. Metereigenmasse	t/m	0,92		1,07
Spez. Antriebsleistung	kW/t	5,67		7,67
Spez. Sitzplatzmasse	kg	243		316
Indienststellung	–	1935[1])	1936[1])	1936[1])
Verbleib	–	1971 A	1956 A	1947 U, 1969 A

[1]) 1949/52 in Bestand der DR

–	–	–	–	–	–
186 020	186 021	–	186 022	186 023	186 024
VT 135 530	VT 135 531	VT 135 532	VT 135 533	VT 135 534	VT 135 535
1 A	1 A	1 A	1 A	1 A	1 A
CvT	CvT	CvT	CvT	CvT	CvT
B	B	B	B	B	B
Baao	Baao	Baao	Baao	Baao	Baao
Lin	Des	Des	Lin	Lin	Lin
					IFA
					60
1 435	1 435	1 435	1 435	1 435	1 435
88	88	88	88	44	51
					9,7
		11 600	11 950		10 000
		–	–		–
		–	–		–
		–	–		–
dmech	dmech	dmech	dmech	dmech	dmech
88	88	88	88	44	51
–	–	–	–	–	–
					30
					0,97
					5,26
					323
1937[1])	1937[1])	1937[1])	1937[1])	1937[1])	1938[1])
A	A	1969 A	A	1976 A	A

Baureihennummer DB/DR ab 1992	–	–	–	–
Betriebsnummer 1970 bis 1991	–	186 025, 026 (und 027)	186 028	186 029
bis 1970	–	VT 135 536 bis 538	VT 135 539	VT 135 540
Radsatzanordnung	–	A 1	Bo	1 A
Gattungszeichen bis 1956	–	CivT	CivT	CvT
1957 bis 1966	–	Bi	Bi	B
ab 1967	–	Baao	Baao	Baao
Hersteller mechanischer Teil	–	Des	Des	Lin
Hersteller Verbrennungsmotor	–			
Hersteller elektrischer Teil/Getriebe	–	Myl	Myl	
Höchstgeschwindigkeit	km/h	60	73	
Spurweite	mm	1 435	1 435	1 435
Installierte Leistung	kW	110	118	51
Traktionsleistung	kW			
Dienstmasse	t	18,0	20,0	
Größte Radsatzfahrmasse	t			
Länge über Puffer/Kupplung	mm	13 470	13 470	
Drehzapfenabstand	mm	–	–	
Triebdrehgestellradsatzstand	mm	–	–	
Laufdrehgestellradsatzstand	mm	–	–	
Treibraddurchmesser	mm	900	900	
Laufraddurchmesser	mm	900	–	
Leistungsübertragungsart	–	dmech	dmech	dmech
Leistungsübertragungssystem	–			
Motorleistung	kW	110	59	51
Nenndrehzahl	min^{-1}			
Hubvolumen	l			
Verdichtung	–			
Kühlung	–			
Aufladung	–			
Steuerung	–			
Sitzplätze 1. Klasse	–	–	–	–
Sitzplätze 2. Klasse	–	56	56	
Spez. Metereigenmasse	t/m	1,34	1,48	
Spez. Antriebsleistung	kW/t	6,11	5,90	
Spez. Sitzplatzmasse	kg	321	357	
Indienststellung	–	1939[1])	1939[1])	1939[1])
Verbleib	–	A	A	1971 A

[1]) 1949/52 in Bestand der DR

–	–	–	–	–	–
186 030	–	(186 031)	186 032	–	186 033
VT 135 541	VT 135 542	VT 135 543	VT 135 544	VT 135 545	VT 135 546
1 A	Bo	Bo	1 A	1 A	A 1
CvT	CvT	CivT			CvT
B	B	Bi			B
Baao	Baao	Baao			Baao
Lin	Wis	Wis	Wumag	Des	MAN
					MAN
		Myl			Myl
		60			75
1 435	1 435	1 435	1 435	1 435	1 435
51	59	135	51	51	111
					101
		15,0			19,0
					11,3
11 000		11 900	9 900		12 095
–		–	–		–
–		–	–		–
–		–	–		–
		900			900
		–			900
dmech	dmech	dmech	dmech	dmech	dmech
					4 G Z
51	29	67	51	51	111
					1 500
					19,1
					16,0
					W
					–
					–
–	–	–			–
36		50			35
		1,26			1,57
		9,00			5,84
		300			543
1939[1])	1940[1])	1940[1])	[1])	1937[1])	1935[1])
A	1968 A	1969 A	1971 A	U	1970 A

Baureihennummer DB/DR ab 1992	–	–	–	–
Betriebsnummer 1970 bis 1991	–	(186 034)	–	186 035
bis 1970	–	VT 135 547	VT 135 548	VT 135 549
Radsatzanordnung	–	1 A	1 A	B
Gattungszeichen bis 1956	–		CvT	CvT
1957 bis 1966	–		B	B
ab 1967	–			Baao
Hersteller mechanischer Teil	–	Wumag	Tal	Wumag
Hersteller Verbrennungsmotor	–			
Hersteller elektrischer Teil/Getriebe	–			
Höchstgeschwindigkeit	km/h			
Spurweite	mm	1 435	1 435	1 435
Installierte Leistung	kW	48	110	
Traktionsleistung	kW			
Dienstmasse	t			
Größte Radsatzfahrmasse	t			
Länge über Puffer/Kupplung	mm		11 200	9 900
Drehzapfenabstand	mm		–	–
Triebdrehgestellradsatzstand	mm		–	–
Laufdrehgestellradsatzstand	mm		–	–
Treibraddurchmesser	mm			
Laufraddurchmesser	mm			–
Leistungsübertragungsart	–	dmech	dmech	dmech
Leistungsübertragungssystem	–			
Motorleistung	kW	48	110	
Nenndrehzahl	min^{-1}			
Hubvolumen	l			
Verdichtung	–			
Kühlung	–			
Aufladung	–			
Steuerung	–			
Sitzplätze 1. Klasse	–		–	–
Sitzplätze 2. Klasse	–			
Spez. Metereigenmasse	t/m			
Spez. Antriebsleistung	kW/t			
Spez. Sitzplatzmasse	kg			
Indienststellung	–	1935[1])	1936[1])	U
Verbleib	–	1964 A	A	1971 A

[1]) 1949/52 in Bestand der DR

–	–	–	–	–	–
–	186 036	–	–	–	188 001 und 002
VT 135 550	VT 135 550	VT 135 551	VT 135 552	VT 135 553	ORT 135 701 und 702
1 A	1 A	1 A	Bo'1	1 A	A 1
CvT	CvT	BCPwivT	Pw3vT	BCivT	Dienst
B	B	ABDi	D3	AB	Dienst
	Baao		Dao	ABaao	Dienst
Lin	Lin	LHB	Eigenbau	Nie	Gör
Daim	IFA		MWM	MAN	IFA
		SSW	SSW, BBC	SSW	
50	50	60	60	60	70
1 435	1 435	1 435	1 435	1 435	1 435
70	143	195	221	99	99
10,0	10,0	30,0	31,3	22,0	26,0
10 000	10 000	13 910	12 650	13 900	13 100
–	–	–	7 100	–	–
–	–	–	2 300	–	–
–	–	–	–	–	–
900	900	1 000	1 000	900	940
900	900	1 000	1 000	900	940
dmech	dmech	del	del	del	dmech
					4 G Z
70	143	195	221	99	99
			900		1 800
					9,83
					18,0
					W
					–
					–
–	–	9	–	4	–
35	35	18	–	58	–
1,00	1,00	2,16	2,47	1,58	1,98
7,00	14,30	6,50	7,06	4,50	3,81
286	286	1 111	–	355	–
1937[1])	U	1934 U[1])	1932 U[1])	[1])	1956
U	A	1968 A	1956 A	1969 A	U

Baureihennummer DB/DR ab 1992	–	708.0	–	708.0
Betriebsnummer 1970 bis 1991	–	188 001 und 002	188 003 bis 006	188 003 bis 006
bis 1970	–	–	ORT 135 703, 705 und 706	–
Radsatzanordnung	–	A 1	A 1	A 1
Gattungszeichen bis 1956	–	–	Dienst	–
1957 bis 1966	–	–	Dienst	–
ab 1967	–	Dienst	Dienst	Dienst
Hersteller mechanischer Teil	–	Gör	Gör	Gör
Hersteller Verbrennungsmotor	–		Joh	
Hersteller elektrischer Teil/Getriebe	–			
Höchstgeschwindigkeit	km/h	80	75	80
Spurweite	mm	1 435	1 435	1 435
Installierte Leistung	kW	103	110	103
Traktionsleistung	kW			
Dienstmasse	t	26,0	24,5	24,5
Größte Radsatzfahrmasse	t			
Länge über Puffer/Kupplung	mm	13 100	13 100	13 100
Drehzapfenabstand	mm	–	–	–
Triebdrehgestellradsatzstand	mm	–	–	–
Laufdrehgestellradsatzstand	mm	–	–	–
Treibraddurchmesser	mm	940	940	940
Laufraddurchmesser	mm	940	940	940
Leistungsübertragungsart	–	dmech	dmech	dmech
Leistungsübertragungssystem	–	4 G Z	4 G Z	4 G Z
Motorleistung	kW	103	110	103
Nenndrehzahl	min^{-1}		2 000	
Hubvolumen	l		9,83	
Verdichtung	–		18,0	
Kühlung	–		W	
Aufladung	–		–	
Steuerung	–		–	
Sitzplätze 1. Klasse	–	–	–	–
Sitzplätze 2. Klasse	–	–	–	–
Spez. Metereigenmasse	t/m	1,98	1,87	1,87
Spez. Antriebsleistung	kW/t	3,96	4,49	4,20
Spez. Sitzplatzmasse	kg	–	–	–
Indienststellung	–	1977 U	1958	1977 U
Verbleib	–		U	(A)

[1]) 1949/52 in Bestand der DR

–	–	–	–	–	–
–	–	–	–	–	–
VT 137 511 und 512	VT 137 513	VT 137 514	VT 137 515	VT 137 516	VT 137 517
(1 A) (A 1)	(1 A) (A 1)	(1 A) (A 1)	(1 A) (A 1)	(1 A) (A 1)	(1 A) (A 1)
C4vT	C4vT	C4ivT	C4vT	C4ivT	C4vT
B4	B4	B4i	B4	B4i	B4
–	–	–	–	–	–
DWK	DWK	DWK	DWK	DWK	DWK
		DWK	DWK	DWK	DWK
50	50	50/55		50	50
1 435	1 435	1 435	1 435	1 435	1 435
92	99	99	99	81	99
19,8	19,5	19,5	19,5	19,0	19,5
13 500	13 500	14 900	13 000	13 500	13 500
8 550	8 550	8 600	8 500	8 450	8 450
1 550	1 550	1 550	1 650	1 550	1 550
–	–	–	–	–	–
750	750	800	850	800	800
750	750	800	850	800	800
dmech	dmech	dmech	dmech	dmech	dmech
92	99	99	99	81	99
		1 500		1 750	1 500
–	–	–	–	–	–
44	44	43	50	41	41
1,47	1,44	1,31	1,50	1,41	1,44
4,65	5,08	5,08	5,08	4,26	5,08
450	443	453	390	463	476
1924[1])	1924[1])	1924[1])	1925[1])	1925[1])	1925[1])
U, A	1961 A	1961 A	1957 U	1968 A	U

Baureihennummer DB/DR ab 1992	–	–	–	–
Betriebsnummer 1970 bis 1991	–	–	–	–
bis 1970	–	VT 137 518	VT 137 519 und 520	VT 137 521
Radsatzanordnung	–	(1 A) (A 1)	(1 A) (A 1)	(1 A) (A 1)
Gattungszeichen bis 1956	–	C4ivT	C4ivT	C4ivT
1957 bis 1966	–	B4i	B4i	B4i
ab 1967	–	–	–	–
Hersteller mechanischer Teil	–	DWK	DWK	DWK
Hersteller Verbrennungsmotor	–	DWK	DWK	
Hersteller elektrischer Teil/Getriebe	–			
Höchstgeschwindigkeit	km/h	60	50	50
Spurweite	mm	1 435	1 435	1 435
Installierte Leistung	kW	99	99	92
Traktionsleistung	kW			
Dienstmasse	t	19,2	19,5	19,5
Größte Radsatzfahrmasse	t			
Länge über Puffer/Kupplung	mm	13 630	13 630	13 630
Drehzapfenabstand	mm	8 000	8 550	8 550
Triebdrehgestellradsatzstand	mm	1 550	1 550	1 550
Laufdrehgestellradsatzstand	mm	–	–	–
Treibraddurchmesser	mm	800	850	850
Laufraddurchmesser	mm	800	850	850
Leistungsübertragungsart	–	dmech	dmech	dmech
Leistungsübertragungssystem	–			
Motorleistung	kW	99	99	99
Nenndrehzahl	min^{-1}	1 500	1 500	1 500
Hubvolumen	l			
Verdichtung	–			
Kühlung	–			
Aufladung	–			
Steuerung	–			
Sitzplätze 1. Klasse	–	–	–	–
Sitzplätze 2. Klasse	–	43	43	43
Spez. Metereigenmasse	t/m	1,41	1,43	1,43
Spez. Antriebsleistung	kW/t	5,16	5,08	4,72
Spez. Sitzplatzmasse	kg	447	453	453
Indienststellung	–	1925[1])	1925[1])	1930[1])
Verbleib	–	1965 A	1968 A	1954 U

[1]) 1949/52 in Bestand der DR

–	–	–	–	–	–
–	–	–	–	185 256 (188 256)	–
VT 137 522	VT 137 523 und 524	VT 137 525	VT 137 526	VT 137 527	VT 137 528
(1 A) (A 1)	(1 A) (A 1)	(1 A) (A 1)	Bo'2'	(1 A) (A 1)	(1 A) (A 1)
C4vT	C4vT	BC4ivT	BC4ivT	C4vT	BCPwivT
B4	B4	AB4i	AB4i	B4	ABD4i
–	–	–	–	B	ABD
Lin	Wis	Nie	LHB	Wis	Wis
			TAG		
					Ardelt
			70		65
1 435	1 435	1 435	1 435	1 435	1 435
	110	110	176	109	221
			32,9		37,8
			20 840	16 950	23 500
			13 600	10 600	15 740
			3 250		3 700
			3 300	–	–
			900		900
			900		900
dmech	dmech	dmech	del	dmech	dmech
	110		88	54	110
–	–		8	–	8
–			54		86
			1,58		1,61
			5,35		5,85
			531		402
1937[1])	1939[1])	1941[1])	1942[1])	1939[1])	1937[1])
A	A	1961 A	1968 A	A	1968 A

Baureihennummer DB/DR ab 1992	–	–	–	–
Betriebsnummer 1970 bis 1991	–	187 101	–	–
bis 1970	–	VT 137 531 und 532	VT 137 551	VT 137 552
Radsatzanordnung	–	(1 A) (A 1)	(1 A) (A 1)	(1 A) (A 1)
Gattungszeichen bis 1956	–	C4vT	BCPw4ivT	BCPw4ivT
1957 bis 1966	–	KB4	ABD4i	ABD4i
ab 1967	–	KB	–	–
Hersteller mechanischer Teil	–	DWK, Des	LHB	Wis
Hersteller Verbrennungsmotor	–	Daim		Deu
Hersteller elektrischer Teil/Getriebe	–	Myl		BBC
Höchstgeschwindigkeit	km/h	60	80[1]	50
Spurweite	mm	1 000	1 435	1 435
Installierte Leistung	kW	77	147	173
Traktionsleistung	kW			
Dienstmasse	t	13,4	43,0	31,5
Größte Radsatzfahrmasse	t			
Länge über Puffer/Kupplung	mm	12 960	22 300	21 100
Drehzapfenabstand	mm	7 500	14 650	13 055
Triebdrehgestellradsatzstand	mm	1 400	2 500	3 000
Laufdrehgestellradsatzstand	mm	–	–	–
Treibraddurchmesser	mm	700	1 000	900
Laufraddurchmesser	mm	700	1 000	900
Leistungsübertragungsart	–	dmech	del	del
Leistungsübertragungssystem	–			
Motorleistung	kW	77	73	87
Nenndrehzahl	min^{-1}			
Hubvolumen	l			
Verdichtung	–			
Kühlung	–			
Aufladung	–			
Steuerung	–			
Sitzplätze 1. Klasse	–	–	6	16
Sitzplätze 2. Klasse	–	50	60	56
Spez. Metereigenmasse	t/m	1,03	1,93	1,49
Spez. Antriebsleistung	kW/t	5,94	3,42	5,49
Spez. Sitzplatzmasse	kg	268	652	438
Indienststellung	–	1935/39[1]	1929 U[2]	1933[2]
Verbleib	–	1979 A, U, (M)	1965 A	1958 A

[1]) später 70 km/h

[2]) 1949/52 in Bestand der DR

–	–	–	–	–	–
–	–	–	–	185 024	–
VT 137 553 und 554	VT 137 555	VT 137 556 bis 558	VT 137 559	VT 137 560	VT 137 561
2'Bo'	2'Bo'2'	(A 1 A) Bo'	Bo'2'	(A 1 A) 2'	Bo'Bo'
BCPwPost4ivT	CPost6ivT	BCPwPost5ivT		BCPwPost5vT	CPw4vT
ABDPost4i	BPost6i	ABDPost5i		ABDPost5	KBD4
–	–	–	–	ABDPost	–
LHB	Düwag	LHB	Des	Des	MAN
MAN	MAN	MAN			MAN
AEG	BBC	AEG	SSW		BBC
65	75	65/70			60/40
1 435	1 435	1 435	1 435	1 435	1 000
184	304	346	165	368	348
37,8	52,0	58,1			33,25
		12,4			
20 840	37 720	22 640			15 600
13 600	14 670/15 170	15 500			11 100
3 200	2 850	3 600/3 000			1 900
3 000	3 650/2 850	–			–
900	900	900			800
900	900	900			–
del	del	del	del	del	del
92	304	173	165		348
1 000	1 000	1 000			
W		W			
–		–			
V		V			
8	–	6			–
46	143	26			23
1,81	1,38	2,57			2,13
4,87	5,85	5,96			10,47
700	364	1 816			1 446
1933/35[2])	1935[2])	1937/40[2])	1934[2])	1943[2])	1935[2])
1969 A	A	1967 A	A	1972 A	1965 A

Baureihennummer DB/DR ab 1992	–	–	–	(688)
Betriebsnummer 1970 bis 1991	–	187 102 und 103	–	185 025/187 025
bis 1970	–	VT 137 562 bis 564	VT 137 565	VT 137 566
Radsatzanordnung	–	Bo'2'	Bo'Bo'	Bo'Bo'
Gattungszeichen bis 1956	–	C4vT	Pw4vT	Pw4vT
1957 bis 1966	–	KB4	KD4	KD4
ab 1967	–	KB	–	KD
Hersteller mechanischer Teil	–	Bres	Wis	Wis
Hersteller Verbrennungsmotor	–	Deu	MAN	MAN
Hersteller elektrischer Teil/Getriebe	–		BBC	BBC
Höchstgeschwindigkeit	km/h	60	60	60
Spurweite	mm	1 000	1 000	1 000
Installierte Leistung	kW	110	382	382
Traktionsleistung	kW			
Dienstmasse	t	20,4	33,4	32,0
Größte Radsatzfahrmasse	t			
Länge über Puffer/Kupplung	mm	13 920	15 600	15 600
Drehzapfenabstand	mm	8 700	11 100	11 100
Triebdrehgestellradsatzstand	mm	1 880	1 900	1 900
Laufdrehgestellradsatzstand	mm	1 880	–	–
Treibraddurchmesser	mm	700	800	800
Laufraddurchmesser	mm	700	–	–
Leistungsübertragungsart	–	del	del	del
Leistungsübertragungssystem	–			
Motorleistung	kW	110	382	382
Nenndrehzahl	min^{-1}			
Hubvolumen	l			
Verdichtung	–			
Kühlung	–			
Aufladung	–			
Steuerung	–			
Sitzplätze 1. Klasse	–	–	–	–
Sitzplätze 2. Klasse	–	32	–	–
Spez. Metereigenmasse	t/m	1,47	2,14	2,05
Spez. Antriebsleistung	kW/t	5,39	11,44	11,94
Spez. Sitzplatzmasse	kg	637	–	–
Indienststellung	–	1939[1])	1940[1])	1940[1])
Verbleib	–	1971 A, U	1965 A	A, M

[1]) 1949/52 in Bestand der DR

–	–	708.2	–	–	–
–	–	188 200 bis 205	–	171 001	171 002
VT 137 571	VT 137 600	ORT 137 710 bis 715	SVT 137 902	VT 2.09.001	VT 2.09.002
B'2'	2'(1 A) + (A 1)2'	(1 A)2'	2'Bo' + 2'2' + 2'Bo' + Bo'2'	1 A	1 A
BCPwPost4ivT	C8pvT	Dienst4	PwPost4üvT + C4üvM + CWR4üvM + B4üvS	–	–
ABDPost4i	KB8p	Dienst4	DPost4ü + B4ü + BR4ü + Aü	B	B
–	–	Dienst	DPostü + Bü + BRü + Aü	Baa	Baa
MAN	HwL	Gör	MAN +	Btz	Btz
MAN		Roßl	MAN	Büs	Joh
Voith	Myl	Got	BBC +	ZF	Got
60	30	80	140	90	90
1 435	750	1 435	1 435	1 435	1 435
309	110	132	1 088	96	132
		119	1 000		
35,0	39,0	43,0	203,8	15,6	15,0
				11,6	11,25
20 840	33 380	19 300	89 720	13 550	13 550
12 450	9 330/8 400	12 500	10 200/17 500/18 000	–	–
3 600	1 270	2 700	3 000	–	–
3 000	1 270	2 700	3 000	–	–
900	700	950	1 000/880	900	900
900	600	950	1 000/880	900	900
dhydr	dmech	dmech	del	dmech	dmech
		6 G Z	RZM	6 G Z	6 G Z
309		132	1 000 88	96	132
1 000	55	1 500	700 1 200	1 800	1 500
		19,1	214,0 19,1	8,725	19,1
		18,5	19,1 13,0	19,5	19,0
		W	W W	W	W
		–	ja –	–	–
		–	V	–	–
10	–	–	48	–	–
60	67	–	104/30	54	54
1,68	1,17	2,23	2,27	1,15	1,11
8,83	2,82	3,07	5,34	6,15	8,80
500	582	–	1 341 (1 120)	289	278
1938[1])	U[1])	1968	1956 U	1959	1959
1965 A	A		1968 A	1970 A	1970 A

Baureihennummer DB/DR ab 1992	–	771	771	772
Betriebsnummer 1970 bis 1991	–	171 003 bis 007	171 008 bis 070	172 001 bis 016
bis 1970	–	VT 2.09.003 bis 007	VT 2.09.008 bis 070	VT 2.09.101 bis 116
Radsatzanordnung	–	1 A	1 A	1 A
Gattungszeichen bis 1956	–	–	–	–
1957 bis 1966	–	B	B	B
ab 1967	–	Baa	Baa	Baa
Hersteller mechanischer Teil	–	Btz	Btz	Btz
Hersteller Verbrennungsmotor	–	Roßl	Roßl	Roßl
Hersteller elektrischer Teil/Getriebe	–	Got	Got	Got
Höchstgeschwindigkeit	km/h	90	90	90
Spurweite	mm	1 435	1 435	1 435
Installierte Leistung	kW	132	132	132
Traktionsleistung	kW			
Dienstmasse	t	19,3	19,6	19,4
Größte Radsatzfahrmasse	t	13,4	12,75	14,0
Länge über Puffer/Kupplung	mm	13 550	13 550	13 550
Drehzapfenabstand	mm	–	–	–
Triebdrehgestellradsatzstand	mm	–	–	–
Laufdrehgestellradsatzstand	mm	–	–	–
Treibraddurchmesser	mm	900	900	900
Laufraddurchmesser	mm	900	900	900
Leistungsübertragungsart	–	dmech	dmech	dmech
Leistungsübertragungssystem	–	6 G Z	6 G Z	6 G Z
Motorleistung	kW	132	132	132
Nenndrehzahl	min^{-1}	1 500	1 500	1 500
Hubvolumen	l	19,1	19,1	19,1
Verdichtung	–	19,0	19,0	19,0
Kühlung	–	W	W	W
Aufladung	–	–	–	–
Steuerung	–	–	–	V
Sitzplätze 1. Klasse	–	–	–	–
Sitzplätze 2. Klasse/Speiseraum	–	54	54	54
Spez. Metereigenmasse	t/m	1,42	1,45	1,43
Spez. Antriebsleistung	kW/t	6,84	6,73	6,80
Spez. Sitzplatzmasse	kg	358	363	359
Indienststellung	–	1962	1963/64	1964/65
Verbleib	–			

[1]) und 175 301 und 175 401
[2]) und 175.3 und 175.4

772	–	–	–	–	–
172 101 bis 173	173 001	173 002	175 001 und 002[1])	–	175 003 bis 019[2])
VT 2.09.201 bis 273	VT 4.12.01	VT 4.12.02	VT 18.16.01	VT 18.16.02 bis 04	VT 18.16.02 bis 08
1 A	(1 A) (A 1)	(1 A) (A 1)	B′2′ + 2′2′ + 2′2′ + 2′B′	B′2′ + 2′2′ + 2′2′ + 2′B′	B′2′ + 2′2′ + 2′2′ + 2′B′
–	–	–	–	–	–
B	B4	AB4	BD4ü/BR4ü/A4ü/BD4ü	BD4ü/BR4ü/AB4ü/BD4ü	BD4ü/BR4ü/AB4ü/BD4ü
Baa	B	AB	BDm/BR/A/BDm	BDm/BR/AB/BDm	BDm/BR/AB/BDm
Gör	Btz	Btz	Gör	Gör	Gör
Roßl	Roßl	Roßl	Joh	Joh	Joh
Got	Got	Got	Dres	Dres	Dres
90	120/125	125	160	160	160
1 435	1 435	1 435	1 435	1 435	1 435
132	294	324	1 324	1 324	1 471
22,1	43,5	46,0	220,0	214,4	214,4
15,0	14,5	14,6	19,0	19,8	19,8
13 550	24 500	24 700	98 140	98 140	98 140
–	17 200	17 200	16 500	16 500	16 500
–	2 500	2 500	4 000	4 000	4 000
–	–	–	2 500	2 500	2 500
900	950	950	950	950	950
900	950	950	950	950	950
dmech	dmech	dmech	dhydr	dhydr	dhydr
6 G Z	6 G Z	6 G Z	3 G W/W/W	3 G W/W/W	3 G W/W/W
132	147	162	662	662	735
1 500	1 500	1 500	1 500	1 500	1 500
19,1	19,1	19,1	64,0	64,0	
18,5	18,0	18,5	16,0	16,0	
W	W	W	W	W	W
–	–	–	ja	ja	ja
V	V	V	V	V	V
–	–	9	54	36	36
54	84	56	80/23	104/23	104/23
1,63	1,77	1,86	2,24	2,19	2,18
5,97	6,76	7,04	6,02	6,18	6,86
408	518	707	1 642 (1 401)	1 531 (1 315)	1 531 (1 315)
1968/69	1964	1965	1963	1965	1967 (U)
	A	A	A	U	A

Baureihennummer DB/DR ab 1992	–	–	675/975	–
Betriebsnummer 1970 bis 1991	–	175 003 bis 019[1])	175 003 bis 019[1])	181 001 bis 004[2])
bis 1970	–	VT 18.16.02 bis 08	VT 18.16.02 bis 08	VT 12.14.01 bis 03
Radsatzanordnung	–	B'2' + 2'2' + 2'2' + 2'2' + 2'B'	B'2' + 2'2' + 2'2' + 2'2' + 2'2' + 2'B'	(1 B)2' + 2'2' + 2'2' + 2'(B 1)
Gattungszeichen bis 1956	–	–	–	–
1957 bis 1966	–	BD4ü/BR4ü/B4ü/ AB4ü/BD4ü	BD4ü/BR4ü/B4ü/B4ü/AB4ü/ BD4ü	BD5ü/B4üm/A4ü/DR5ü
ab 1967	–	BDm/BR/B/AB/BDm	BDm/BR/B/B/AB/BDm	BDm/B/A/DRm
Hersteller mechanischer Teil	–	Gör	Gör	Ganz
Hersteller Verbrennungsmotor	–	Joh	Joh	Ganz
Hersteller elektrischer Teil/Getriebe	–	Dres	Dres	Ganz
Höchstgeschwindigkeit	km/h	160	140	125
Spurweite	mm	1 435	1 435	1 435
Installierte Leistung	kW	1 471	1 471	622
Traktionsleistung	kW			
Dienstmasse	t	255,2	296,0	194,5
Größte Radsatzfahrmasse	t	19,8	19,8	18,0
Länge über Puffer/Kupplung	mm	121 660	145 180	96 030
Drehzapfenabstand	mm	16 500	16 500	17 050/17 600
Triebdrehgestellradsatzstand	mm	4 000	4 000	4 100
Laufdrehgestellradsatzstand	mm	2 500	2 500	2 950
Treibraddurchmesser	mm	950	950	930
Laufraddurchmesser	mm	950	950	930
Leistungsübertragungsart	–	dhydr	dhydr	dmech
Leistungsübertragungssystem	–	3 G W/W/W	3 G W/W/W	5 G Z
Motorleistung	kW	735	735	351
Nenndrehzahl	min^{-1}	1 500	1 500	1 150
Hubvolumen	l			65,3
Verdichtung	–			
Kühlung	–	W	W	W
Aufladung	–	ja	ja	–
Steuerung	–	V	V	V
Sitzplätze 1. Klasse	–	36	36	54
Sitzplätze 2. Klasse/Speiseraum	–	176/23	248/23	112/32
Spez. Metereigenmasse	t/m	2,10	2,04	2,03
Spez. Antriebsleistung	kW/t	5,76	4,97	3,40
Spez. Sitzplatzmasse	kg	1 204 (1 086)	1 042 (964)	1 172 (982)
Indienststellung	–	1967/68 (U)	1967/68 (U)	1954
Verbleib	–	A	A, M	A

[1]) und 175.3, 175.4 und 175.5
[2]) und 181 501 bis 504

708.3	708.3
188 301 und 302	188 303 bis 331
–	–
B'2'	B'2'
–	–
–	–
Dienst	Dienst
Gör	Gör
Roßl	
Dres	
100	100
1 435	1 435
330	330
58,0	59,0
22 400	22 400
15 800	15 800
2 500	2 500
2 500	2 500
920	920
920	920
dhydr	dhydr
	W/W
330	330
1 500	1 520
W	W
–	–
–	–
–	–
–	–
2,59	2,63
5,69	5,59
–	–
1987	1989

Baureihennummer DB/DR ab 1992	–	–	–	–
Betriebsnummer 1970 bis 1991	–	–	–	–
bis 1970	–	VS 144 500	VS 144 501	VS 144 502
Radsatzanordnung	–	2	2	2
Gattungszeichen bis 1956	–	CPwivS	CvS	PwPostvS
1957 bis 1966	–	BDi	B	DPost
ab 1967	–	–	–	–
Hersteller mechanischer Teil	–		Wei	Wis
Höchstgeschwindigkeit	km/h			
Spurweite	mm	1 435	1 435	1 435
Dienstmasse	t			
Größte Radsatzfahrmasse	t			
Länge über Puffer/Kupplung	mm	11 860	13 000	
Drehzapfenabstand	mm	–	–	
Laufdrehgestellradsatzstand	mm	–	–	
Laufraddurchmesser	mm			
Sitzplätze 1. Klasse	–	–	–	–
Sitzplätze 2. Klasse	–			–
Spez. Metereigenmasse	t/m			
Spez. Sitzplatzmasse	kg			–
Indienststellung	–	1932[1])	1937[1])	1940[1])
Verbleib	–	1963 U	1963 U	A

[1]) 1949/52 in Bestand der DR

–	–	–	–	972	972
–	–	195 630	195 631	172 601 bis 616	172 701 bis 770
VS 145 501	VS 145 502	VS 145 503	VS 145 504	VS 2.08.101 bis 116	VS 2.08.201 bis 270
2′2′	2′2′	2′2′	2′2′	2	2
C4ivS	C4vS	C4ivS	C4vS	–	–
B4i	B4	B4i	B4	B	B
–	–	Bi	B	Baa	Baa
Nie	Wumag	LHB	LHB	Btz	Gör
	60			90	90
1 435	1 435	1 435	1 435	1 435	1 435
				14,0	14,0
				11,0	11,0
	19 440	21 350		13 550	13 550
	12 000	14 500		–	–
	2 500			–	–
	1 000			900	900
	–	–	–	–	–
	102	96	96	55	55
				1,03	1,03
				255	255
1935[1])	1936[1])	1939[1])	[1])	1965	1968
U	U	U	U		

Baureihennummer DB/DR ab 1992	–	–	–	–
Betriebsnummer 1970 bis 1991	–	–	–	–
bis 1970	–	VB 140 501	VB 140 502	VB 140 503
Radsatzanordnung	–	2	2	2
Gattungszeichen bis 1956	–	BCiv	Cv	BCv
1957 bis 1966	–	ABi	B	AB
ab 1967	–	–	–	–
Hersteller mechanischer Teil	–	Hen	Sten	Wis
Höchstgeschwindigkeit	km/h			
Spurweite	mm	1 435	1 435	1 435
Dienstmasse	t			
Größte Radsatzfahrmasse	t			
Länge über Puffer/Kupplung	mm			
Drehzapfenabstand	mm			
Laufdrehgestellradsatzstand	mm			
Laufraddurchmesser	mm			
Sitzplätze 1. Klasse	–		–	
Sitzplätze 2. Klasse	–			
Spez. Metereigenmasse	t/m			
Spez. Sitzplatzmasse	kg			
Indienststellung	–	1908[1])	1928[1])	1937[1])
Verbleib	–	A	A	1961 A

[1]) 1949/52 in Bestand der DR

–	–	–	–	–	–
190 830	190 831	190 832	190 849	190 833	190 834
VB 140 504	VB 140 505	VB 140 506	VB 140 507	VB 140 508	VB 140 509
2	2	2	2	2	2
Cv	CPwiv	Cv	Cv	Civ	CPwiv
B	BDi	B	B	Bi	BDi
Baa	BDaai	Baa	Baa	Baai	BDaai
Wis	Wis	Wis	Sten	Des	Des
1 435	1 435	1 435	1 435	1 435	1 435
	9 700			10 500	10 500
	–			–	–
	–			–	–
–	–	–	–	–	–
1937[1])	1937[1])	1938[1])	1938[1])	1939[1])	1939[1])
A	A	A	A	A	A

Baureihennummer DB/DR ab 1992	–	–	–	–
Betriebsnummer 1970 bis 1991	–	190 835	190 836	–
bis 1970	–	VB 140 510	VB 140 511	VB 140 512
Radsatzanordnung	–	2	2	2
Gattungszeichen bis 1956	–	Civ	Cv	
1957 bis 1966	–	Bi	B	
ab 1967	–	Baai	Baa	
Hersteller mechanischer Teil	–	Des	Lin	Sten
Höchstgeschwindigkeit	km/h			
Spurweite	mm	1 435	1 435	1 435
Dienstmasse	t			
Größte Radsatzfahrmasse	t			
Länge über Puffer/Kupplung	mm	10 500		
Drehzapfenabstand	mm	–	–	–
Laufdrehgestellradsatzstand	mm	–	–	–
Laufraddurchmesser	mm			
Sitzplätze 1. Klasse	–	–	–	
Sitzplätze 2. Klasse	–			
Spez. Metereigenmasse	t/m			
Spez. Sitzplatzmasse	kg			
Indienststellung	–	1939[1)]	1939[1)]	1939 U[1)]
Verbleib	–	A	A	A

[1)] 1949/52 in Bestand der DR

–	–	–	–	–	–
190 837	190 838	–	190 839 bis 841	190 842	190 843
VB 140 513	VB 140 514	VB 140 515	VB 140 516 bis 519	VB 140 521	VB 140 522
2	2	2	2	2	2
	Cv	Cv			
	B	B			
	Baa	Baa			
Wumag	Wis	Sten	Wis	Tal	Sten
1 435	1 435	1 435	1 435	1 435	1 435
		7,2			
14 000	13 410	7 150	12 840		
–	–	–	–		
–	–	–	–		
	–	–			
		32			
		1,01			
		225			
1936[1])	1940[1])	1929[1])	1940[1])	1936[1])	1932[1])
A	A	1968 A	A, 1974 U	A	A

Baureihennummer DB/DR ab 1992	–	–	–	–
Betriebsnummer 1970 bis 1991	–	190 844	190 845	190 846
bis 1970	–	VB 140 523 und 524	VB 140 525	VB 140 526
Radsatzanordnung	–	2	2	2
Gattungszeichen bis 1956	–	Cv	–	–
1957 bis 1966	–	B	B	B
ab 1967	–	Baao	Baao	Baa
Hersteller mechanischer Teil	–	Tal	Tal	Wei
Höchstgeschwindigkeit	km/h	55	55	
Spurweite	mm	1 435	1 435	1 435
Dienstmasse	t			
Größte Radsatzfahrmasse	t			
Länge über Puffer/Kupplung	mm	11 170	11 170	13 000
Drehzapfenabstand	mm	–	–	–
Laufdrehgestellradsatzstand	mm	–	–	–
Laufraddurchmesser	mm	950	950	
Sitzplätze 1. Klasse	–	–	–	–
Sitzplätze 2. Klasse	–	38		
Spez. Metereigenmasse	t/m			
Spez. Sitzplatzmasse	kg			
Indienststellung	–	1947 U	U	1963 U
Verbleib	–	A	A	A

[1]) 1949/52 in Bestand der DR

–	–	–	–	–	–
–	–	–	197 830	197 831	197 832
VB 140 527	VB 147 501	VB 147 502	VB 147 503 bis 505	VB 147 510	VB 147 511
2	2'2'	2'2'	2'2'	2'2'	2'2'
–	C4v	–	C4iv	C4v	–
BDi	B4	B4i	B4i	B4	B4i
BDaai	B	Bi	Bi	B	Bi
	NAG	DWK	Des	Wumag	Nie
		50			
1 435	1 435	1 435	1 435	1 435	1 435
		17,3			
11 860		13 630	22 740	19 000	
–		8 550	17 340	11 000	
–		1 550			
		850			
–	–	–	–	–	–
		55			
		1,29			
		315			
1963 U	1923[1])	1954 U	1940[1])	1932[1])	U
1964 A	A	1966 A	A	A	A

Baureihennummer DB/DR ab 1992	–	–	–	–
Betriebsnummer 1970 bis 1991	–	197 833	197 835	197 837
bis 1970	–	VB 147 512	VB 147 530	VB 147 531
Radsatzanordnung	–	2'2'	2'2'	2'2'
Gattungszeichen bis 1956	–	–	–	–
1957 bis 1966	–	B4		
ab 1967	–	B		
Hersteller mechanischer Teil	–	Wumag	Des, Düwag	Des, Düwag
Höchstgeschwindigkeit	km/h	80	100	100
Spurweite	mm	1 435	1 435	1 435
Dienstmasse	t			
Größte Radsatzfahrmasse	t			
Länge über Puffer/Kupplung	mm	19 440	22 350	22 350
Drehzapfenabstand	mm	12 000	14 420	14 420
Laufdrehgestellradsatzstand	mm	2 500	3 600/3 000	3 600/3 000
Laufraddurchmesser	mm	1 000	900	900
Sitzplätze 1. Klasse	–	–		
Sitzplätze 2. Klasse	–	102		
Spez. Metereigenmasse	t/m			
Spez. Sitzplatzmasse	kg			
Indienststellung	–	U	1964 U	1965 U
Verbleib	–	A	A	A

–	–	–	–	–	–
197 836	197 840 bis 842	197 843	197 847	197 851	199 801
VB 147 532	VB 147 551 a/b bis 553 a/b	VB 147 554 a/b	–	–	VB 147 561
2'2'	2'2' + 2'2'	2'2' + 2'2'	2'2'	2'2'	2'2'
–	–	–	–	–	KC4v
–			–	–	KB4
ABD			Bi	B	KB
Tal	Wumag	Wumag	LHB	LHB	Bres
80	90	90			60
1 435	1 435	1 435	1 435	1 435	1 000
21 873	40 690	40 640	21 350		13 920
14 270	13 500	13 500	14 500		8 700
4 000/3 000	3 200/3 000	3 200/3 000			1 880
900	900	900			700
			–	–	–
			96	96	32
1965 U	1961/64 U	1961 U	U	U	1951 U
A	A	A	A	A	1977 A

Baureihennummer DB/DR ab 1992	–	–	–	–
Betriebsnummer 1970 bis 1991	–	199 802	171 801	171 802
bis 1970	–	VB 147 562	VB 2.07.501	VB 2.07.502
Radsatzanordnung	–	2'2'	2	2
Gattungszeichen bis 1956	–	KC4v	–	–
1957 bis 1966	–	KB4	B	B
ab 1967	–	KB	Baa	Baa
Hersteller mechanischer Teil	–	DWK, Des	Btz	Btz
Höchstgeschwindigkeit	km/h	60	90	90
Spurweite	mm	1 000	1 435	1 435
Dienstmasse	t		11,0	10,5
Größte Radsatzfahrmasse	t			
Länge über Puffer/Kupplung	mm	12 960	13 550	13 550
Drehzapfenabstand	mm	7 500	–	–
Laufdrehgestellradsatzstand	mm	1 400	–	–
Laufraddurchmesser	mm	700	900	900
Sitzplätze 1. Klasse	–	–	–	–
Sitzplätze 2. Klasse	–	50	57	57
Spez. Metereigenmasse	t/m		0,81	0,77
Spez. Sitzplatzmasse	kg		193	184
Indienststellung	–	1953 U	1959	1959
Verbleib	–	1977 A	1970 A	1970 A

971
171 803 bis 870
VB 2.07.503 bis 570
2
–
B
Baa

Btz

90
1 435
12,2
10,0

13 550
–
–
900

–
57

0,90
214

1962/64

Baureihennummer DB/DR ab 1992	–	–			–		–		
Betriebsnummer 1968 bis 1991	–	–			–		608/908		
bis 1967	–	VT 07 501 und 502			VT 07 501 und 502		VT 08 501 bis 514		
Radsatzanordnung	–	B'2' + 2'2' + 2'2'			B'2' + 2'2' + 2'2'		B'2' + 2'2' + 2'2'		
Gattungszeichen bis 1966	–	AD4ü/A4ü/AR4ük			AD4ü/A4ü/AR4ük		WRDPost4üm/A4üm/ A4üm		
ab 1967	–	–			ADü/Aü/Aür		–		
Hersteller mechanischer Teil	–	MAN			MAN		MAN +		
Hersteller Verbrennungsmotor	–	MAN, May, Daim			MAN, Daim, May		MAN, May, Daim		
Hersteller elektrischer Teil/Getriebe	–	May, Voith			May, Voith		May, Voith		
Höchstgeschwindigkeit	km/h	120			120		120/140		
Spurweite	mm	1 435			1 435		1 435		
Installierte Leistung	kW	736/590			736		736		
Traktionsleistung	kW	692			692		692		
Dienstmasse	t	146,0			146,0		120,4		
Größte Radsatzfahrmasse	t	17,5			17,5		17,8		
Länge über Puffer/Kupplung	mm	69 760			69 760		79 970		
Drehzapfenabstand	mm	15 865/16 780			15 865/16 780		19 000		
Triebdrehgestellradsatzstand	mm	3 600			3 600		3 600		
Laufdrehgestellradsatzstand	mm	3 000			3 000		2 500		
Treibraddurchmesser	mm	940			940		930		
Laufraddurchmesser	mm	930			930		900		
Leistungsübertragungsart	–	dhydr		dhm	dhydr	dhm	dhydr		dhm
Leistungsübertragungssystem	–	3 G W/W/W		4 G W/Z	3 G W/W/W	4 G W/Z	3 G W/W/W		4 G W/Z
Motorleistung	kW	736	590		736		736		
Nenndrehzahl	min^{-1}	1 500	1 400		1 500		1 500		
Hubvolumen	l	64,5	57,12	60,6	64,5		59,2	64,5	
Verdichtung	–	15,5	15,0	15,94	15,5		15,7	15,5	
Kühlung	–	W			W		W		
Aufladung	–	ja			ja		ja		
Steuerung	–	V			V		V		
Sitzplätze 1. Klasse	–	101			90[1])		108		
Sitzplätze 2. Klasse	–	–/29			–/29		–/24		
Spez. Metereigenmasse	t/m	2,09			2,09		1,51		
Spez. Antriebsleistung	kW/t	5,04/4,04			5,04/4,04		6,11		
Spez. Sitzplatzmasse	kg	1 446 (1 123)			1 622 (1 227)		1 115 (912)		
Indienststellung	–	1951 (U)			1956 U		1952/53		
Verbleib	–	1956 U			1960 A		1971 U		

[1]) plus 5 im Konferenzraum

[2]) nachts 8/24 Bettplätze 1./2. Klasse und 12 Liegesitze oder 40 Bettplätze 2. Klasse und 12 Liegesitze

–	–	–	–	–	(688/988)
608/908	–	–	–	–	601/901
VT 08 501 bis 520	VT 10 501	VT 10 501	VT 10 551	VT 10 551	VT 11 5001 bis 5019
B'2' + 2'2' + 2'2' + 2'B'	B'1'1'1'1'1'1'B'	B'1'1'1'1'1'1'B'	B'2'2'2'2'2'2'2'B'	B'2'2'2'2'2'2'2'B'	B'2' + 2'2' + 2'2' + 2'2' + 2'2' + 2'2' + 2'B'
WRD4ü/A4ü/A4ü/A4ü	ARD10y	ARD10y	ABRWLD18y	ABRWLD18y	D4ü/A4ü/A4y/AR4y/ WR4y/A4ü/D4ü
Dür/Aü/Aü/Aü	–	–	–	–	D/A/A/Ar/Ar/A/D
MAN +	LHB	LHB	Weg	Weg	MAN +
MAN, May, Daim	MAN	MAN	MAN	MAN	Daim, May, MAN
May, Voith	AEG	AEG	AEG	AEG	Voith, May
120/140	120	120	120	120	140/160
1 435	1 435	1 435	1 435	1 435	1 435
1 472	562	710	562	710	2 058
1 384	472	618	472	618	1 620
176,0	110,9	121,0	111,7	128,0	211,0
19,5	13,0	14,0	13,0	13,5	17,0
106 700	96 700	96 700	108 900	108 900	130 680
19 000	12 200	12 200	12 200	12 200	12 600
3 600	2 200	2 200	2 200	2 200	3 400
2 500	–	–	2 000	2 000	2 300
930	900	900	900	900	950
900	900	900	900	900	900
dhydr dhm	dhm	dhm	dhm	dhm	dhydr dhm
3 G W/W/W 4 G W/Z	4 G W/Z	4 G W/Z	4 G W/Z	4 G W/Z	3 G W/W/W 4 G W/Z
736	118 92	155 92	118 92	155 92	810 219
1 500	2 000 1 500	2 000 1 500	2 000 1 500	2 000 1 500	1 500 1 500
59,2 64,5	13,2	11,3	11,3	11,3	64,5 59,28 22,1
15,7 15,5					15,5 15,7 19,0
W	W	W W	W	W W	W
ja	–	ja –	–	ja –	ja
V	V	V	V	V	V
156	135	131	36[2])	84[2])	122
–/24	–	–	48[2])/29	–/29	–/51
1,65	1,15	1,25	1,03	1,18	1,62
8,37	5,07	5,87	5,03	6,52	9,74
1 127 (977)	821	924	1 330 (988)	1 525 (1 130)	1 730 (1 220)
1954	1954	U	1954	U	1957/62
1971 U	U	1959 A	U	1960 A	U, M

Baureihennummer DB/DR ab 1992	–	–				–		610.0/610.5
Betriebsnummer 1968 bis 1991	–	602 + 601/901				601 001 bis 019[1]		–
bis 1967	–	–				–		–
Radsatzanordnung	–	B′2′ + 2′2′ + 2′2′ + 2′2′ + 2′2′ + 2′2′ + 2′2′ + 2′2′ + 2′2′ + 2′B′				B′2′ + 2′2′ + 2′2′ + 2′2′ + 2′2′ + 2′2′ + 2′2′ + 2′2′ + 2′2′ + 2′B′		2′(A 1) + (1 A) (A 1)
Gattungszeichen bis 1966	–	D4ü/A4ü/A4ü/A4y/A4y AR4y/AR4y/A4ü/A4ü/D4ü				–		–
ab 1967	–	D/A/A/A/A/Ar/Ar/A/ A/D				Dü/Büz/Bpz/Bpz/ WRüz/WRyz/Büz/Dü[2]		By/ABy
Hersteller mechanischer Teil	–	MAN +				MAN, LHB, Weg		Düwag, MAN, MBB, Fiat
Hersteller Verbrennungsmotor	–	KHD, Daim, May, MAN				MTU, MWM		MTU
Hersteller elektrischer Teil/Getriebe	–	Voith				Voith		ABB, AEG, SSW
Höchstgeschwindigkeit	km/h	160				160		160
Spurweite	mm	1 435				1 435		1 435
Installierte Leistung	kW	2 868				1 954		970
Traktionsleistung	kW							
Dienstmasse	t	292,5				328,0[2]		95,4
Größte Radsatzfahrmasse	t	18,5				18,5		13,4
Länge über Puffer/Kupplung	mm	185 160				185 160		51 750
Drehzapfenabstand	mm	12 600				12 600		17 500
Triebdrehgestellradsatzstand	mm	3 400				3 400		2 450
Laufdrehgestellradsatzstand	mm	2 300				2 300		2 450
Treibraddurchmesser	mm	950				970		890
Laufraddurchmesser	mm	900				900		890
Leistungsübertragungsart	–	dhydr				dhydr		del
Leistungsübertragungssystem	–	2 G W/K				2 G W/K		–
Motorleistung	kW	1 620	810		219	760	217	485
Nenndrehzahl	min^{-1}	13 775	1 500		1 500	1 500	1 500	2 100
Hubvolumen	l		64,5	59,28	22,1		22,1	
Verdichtung	–		15,5	15,7	19,0		19,0	
Kühlung	–		W		W	W		W
Aufladung	–		ja		ja	ja		ja
Steuerung	–	V				V		V
Sitzplätze 1. Klasse	–	227				–		16
Sitzplätze 2. Klasse	–	–/51				244/47[2]		120
Spez. Metereigenmasse	t/m	1,58				1,77		1,84
Spez. Antriebsleistung	kW/t	9,80				5,96		10,17
Spez. Sitzplatzmasse	kg	1 288 (1 052)				1 344 (1 127)		701
Indienststellung	–	1972 U				1979/80 U		1992
Verbleib	–	U, 1979 A				1988 A		

[1]) und 901 101 bis 123, 901 201 bis 208, 901 301 bis 308, 901 401 bis 409 sowie 901 501 und 502
[2]) je nach Zugbildung Abweichungen möglich
[3]) nur VS Umbau
[4]) Zugbildung mit 913 601 bis 608
[5]) Zugbildung mit 913 609 bis 613

–	(688/988)	–	(688/988)	–	–
612/912	612/912	612/912	613 601 bis 614[4])	613 601 bis 614[5])	613 615 bis 620
VT 12 501 bis 504	VT 12 505 bis 509	VT 12 510 bis 512	VT 12 601 bis 614[4])	VT 12 601 bis 614[5])	VT 12 615 bis 620
B'2' + 2'2' + 2'2'	B'2' + 2'2' + 2'2'	B'2' + 2'2' + 2'2'	B'2' + 2'2' + 2'2'	B'2' + 2'2' + 2'2'	B'2' + 2'2' + 2'2'
BDPost4ym/AB4ym/	BDPost4ym/AB4ym/	BDPost4y/AB4y/	BD4ym/AB4ym/	BD4ym/AB4ym/	B4ym/AB4ym/
AB4ym	AB4yms	AB4y	AB4ym	ABüms	AB4ym
BDPostyl/AByl/AByl	BDPost/AByl/AByl	BDPostyl/AByl/AByl	BDyl/ABm/ABm	BDyl/ABm/	Bm/ABm/ABm
				AByls	
Rath	Rath, WMD	Rath +	MAN +	MAN +	MAN +
MAN, Daim	MAN, Daim	MAN, Daim	MAN, Daim	MAN, Daim	MAN, Daim
May, Voith	May, Voith	May, Voith	May, Voith	May, Voith	May, Voith
120/140	120/140	120/140	120/140	120/140	120/140
1 435	1 435	1 435	1 435	1 435	1 435
736	736	736	736	736	736
680	680		680	680	680
112,0	112,0	132,4	140,9	141,4	141,7
18,0	17,8	17,8	19,5	19,5	19,5
80 220	80 220	80 220	79 970	79 970	79 970
19 000	19 000	19 000	19 000	19 000	19 000
3 600	3 600	3 600	3 600	3 600	3 600
2 500	2 500	2 500	2 500	2 500	2 500
930	930	930	930	930	930
900	900	900	900	900	900
dhydr dhm	dhydr dhm	dhydr dhm	dhydr dhm	dhydr dhm	dhydr dhm
3 G W/W/W 4 G W/Z	3 G W/W/W 4 G W/Z	3 G W/W/W 4 G W/Z	3 G W/W/W 4 G W/Z	3 G W/W/W 4 G W/Z	3 G W/W/W 4 G W/Z
736	736	736	736	736	736
1 500	1 500	1 500	1 500	1 500	1 500
59,2 64,5	59,2 64,5	59,2 64,5	59,2 64,5	59,2 64,5	59,2 64,5
15,7 15,5	15,7 15,5	15,7 15,5	15,7 15,5	15,7 15,5	15,7 15,5
W	W	W	W	W	W
ja	ja	ja	ja	ja	ja
V	V	V	V	V	V
48	41	48	30	36	30
176	162	176	138	150	126
1,39	1,39	1,65	1,76	1,77	1,77
6,57	6,57	5,56	5,22	5,21	5,19
500	552	592	839	760	908
1953	1956/57 (U)[3])	1957	1963/71 U	1963/71 U	1963/71 U
1984 A	1985 A, M	1984 A	1985 A, M	1985 A	1985 A

Baureihennummer DB/DR ab 1992	–	614/914	614/914	–	
Betriebsnummer 1968 bis 1991	–	614 001 bis 084/914 001 bis 042	614 001 bis 084/914 001 bis 042	624 505 bis 508/924 505 und 506	
bis 1967	–	–	–	VT 23 501 bis 504	
Radsatzanordnung	–	B'2' + 2'2' + 2'B'	B'2' + 2'2' + 2'2' + 2'B'	B'2' + 2'2' + 2'B'	
Gattungszeichen bis 1966	–	ABD4ysm/B4ym/ABD4ysm	ABD4ysm/B4ym/ B4ym/ABDysm	ABD4ysm/B4ym/ ABD4ysm	
ab 1967	–	ABDyls/Byl/ABDyls	ABDyls/Byl/Byl/ABDyls	ABDyls/Byl/ABDyls	
Hersteller mechanischer Teil	–	MAN, Uerd	MAN, Uerd	MAN	
Hersteller Verbrennungsmotor	–	MAN	MAN	MAN, Daim	
Hersteller elektrischer Teil/Getriebe	–	Voith	Voith	AEG, Voith	
Höchstgeschwindigkeit	km/h	140	140	120	
Spurweite	mm	1 435	1 435	1 435	
Installierte Leistung	kW	754	745	664/515	
Traktionsleistung	kW				
Dienstmasse	t	141,8	197,6	111,5	
Größte Radsatzfahrmasse	t	16,4	16,4	15,8	
Länge über Puffer/Kupplung	mm	79 460	105 620	79 420	
Drehzapfenabstand	mm	19 000	19 000	19 000	
Triebdrehgestellradsatzstand	mm	2 500	2 500	2 500	
Laufdrehgestellradsatzstand	mm	2 500	2 500	2 500	
Treibraddurchmesser	mm	950	950	950	
Laufraddurchmesser	mm	900	950	900	
Leistungsübertragungsart	–	dhydr	dhydr	dhydr	dhm
Leistungsübertragungssystem	–	3 G W/W/W	3 G W/W/W	2 G W/W/W	4 G W/Z
Motorleistung	kW	377	377	332	258
Nenndrehzahl	min^{-1}	1 950	1 950	1 950	1 600
Hubvolumen	l	27,02	27,02	23,9	20,16
Verdichtung	–	16,0	16,0	15,5	17,1
Kühlung	–	W	W	W	W
Aufladung	–	–	–	–	ja
Steuerung	–	V	V	V	
Sitzplätze 1. Klasse	–	24	24	24	
Sitzplätze 2. Klasse	–	204	292	204	
Spez. Metereigenmasse	t/m	1,78	1,87	1,40	
Spez. Antriebsleistung	kW/t	5,32	3,82	5,95/4,62	
Spez. Sitzplatzmasse	kg	622	334	489	
Indienststellung	–	1971	1971	1960/61	
Verbleib	–			(U)	

624/924	624/924	624/924	624/924	624/924	–
624 505 bis 508/ 924 505 und 506	624 501 bis 504/ 924 501 und 502	624 601 bis 680/ 924 401 bis 440	624 601 bis 680/ 924 401 bis 440	624 601 bis 680/ 924 200 und 201	627 001 bis 005
–	VT 24 501 bis 504	VT 24 601 bis 680	–	–	–
B'2' + 2'2' + 2'2'	B'2' + 2'2' + 2'B'	B'2' + 2'2' + 2'B'	B'2' + 2'2' + 2'B'	B'2' + 2'2' + 2'B'	2'B'
–	ABD4ysm/B4ym/ ABD4ysm	ABD4ysm/B4ysm/ ABD4ysm	–	–	–
ABDyls/AByls/ABDyls	ABDyls/Byl/ABDyls	ABDyls/Byl/ABDyls	AByls/Byl/AByls	ABDyls/WGyl/ABDyls	BD
MAN, Uerd	Uerd	MAN, Uerd	MAN, Uerd	MAN, Uerd	MAK
MAN, Daim	MWM, Daim	MAN	MAN	MAN	KHD
AEG, Voith	AEG, Voith	Voith, May	Voith, May	Voith, May	Voith
120	120	120	120	120	120
1 435	1 435	1 435	1 435	1 435	1 435
664/515	692/515	664	660	664	287
111,5	112,7	118,1	142,0	118,1	33,9
15,8	13,6	16,0	16,0	16,0	11,7
79 420	79 420	79 460	79 460	79 460	22 500
19 000	19 000	19 000	19 000	19 000	15 100
2 500	2 500	2 500	2 500	2 500	1 900
2 500	2 500	2 500	2 500	2 500	1 900
950	950	950	950	950	760
900	900	900	950	900	760
dhydr dhm	dhm	dhydr dhm	dhydr	dhydr dhm	dhydr
2 G W/W/W 4 G W/Z	4 G W/Z	2 G W/W 4 G W/Z	2 G W/W	2 G W/W 4 G W/Z	2 G W/W
332 258	346 258	332	330	332	287
1 950 1 600	1 765 1 600	1 700	1 700	1 700	2 400
23,9 20,16	33,2 20,16	27,0	27,0	27,0	19,14
15,5 17,1	19,0 17,1	16,0	16,0	16,0	
W W	W	W	W	W	–
– ja	ja	–	–	–	ja
V	V	V	V	V	V
36	24	24	24	24	–
180	204	204	220	132	64
1,40	1,42	1,48	1,79	1,48	1,51
5,95/4,62	6,15/4,57	5,61	4,65	5,61	8,47
5,16	502	518	582	757	530
1968 U	1960	1964/66	1990 U	U	1974
(U)	(U)	(U)			1984/87 U

Baureihennummer DB/DR ab 1992	–	627.0	–	627.0	627.1
Betriebsnummer 1968 bis 1991	–	627 001 bis 005	627 006 bis 008	627 006 bis 008	627 101 bis 105
bis 1967	–	–	–	–	–
Radsatzanordnung	–	2'B'	2'B'	2'B'	2'B'
Gattungszeichen bis 1966	–	–	–	–	–
ab 1967	–	BD	BD	BD	BD
Hersteller mechanischer Teil	–	MAK	MAK	MAK	MAK
Hersteller Verbrennungsmotor	–	KHD	Daim	Daim	Daim
Hersteller elektrischer Teil/Getriebe	–	Voith	Voith	Voith	Voith
Höchstgeschwindigkeit	km/h	120	120	120	120
Spurweite	mm	1 435	1 435	1 435	1 435
Installierte Leistung	kW	287	294	294	287
Traktionsleistung	kW				
Dienstmasse	t	33,9	33,9	33,9	35,5
Größte Radsatzfahrmasse	t	11,7	11,7	11,7	11,1
Länge über Puffer/Kupplung	mm	23 600	22 500	23 600	23 600
Drehzapfenabstand	mm	15 100	15 100	15 100	15 100
Triebdrehgestellradsatzstand	mm	1 900	1 900	1 900	1 900
Laufdrehgestellradsatzstand	mm	1 900	1 900	1 900	1 900
Treibraddurchmesser	mm	760	760	760	770
Laufraddurchmesser	mm	760	760	760	770
Leistungsübertragungsart	–	dhydr	dhydr	dhydr	dhydr
Leistungsübertragungssystem	–	2 G W/W	2 G W/W	2 G W/W	2 G W/W
Motorleistung	kW	287	294	294	287
Nenndrehzahl	min^{-1}	2 400	2 400	2 400	2 400
Hubvolumen	l	19,14	20,9	20,9	19,0
Verdichtung	–				
Kühlung	–	–	W	W	
Aufladung	–	ja	–	–	–
Steuerung	–	V	V	V	V
Sitzplätze 1. Klasse	–	–	–	–	–
Sitzplätze 2. Klasse	–	64	64	64	64
Spez. Metereigenmasse	t/m	1,44	1,51	1,44	1,50
Spez. Antriebsleistung	kW/t	8,47	8,67	8,67	8,08
Spez. Sitzplatzmasse	kg	530	530	530	555
Indienststellung	–	1984/87 U	1975	1984/87 U	1981
Verbleib	–		1984/87 U		

–	628.0	628.0/928.0	628.1/928.2	628.2/928.2	628.4/928.4
628 001 bis 024	628 001 bis 024	628 001 bis 928 001 bis	628 101 bis 103/ 928 101 bis 103	628 201 bis 350/ 928 201 bis 350	–
–	–	–	–	–	–
2'B' + B'2'	2'B' + B'2'	2'B' + 2'2'	2'B' + 2'2'	2'B' + 2'2'	2'2' + 2'2'
–	–	–	–	–	–
BDyg/Byg	BDyg/Byg	BDyg/Byg	BDyg/BDyg	BDyg/ABDyg	BDyg/ABDyg
Uerd	Uerd	Uerd	Düwag	Düwag, LHB, MBB +	Düwag, LHB, LEW
Daim, KHD, MAN	Daim, KHD, MAN	Daim	Daim	Daim	Daim
Voith	Voith	Voith	Voith	Voith	Voith
120	120	120	120	120	120
1 435	1 435	1 435	1 435	1 435	1 435
404/412/420	404/412/420	357	357	410	485
64,1	64,1		64,1	66,9	70,4
11,5	11,5	11,5		13,0	14,5
44 350	45 150	45 150	45 150	45 400	46 400
15 100	15 100	15 100	15 100	15 100	15 100
1 900	1 900	1 900	1 900	1 900	1 900
1 900	1 900	1 900	1 900	1 900	1 900
760	760	760	770	770	770
760	760	760	770	770	770
dhydr	dhydr	dhydr	dhydr	dhydr	dhydr
2 G W/W	2 G W/W	2 G W/W	2 G W/W	2 G W/W	2 G W/W
202 206 210	202 206 210	357	357	410	485
2 100 2 100 2 100	2 100 2 100 2 100	2 130	2 130	2 130	2 100
20,9 19,14 12,316	20,9 19,14 12,316				
W – W	W – W	W	W	W	W
– – ja	– – ja	ja	ja	ja	ja
V	V	V	V	V	V
–	–	–	–	10	12
136	136	136	128	133	134
1,45	1,42		1,42	1,47	1,52
6,34/6,43/6,55	6,34/6,43/6,55		5,57	613	6,89
472	472		430	468	482
1974 1984 U	1948 U (U)	U	1981	1986	1992

Baureihennummer DB/DR ab 1992	–	634/934	634/934	634/934
Betriebsnummer 1968 bis 1991	–	634 603 bis 666/ 934 422 bis 450	634 603 bis 666/ 934 506 und 561 bis 565	(634 603 bis 666/ 934 451 bis ...)
bis 1967	–	–	–	–
Radsatzanordnung	–	B'2' + 2'2' + 2'B'	B'2' + 2'2' + 2'B'	B'2' + 2'2' + 2'B'
Gattungszeichen bis 1966	–	–	–	–
ab 1967	–	ABDyls/Byl/ABDyls	ABDyls/AByls/ ABDyls	ABDyls/Byls/ ABDyls
Hersteller mechanischer Teil	–	MAN +	MAN +	MAN +
Hersteller Verbrennungsmotor	–	MAN	MAN	MAN
Hersteller elektrischer Teil/Getriebe	–	Voith, May	Voith, May	Voith, May
Höchstgeschwindigkeit	km/h	140	140	140
Spurweite	mm	1 435	1 435	1 435
Installierte Leistung	kW	664	664	664
Traktionsleistung	kW			
Dienstmasse	t	118,1	118,1	118,1
Größte Radsatzfahrmasse	t	16,3	16,3	16,3
Länge über Puffer/Kupplung	mm	79 460	79 460	79 460
Drehzapfenabstand	mm	19 000	19 000	19 000
Triebdrehgestellradsatzstand	mm	2 500	2 500	2 500
Laufdrehgestellradsatzstand	mm	2 500	2 500	2 500
Treibraddurchmesser	mm	950	950	950
Laufraddurchmesser	mm	900	900	950
Leistungsübertragungsart	–	dhydr dhm	dhydr dhm	dhydr dhm
Leistungsübertragungssystem	–	2 G W/W 4 G W/Z	2 G W/W 4 G W/Z	2 G W/W 4 G W/Z
Motorleistung	kW	332	332	332
Nenndrehzahl	min^{-1}	1 700	1 700	1 700
Hubvolumen	l	27,0	27,0	27,0
Verdichtung	–	16,0	16,0	16,0
Kühlung	–	W	W	W
Aufladung	–	–	–	–
Steuerung	–	V	V	V
Sitzplätze 1. Klasse	–	24	36	24
Sitzplätze 2. Klasse	–	204	180	192
Spez. Metereigenmasse	t/m	1,48	1,48	1,48
Spez. Antriebsleistung	kW/t	5,61	5,61	5,61
Spez. Sitzplatzmasse	kg	518	547	547
Indienststellung	–	1968 U	1968 U	1992 U
Verbleib	–		(1992 U)	

[1]) Baujahr 1933, Umbau 1963, Ankauf DB 1981
[2]) und 701 043 bis 048, 051 bis 055, 057 bis 114, 116 bis 122, 126 bis 128, 130, 139 bis 147 sowie 151 bis 162
[3]) und 702 049, 050, 056, 115, 123 bis 125, 129, 131 bis 138, 148 bis 150 sowie 163 bis 165
[4]) 140 km/h bei Schleppfahrt; Arbeitsgeschwindigkeit 0,5 bis 10 km/h
[5]) 31. 12. 1992 z-gestellt, Ausmusterung für 1993 zu erwarten

–	699.10	701		–		702		704	705	
692 501	699 001	701 001 bis 041[2]		702 001 bis 004		702 042[3]		704 001 bis 005	–	
VT 92 501	–	VT 55.9		VT 55.9		VT 55.9		–	–	
B'2'	B'2'	Bo		1 A		1 A		B'B'	B'2'	
D4	–	Dienst		Dienst		Dienst		–	–	
D	B	–		–		–		–	–	
MAN	Schö	WMD, Rath, MBB		WMD, Rath		WMD, Rath		MBB, Uerd	Plas	
MTU	Daim	Büs		Büs		Büs		KHD		
Voith	Voith	ZF		ZF		ZF				
120	20	90		90		90		140	120[4]	
1 435	1 000	1 435		1 435		1 435		1 435	1 435	
736	98	222		111		111		604	386	
692		206				103				
51,5	15,0	25,8				21,8		56,0	52,0	
18,1	3,75	13,1						14,0		
21 850	11 955	13 950		13 950		13 950		23 400	15 920	
14 270		–		–		–		15 500		
3 900	1 700	–		–		–		1 900		
2 600	1 600	–		–		–		–		
940	750	900		900		900		760		
900	750	–		900		900		–		
dhydr	dhydr	dmech		dmech		dmech		dhydr	dhydr	
3 G W/W/W		6 G Z		6 G Z		6 G Z				
736	98	111		111		111		302	386	48
1 500		1 800		1 800		1 800				
59,2		8,725	9,846	8,725	9,846	8,725	9,846			
15,1		19,5	21,0	19,5	21,0	19,5	21,0			
W		W	W	W	W	W	W	–		
ja		ja	–	ja	–	ja	–			
V		–		–		–		–		
–	–	–		–		–		–	–	
–	42	–		–		–		–	–	
2,36	1,25	1,76				1,56		2,39	3,27	
14,30	6,53	9,02				5,09		10,79	7,42	
–	357	–				–		–	–	
1951 U	1981[1]	1954/77, 1972 U		1961		1973 U		1977	1992	
1978 A	[5]	(U)		1972 U						

Baureihennummer DB/DR ab 1992	–	712	712	719/720	–	
Betriebsnummer 1968 bis 1991	–	712 001	712 002	719 001/720 001/ 719 501	721 001/722 001	
bis 1967	–	6210 Kar	–	–	–	
Radsatzanordnung	–	2'Bo'		B'2' + 2'2' + 2'B'	Bo + 2	
Gattungszeichen bis 1966	–	–	–	–	–	
ab 1967	–	–	–	–	–	
Hersteller mechanischer Teil	–	MAN	Plas	WMD	WMD +	
Hersteller Verbrennungsmotor	–	May		MAN	Büs	
Hersteller elektrischer Teil/Getriebe	–	BBC		Voith	ZF	
Höchstgeschwindigkeit	km/h	100		140	90	
Spurweite	mm	1 435	1 435	1 435	1 435	
Installierte Leistung	kW	442		736	208	
Traktionsleistung	kW					
Dienstmasse	t	60,0		164,0	42,0	
Größte Radsatzfahrmasse	t					
Länge über Puffer/Kupplung	mm	21 880		79 460	27 900	
Drehzapfenabstand	mm	14 270		19 000	–	
Triebdrehgestellradsatzstand	mm	3 000		2 500	–	
Laufdrehgestellradsatzstand	mm	3 500		2 500	–	
Treibraddurchmesser	mm	1 000		950	900	
Laufraddurchmesser	mm	900		900	900	
Leistungsübertragungsart	–	del		dhydr	dmech	
Leistungsübertragungssystem	–			3 G W/W/W	6 G Z	
Motorleistung	kW	442		368	104	
Nenndrehzahl	min^{-1}	1 400		1 950	1 800	
Hubvolumen	l			27,02	8,725	9,846
Verdichtung	–			16,0	19,5	21,0
Kühlung	–	W		W	W	W
Aufladung	–	ja		–	ja	–
Steuerung	–	–		V	V	
Sitzplätze 1. Klasse	–	–		–	–	
Sitzplätze 2. Klasse	–	–		–	–	
Spez. Metereigenmasse	t/m	2,74		2,06	1,51	
Spez. Antriebsleistung	kW/t	7,37		4,48	4,95	
Spez. Sitzplatzmasse	kg	–		–	–	
Indienststellung	–	1965 U	1993	1974	1956 U	
Verbleib	–	1993 A			A	

–	724	725/726		727	–	728		740
723 002 und 003	724 001 bis 003	725 001 bis 005/ 726 001 bis 005		727 001	728 001 und 002	728 001[II]		740 001 bis 006
–	–	–		–	–	–		–
(A 1) 2′	A 1	Bo + 2		A 1	A 1	Bo		Bo
–	–	–		–	–	–		–
–	–	–		–	–	–		–
VWW, Baut +	Uerd +	Uerd +		Uerd	MAN	MAN		Uerd, WMD, MAN
May	Büs	Büs		Büs	Büs	Büs		Büs
Voith	ZF	ZF		ZF	ZF	ZF		ZF
80	90	90		90	90	90		90
1 435	1 435	1 435		1 435	1 435	1 435		1 435
166	96	221		96	111	222		222
45,0	18,5	36,0		17,7				
22 080	10 650	27 900		13 298	13 298	13 950		13 950
14 140	–	–		–	–	–		–
3 600	–	–		–	–	–		–
3 000	–	–		–	–	–		–
900	900	900		900	900	900		900
900	900	900		900	900	–		–
dhydr	dmech	dmech		dmech	dmech	dmech		dmech
2 G W/W	6 G Z	6 G Z		6 G Z	6 G Z	6 G Z		6 G Z
166	96	111		96	111	111		111
1 450	1 800	1 800		1 800	1 800	1 800		1 800
24,15	8,725	8,725	9,846	8,725	8,725	8,725	9,864	9,864
	19,5	19,5	21,0	19,5	19,5	19,5	21,0	21,0
W	W	W	W	W	W	W	W	W
–	–	ja	–	–	ja	ja	–	–
–	–	–		–	–	–		–
–	–	–		–	–	–		–
–	–	–		–	–	–		–
2,04	1,74	1,29		1,33				
3,69	5,20	6,16		5,42				
–	–	–		–	–	–		–
1971 U	1964 U	1975 (U)		1974 U	1977 U	1985		1990 U
(A)					A			

Baureihennummer DB/DR ab 1992	–	–	–	–	–
Betriebsnummer 1968 bis 1991	–	790[1]	–	–	–
bis 1967	–	–	VT 95 901 bis 910	VT 95 911	VT 95 9112[4]
Radsatzanordnung	–	2'A 2'[6]	A 1	A 1	A 1
Gattungszeichen bis 1966	–	–	B	B	B
ab 1967	–	–	B2	B2	B2
Hersteller mechanischer Teil	–	NFW, WMD	Uerd	Uerd	Uerd
Hersteller Verbrennungsmotor	–	KHD	Büs	Büs	Büs
Hersteller elektrischer Teil/Getriebe	–		ZF, Myl	ZF	ZF
Höchstgeschwindigkeit	km/h	120[2]	90	90	90
Spurweite	mm	1 435	1 435	1 435	1 435
Installierte Leistung	kW	88	81	81	81
Traktionsleistung	kW		75	75	74
Dienstmasse	t	13,5	11,5	11,1	13,2
Größte Radsatzfahrmasse	t		8,5	8,5	6,8
Länge über Puffer/Kupplung	mm	12 550[3]	10 650	10 650	13 150
Drehzapfenabstand	mm	9 800	–	–	–
Triebdrehgestellradsatzstand	mm	–	–	–	–
Laufdrehgestellradsatzstand	mm	1 900	–	–	–
Treibraddurchmesser	mm		900	900	900
Laufraddurchmesser	mm	850	900	900	900
Leistungsübertragungsart	–	dmech	dmech	dmech	dmech
Leistungsübertragungssystem	–	5 G Z	6 G Z	6 G Z	6 G Z
Motorleistung	kW	88	81	81	81
Nenndrehzahl	min^{-1}	2 250	1 800	1 800	1 800
Hubvolumen	l	7,98	8,725	8,725	8,725
Verdichtung	–	17,3	19,5	19,5	19,5
Kühlung	–	–	W	W	W
Aufladung	–	–	–	–	–
Steuerung	–	–	–	–	–
Sitzplätze 1. Klasse	–	–	–	–	–
Sitzplätze 2. Klasse	–	43	41	46	51
Spez. Metereigenmasse	t/m	1,08	1,08	1,04	1,00
Spez. Antriebsleistung	kW/t	6,52	7,05	7,30	6,14
Spez. Sitzplatzmasse	kg	314	280	241	259
Indienststellung	–	1953	1950	1950	1950
Verbleib	–	A, (M)	1965 A, (U)	1966 A	1958 A

[1]) vorgesehene Baureihennummer
[2]) rückwärts 40 km/h, Straße 80 km/h
[3]) Gesamtlänge einschließlich Schienenleitgestelle
[4]) anfangs VT 95 912
[5]) anfangs VT 95 913 bis 972
[6]) bei Straßenfahrt 1 A

–	–	(788)	–	–	–
795 113 bis 172	795 173 und 174	795 175 bis 269	795 270 bis 272	795 273 und 274	795 275 bis 369
VT 95 9113 bis 9172[5])	VT 95 9173 und 9174	VT 95 9175 bis 9269	VT 95 9270 bis 9272	VT 95 9273 und 9274	VT 95 9275 bis 9369
A 1	A 1	A 1	A 1	A 1	A 1
B	B	B	B	B	B
B2	B2	B 2	B 2	B 2	B 2
Uerd	Uerd	Uerd	Uerd	Uerd	Uerd
Büs	Büs	Büs	Büs	Büs	Büs
ZF	ZF	ZF	ZF	ZF	ZF
90	90	90	90	90	90
1 435	1 435	1 435	1 435	1 435	1 435
81	96/111	96/111	96/111	96/111	96/111
74	88/103	88/103	88/103	88/103	88/103
13,2	13,9	13,3	13,9	13,9	13,9
10,5	10,5	10,5	10,8	10,8	10,8
13 265	13 298	13 298	13 298	13 298	13 298
–	–	–	–	–	–
–	–	–	–	–	–
–	–	–	–	–	–
900	900	900	900	900	900
900	900	900	900	900	900
dmech	dmech	dmech	dmech	dmech	dmech
6 G Z	6 G Z	6 G Z	6 G Z	6 G Z	6 G Z
81	96 111	96 111	96 111	96 111	96 111
1 800	1 800 1 800	1 800 1 800	1 800 1 800	1 800 1 800	1 800 1 800
8,725	8,725 8,725	8,725 8,725	8,725 8,725	8,725 8,725	8,725 8,725
19,5	19,5 19,5	19,5 19,5	19,5 19,5	19,5 19,5	19,5 19,5
W	W W	W W	W W	W W	W W
–	– ja	– ja	– ja	– ja	– ja
–	–	–	–	E	–
–	–	–	–	–	–
63	57	57	60	60	60
1,00	1,05	1,00	1,04	1,04	1,04
6,14	6,91/7,99	7,21/8,35	6,90/7,98	6,90/7,98	6,90/7,98
210	244	234	232	232	232
1952/53	1952	1952/53	1954	1954	1954
A, (U), (M)	A	A, (M)	A	A	A, (U), (M)

Baureihennummer DB/DR ab 1992	–	–	–	–
Betriebsnummer 1968 bis 1991	–	795 370 bis 384	795 385 bis 659	795 660 bis 669
bis 1967	–	VT 95 9370 bis 9384	VT 95 9385 bis 9659	VT 95 9660 bis 9669
Radsatzanordnung	–	A 1	A 1	A 1
Gattungszeichen bis 1966	–	B	B	B
ab 1967	–	B2	B 2	B2
Hersteller mechanischer Teil	–	MAN	Uerd, MAN	MAN
Hersteller Verbrennungsmotor	–	Büs	Büs	Büs
Hersteller elektrischer Teil/Getriebe	–	ZF	ZF	ZF
Höchstgeschwindigkeit	km/h	90	90	90
Spurweite	mm	1 435	1 435	1 435
Installierte Leistung	kW	96/111	96/111	96/111
Traktionsleistung	kW	88/103	88/103	88/103
Dienstmasse	t	13,9	13,9	13,9
Größte Radsatzfahrmasse	t	10,8	10,8	10,8
Länge über Puffer/Kupplung	mm	13 298	13 298	13 298
Drehzapfenabstand	mm	–	–	–
Triebdrehgestellradsatzstand	mm	–	–	–
Laufdrehgestellradsatzstand	mm	–	–	–
Treibraddurchmesser	mm	900	900	900
Laufraddurchmesser	mm	900	900	900
Leistungsübertragungsart	–	dmech	dmech	dmech
Leistungsübertragungssystem	–	6 G Z	6 G Z	6 G Z
Motorleistung	kW	96 111	96 111	96 111
Nenndrehzahl	min^{-1}	1 800 1 800	1 800 1 800	1 800 1 800
Hubvolumen	l	8,725 8,725	8,725 8,725	8,725 8,725
Verdichtung	–	19,5 19,5	19,5 19,5	19,5 19,5
Kühlung	–	W W	W W	W W
Aufladung	–	– ja	– ja	– ja
Steuerung	–	E	–	E
Sitzplätze 1. Klasse	–	–	–	–
Sitzplätze 2. Klasse	–	60	60	60
Spez. Metereigenmasse	t/m	1,04	1,04	1,04
Spez. Antriebsleistung	kW/t	6,90/7,98	6,90/7,98	6,90/7,98
Spez. Sitzplatzmasse	kg	232	232	232
Indienststellung	–	1954	1954/55	1955
Verbleib	–	1979 A	1983 A, (U), (M)	1979 A

[1]) Ersatz für Berliet-Motor, 110 kW
[2]) Indienststellung DB; 1956 bis 1958 bei Eisenbahnen des Saarlandes Erstindienststellung
[3]) im Zahnstangenbetrieb 19,3 km/h Talfahrt bzw. 14,4 km/h Bergfahrt
[4]) mit Lücken

–		796	–	797	–		798	
795 901 bis 915		795 597 bis 828[4])	797 901 bis 908	797 501 bis 508	798 901 bis 903		798 501 bis 829	
VT 95 9901 bis 9915		–	VT 97 901 bis 908	–	VT 98 901 bis 903		VT 98 9501 bis 9829	
A 1		Bo	Bo/bo	Bo	Bo		Bo	
B		–	B	B	B		B	
B2		B2	B 2	B 2	B 2		B 2	
Lütt		Uerd, WMD, MAN	Uerd	Uerd	Uerd		Uerd, WMD, MAN	
Büs[1])		Büs	Büs	Büs	Büs		Büs	
ZF		ZF	ZF, SLM	ZF, SLM	ZF		ZF	
90		90	90[3])	90	90		90	
1 435		1 435	1 435	1 435	1 435		1 435	
111		222	221	221	222		222	
103		212	212	212	212		212	
13,9		20,3	24,4	24,4	18,9		20,9	
10,8		13,9	12,1	12,1	13,2		13,9	
13 298		13 950	13 950	13 950	13 298		13 950	
–		–	–	–	–		–	
–		–	–	–	–		–	
–		–	–	–	–		–	
900		900	910	910	900		900	
900		–	–	–	–		–	
dmech		dmech	dmech, Z	dmech	dmech		dmech	
6 G Z		6 G Z	6 G Z	6 G Z	6 G Z		6 G Z	
111	111	111	111	111	111	111	111	111
1 800	1 800	1 900	1 900	1 800	1 800	1 800	1 800	1 800
8,725	9,725	9,846	9,846	9,846	8,725	9,846	8,725	9,846
19,5	21,0	21,0	21,0	21,0	19,5	21,0	19,5	21,0
W	W	W	W	W	W	W	W	W
ja	–	–	–	–	ja	–	–	ja
–		E	E	E	E		E	
–		–	–	–	–		–	
57		60	56	56	60		60	
1,04		1,45	1,75	1,75	1,42		1,50	
6,90/7,98		10,93	9,09	9,09	11,74		10,62	
244		338	436	436	315		348	
1962[2])		1988/89 U	1961/1965	1970/74 U	1953		1955/62	
1979 A			1969/73 U	(A), (M)	A		(A), (U)	

Baureihennummer DB/DR ab 1992	–	996.6	997.6	998.6
Betriebsnummer 1968 bis 1991	–	996	997 601 bis 606	998 601 bis 699
bis 1967	–	–	VS 97 001 bis 006	VS 98 001 bis 099
Radsatzanordnung	–	2	2	2
Gattungszeichen bis 1966	–	–	BD	BD
ab 1967	–	BD2	BD2	BD2
Hersteller mechanischer Teil	–	Uerd +	Uerd +	Uerd, WMD, MAN, Cre
Höchstgeschwindigkeit	km/h	90	90	90
Spurweite	mm	1 435	1 435	1 435
Dienstmasse	t	10,5	10,8	10,5
Größte Radsatzfahrmasse	t	8,75	8,9	8,75
Länge über Puffer/Kupplung	mm	13 950	13 950	13 950
Drehzapfenabstand	mm	–	–	–
Laufdrehgestellradsatzstand	mm	–	–	–
Laufraddurchmesser	mm	900	900	900
Sitzplätze 1. Klasse	–	–	–	–
Sitzplätze 2. Klasse	–	40	40	40
Spez. Metereigenmasse	t/m	0,75	0,77	0,75
Spez. Sitzplatzmasse	kg	263	270	263
Indienststellung	–	1988/89 U	1959	1955/1961[1])
Verbleib	–		(A)	(A), (U)

[1]) VS 98 046 bis 048 1958 U

998.7 bis 998.9
998 701 bis 921
VS 98 101 bis 321
2
BD
BD2

Uerd +

90
1 435
10,5
8,75

13 950
–
–
900

–
40

0,75
263

1961
(A), (U)

Baureihennummer DB/DR ab 1992	–	–	–	–
Betriebsnummer 1968 bis 1991	–	–	941 210 und 247	–
bis 1967	–	VB 141 121 und 122	VB 141 200 bis 256	VB 142 001 bis 006[2])
Radsatzanordnung	–	1	1	2
Gattungszeichen bis 1966	–	D1	D1	BD
ab 1967	–	–	–	BD2
Hersteller mechanischer Teil	–	WMD	WMD, Fu	Uerd
Höchstgeschwindigkeit	km/h	120	90	90
Spurweite	mm	1 435	1 435	1 435
Dienstmasse	t	2,0	2,0	8,4
Größte Radsatzfahrmasse	t	3,2	3,2	7,2
Länge über Puffer/Kupplung	mm	5 620	5 115	10 650
Drehzapfenabstand	mm	–	–	–
Laufdrehgestellradsatzstand	mm	–	–	–
Laufraddurchmesser	mm	900	900	900
Sitzplätze 1. Klasse	–	–	–	–
Sitzplätze 2. Klasse	–	–[1])	–[1])	34
Spez. Metereigenmasse	t/m	0,36	0,39	0,79
Spez. Sitzplatzmasse	kg	–	–	247
Indienststellung	–	1952	1952/55	1950
Verbleib	–	A	A	A

[1]) Nutzlast 1,2 t
[2]) anfangs VB 140 701 bis 706
[3]) anfangs VB 140 707 bis 756
[4]) Indienststellung DB; 1956 bis 1958 bei Eisenbahnen des Saarlandes Erstindienststellung

(988)	–	–	–	–	–
995 007 bis 056	995 057 bis 109	995 110 bis 119	995 120 bis 569	995 570 bis 581	–
VB 142 007 bis 056[3])	VB 142 057 bis 109	VB 142 110 bis 119	VB 142 120 bis 569	VB 142 570 bis 581	VB 142 901
2	2	2	2	2	2
BD	BD	BDPosttr	BD	BD	BD
BD2	BD2	BDPost2tr			–
Orion	Orion, WMD, Rath	WMD	Rath, Orion, WMD	Lütt	Uerd
90	90	90	90	90	90
1 435	1 435	1 435	1 435	1 435	1 435
7,5	7,5	7,5	7,5	7,5	6,25
6,8	6,8	6,8	6,8	6,8	
11 015	11 048	11 048	11 048	11 048	12 515
–	–	–	–	–	–
–	–	–	–	–	–
900	900	900	900	900	900
–	–	–	–	–	–
35	35	9	35	35	45
0,68	0,68	0,68	0,68	0,68	0,50
214	214	833	212	212	139
1952	1952/53	1953	1953/55	1962[4])	1955
A, (M)	A	A	(U), A	A	A

Baureihennummer DB/DR ab 1992	–	996.0	–	998.0
Betriebsnummer 1968 bis 1991	–	996	997 001	998 001 bis 109
bis 1967	–	–	VB 97 001	VB 98 001 bis 109
Radsatzanordnung	–	2	2	2
Gattungszeichen bis 1966	–	–	–	BD
ab 1967	–	B2	–	BD2
Hersteller mechanischer Teil	–	Uerd, Rath, WMD	Uerd	Uerd, WMD
Höchstgeschwindigkeit	km/h	90	90	90
Spurweite	mm	1 435	1 435	1 435
Dienstmasse	t	10,5		10,0
Größte Radsatzfahrmasse	t	8,5		8,5
Länge über Puffer/Kupplung	mm	13 950	11 015	13 950
Drehzapfenabstand	mm	–	–	–
Laufdrehgestellradsatzstand	mm	–	–	–
Laufraddurchmesser	mm	900	900	900
Sitzplätze 1. Klasse	–	–	–	–
Sitzplätze 2. Klasse	–	63	–	40
Spez. Metereigenmasse	t/m	0,75		0,72
Spez. Sitzplatzmasse	kg	167	–	250
Indienststellung	–	1988/89 U	1964 U	1955/56
Verbleib	–		A	(U), (A)

–	998.1	998.2
998 110	998 111 bis 220	998 221 bis 320
VB 98 110	VB 98 111 bis 220	VB 98 2221 bis 2320
2	2	2
B	BD	B
B2	BD2	B2
WMD	Orion	Uerd, Rath, WMD
90	90	90
1 435	1 435	1 435
10,5	10,0	10,5
8,5	8,5	8,5
13 950	13 950	13 950
–	–	–
–	–	–
900	900	900
–	–	–
63	40	63
0,75	0,72	0,75
167	250	167
1955	1955/56	1960/62
1987 A	(A)	(A), U

Literaturverzeichnis

Bücher

Arndt, G.; Bäzold, D.: Museumslokomotiven und -triebwagen in der DDR. – Berlin, 1986

Block, R.: Die Eierköpfe der Baureihe VT 08/12. Entwicklung und Einsatz der Baureihe 612/613. – Bonn, 1985

Block, R.: Die TEE-Triebwagen der Deutschen Bundesbahn. Baureihe VT 11.5 (601/602) – Entwicklung, Einsatz, Ende. – Freiburg (Breisgau), 1988

Bohlmann, D.-Th.: Die schweren WUMAG-Triebwagen 757 bis 762 der Deutschen Reichsbahn Gesellschaft. Von den ersten Versuchen 1926 bis zum Museumsbetrieb 1981. – Gifhorn, 1985

Borchert F.; Kirsche, H.-J.: Lokomotiven der Deutschen Reichsbahn. Ellok, Diesellok und Triebwagen 1945 bis heute. – Berlin, 1986

Born, E.: Lokomotiven und Wagen der deutschen Eisenbahnen. Geschichtliche und technische Entwicklung. – Mainz, 1958

Czygan, F.: Die Eisenbahn in Wort und Bild. Grundzüge des praktischen Eisenbahnwesens nach neuestem Stand der eisenbahntechnischen Wissenschaft in leichtfaßlicher Darstellung. – Nordhausen

Das deutsche Eisenbahnwesen der Gegenwart. – Berlin, 1911

DB-Fahrzeug-Lexikon 1990. – Freiburg, 1990

Die Triebfahrzeuge der Deutschen Bundesbahn und ihre Heimat-Betriebswerke. Stand 01. 01. 1984. – Krefeld, 1984

Dietze, T.: Die Triebwagen der Deutschen Reichsbahn im Bild. – Darmstadt, 1930

Eisenbahn-Jahrbuch. – Berlin, 1963 bis 1985

Eisenbahnwesen. Die eisenbahntechnische Tagung und ihre Ausstellungen. – Berlin, 1925

Elsners Taschenbuch für den maschinentechnischen Eisenbahndienst. – Frankfurt (Main)

Friedrich, K.: Der Eisenbahntriebwagen. Technisch-wirtschaftliche Untersuchungen über seine Verwendungsmöglichkeiten. – 1931

Gottwaldt, A.: Autos auf Schienen. – Stuttgart, 1986

Gottwaldt, A.: Schienenzeppelin. Franz Kruckenberg und die Reichsbahn-Schnelltriebwagen der Vorkriegszeit 1929–1939. – Augsburg, 1972

Guillery, C.: Handbuch über Triebwagen für Eisenbahnen. – München und Berlin, 1908 und 1919

Handbuch der Dieseltriebfahrzeuge der Deutschen Bundesbahn. – Frankfurt (Main), 1966

Henschel Lokomotiv-Taschenbuch. – Düsseldorf, 1960

Hertwig, R.: Privatbahn-Lexikon 1991. – Freiburg (Breisgau), 1991

v. Hornstein, A.: Lokomotiven und Triebwagen der Welt. – Zürich und Stuttgart, 1972

Hundert Jahre deutsche Eisenbahnen. – Leipzig, 1935 und 1938

Hütter, I.: Lokomotiven und Triebwagen deutscher Eisenbahnen. – Krefeld, 1987

Jahrbuch des Eisenbahnwesens. – Darmstadt

Kieper, K.: Preuß, R.; Rehbein, E.: Schmalspurbahn-Archiv. – Berlin, 1980

Kirsche, H.-J.; Lohr, H.; Thielmann, G.: Lokomotiv-Archiv Mecklenburg/Oldenburg. – Berlin, 1989

Kunicki, H.: Deutsche Dieseltriebfahrzeuge gestern und heute. – Berlin, 1966

Kunicki, H.: Kraftübertragungsanlagen der Dieseltriebfahrzeuge. – Berlin, 1963

Kurz, H.: Die Triebwagen der Reichsbahn-Bauarten. Die Baureihen VT 135–VT 137. – Freiburg (Breisgau), 1988

Kurz, H.: Fliegende Züge. Vom „Fliegenden Hamburger" zum „Fliegenden Kölner". – Freiburg (Breisgau), 1986

Lehmann H.; Pflug, E.: Der Fahrzeugpark der Deutschen Bundes-

bahn und neue, von der Industrie entwickelte Schienenfahrzeuge. – Berlin und Bielefeld, 1956
Liebl, T. u. a.: Offizieller Jubiläumsband der Deutschen Bundesbahn 150 Jahre Deutsche Eisenbahnen. – München, 1985
Lohr, H.; Thielmann, G.: Lokomotiv-Archiv Baden. – Berlin, 1988
Lohr, H.; Thielmann, G.: Lokomotiv-Archiv Württemberg. – Berlin, 1988
Löttgers, R.: Die Triebwagen der Deutschen Werke Kiel. Mit „U-Boot" und „Kommißbrot" fing es an. – Lübbecke, 1988
Merkbuch für die Fahrzeuge der preußisch-hessischen Staatseisenbahnen. – Ausgabe 1921
Merkbuch für die Schienenfahrzeuge der Deutschen Bundesbahn, Teil III, Brennkrafttriebfahrzeuge einschließlich zugehöriger Steuer- und Beiwagen. – DV 939c, Ausgabe 1952
Merkbuch für die Schienenfahrzeuge der Deutschen Bundesbahn, Brennkrafttriebfahrzeuge einschließlich zugehöriger Steuer-, Mittel- und Beiwagen. – DS 939/2, Ausgabe 1982
Messerschmidt, W.: Vom Fuhrwerk zum Intercity. Waggonbau im Wandel der Zeit. Eisenbahn – Straßenbahn – Seilbahnwagen. – Stuttgart, 1983
Näbrich, F.; Meyer G.; Preuß, R.: Lokomotiv-Archiv Sachsen 2 – Berlin, 1984
Naß, W.: NE '90. Die Triebfahrzeuge der deutschen Privatbahnen. Stand 1. 1. 90. – Aachen, 1990
Obermayer, H.-J.: Taschenbuch Deutsche Triebwagen. – Stuttgart, 1974
Ostendorf, R.: Dampftriebwagen. Bauarten, Typen und Systeme. – Stuttgart, 1977
Quill, K.-P.; Ebel, J.: Privatbahnen in der DDR seit 1949 im Reichsbahn-Eigentum. – Stuttgart, 1982
Rammelt, H.-D.; Fiebig, G.; Preuß, E.: Klein- und Privatbahn-Archiv 1. Geschichte – Bau – Betrieb. – Berlin, 1989
Rehbein, E. u. a.: Deutsche Eisenbahnen 1835–1985. – Berlin, 1985
Rogl, H.: Die Nordsee-Inselbahnen. – Düsseldorf, 1990
Schnabel, H.: Lokomotiv-Archiv Bayern. – Berlin, 1987
Semitschastnow, I. F.; Büttner, S.: Hydraulische Getriebe für Schienenfahrzeuge. – Berlin, 1958
Stockklausner, H.: 50 Jahre Diesellokomotiven. Gesamtentwicklung 1913 bis 1945, Entwicklung seit 1945 in Europa. – Basel und Stuttgart, 1963
Stöckl, F.: Die Eisenbahnen der Erde, Band VI Deutschland. – Wien, Heidelberg, 1964
Uns gehören die Schienenwege. – Berlin, 1960
Wagner, A.; Bäzold, D.; Zschech, R.; Lüderitz, R.: Lokomotiv-Archiv Preußen 4. Zahnrad- und Schmalspur-Dampflokomotiven, Elektrolokomotiven und Triebwagen. – Berlin, 1991
Zug der Zeit – Zeit der Züge. Deutsche Eisenbahnen 1835 – 1985. – Berlin, 1985

Zeitschriften

AEG-Mitteilungen. – Berlin, ab 1922
Der Modelleisenbahner. – Berlin, ab 1952
Deutsche Eisenbahntechnik. – Berlin, 1953 bis 1983
Die Bundesbahn (später: Die Deutsche Bahn). – Darmstadt, ab 1954
Die Werkstatt. – Berlin, 1957 bis 1964
Eisenbahn-Ingenieur. – Frankfurt (Main), ab 1956
Eisenbahn-Kurier. – Freiburg (Breisgau), ab 1990
Eisenbahntechnische Rundschau. – Darmstadt, ab 1957
Elektrische Bahnen. – Berlin und München, ab 1925
Elektrische Kraftbetriebe und Bahnen. – München, 1903 bis 1921
Elektrotechnische Zeitschrift. – Berlin, ab 1903
Glasers Annalen. – Berlin, ab 1900
Lokmagazin. – Stuttgart, ab 1963
Lokomotivtechnik. – Frankfurt (Main), ab 1957
Lokrundschau. – Hamburg, ab 1990
Organ für die Fortschritte des Eisenbahnwesens. – Berlin, 1916 bis 1939
Schienenfahrzeuge. – Berlin, 1965 bis 1990
Siemens-Zeitschrift. – Erlangen, ab 1921
Verkehrsgeschichtliche Blätter. – Berlin, ab 1988
Zeitschrift des Vereins Deutscher Ingenieure. – Berlin, Düsseldorf, ab 1905

Register